개념원리 RPM
중학 수학 1-1

Love yourself 무엇이든 할 수 있는 나이다

발행일	2022년 9월 15일 2판 1쇄
지은이	이홍섭
사업 총괄	안해선
사업 책임	황은정
마케팅 책임	권가민, 정성훈
제작/유통 책임	조경수, 이미혜, 이건호
콘텐츠 개발 총괄	한소영
콘텐츠 개발 책임	오영석, 김경숙, 모규리, 송우제, 이완성, 전문균
디자인	스튜디오 에딩크, 손수영
펴낸이	고사무열
펴낸곳	(주)개념원리
등록번호	제 22-2381호
주소	서울시 강남구 테헤란로 8길 37, 7층(역삼동, 한동빌딩) 06239
고객센터	1644-1248

® 개념원리

RPM

문제기본서 [알피엠]

중학수학

1-1

많은 학생들은 왜

개념원리로 공부할까요?

정확한 개념과 원리의 이해,

수학의 비결

개념원리에 있습니다.

수학의 자신감은
많은 문제들을 반복해서 여러 번 풀어
봄으로써 얻는 것입니다.

이 책을 펴내면서

수학 공부에도 비결이 있나요?

예. 있습니다. 단순한 암기식 수학 공부는 잘못된 학습 방법입니다.

즉, 무조건 문제를 풀기만 해서는 절대 안 된다는 것이죠.

그래서 공부는 많이 하는 것 같은데 효과를 얻을 수 없는 이유가 여기에 있지요. 그렇다면 수학 공부의 비결은 무엇일까요?

첫째. 개념원리 중학수학을 통하여 개념과 원리를 정확히 이해한다.

둘째. 개념원리 중학수학의 문제를 통해 체험하여 이해한다.

셋째. RPM을 통해 다양한 문제를 풀어본다.

개념원리 중학수학을 통해 개념과 원리를 정확히 이해하고 문제를 통해 체험하므로 개념과 원리를 확실히 이해하게 됩니다. 그 다음 단계는 개념원리 익힘책인 RPM을 통해 다양한 문제를 풀어본다면 최고의 자신감을 맛보게 될 것입니다. 수학의 자신감은 많은 문제를 반복해서 여러 번 풀어 봄으로써 얻어지기 때문입니다.

이처럼 개념원리 중학수학과 RPM으로 차근차근 공부한다면 수학 실력이 놀랍게 향상될 것입니다.

구성과 특징

01 개념 핵심 정리

교과서 내용을 꼼꼼히 분석하여 핵심 개념만을 모아 알차고
이해하기 쉽게 정리하였습니다.

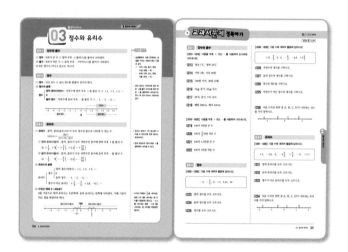

02 교과서 문제 정복하기

학습한 정의와 공식을 적용하여 해결할 수 있는 기본적인 문제
를 충분히 연습하여 개념을 확실하게 익힐 수 있도록 구성하였
습니다.

03 유형 익히기 / 유형 UP

문제 해결에 사용되는 핵심 개념정리, 문제의 형태 및 풀이 방법
등에 따라 문제를 유형화하였습니다.

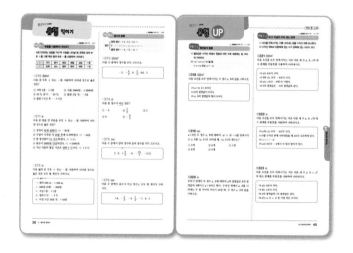

04 중단원 마무리하기

단원이 끝날 때마다 중요 문제를 통해 유형을 익혔는지 확인할
수 있을 뿐만 아니라 실전력을 기를 수 있도록 하였습니다.

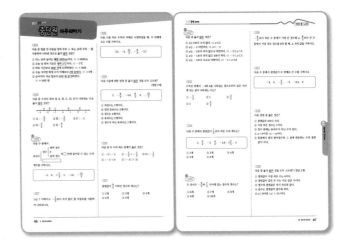

05 실력 테스트

중단원을 학습한 후 테스트를 통해 나의 실력을 확인해 볼 수 있
도록 하였습니다.

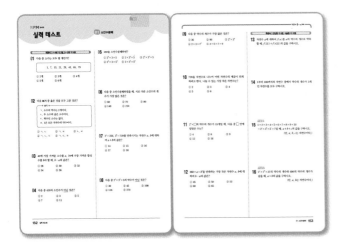

차 례

소인수분해

01 소인수분해

01-1 소수와 합성수

(1) **소수** : 1보다 큰 자연수 중에서 1과 자기 자신만을 약수로 가지는 수
　① 모든 소수의 약수의 개수는 2개이다.
　② 소수 중 짝수는 2뿐이다.
(2) **합성수** : 1보다 큰 자연수 중에서 소수가 아닌 수

개념플러스

■ 2는 어떤 소수일까?
　① 소수 중 유일한 짝수
　② 가장 작은 소수

■ ① 합성수는 약수가 3개 이상
　인 자연수이다.
　② 1은 소수도 아니고 합성수
　도 아니다.

01-2 소인수분해

(1) **거듭제곱** : 같은 수나 문자를 거듭해서 곱한 것을 간단히 나타낸 것
　① a^2, a^3, a^4, …을 a의 거듭제곱이라 한다.
　　[읽는 방법] a^2 ⇨ a의 제곱
　　　　　　　 a^3 ⇨ a의 세제곱
　　　　　　　 a^4 ⇨ a의 네제곱

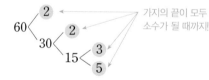

$$\underbrace{a \times a \times a \times \cdots \times a}_{n개} = a^n$$

지수 / 밑

　② **밑** : 거듭하여 곱한 수나 문자
　③ **지수** : 거듭하여 곱한 수나 문자의 곱한 횟수
(2) **인수** : 자연수 a, b, c에 대하여 $a = b \times c$일 때, b, c를 a의 인수라 한다.
(3) **소인수** : 인수 중에서 소수인 것
(4) **소인수분해** : 자연수를 소인수들만의 곱으로 나타내는 것
(5) **소인수분해하는 방법**
　60을 소인수분해해 보면 다음과 같다.

[방법 1]

소수로
나눈다.
```
2 ) 60
2 ) 30
3 ) 15
      5  ← 몫이 소수가 되면 끝난다.
```
⇨ $60 = 2^2 \times 3 \times 5$

[방법 2]

```
    2
60<
    30< 2
       15< 3
           5
```
가지의 끝이 모두
소수가 될 때까지!

⇨ $60 = 2^2 \times 3 \times 5$

일반적으로 소인수분해하는 방법은 [방법 1]의 나눗셈으로 한다.
① 나누어떨어지게 하는 소수 중 작은 수부터 차례로 나눈다.
② 몫이 소수가 될 때까지 나눈다.
③ 나눈 소수들과 마지막 몫을 곱으로 나타낸다.

■ 1의 거듭제곱은 항상 1이다.

■ 소인수분해한 결과는 작은 소
　인수부터 차례로 쓰고 같은 소
　인수의 곱은 거듭제곱으로 나
　타낸다.

01-3 소인수분해를 이용하여 약수 구하기

자연수 A가 $A = a^m \times b^n$ (a, b는 서로 다른 소수, m, n은 자연수)으로 소인수분해될 때, A의 약수의 개수는
　$(m+1) \times (n+1)$개
⒠ $12 = 2^2 \times 3$이므로 12의 약수의 개수는 $(2+1) \times (1+1) = 6$(개)

■ $a^m \times b^n$의 약수는 a^m의 약수
　와 b^n의 약수를 곱해서 구한다.
　이때 표를 그려서 구하면 빠짐
　없이 구할 수 있다.

01-1 소수와 합성수

0001 다음 수가 소수이면 ○표, 합성수이면 △표를 하시오.

(1) 11 (   )   (2) 15   (   )

(3) 17 (   )   (4) 24   (   )

[0002~0005] 소수에 대한 다음 설명 중 옳은 것에는 ○표, 옳지 않은 것에는 ×표를 하시오.

0002 소수는 약수를 2개만 가지는 자연수이다. (   )

0003 모든 소수는 홀수이다.   (   )

0004 가장 작은 소수는 1이다.   (   )

0005 2의 배수 중 소수는 1개뿐이다.   (   )

01-2 소인수분해

[0006~0007] 다음 거듭제곱에서 밑과 지수를 각각 말하시오.

0006 3^4 **0007** 4^3

[0008~0013] 다음을 거듭제곱으로 나타내시오.

0008 $3 \times 3 \times 3$

0009 $5 \times 5 \times 5 \times 5$

0010 $\dfrac{1}{2} \times \dfrac{1}{2} \times \dfrac{1}{2}$

0011 $2 \times 2 \times 7 \times 7 \times 7$

0012 $2 \times 2 \times 2 \times 5 \times 5 \times 7$

0013 $\dfrac{1}{2} \times \dfrac{1}{2} \times \dfrac{1}{5} \times \dfrac{1}{5} \times \dfrac{1}{7} \times \dfrac{1}{7} \times \dfrac{1}{7}$

[0014~0017] 다음 수를 [ ] 안의 수의 거듭제곱으로 나타내시오.

0014 16 [2]   **0015** 27 [3]

0016 125 [5]   **0017** 1000 [10]

[0018~0025] 다음 수를 소인수분해하고, 소인수를 모두 구하시오.

0018 24   **0019** 36

0020 75   **0021** 200

0022 42   **0023** 98

0024 144   **0025** 432

01-3 소인수분해를 이용하여 약수 구하기

0026 다음 표를 완성하고, 이를 이용하여 $2^3 \times 3^2$의 약수를 모두 구하시오.

$\times$	1	3	3^2
1			
2			18
2^2			
2^3		24	

[0027~0030] 다음 수의 약수를 모두 구하시오.

0027 2×3^2 **0028** $3^2 \times 5^2$

0029 100   **0030** 196

[0031~0035] 다음 수의 약수의 개수를 구하시오.

0031 $2^2 \times 5$ **0032** $2^4 \times 5^2$

0033 $2^2 \times 5 \times 7^3$ **0034** 135

0035 180

유형 01 소수와 합성수

↱ 개념원리 중학수학 1–1 10쪽

(1) 소수 : 1보다 큰 자연수 중에서 1과 자기 자신만을 약수로 가지는 수

(2) 합성수 : 1보다 큰 자연수 중에서 소수가 아닌 수

(3) 1은 소수도 아니고 합성수도 아니다.

(4) 2는 가장 작은 소수이고, 소수 중 유일한 짝수이다.

0036 대표문제

다음 중 소수는 모두 몇 개인지 구하시오.

> 1, 7, 21, 33, 47, 91, 113, 237

0037 하

다음 중 합성수는 모두 몇 개인지 구하시오.

> 1, 5, 27, 43, 71, 98, 150

0038 중

다음 중 옳은 것은?

① 1은 합성수이다.

② 소수는 약수가 2개이다.

③ 소수는 모두 홀수이다.

④ 모든 자연수는 소수 또는 합성수이다.

⑤ 30보다 작은 소수는 모두 8개이다.

0039 중

20에 가장 가까운 소수를 a, 가장 가까운 합성수를 b라 할 때, $a+b$의 값을 구하시오.

유형 02 거듭제곱

↱ 개념원리 중학수학 1–1 15쪽

$$\underbrace{a \times a \times \cdots \times a}_{n개} = a^n \quad a를\ n번\ 곱한\ 것$$

예 $3 \times 3 \times 3 \times 3 = 3^4$

0040 대표문제

다음 중 옳지 <u>않은</u> 것을 모두 고르면? (정답 2개)

① $3^3 = 9$

② $2 \times 2 \times 2 \times 3 \times 3 \times 7 = 2^3 \times 3^2 \times 7$

③ $\dfrac{1}{2} \times \dfrac{1}{2} \times \dfrac{1}{2} \times \dfrac{1}{2} \times \dfrac{1}{2} = \dfrac{5}{2^5}$

④ $\dfrac{1}{10 \times 100^2} = \dfrac{1}{10^5}$

⑤ $\dfrac{1}{2 \times 2 \times 5 \times 5 \times 5} = \dfrac{1}{2^2 \times 5^3}$

0041 중하

다음 중 옳은 것은?

① $2 \times 2 \times 2 \times 2 = 2 \times 4$

② $5 + 5 + 5 + 5 = 5^4$

③ $2 \times 2 \times 5 \times 5 = 2^2 \times 5^5$

④ $3 \times 3 \times 3 \times 2 \times 2 = 2^2 + 3^3$

⑤ $7 \times 11 \times 11 \times 11 = 7 \times 11^3$

0042 중하

$a \times a \times b \times b \times a \times c \times b \times c \times b = a^x \times b^y \times c^z$일 때, $x+y-z$의 값을 구하시오.

(단, a, b, c는 서로 다른 소수이고 x, y, z는 자연수)

0043 중 서술형

$2^a = 16$, $3^4 = b$일 때, $a+b$의 값을 구하시오.

(단, a, b는 자연수)

유형03 소인수분해하기

(1) 소인수분해 : 자연수를 소인수들만의 곱으로 나타내는 것

(2) 소인수분해한 결과는

  ① 작은 소인수부터 차례로 쓴다.

  ② 같은 소인수의 곱은 거듭제곱으로 나타낸다.

0044 대표문제

다음 중 소인수분해가 바르게 된 것은?

① $48=2^3 \times 3$　　　　　② $60=2^2 \times 3^2 \times 5$

③ $80=2^4 \times 5$　　　　　④ $120=2^3 \times 3 \times 5^2$

⑤ $140=2^2 \times 5^2 \times 7$

0045 하

다음 수를 소인수분해하시오.

(1) 54　　　　　　　　(2) 72

(3) 84　　　　　　　　(4) 180

0046 중하 서술형

360을 소인수분해하면 $2^a \times 3^b \times c$일 때, $a-b+c$의 값을 구하시오. (단, a, b는 자연수이고, c는 소수)

0047 중

225를 $a^m \times b^n$으로 소인수분해하였을 때, 자연수 a, b, m, n에 대하여 $a+b-m+n$의 값을 구하시오.

（단, a, b는 $a<b$인 서로 다른 소수)

유형04 소인수 구하기

소인수분해한 결과가 $A=a^m \times b^n$ (a, b는 서로 다른 소수, m, n은 자연수)이면 ⇨ A의 소인수는 a, b

예 $24=2^3 \times 3$의 소인수는 2, 3이다.

0048 대표문제

150의 모든 소인수의 합을 구하시오.

0049 하

다음 중 252의 소인수인 것은?

① 1　　　　　② 2　　　　　③ 2^2

④ 5　　　　　⑤ 3^2

0050 중하

다음 **보기**에서 소인수가 같은 것을 모두 고른 것은?

> **보기**
>
> ㄱ. 6　　　ㄴ. 32　　　ㄷ. 60　　　ㄹ. 108

① ㄱ, ㄷ　　　② ㄱ, ㄹ　　　③ ㄴ, ㄷ

④ ㄴ, ㄹ　　　⑤ ㄷ, ㄹ

0051 중

다음 수의 소인수가 나머지 네 수의 소인수와 <u>다른</u> 하나는?

① 18　　　　　② 42　　　　　③ 48

④ 54　　　　　⑤ 144

유형 **05** 약수 구하기　　　　　　　　⤷ 개념원리 중학수학 1-1 21쪽

(1) a^n(a는 소수, n은 자연수)의 약수 : $1, a, a^2, \cdots, a^n$
(2) 자연수 A가 $A=a^m \times b^n$(a, b는 서로 다른 소수, m, n은 자연수)으로 소인수분해될 때
　⤷ A의 약수 : (a^m의 약수)×(b^n의 약수)의 꼴
　　⤷ a^m의 약수 $1, a, a^2, \cdots, a^m$ 중 하나와 b^n의 약수 $1, b, b^2, \cdots, b^n$ 중 하나의 곱으로 만들어진다.

0052 대표문제
다음 중 $2^3 \times 5 \times 7^2$의 약수가 <u>아닌</u> 것은?

① 8　　　　　② 28　　　　　③ 40
④ 72　　　　　⑤ 98

0053 중하
다음 중 420의 약수가 <u>아닌</u> 것은?

① $2^2 \times 5$　　　② $2^2 \times 3 \times 5$　　　③ $2^3 \times 3 \times 7$
④ $2^2 \times 5 \times 7$　　⑤ $2^2 \times 3 \times 5 \times 7$

0054 중상
216의 약수 중에서 어떤 자연수의 제곱이 되는 수의 개수를 구하시오.

0055 중상
$2^2 \times 3^4$의 약수 중에서 두 번째로 큰 수를 구하시오.

유형 **06** 약수의 개수 구하기　　　　　⤷ 개념원리 중학수학 1-1 21쪽

자연수 $a^m \times b^n$(a, b는 서로 다른 소수, m, n은 자연수)의 약수의 개수
⤷ $(m+1) \times (n+1)$개

0056 대표문제
다음 중 약수의 개수가 가장 많은 것은?

① $2^2 \times 3^2$　　　② $2^3 \times 5^2$　　　③ $2^2 \times 3^2 \times 5$
④ $2^2 \times 3 \times 11$　　⑤ $2^2 \times 3^4$

0057 중하
$8 \times 3^a \times 5^2$의 약수의 개수가 72개일 때, 자연수 a의 값을 구하시오.

0058 중하 서술형
360의 약수의 개수와 $2^2 \times 3 \times 5^n$의 약수의 개수가 같을 때, 자연수 n의 값을 구하시오.

0059 중
$x=2^4 \times a^2$(a는 소수)의 약수의 개수가 15개일 때, 가장 작은 자연수 x의 값을 구하시오.

유형 UP

ⓒ개념원리 중학수학 1-1 17쪽

유형 07 중요 제곱인 수 만들기

① 주어진 수를 소인수분해한다.
② 소인수분해한 결과에서 소인수의 지수가 모두 짝수가 되도록 적당한 수를 곱하거나 나눈다.

0060 대표문제

63에 자연수를 곱하여 어떤 자연수의 제곱이 되게 하려고 한다. 다음 중 곱할 수 있는 수를 모두 고르면? (정답 2개)

① 7   ② 21   ③ 28
④ 35   ⑤ 49

0061 중상 서술형

84에 가능한 한 작은 자연수 x를 곱하여 어떤 자연수 y의 제곱이 되도록 할 때, $x+y$의 값을 구하시오.

0062 중상

180을 가장 작은 자연수 a로 나누어 어떤 자연수 b의 제곱이 되도록 할 때, $a+b$의 값은?

① 9   ② 10   ③ 11
④ 12   ⑤ 13

0063 상

540에 자연수를 곱하여 어떤 자연수의 제곱이 되도록 할 때, 곱해야 하는 자연수 중 두 번째로 작은 수는?

① 3   ② 10   ③ 30
④ 45   ⑤ 60

ⓒ개념원리 중학수학 1-1 22쪽

유형 08 약수의 개수가 주어질 때 — □ 안에 들어갈 수 있는 자연수 구하기

자연수 $a^m \times b^n$ (a, b는 서로 다른 소수, m, n은 자연수)의 약수의 개수가 k개이다.
⇨ $(m+1) \times (n+1) = k$

0064 대표문제

$24 \times \square$의 약수의 개수가 16개일 때, 다음 중 □ 안에 알맞은 수는?

① 2   ② 3   ③ 4
④ 5   ⑤ 6

0065 상

$2 \times 3 \times \square$의 약수의 개수가 8개일 때, □ 안에 알맞은 가장 작은 자연수를 구하시오.

ⓒ개념원리 중학수학 1-1 27쪽

유형 09 약수의 개수가 n개인 자연수 구하기

a, b가 서로 다른 소수일 때
① 약수의 개수가 2개인 자연수 ⇨ a의 꼴
② 약수의 개수가 3개인 자연수 ⇨ a^2의 꼴
③ 약수의 개수가 4개인 자연수 ⇨ a^3의 꼴 또는 $a \times b$의 꼴

0066 대표문제

자연수 x의 약수의 개수를 $N(x)$라 할 때,
$$N(120) \times N(x) = 64$$
를 만족시키는 가장 작은 자연수 x의 값을 구하시오.

0067 상

1에서 50까지의 자연수 중에서 약수의 개수가 6개인 수는 모두 몇 개인지 구하시오.

중단원 마무리하기

0068

다음 중 옳은 것은?

① $7^2 \times 7^3 = 7^6$

② $3 \times 3 \times 3 \times 3 \times 3 = 5^3$

③ $2 \times 2 \times 3 \times 3 \times 2 = 2^3 \times 3^2$

④ $3 + 3 + 3 + 3 = 3^4$

⑤ $\dfrac{1}{5} \times \dfrac{1}{5} \times \dfrac{1}{5} = \dfrac{3}{5}$

0069

504를 소인수분해하면?

① $2^3 \times 3^4$ ② $2^3 \times 11^2$

③ $2^3 \times 3^2 \times 7$ ④ $2^3 \times 3^2 \times 11$

⑤ $2^2 \times 3^3 \times 5$

중요 0070

다음 중 약수의 개수가 가장 많은 것은?

① 30 ② 72 ③ 180

④ $3^2 \times 5 \times 7$ ⑤ $2^5 \times 3 \times 5$

0071

20 미만의 자연수 중에서 합성수는 모두 몇 개인가?

① 8개 ② 9개 ③ 10개

④ 11개 ⑤ 12개

0072

90의 소인수의 합을 a, 108의 약수의 개수를 b개, 한 자리의 소수의 개수를 c개라 할 때, $a+b-c$의 값은?

① 12 ② 16 ③ 18

④ 26 ⑤ 32

0073

다음 중 200의 약수가 <u>아닌</u> 것은?

① 2^3 ② 5^2 ③ $2^2 \times 5$

④ 5^3 ⑤ 2×5^2

0074

$3^a = 729$, $5^b = 125$일 때, $a+b$의 값을 구하시오.

(단, a, b는 자연수)

0075

다음 **보기** 중 옳은 것은 모두 몇 개인가?

— ● 보기 ● —

ㄱ. 10 이하의 자연수 중 소수는 5개이다.

ㄴ. 25의 소인수는 1, 5, 5^2이다.

ㄷ. 240을 소인수분해하면 $2^4 \times 3 \times 5$이다.

ㄹ. 3×5^2의 약수의 개수는 6개이다.

ㅁ. 91은 소수이다.

① 1개 ② 2개 ③ 3개

④ 4개 ⑤ 5개

0076

525를 가장 작은 자연수로 나누어 어떤 자연수의 제곱이 되도록 할 때, 나누어야 하는 수는?

① 3   ② 5   ③ 7
④ 21   ⑤ 30

0077

$2^2 \times 3 \times 5^2$의 약수 중 두 번째로 작은 수를 a, 두 번째로 큰 수를 b라 할 때, $a+b$의 값을 구하시오.

0078

$8 \times \square$의 약수의 개수가 8개일 때, 다음 중 $\square$ 안에 들어갈 수 <u>없는</u> 수는?

① 2   ② 3   ③ 7
④ 11   ⑤ 13

0079

다음 조건을 모두 만족하는 자연수 A의 값을 구하시오.

> ㈎ A를 소인수분해하면 소인수는 3, 5뿐이다.
> ㈏ A는 약수의 개수가 10개인 가장 작은 수이다.

서술형 주관식

0080

450의 약수의 개수와 $4 \times 3^a \times 7$의 약수의 개수가 같을 때, 자연수 a의 값을 구하시오.

0081

735에 가능한 한 작은 자연수 x를 곱하여 어떤 자연수 y의 제곱이 되도록 할 때, $x+y$의 값을 구하시오.

실력 UP

0082

자연수 n의 약수의 개수를 $f(n)$이라 할 때,

$$f(35) \times f(x) = 36$$

을 만족시키는 가장 작은 자연수 x의 값을 구하시오.

0083

$3^{26} \times 7^5$의 일의 자리의 숫자는?

① 1   ② 3   ③ 5
④ 7   ⑤ 9

02 최대공약수와 최소공배수

02-1 공약수와 최대공약수

(1) **공약수** : 두 개 이상의 자연수의 공통인 약수
(2) **최대공약수** : 공약수 중에서 가장 큰 수
(3) **최대공약수의 성질** : 두 개 이상의 자연수의 공약수는 최대공약수의 약수이다.
(4) **서로소** : 최대공약수가 1인 두 자연수
(5) **최대공약수 구하기**
　[방법 1] 소인수분해를 이용하는 방법
　① 각 수를 소인수분해한다.
　② 공통인 소인수의 거듭제곱에서 지수가 작거나 같은 것을 택하여 곱한다.
　[방법 2] 공약수로 나누어 구하는 방법
　① 1 이외의 공약수로 각 수를 나눈다.
　② 몫에 1 이외의 공약수가 없을 때(서로소)까지 공약수로 계속 나눈다.
　③ 나누어 준 공약수를 모두 곱한다.

개념플러스

■ **최대공약수 구하는 방법의 예**
[방법 1]
$$\begin{array}{l} 18 = 2 \times 3^2 \\ 42 = 2 \times 3 \times 7 \\ \hline \ 2 \times 3 = 6 \end{array}$$
공통인 소인수

[방법 2]
$$\begin{array}{r|ll} 2) & 18 & 42 \\ 3) & 9 & 21 \\ \hline & 3 & 7 \end{array}$$
공약수가 1 밖에 없다.
∴ $2 \times 3 = 6$

02-2 공배수와 최소공배수

(1) **공배수** : 두 개 이상의 자연수의 공통인 배수
(2) **최소공배수** : 공배수 중에서 가장 작은 수
(3) **최소공배수의 성질** : 두 개 이상의 자연수의 공배수는 최소공배수의 배수이다.
(4) **최소공배수 구하기**
　[방법 1] 소인수분해를 이용하는 방법
　① 각 수를 소인수분해한다.
　② 공통인 소인수와 공통이 아닌 소인수를 모두 곱한다. 이때 지수가 크거나 같은 것
　　을 택한다.
　[방법 2] 공약수로 나누어 구하는 방법
　① 1 이외의 공약수로 각 수를 나눈다.
　② 세 수의 공약수가 없으면 두 수의 공약수로 나눈다. 이때 공약수가 없는 수는 그대
　　로 아래로 내린다.
　③ 어느 두 수도 모두 서로소가 될 때까지 계속 나눈다.
　④ 나눈 수와 마지막 몫을 모두 곱한다.

■ **최소공배수 구하는 방법의 예**
[방법 1]
공통인 소인수
공통이 아닌 소인수
$$\begin{array}{l} 18 = 2 \times 3^2 \\ 28 = 2^2 \times 7 \\ 42 = 2 \times 3 \times 7 \\ \hline 2^2 \times 3^2 \times 7 = 252 \end{array}$$

[방법 2]
$$\begin{array}{r|lll} 2) & 18 & 28 & 42 \\ 7) & 9 & 14 & 21 \\ 3) & 9 & 2 & 3 \\ \hline & 3 & 2 & 1 \end{array}$$
∴ $2 \times 7 \times 3 \times 3 \times 2 \times 1 = 252$

■ **최대공약수와 최소공배수의 관계**
두 자연수 A, B의 최대공약수가 G, 최소공배수가 L일 때,
$A = G \times a$, $B = G \times b$
　　　　(a, b는 서로소)
라 하면 다음이 성립한다.
① $L = G \times a \times b$
② $A \times B = L \times G$

02-3 최대공약수와 최소공배수의 활용

(1) **최대공약수의 활용** : 주어진 문제에 '가장 큰', '최대의', '가능한 한 많은', '가능한 한 크게' 등의 표현이 들어 있는 문제에 활용한다.
(2) **최소공배수의 활용** : 주어진 문제에 '가장 작은', '최소의', '가능한 한 적은', '가능한 한 작게', '처음으로 다시' 등의 표현이 들어 있는 문제에 활용한다.

02-1 공약수와 최대공약수

0084 두 수 18과 24의 최대공약수를 구하려고 한다. 다음을 구하시오.

(1) 18의 약수
(2) 24의 약수
(3) 18과 24의 공약수
(4) 18과 24의 최대공약수

0085 두 자연수의 최대공약수가 15일 때, 이 두 자연수의 공약수를 모두 구하시오.

[0086~0089] 다음 수들의 최대공약수를 구하시오.

0086 24, 32

0087 54, 90

0088 30, 42, 66

0089 60, 84, 108

[0090~0092] 다음 수들의 최대공약수를 소인수의 곱으로 나타내시오.

0090 2×5, $2^3 \times 5$

0091 $2^2 \times 3^2$, $2^4 \times 3$

0092 $3^3 \times 5 \times 7$, $2^2 \times 3^2 \times 5^3$, $3^2 \times 5$

0093 다음 중 두 수가 서로소인 것을 모두 고르면?

(정답 2개)

① 9, 25　　② 15, 18　　③ 10, 23
④ 33, 77　　⑤ 20, 34

02-2 공배수와 최소공배수

0094 두 수 4와 6의 최소공배수를 구하려고 한다. 다음을 구하시오.

(1) 4의 배수
(2) 6의 배수
(3) 4와 6의 공배수
(4) 4와 6의 최소공배수

0095 두 자연수의 최소공배수가 40일 때, 이 두 자연수의 공배수를 작은 것부터 3개 구하시오.

[0096~0099] 다음 수들의 최소공배수를 구하시오.

0096 9, 12

0097 12, 30

0098 12, 15, 24

0099 18, 30, 45

[0100~0103] 다음 수들의 최소공배수를 소인수의 곱으로 나타내시오.

0100 $2^2 \times 3$, 2×3^2

0101 $2^3 \times 5^2$, $2^2 \times 5^3$

0102 $2^2 \times 3$, $2 \times 3 \times 5^2$

0103 $2 \times 3^2 \times 5$, $2 \times 3 \times 7$, $3 \times 5^2 \times 7$

0104 두 자연수 A와 84의 최대공약수가 28, 최소공배수가 168일 때, 자연수 A의 값을 구하시오.

0105 두 자연수의 곱이 192이고 최소공배수가 48일 때, 두 수의 최대공약수를 구하시오.

02-3 최대공약수와 최소공배수의 활용

[0106~0107] 사과 24개와 배 30개를 가능한 한 많은 학생들에게 똑같이 나누어 주려고 한다. 다음 물음에 답하시오.

0106 나누어 줄 수 있는 학생 수를 구하시오.

0107 한 학생에게 사과와 배를 각각 몇 개씩 나누어 줄 수 있는지 구하시오.

0108 어느 항구에서 A, B 두 유람선은 각각 25분, 40분마다 출발한다. 오전 7시에 유람선 A, B가 동시에 출발하였을 때, 그 다음에 두 유람선이 처음으로 동시에 출발하는 시각을 구하시오.

유형 익히기

↻ 개념원리 중학수학 1-1 34쪽

유형 01 최대공약수 구하기

(1) 나눗셈 이용

$$
\begin{array}{r}
2)\overline{18\ \ 42} \\
3)\overline{\ 9\ \ 21} \\
\overline{\ 3\ \ \ 7} \\
\rightarrow 2\times3=6
\end{array}
$$

(2) 소인수분해 이용

공통인 소인수

$$
\begin{array}{l}
18 = 2 \times 3^2 \\
42 = 2 \times 3 \times 7 \\
\hline
\quad\ \ 2 \times 3 \qquad = 6
\end{array}
$$

⇨ 공통인 소인수의 거듭제곱에서 지수가 작거나 같은 것을 택하여 곱한다.

0109 대표문제

세 수 $2^3 \times 3^3$, $2 \times 3^4 \times 7$, $2^2 \times 3^2 \times 5$의 최대공약수는?

① 2×3^2 ② $2^2 \times 3$ ③ $2 \times 3 \times 5$

④ $2^2 \times 3 \times 5$ ⑤ $2^2 \times 3^2 \times 5 \times 7$

0110 하

다음 수들의 최대공약수를 구하시오.

(1) 12, 40   (2) 15, 30, 45

(3) $2^2 \times 3^3 \times 5$, $2 \times 3 \times 5^2 \times 7$, $3^2 \times 5$

0111 중 서술형

세 수 $2^2 \times 3^a \times 5^5$, $3^4 \times 5^b \times 11$, $2^3 \times 3^3 \times 5^4$의 최대공약수가 $3^2 \times 5^3$일 때, $a+b$의 값을 구하시오.

(단, a, b는 자연수)

0112 중상

두 자연수 $2^4 \times \square$와 $2^3 \times 3^5 \times 11$의 최대공약수가 72일 때, 다음 중 $\square$ 안에 들어갈 수 없는 수는?

① 18   ② 36   ③ 45

④ 72   ⑤ 99

↻ 개념원리 중학수학 1-1 35쪽

유형 02 서로소

서로소 : 최대공약수가 1인 두 자연수

⇨ 두 수가 서로소인지 알아보려면 최대공약수를 구해 본다.

0113 대표문제

다음 중 두 수가 서로소인 것은?

① 2, 14   ② 3, 9   ③ 5, 25

④ 6, 15   ⑤ 7, 17

0114 중하

다음 보기 중 옳은 것을 모두 고른 것은?

> ● 보기 ●
>
> ㄱ. 소수의 약수의 개수는 2개이다.
> ㄴ. 서로 다른 두 소수는 서로소이다.
> ㄷ. 두 수가 서로소이면 둘 중 하나는 소수이다.
> ㄹ. 서로소인 두 수의 공약수는 1뿐이다.

① ㄱ, ㄴ   ② ㄱ, ㄹ   ③ ㄴ, ㄹ

④ ㄱ, ㄴ, ㄷ   ⑤ ㄱ, ㄴ, ㄹ

0115 중

20보다 크고 30보다 작은 자연수 중에서 28과 서로소인 수의 개수는?

① 2개   ② 3개   ③ 4개

④ 5개   ⑤ 6개

개념원리 중학수학 1-1 35쪽

유형 03 공약수와 최대공약수

(1) 공약수 : 두 개 이상의 자연수의 공통인 약수
(2) 최대공약수 : 공약수 중에서 가장 큰 수
 ⇨ 공약수는 최대공약수의 약수이다.

0116 대표문제

다음 중 두 수 $2^2 \times 3 \times 5$, $2^2 \times 5^2$의 공약수가 <u>아닌</u> 것은?

① 2^2　　　　② 5　　　　③ 2×5

④ $2^2 \times 3$　　　⑤ $2^2 \times 5$

0117 중하

다음 중 세 수 90, 108, 144의 공약수가 <u>아닌</u> 것은?

① 2　　　　② 2^2　　　　③ 3^2

④ 2×3　　　⑤ 2×3^2

0118 중

두 자연수 A, B의 최대공약수가 48일 때, 다음 중 A와 B의 공약수가 <u>아닌</u> 것은?

① 1　　　　② 3　　　　③ 6

④ 8　　　　⑤ 18

0119 중

세 수 $2^2 \times 3 \times 7$, $2^3 \times 3^2 \times 5^2 \times 7$, $2^4 \times 3^3 \times 7$의 공약수의 개수는?

① 6개　　　② 8개　　　③ 9개

④ 12개　　　⑤ 15개

개념원리 중학수학 1-1 39쪽

유형 04 최소공배수 구하기

(1) 나눗셈 이용

```
2 ) 18   42
3 )  9   21
      3    7
```
 → $2 \times 3 \times 3 \times 7 = 126$

(2) 소인수분해 이용

공통인 소인수

$18 = 2 \times 3^2$　　공통이 아닌 소인수
$42 = 2 \times 3 \times 7$
　　　　$2 \times 3^2 \times 7 = 126$

 ⇨ 공통인 소인수와 공통이 아닌 소인수를 모두 곱한다. 이때 지수가 크거나 같은 것을 택한다.

0120 대표문제

세 수 $2 \times 3 \times 7$, $2^3 \times 3 \times 5 \times 11$, $3^2 \times 5$의 최소공배수는?

① $2^3 \times 3^2$　　　　　② $2 \times 3 \times 5 \times 7 \times 11$

③ $2^3 \times 3^2 \times 5 \times 11$　　④ $2^3 \times 3^2 \times 5 \times 7 \times 11$

⑤ $2^4 \times 3^4 \times 5^2 \times 7 \times 11$

0121 하

세 수 12, 40, 60의 최소공배수는?

① $2^3 \times 5$　　　② $2^2 \times 3^3$　　　③ $2^3 \times 3 \times 5$

④ $2^3 \times 3 \times 5^2$　　⑤ $2^2 \times 3^3 \times 5$

0122 중하

다음 두 수 중 최소공배수가 $2^3 \times 3^2 \times 7$인 것은?

① $2^2 \times 3$, $2 \times 3^2 \times 7$　　　② $2^3 \times 3 \times 7$, $2 \times 3 \times 7$

③ $2^2 \times 3$, $2 \times 3 \times 7$　　　④ 2^3, $3^2 \times 7$

⑤ $2^5 \times 3^2 \times 7$, $2^3 \times 3^4 \times 5 \times 7$

0123 중

두 수 $2^3 \times 3^a \times 5$와 $2^b \times 3^2 \times 7^3$의 최소공배수가 $2^5 \times 3^3 \times 5 \times 7^c$일 때, $a+b+c$의 값을 구하시오.

(단, a, b, c는 자연수)

⟲ 개념원리 중학수학 1-1 39쪽

유형 05 공배수와 최소공배수

(1) 공배수 : 두 개 이상의 자연수의 공통인 배수

(2) 최소공배수 : 공배수 중에서 가장 작은 수

⟹ 공배수는 최소공배수의 배수이다.

(3) 서로소인 두 자연수의 최소공배수는 두 자연수를 곱한 수이다.

0124 대표문제

다음 중 두 수 $2^2 \times 3$, $2 \times 3^3 \times 5$의 공배수가 <u>아닌</u> 것은?

① $2 \times 3 \times 5$　　② $2^2 \times 3^3 \times 5$　　③ $2^2 \times 3^3 \times 5^2$

④ $2^3 \times 3^3 \times 5$　　⑤ $2^3 \times 3^3 \times 5^3$

0125 중하

다음 중 세 수 $2^3 \times 3$, 2×3^2, $2^2 \times 3 \times 5$의 공배수가 <u>아닌</u> 것은?

① $2^3 \times 3^2 \times 5$　　② $2^4 \times 3 \times 5$　　③ $2^3 \times 3^3 \times 5^2$

④ $2^3 \times 3^4 \times 5$　　⑤ $2^4 \times 3^2 \times 5 \times 7$

0126 중

두 자연수의 최소공배수가 18일 때, 이 두 자연수의 공배수 중 100 이하의 자연수는 모두 몇 개인가?

① 4개　　② 5개　　③ 6개

④ 7개　　⑤ 8개

0127 중

세 수 8, 15, 24의 공배수 중 700에 가장 가까운 수를 구하시오.

⟲ 개념원리 중학수학 1-1 40쪽

유형 06 최대공약수와 최소공배수를 이용하여 밑과 지수 구하기

(1) 최대공약수 : 공통인 소인수의 거듭제곱에서 지수가 작거나 같은 것을 택하여 곱한다.

(2) 최소공배수 : 공통인 소인수와 공통이 아닌 소인수를 모두 곱한다. 이때 지수가 크거나 같은 것을 택한다.

0128 대표문제

두 수 $2^a \times 3^2 \times 5$, $2^3 \times 3^b$의 최대공약수는 $2^2 \times 3^2$, 최소공배수는 $2^3 \times 3^a \times 5$일 때, $a+b$의 값은? (단, a, b는 자연수)

① 1　　② 2　　③ 3

④ 4　　⑤ 5

0129 하

세 수 $2^2 \times 3^3$, $2^3 \times 3^2 \times 5$, $2 \times 3^3 \times 5$의 최대공약수와 최소공배수를 차례로 구하면?

① 2×3, $2^3 \times 3^2 \times 5$　　② 2×3, $2^3 \times 3^3 \times 5$

③ $2^2 \times 3$, $2^3 \times 3^2 \times 5$　　④ 2×3^2, $2^3 \times 3^2 \times 5$

⑤ 2×3^2, $2^3 \times 3^3 \times 5$

0130 중

다음 세 수의 최소공배수가 720일 때, 자연수 a, b, c에 대하여 $a+b+c$의 값을 구하시오.

$$2^2 \times 3^a, \quad 2^b \times 3, \quad 2^3 \times 3 \times 5^c$$

0131 중
두 수 $2^a \times 3^2 \times 5^3$, $2^5 \times 3^b \times c$의 최대공약수가 $2^4 \times 3$, 최소공배수가 $2^5 \times 3^2 \times 5^3 \times 11$일 때, 자연수 a, b, c에 대하여 $a+b+c$의 값을 구하시오. (단, c는 소수이다.)

0132 중 서술형
두 수 $2^a \times 3 \times 5^2$, $2^3 \times 3^b \times c$의 최대공약수가 12, 최소공배수가 4200일 때, 자연수 a, b, c에 대하여 $a-b+c$의 값을 구하시오. (단, c는 소수이다.)

0133 중
두 수 $2^3 \times 3^a \times b$, $2^c \times d \times 7$의 최대공약수가 2×7, 최소공배수가 $2^3 \times 3 \times 5 \times 7$일 때, 자연수 a, b, c, d에 대하여 $a \times b \times c \times d$의 값을 구하시오.
(단, b, d는 서로 다른 소수이다.)

0134 중상
두 자연수 $2^3 \times 3 \times 5$, A의 최대공약수가 $2^2 \times 3$, 최소공배수가 $2^3 \times 3^2 \times 5 \times 7^2$일 때, A의 약수의 개수를 구하시오.

중요!
유형 **07** 최대공약수와 최소공배수가 주어질 때 수 구하기 (1)

두 자연수 A, B의 최대공약수가 G, 최소공배수가 L이면

$G) \underline{A \quad B}$
$\quad\ \ a \quad b$
서로소

① $A = G \times a$, $B = G \times b$ (a, b는 서로소)
② $L = G \times a \times b$
③ $A \times B = G \times L$ → (두 수의 곱) = (최대공약수) × (최소공배수)

0135 대표문제
두 자연수 A, 18의 최대공약수가 6, 최소공배수가 198일 때, 자연수 A의 값은?

① 36 ② 42 ③ 54
④ 66 ⑤ 72

0136 중하
두 자연수 72, A의 최대공약수가 36, 최소공배수가 360일 때, 자연수 A의 값을 구하시오.

0137 중하
두 자연수의 곱이 480이고 최소공배수가 120일 때, 이 두 수의 최대공약수는?

① 2 ② 4 ③ 6
④ 8 ⑤ 12

0138 중상
두 자리의 자연수 A, B에 대하여 A, B의 곱이 540이고 최대공약수가 6일 때, $A+B$의 값을 구하시오.

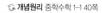
개념원리 중학수학 1-1 40쪽

유형 08 미지수가 포함된 세 수의 최소공배수

미지수가 포함된 세 수의 최소공배수

⇨ 공약수로 나누어 구하는 방법을 이용하면 미지수를 사용한 식으로 나타낼 수 있다.

⑩ 세 자연수 $3 \times x$, $4 \times x$, $5 \times x$의 최소공배수가 180일 때, x의 값은?

$$x \,)\, \underline{3 \times x \quad 4 \times x \quad 5 \times x} \qquad x \times 3 \times 4 \times 5 = 180$$
$$\qquad\quad\, 3 \qquad\; 4 \qquad\; 5 \qquad\qquad \therefore x = 3$$

0139 대표문제

세 자연수 $4 \times x$, $5 \times x$, $6 \times x$의 최소공배수가 180일 때, x의 값은?

① 2   ② 3   ③ 4
④ 5   ⑤ 6

0140 중

세 자연수 $3 \times x$, $4 \times x$, $6 \times x$의 최소공배수가 72일 때, 세 자연수의 최대공약수는?

① 4   ② 5   ③ 6
④ 8   ⑤ 10

0141 중상

세 자연수의 비가 $2 : 3 : 8$이고 최소공배수가 144일 때, 세 자연수 중 가장 큰 수는?

① 14   ② 18   ③ 39
④ 42   ⑤ 48

0142 중상

세 자연수의 비가 $2 : 5 : 6$이고 최소공배수가 600일 때, 세 자연수의 합을 구하시오.

개념원리 중학수학 1-1 45쪽

유형 09 최대공약수의 활용 – 일정한 양을 가능한 한 많은 사람에게 나누어 주기

A개, B개를 똑같이 나누어 줄 수 있는 최대 사람 수

⇨ A, B의 최대공약수

0143 대표문제

연필 180자루와 지우개 168개를 되도록 많은 학생들에게 똑같이 나누어 주려고 한다. 이때 나누어 줄 수 있는 학생 수는?

① 6명   ② 8명   ③ 12명
④ 18명   ⑤ 24명

0144 중

남학생 70명과 여학생 42명이 보트에 타려고 하는데 안전을 위해 각 보트에는 가능한 한 적은 수의 학생들을 태우고 모든 보트에는 남학생과 여학생을 각각 똑같이 나누어 태우려고 한다. 필요한 보트 수와 보트 한 대에 남학생과 여학생은 각각 몇 명씩 타야 하는지 구하시오.

0145 중 서술형

바나나 48개, 오렌지 56개, 사과 60개를 가능한 한 많은 학생들에게 똑같이 나누어 주려고 한다. 나누어 줄 수 있는 학생 수가 a명, 한 학생이 받게 되는 바나나가 b개, 오렌지가 c개, 사과가 d개라 할 때, $a+b+c+d$의 값을 구하시오.

유형 **10** 최대공약수의 활용 − 직사각형, 직육면체 채우기

직사각형을 (직육면체를)
┌ 가장 큰 정사각형으로 (정육면체로) 채울 때
└ 정사각형을 (정육면체를) 가능한 적게 사용하여 채울 때
⇨ 최대공약수를 이용한다.

0146 대표문제
가로의 길이가 160 cm, 세로의 길이가 280 cm인 직사각형 모양의 벽에 가능한 한 큰 정사각형 모양의 타일을 빈틈없이 붙이려고 한다. 다음을 구하시오.

(1) 타일의 한 변의 길이
(2) 필요한 타일의 개수

0147 중
가로, 세로의 길이가 각각 60 cm, 48 cm인 직사각형 모양의 종이에 크기가 같은 정사각형 모양의 색종이를 빈틈없이 붙이려고 한다. 색종이의 수를 가능한 한 적게 하려고 할 때, 필요한 색종이의 수를 구하시오.

0148 중
같은 크기의 정육면체 모양의 벽돌을 빈틈없이 쌓아 오른쪽 그림과 같이 가로, 세로의 길이가 각각 120 cm, 60 cm, 높이가 90 cm인 직육면체가 되게 하려고 한다. 벽돌의 크기를 최대로 할 때, 필요한 벽돌의 개수를 구하시오.

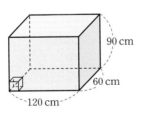

90 cm
60 cm
120 cm

유형 **11** 최대공약수의 활용 − 일정한 간격으로 놓기

직사각형 모양의 둘레에 일정한 간격으로 물건을 놓을 때
┌ 물건 사이의 간격이 최대가 되는 경우
└ 가능한 한 적은 수의 물건을 놓는 경우
⇨ 최대공약수를 이용한다.

0149 대표문제
가로의 길이가 120 m, 세로의 길이가 160 m인 직사각형 모양의 땅 둘레에 일정한 간격으로 나무를 심으려고 한다. 나무 사이의 간격이 최대가 되게 심을 때, 몇 그루의 나무가 필요한가? (단, 네 모퉁이에 반드시 나무를 심는다.)

① 8그루 　　② 10그루 　　③ 12그루
④ 14그루 　　⑤ 16그루

0150 중
가로의 길이가 420 cm, 세로의 길이가 270 cm인 직사각형 모양의 화단 둘레에 일정한 간격으로 화분을 놓으려고 한다. 가능한 한 화분을 적게 놓을 때, 화분 사이의 간격은? (단, 네 모퉁이에 반드시 화분을 놓는다.)

① 15 cm 　　② 20 cm 　　③ 30 cm
④ 35 cm 　　⑤ 60 cm

0151 중상
가로의 길이가 108 m, 세로의 길이가 90 m인 직사각형 모양의 목장의 둘레에 일정한 간격으로 기둥을 세우려고 한다. 네 모퉁이에 반드시 기둥을 세울 때, 최소한 몇 개의 기둥이 필요한가?

① 20개 　　② 22개 　　③ 24개
④ 26개 　　⑤ 28개

개념원리 중학수학 1-1 47쪽

유형 12 최대공약수의 활용 – 어떤 자연수로 나누기

(1) 어떤 수 x로 A를 나누면 나누어떨어진다.
⇨ x는 A의 약수이다.

(2) 어떤 수 x로 A를 나누면 2가 남는다.
⇨ $A-2$를 x로 나누면 나누어떨어진다.
⇨ x는 $A-2$의 약수이다.

(3) 어떤 수 x로 A를 나누면 2가 부족하다.
⇨ $A+2$를 x로 나누면 나누어떨어진다.
⇨ x는 $A+2$의 약수이다.

0152 대표문제

어떤 자연수로 150을 나누면 6이 남고, 87을 나누면 3이 부족하다. 이러한 수 중에서 가장 큰 수를 구하시오.

0153 중

빵 72개와 음료수 108개를 가능한 한 많은 학생들에게 똑같이 나누어 주려고 하였더니 빵은 2개가 남고, 음료수는 3개가 남았다. 이때 학생 수를 구하시오.

0154 중

어떤 자연수로 85를 나누면 5가 부족하고, 33을 나누면 3이 남고, 124를 나누면 4가 남는다. 이러한 수 중에서 가장 큰 수를 구하시오.

0155 중상

어떤 자연수로 77을 나누면 5가 남고, 48을 나누면 나누어떨어진다. 이러한 수 중에서 가장 큰 수와 가장 작은 수의 합을 구하시오.

개념원리 중학수학 1-1 46쪽

유형 13 최소공배수의 활용 – 정사각형, 정육면체 만들기

직사각형을 붙여서 가장 작은 정사각형을 만들 때
직육면체를 쌓아서 가장 작은 정육면체를 만들 때
⇨ 최소공배수를 이용한다.

0156 대표문제

가로의 길이가 12 cm, 세로의 길이가 15 cm인 직사각형 모양의 색종이를 한 방향으로 겹치지 않게 빈틈없이 붙여서 가장 작은 정사각형을 만들려고 한다. 다음을 구하시오.

(1) 만들어진 정사각형의 한 변의 길이
(2) 필요한 색종이의 수

0157 중하

가로의 길이, 세로의 길이, 높이가 각각 6 cm, 8 cm, 3 cm인 직육면체 모양의 벽돌을 한 방향으로 빈틈없이 쌓아서 가장 작은 정육면체를 만들려고 한다. 이때 정육면체의 한 모서리의 길이는?

① 20 cm ② 24 cm ③ 32 cm
④ 48 cm ⑤ 72 cm

0158 중 서술형

가로의 길이가 24 cm, 세로의 길이가 30 cm, 높이가 18 cm인 직육면체 모양 의 벽돌을 한 방향으로 빈틈없이 쌓아서 되도록 작은 정육면체를 만들려고 한다. 이때 정육면체의 한 모서리의 길이와 필요한 벽돌의 개수를 차례로 구하시오.

○ 개념원리 중학수학 1-1 49쪽

유형 14 최소공배수의 활용 – 맞물려 도는 톱니바퀴

두 톱니바퀴가 한 번 맞물린 후 처음으로
다시 같은 톱니에서 맞물릴 때

(1) 맞물린 톱니의 수
  ⇨ 두 톱니의 수의 최소공배수

(2) 톱니바퀴의 회전 수
  ⇨ (두 톱니의 수의 최소공배수)÷(톱니바퀴의 톱니의 수)

0159 대표문제

톱니의 수가 각각 45개, 30개인 톱니바퀴 A, B가 서로 맞물려 돌아가고 있다. 두 톱니바퀴가 한 번 맞물린 후 같은 톱니에서 처음으로 다시 맞물리려면 B는 몇 바퀴 회전해야 하는가?

① 2바퀴   ② 3바퀴   ③ 4바퀴
④ 5바퀴   ⑤ 6바퀴

0160 중하

톱니의 수가 각각 16개, 24개인 톱니바퀴 A, B가 서로 맞물려 돌아가고 있다. 두 톱니바퀴가 한 번 맞물린 후 같은 톱니에서 처음으로 다시 맞물릴 때까지 맞물린 톱니바퀴 A의 톱니의 수를 구하시오.

0161 중 서술형

톱니의 수가 각각 75개, 60개인 톱니바퀴 A, B가 서로 맞물려 돌아가고 있다. 두 톱니바퀴가 한 번 맞물린 후 같은 톱니에서 처음으로 다시 맞물리는 것은 톱니바퀴 A, B가 각각 몇 바퀴 회전한 후인지 구하시오.

유형 15 최소공배수의 활용
       – 동시에 출발하여 다시 만나는 경우

동시에 출발한 후 처음으로 동시에 출발할 때

(1) 걸리는 시간 ⇨ 시간 간격의 최소공배수

(2) 다시 동시에 출발하는 시각
  ⇨ (처음 출발한 시각)+(시간 간격의 최소공배수)

○ 개념원리 중학수학 1-1 46쪽

0162 대표문제

어느 역에서 열차는 20분마다, 버스는 15분마다 출발한다. 오전 8시에 열차와 버스가 동시에 출발하였을 때, 그 다음에 처음으로 동시에 출발하는 시각을 구하시오.

0163 중하

하늘이네 동네에서는 종이와 병을 수거해 가는 차가 각각 14일, 30일마다 온다고 한다. 오늘 그 두 차가 같이 와서 종이와 병을 수거해 갔을 때, 그 다음에 처음으로 같이 오는 날은 며칠 후인지 구하시오.

0164 중

어느 역에서 새마을호 열차는 20분마다, 무궁화호 열차는 25분마다, 전철은 10분마다 출발한다고 한다. 오전 6시에 두 열차와 전철이 동시에 출발하였을 때, 그 다음에 처음으로 동시에 출발하는 시각을 구하시오.

0165 중

운동장을 한 바퀴 도는 데 형은 45초, 동생은 60초가 걸린다고 한다. 이와 같은 속력으로 형과 동생이 같은 지점에서 동시에 출발하여 같은 방향으로 운동장을 돌 때, 각각 몇 바퀴를 돈 후에 출발 지점에서 처음으로 다시 만나게 되는지 구하시오.

유형 16 최소공배수의 활용 - 어떤 자연수를 나누기
🔾 개념원리 중학수학 1-1 47쪽

(1) 어떤 수 x를 A로 나누면 3이 남는다.
 ⇨ $x-3$은 A로 나누어떨어진다.
 ⇨ $x=(A$의 배수$)+3$
(2) 어떤 수 x를 B로 나누면 2가 부족하다.
 ⇨ $x+2$는 B로 나누어떨어진다.
 ⇨ $x=(B$의 배수$)-2$

0166 대표문제
어떤 자연수를 6으로 나누면 5가 남고, 8로 나누면 7이 남는다. 다음 중 이러한 자연수가 될 수 없는 것은?

① 23   ② 47   ③ 73
④ 95   ⑤ 119

0167 중
30, 42 중 어느 수로 나누어도 5가 남는 세 자리의 자연수 중에서 가장 작은 수를 구하시오.

0168 중
4, 8, 10 중 어느 수로 나누어도 2가 남는 자연수 중에서 가장 작은 수는?

① 21   ② 32   ③ 42
④ 82   ⑤ 98

0169 중상
5로 나누면 2가 남고, 8로 나누면 5가 남고, 10으로 나누면 3이 부족한 세 자리의 자연수 중 가장 큰 수와 가장 작은 수의 차를 구하시오.

유형 17 두 분수를 자연수로 만들기
🔾 개념원리 중학수학 1-1 48쪽

(1) 두 분수 $\dfrac{A}{n}$, $\dfrac{B}{n}$가 자연수 ⇨ n은 A, B의 공약수

(2) 두 분수 $\dfrac{1}{A}$, $\dfrac{1}{B}$의 어느 것에 곱해도 자연수가 되는 수
 ⇨ A, B의 공배수

(3) $\dfrac{A}{B}$, $\dfrac{C}{D}$의 어느 것에 곱해도 자연수가 되는 가장 작은 분수
 ⇨ $\dfrac{(B, D의 최소공배수)}{(A, C의 최대공약수)}$ ← (분모의 최소공배수)／(분자의 최대공약수)

0170 대표문제
두 분수 $\dfrac{15}{14}$, $\dfrac{25}{49}$의 어느 것에 곱해도 그 결과가 자연수가 되는 분수 중에서 가장 작은 기약분수를 구하시오.

0171 중
두 분수 $\dfrac{75}{n}$, $\dfrac{105}{n}$를 모두 자연수로 만드는 자연수 n의 값 중에서 가장 큰 수를 구하시오.

0172 중
두 분수 $\dfrac{1}{18}$, $\dfrac{1}{24}$의 어느 것에 곱해도 그 결과가 자연수가 되는 세 자리의 자연수 중에서 가장 작은 수를 구하시오.

0173 중상 서술형
세 분수 $\dfrac{7}{6}$, $\dfrac{35}{12}$, $\dfrac{56}{27}$의 어느 것에 곱해도 그 결과가 자연수가 되는 분수 중에서 가장 작은 기약분수를 구하시오.

유형**18** 세 수의 최소공배수가 주어질 때 미지수 구하기

⟳ **개념원리** 중학수학 1-1 54쪽

세 자연수 2, 6, a의 최소공배수가 18이다.

2, $6=2\times3$, a의 최소공배수가 $18=2\times3^2$이므로

a는 반드시 3^2을 인수로 가져야 하고, 2×3^2의 약수이어야 한다.

⇨ $a=9$, 18

0174 대표문제

서로 다른 세 자연수 15, 30, a의 최소공배수가 150일 때, a가 될 수 있는 자연수의 개수를 구하시오.

0175 상

서로 다른 세 자연수 4, 50, a의 최소공배수가 600일 때, a가 될 수 있는 자연수의 합을 구하시오.

유형**19** 최대공약수와 최소공배수가 주어질 때 수 구하기(2)

⟳ **개념원리** 중학수학 1-1 54쪽

세 자연수 14, 21, N의 최대공약수가 7, 최소공배수가 210이다.

$$7\,)\,\underline{14\quad 21\quad N}$$
$$2\quad 3\quad n$$
$$\Downarrow$$
$$N=7\times n$$

⇨ $210=7\times(2\times3\times5)$이고, 세 수의 최소공배수를 구할 때는 두 수의 공약수로도 나눌 수 있으므로

$n=5$, 5×2, 5×3, $5\times2\times3$이다.

0176 대표문제

세 자연수 18, 30, N의 최대공약수가 6이고 최소공배수가 630일 때, 다음 중 N의 값이 될 수 없는 것은?

① 42 ② 126 ③ 210
④ 520 ⑤ 630

0177 상

세 자연수 36, N, 90의 최대공약수가 18이고 최소공배수가 540일 때, N의 값 중 가장 큰 수와 가장 작은 수의 합을 구하시오.

유형**20** 최대공약수와 최소공배수가 주어질 때 두 수의 합과 차 구하기

⟳ **개념원리** 중학수학 1-1 54쪽

두 자연수 A, B의 최대공약수가 G, 최소공배수가 L이면

$$G\,)\,\underline{A\quad B}$$
$$a\quad b$$
$$\text{서로소}$$

⇨ $A=G\times a$, $B=G\times b$,

$L=G\times a\times b$ (a, b는 서로소)

⇨ A, B 중에서 합 또는 차의 조건을 만족하는 두 수를 찾는다.

0178 대표문제

합이 96이고 최대공약수가 8, 최소공배수가 280인 두 자연수를 A, B라 할 때, $A-B$의 값은? (단, $A>B$)

① 14 ② 15 ③ 16
④ 17 ⑤ 18

0179 상

두 자연수 A, B에 대하여 $A>B$이고 A, B의 최대공약수가 26, 최소공배수가 156일 때, 다음 중 $A+B$의 값이 될 수 있는 수를 모두 고르면? (정답 2개)

① 120 ② 130 ③ 146
④ 162 ⑤ 182

0180 상

두 자연수 A, B에 대하여 $A>B$이고 A와 B의 최대공약수가 5, 최소공배수가 120이다. $A-B=25$일 때, $A+B$의 값을 구하시오.

0181

다음 중 두 수가 서로소인 것은?

① 8, 10   ② 9, 15   ③ 12, 29

④ 21, 35   ⑤ 33, 27

0182

세 수 $3^2 \times 5$, $2 \times 3^2 \times 5$, $3^3 \times 5^2 \times 7$의 최대공약수와 최소공배수를 차례로 구하면?

① 3×5, $2^3 \times 5^2 \times 7$ ② 3×5, $3^3 \times 5 \times 7$

③ $3^2 \times 5$, $2 \times 3^2 \times 5^2 \times 7$ ④ $3^2 \times 5$, $2 \times 3^3 \times 5^2 \times 7$

⑤ $3^2 \times 5^2$, $2 \times 3^3 \times 5^2 \times 7$

0183

다음 중 두 수 $2^3 \times 3^2$, $2^2 \times 3^3 \times 7$의 공약수가 <u>아닌</u> 것은?

① 3^2 ② 2×3 ③ $2 \times 3 \times 7$

④ $2^2 \times 3$ ⑤ $2^2 \times 3^2$

0184

다음 중 옳지 <u>않은</u> 것을 모두 고르면? (정답 2개)

① 16과 81은 서로소이다.

② 36은 두 수 $2^2 \times 3^4$, $2 \times 3^2 \times 5$의 공약수이다.

③ 세 수 $2^3 \times 3^2 \times 7$, $2^2 \times 3 \times 5^2$, $2^2 \times 3^3 \times 5$의 공약수의 개수는 6개이다.

④ 180은 두 수 2×3^2, $2^2 \times 5$의 공배수이다.

⑤ 서로소인 두 수는 모두 소수이다.

0185

두 자연수 $2^3 \times \square$, $2^2 \times 3^5 \times 7$의 최대공약수가 36일 때, 다음 중 $\square$ 안에 들어갈 수 <u>없는</u> 수는?

① 36   ② 45   ③ 54

④ 72   ⑤ 90

0186

세 자연수 $2 \times 3^a \times 5$, $3^3 \times 5^c$, $3^b \times 5 \times 7^d$의 최대공약수가 $3^2 \times 5$, 최소공배수가 $2 \times 3^4 \times 5^2 \times 7$일 때, $a+b+c+d$의 값을 구하시오. (단, a, b, c, d는 자연수)

0187

두 자연수의 곱이 720이고 최소공배수가 $2^2 \times 3^2 \times 5$일 때, 이 두 수의 최대공약수는?

① 2   ② 4   ③ 8

④ 10   ⑤ 18

0188

세 자연수 72, 108, A의 최대공약수가 18일 때, 다음 중 A의 값이 될 수 <u>없는</u> 것은?

① 18   ② 54   ③ 90

④ 126   ⑤ 144

0189

다음 조건을 모두 만족시키는 자연수 A는?

> (가) A와 $2^3 \times 3$의 최대공약수는 $2^2 \times 3$이다.
> (나) A와 $2^3 \times 3$의 최소공배수는 $2^3 \times 3^2$이다.

① 2×3
② $2^2 \times 3$
③ $2^2 \times 3^2$
④ $2^3 \times 3$
⑤ $2^3 \times 3^3$

0190

두 수의 최대공약수, 최소공배수가 각각 2×3^2, $2^2 \times 3^3 \times 5$ 일 때, 다음 중 두 수가 될 수 없는 것은?

① 2×3^2, $2^2 \times 3^3 \times 5$
② 2×3^3, $2^2 \times 3^2 \times 5$
③ $2^2 \times 3^2$, $2 \times 3^3 \times 5$
④ $2^2 \times 3^3$, $2 \times 3 \times 5$
⑤ $2^2 \times 3^3$, $2 \times 3^2 \times 5$

0191

두 자연수 A와 $2 \times 3^2 \times 7^2$의 최대공약수가 $2 \times 3 \times 7^2$, 최소공배수가 $2 \times 3^2 \times 5 \times 7^3$일 때, A의 값은?

① $2 \times 3 \times 5 \times 7$
② $2 \times 3^2 \times 5 \times 7$
③ $2 \times 3 \times 5 \times 7^2$
④ $2 \times 3 \times 5 \times 7^3$
⑤ $2^2 \times 3^2 \times 5 \times 7^3$

0192

세 수 $\dfrac{110}{n}$, $\dfrac{220}{n}$, $\dfrac{275}{n}$ 를 모두 자연수가 되게 하는 두 자리의 자연수 n의 개수를 구하시오.

0193

두 자연수 n, 15의 최대공약수가 3, 최소공배수가 60일 때, 자연수 n의 값은?

① 12
② 18
③ 24
④ 30
⑤ 36

0194

어떤 수로 37을 나누면 5가 남고, 90을 나누면 2가 남는다. 이러한 수 중에서 가장 큰 수는?

① 4
② 8
③ 10
④ 12
⑤ 16

0195

5로 나누면 2가 남고, 6으로 나누면 3이 남고, 7로 나누면 4가 남는 자연수 중에서 가장 작은 수를 구하시오.

0196

최소공배수가 180인 세 자연수의 비가 $2 : 3 : 4$일 때, 세 자연수 중 가장 큰 수는?

① 32
② 38
③ 40
④ 45
⑤ 60

0197

세 자연수 A, B, C가 있다. A와 B의 최대공약수는 28이고 B와 C의 최대공약수는 42일 때, A, B, C의 최대공약수를 구하시오.

0198 〈중요〉

두 자연수 A, B의 최대공약수가 8, 최소공배수가 32일 때, $B-A$의 값은? (단, $A < B$)

① 16 　　② 20 　　③ 24

④ 32 　　⑤ 40

0199

3, 5, 8 중 어느 수로 나누어도 2가 남는 자연수 중에서 가장 작은 수를 구하시오.

0200

사과 27개, 복숭아 46개, 방울토마토 77개를 가능한 한 많은 학생들에게 똑같이 나누어 주려고 하였더니 사과는 3개가 부족하고 복숭아와 방울토마토는 각각 1개, 2개가 남았다. 이때 학생 수는?

① 3명 　　② 5명 　　③ 10명

④ 15명 　　⑤ 30명

0201

기은이와 제헌이는 각각 6일, 8일 간격으로 같은 장소에서 봉사활동을 하고 있다. 5월 2일에 함께 봉사활동을 하였을 때, 그 다음에 처음으로 함께 봉사활동을 하는 날은 언제인가?

① 5월 22일 　　② 5월 23일 　　③ 5월 24일

④ 5월 25일 　　⑤ 5월 26일

0202 〈중요〉

세 수 $1\frac{5}{7}$, $7\frac{1}{5}$, $3\frac{3}{4}$의 어느 것에 곱해도 그 결과가 자연수가 되는 분수 중에서 가장 작은 기약분수를 $\frac{b}{a}$라 할 때, $a+b$의 값을 구하시오.

0203

서로 맞물려 도는 톱니바퀴 A, B, C기 있다. A의 톱니의 수는 12개, B의 톱니의 수는 20개, C의 톱니의 수는 24개이다. 세 톱니바퀴가 한 번 맞물린 후 같은 톱니에서 처음으로 다시 맞물리려면 A는 몇 바퀴 회전해야 하는지 구하시오.

0204

어느 중학교 등산부의 여학생 수는 36명이고 남학생 수는 45명이다. 이번 주말에 야영을 하기 위하여 여학생 a명과 남학생 b명씩을 한 조로 나누려고 한다. 가능한 한 많은 조로 나누려고 할 때, $a+b$의 값을 구하시오.

서술형 주관식

0205
어느 상가 건물에 있는 A, B, C의 3가지 네온사인이 A 는 14초 동안 켜져 있다가 2초 동안 꺼지고, B는 17초 동 안 켜져 있다가 3초 동안 꺼지고, C는 20초 동안 켜져 있 다가 4초 동안 꺼진다고 한다. 오후 8시에 세 네온사인이 동시에 켜졌을 때, 그 다음에 처음으로 다시 동시에 켜지는 시각을 구하시오.

0206
가로의 길이가 180 cm, 세로의 길이가 144 cm인 직사각 형 모양의 교실의 한 쪽 벽에 같은 크기의 정사각형 모양의 사진을 빈틈없이 붙이려고 한다. 가능한 한 큰 사진을 붙이 려고 할 때, 사진의 한 변의 길이는 x cm이고 필요한 사진 은 y장이다. 이때 $x+y$의 값을 구하시오.

0207
세 자연수 $15 \times a$, $18 \times a$, $45 \times a$의 최소공배수가 270일 때, 다음을 구하시오.

(1) a의 값
(2) 세 자연수의 최대공약수

0208 중요
가로의 길이가 6 cm, 세로의 길이가 18 cm, 높이가 4 cm 인 직육면체 모양의 상자를 한 방향으로 빈틈없이 쌓아서 가장 작은 정육면체를 만들려고 한다. 다음을 구하시오.

(1) 정육면체의 한 모서리의 길이
(2) 필요한 상자의 개수

실력 UP

0209
다음 조건을 모두 만족하는 두 자연수 A, B에 대하여 $A-B$의 값을 구하시오. (단, $A>B$)

> (개) A, B의 최대공약수는 4이다.
> (내) A, B의 최소공배수는 144이다.
> (대) $A+B=52$

0210
세 자연수 30, N, 75의 최대공약수가 15, 최소공배수가 450일 때, 다음 중 N의 값이 될 수 <u>없는</u> 것은?

① 45 　　　② 90 　　　③ 150
④ 225 　　　⑤ 450

0211
두 자리의 자연수 A, B에 대하여 A, B의 곱이 756이고 최대공약수가 6일 때, $A+B$의 값을 구하시오.
(단, $A<B$)

0212
세 자연수 28, 35, A의 최소공배수가 140일 때, A의 값이 될 수 있는 수를 작은 수부터 차례로 4개를 구하여 합을 구 하시오.

재주와 천재

어느 날 한 젊은이가 모차르트를 찾아갔습니다.

"저는 음악을 배우고 싶습니다. 그리고 세상에서 제일 훌륭한 음악가가 될 겁니다. 당신은 내가 그렇게 될 수 있으리라 생각하십니까?"

모차르트는 젊은이를 가만히 바라보다가 짧게 말했습니다.

"당신은 스승을 찾고 있군요."

젊은이가 대답했습니다.

"당신은 스승에게서 음악을 배운 것이 아니라고 들었습니다. 그런데 나는 왜 배워야 하나요? 그리고 당신은 일곱 살 어린 나이에 이미 훌륭한 작곡을 했다고 들었습니다. 그런데 나는 스무 살이 다 되었는데, 작곡은 커녕 스승을 찾고 있으니 그 이유가 무엇입니까?"

모차르트가 말했습니다.

"모든 것이 당신 책임이오. 나는 일곱 살에 작곡을 어떤 식으로 할까 혼자서 생각했고 스스로 작곡을 했소. 그런데 당신은 지금 내게 작곡법이 아니라 왜 당신은 나처럼 하지 못했는가만 묻고 있소. 그것은 당신이 의욕만 갖고 있을 뿐 천재가 아니라는 것을 증명하는 거요."

의욕만 가지고는 그 무엇도 이루어지지 않습니다. 무엇인가 하고자 하는 의욕이 있다면 그것을 이루기 위해 노력하십시오.

정수와 유리수

03 정수와 유리수

03-1 양수와 음수

(1) **양수** : 0보다 큰 수 ⇨ 양의 부호 +(플러스)를 붙여서 나타낸다.
(2) **음수** : 0보다 작은 수 ⇨ 음의 부호 −(마이너스)를 붙여서 나타낸다.
(3) 0은 양수도 아니고 음수도 아니다.

03-2 정수

(1) **정수** : 양의 정수, 0, 음의 정수를 통틀어 정수라 한다.
(2) **정수의 분류**

정수 $\begin{cases} \text{양의 정수(자연수) : 자연수에 양의 부호 +를 붙인 수 ⇨ } +1, +2, +3, \cdots \\ \textbf{0} \quad \leftarrow 0\text{은 양의 정수도 아니고 음의 정수도 아니다.} \\ \text{음의 정수 : 자연수에 음의 부호 −를 붙인 수 ⇨ } -1, -2, -3, \cdots \end{cases}$

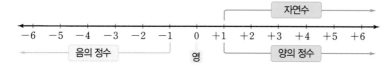

03-3 유리수

(1) **유리수** : 분자, 분모(분모≠0)가 모두 정수인 분수로 나타낼 수 있는 수

$$(\text{유리수}) = \frac{(\text{정수})}{(0\text{이 아닌 정수})}$$

① 양의 유리수(양수) : 분자, 분모가 모두 자연수인 분수에 양의 부호 +를 붙인 수

예 $+\dfrac{1}{2}, \ +3\left(=+\dfrac{3}{1}\right), \ +2.1\left(=+\dfrac{21}{10}\right)$

② 음의 유리수(음수) : 분자, 분모가 모두 자연수인 분수에 음의 부호 −를 붙인 수

예 $-\dfrac{1}{2}, \ -3\left(=-\dfrac{3}{1}\right), \ -2.1\left(=-\dfrac{21}{10}\right)$

(2) **유리수의 분류**

유리수 $\begin{cases} \text{정수} \begin{cases} \text{양의 정수(자연수) : } +1, +2, +3, \cdots \\ 0 \\ \text{음의 정수 : } -1, -2, -3, \cdots \end{cases} \\ \text{정수가 아닌 유리수 : } +\dfrac{1}{4}, \ -\dfrac{3}{2}, \ +1.8, \ -0.7, \cdots \end{cases}$

(3) **수직선 위에 수 나타내기**

0을 기준으로 양의 유리수는 오른쪽에, 음의 유리수는 왼쪽에 나타낸다. 이때 기준이 되는 점을 원점이라 한다.

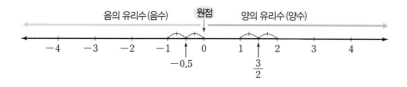

▪ 실생활에서 서로 반대되는 성질을 가지는 수량의 예는 다음과 같다.
  + : 이익, 지상, 증가, 영상, 수입, 해발, ∼후, …
  − : 손해, 지하, 감소, 영하, 지출, 해저, ∼전, …

▪ 양의 정수는 자연수에 양의 부호 +를 붙인 수이므로 양의 부호 +를 생략하여 나타내기도 한다. 즉, 양의 정수는 자연수와 같다.

▪ 정수는 분모가 1인 분수로 나타낼 수 있으므로 모든 정수는 유리수이다.

▪ 양의 유리수도 양의 부호 +를 생략하여 나타낼 수 있다.

▪ 수직선 위에서 $\dfrac{3}{2}$을 나타내는 점은 1과 2를 나타내는 점 사이를 이등분한 점이고, −0.5를 나타내는 점은 −1과 0을 나타내는 점 사이를 이등분한 점이다.

03-1 양수와 음수

[0213~0218] 다음을 부호 + 또는 −를 사용하여 순서대로 나타내시오.

0213 영상 7℃, 영하 10℃

0214 지하 3층, 지상 40층

0215 700원 이익, 30원 손해

0216 2 kg 증가, 6 kg 감소

0217 20 % 증가, 5 % 감소

0218 해발 500 m, 해저 140 m

[0219~0222] 다음을 부호 + 또는 −를 사용하여 나타내시오.

0219 0보다 3만큼 큰 수

0220 0보다 $\frac{1}{2}$만큼 작은 수

0221 0보다 1.5만큼 큰 수

0222 0보다 1만큼 작은 수

03-2 정수

[0223~0225] 다음 수에 대하여 물음에 답하시오.

$$-5, \quad -\frac{2}{3}, \quad 0, \quad +2, \quad 3.14, \quad 10$$

0223 양의 정수를 모두 고르시오.

0224 음의 정수를 모두 고르시오.

0225 정수를 모두 고르시오.

[0226~0229] 다음 수에 대하여 물음에 답하시오.

$$+11, \quad \frac{2}{3}, \quad 0, \quad 6, \quad -\frac{6}{3}, \quad -4.5, \quad +2\frac{2}{5}$$

0226 자연수의 개수를 구하시오.

0227 음의 정수의 개수를 구하시오.

0228 정수의 개수를 구하시오.

0229 자연수가 아닌 정수의 개수를 구하시오.

0230 다음 수직선 위의 점 A, B, C, D가 나타내는 정수를 각각 말하시오.

03-3 유리수

[0231~0233] 다음 수에 대하여 물음에 답하시오.

$$+2, \quad -1.6, \quad 0, \quad -1\frac{2}{3}, \quad +\frac{3}{4}, \quad -8, \quad +7.7$$

0231 양의 유리수를 모두 고르시오.

0232 음의 유리수를 모두 고르시오.

0233 정수가 아닌 유리수를 모두 고르시오.

0234 다음 수직선 위의 점 A, B, C, D가 나타내는 유리수를 각각 말하시오.

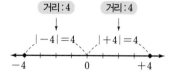
03-4 **절댓값**

(1) **절댓값** : 수직선 위에서 원점과 어떤 수를 나타내는 점 사이의 거리를 그 수의 절댓값이라 하고, 기호 | |로 나타낸다.

　　예 -4의 절댓값 : $|-4|=4$ ┐ 절댓값이 4인 수는
　　　 $+4$의 절댓값 : $|+4|=4$ ┘ $+4, -4$의 2개

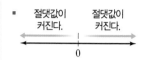

거리 : 4　　　거리 : 4

$|-4|=4$　　$|+4|=4$

-4　　0　　$+4$

(2) **절댓값의 성질**

　① 양수와 음수의 절댓값은 그 수에서 부호 $+, -$를 떼어낸 수와 같다.

　　즉, $|a|=a, |-a|=a\ (a>0)$이다.

　② 0의 절댓값은 0이다. 즉, $|0|=0$

　③ 절댓값이 클수록 원점에서 멀리 떨어져 있다.

(3) **절댓값이 $a\ (a>0)$인 수** ⇨ $+a, -a$의 2개가 있다.

* ① 절댓값은 거리이므로 항상 0 또는 양수이다.
　　⇨ (절댓값)≥0
　② 절댓값이 가장 작은 수는 0 이다.

* 절댓값이　　절댓값이
　커진다.　　커진다.
　◄─────　─────►
　　　　　0

03-5 **수의 대소 관계**

(1) 양수는 0보다 크고, 음수는 0보다 작다.

　　(음수)$<0<$(양수)

(2) 양수끼리는 절댓값이 큰 수가 크다.

　예 $+\dfrac{2}{5}<+\dfrac{3}{5}$ ◄─ $\left|+\dfrac{2}{5}\right|<\left|+\dfrac{3}{5}\right|$

(3) 음수끼리는 절댓값이 큰 수가 작다.

　예 $-\dfrac{2}{5}>-\dfrac{3}{5}$ ◄─ $\left|-\dfrac{2}{5}\right|<\left|-\dfrac{3}{5}\right|$

오른쪽으로 갈수록 커진다.
◄──────────────►
-2　-1　0　1　2
절댓값이　　　　　절댓값이
큰 수가 작다.　　 큰 수가 크다.

* 수를 수직선 위에 나타내었을 때, 오른쪽에 있는 수가 왼쪽에 있는 수보다 크다.

참고 두 수의 대소 비교하기

　(1) 부호가 다른 두 수 ⇨ (음수)$<$(양수)

　　예 $-\dfrac{4}{5}<\dfrac{2}{3}$, $-2<1.7$

　(2) 부호가 같은 두 수 ⇨ 분수는 분모의 최소공배수로 통분하여 절댓값을 비교한다.

　　예 $\dfrac{1}{3}, \dfrac{1}{2}$ ──통분──► $\dfrac{2}{6}, \dfrac{3}{6}$ ──절댓값 비교──► $\dfrac{1}{3}<\dfrac{1}{2}$

　　　$-\dfrac{1}{3}, -\dfrac{1}{4}$ ──통분──► $-\dfrac{4}{12}, -\dfrac{3}{12}$ ──절댓값 비교──► $-\dfrac{1}{3}<-\dfrac{1}{4}$

03-6 **부등호의 사용**

　　　　　　　　　　　　　　　　⟶ 기호 ≥는 '> 또는 ='를 뜻한다.

$a>b$	$a<b$	$a≥b$	$a≤b$
a는 b보다 **크다**. a는 b **초과**이다.	a는 b보다 **작다**. a는 b **미만**이다.	a는 b보다 **크거나 같다**. a는 b보다 **작지 않다**. a는 b **이상**이다.	a는 b보다 **작거나 같다**. a는 b보다 **크지 않다**. a는 b **이하**이다.

* (크지 않다)
　=(작거나 같다)
　=(이하)
　(작지 않다)
　=(크거나 같다)
　=(이상)

03-4 절댓값

[0235~0240] 다음 수의 절댓값을 구하시오.

0235 $+2.1$

0236 -2

0237 -5.8

0238 $+\dfrac{5}{14}$

0239 $-1\dfrac{4}{5}$

0240 -3.7

[0241~0244] 다음 수를 모두 구하시오.

0241 절댓값이 5인 수

0242 절댓값이 1.3인 수

0243 절댓값이 $\dfrac{2}{3}$인 수

0244 절댓값이 0인 수

0245 다음 수를 절댓값이 작은 수부터 차례로 나열하시오.

$$1.3, \quad -0.7, \quad 4, \quad \dfrac{1}{2}, \quad 0$$

03-5 수의 대소 관계

[0246~0255] 다음 □ 안에 부등호 > 또는 < 중 알맞은 것을 써넣으시오.

0246 $+2 \;\square\; 1$

0247 $-0.3 \;\square\; 0$

0248 $-4 \;\square\; +\dfrac{7}{2}$

0249 $-1.8 \;\square\; +1.4$

0250 $+\dfrac{3}{4} \;\square\; -\dfrac{2}{5}$

0251 $0 \;\square\; +\dfrac{3}{8}$

0252 $+\dfrac{1}{3} \;\square\; +\dfrac{5}{6}$

0253 $+\dfrac{2}{3} \;\square\; +0.5$

0254 $-\dfrac{1}{5} \;\square\; -\dfrac{2}{3}$

0255 $-1.3 \;\square\; -\dfrac{3}{2}$

0256 다음 수를 큰 수부터 차례로 나열하시오.

$$-\dfrac{9}{2}, \quad -4.8, \quad +2, \quad \dfrac{6}{5}, \quad -\dfrac{1}{3}$$

03-6 부등호의 사용

[0257~0260] 다음을 부등호를 사용하여 나타내시오.

0257 x는 -4 이상이다.

0258 x는 1.6 미만이다.

0259 x는 -1 초과 0.8 이하이다.

0260 x는 -2 이상 $\dfrac{5}{4}$ 미만이다.

[0261~0263] 다음을 부등호를 사용하여 나타내시오.

0261 x는 11보다 작거나 같다.

0262 x는 $\dfrac{1}{3}$보다 크거나 같다.

0263 x는 -0.8보다 크고 2.5보다 작거나 같다.

[0264~0266] 다음을 부등호를 사용하여 나타내시오.

0264 x는 $-\dfrac{1}{2}$보다 작지 않다.

0265 x는 -1보다 크고 $\dfrac{7}{2}$보다 크지 않다.

0266 x는 $-\dfrac{4}{3}$보다 작지 않고 1.9보다 크지 않다.

[0267~0269] 다음 조건을 만족시키는 수를 모두 구하시오.

0267 -2보다 크고 4보다 작은 정수

0268 -1보다 크거나 같고 $\dfrac{5}{2}$ 이하인 정수

0269 -2보다 작지 않고 $\dfrac{10}{3}$보다 크지 않은 정수

개념원리 중학수학 1-1 63쪽

유형 01 부호를 사용하여 나타내기

서로 반대되는 성질을 가진 두 수량을 나타낼 때, 한쪽은 양의 부호 $+$를, 다른 쪽은 음의 부호 $-$를 사용하여 나타낸다.

+	이익	증가	영상	해발	상승	~후
−	손해	감소	영하	해저	하락	~전

0270 대표문제

다음 중 부호 $+$ 또는 $-$를 사용하여 나타낸 것으로 옳은 것은?

① 지하 2층 : $+2$층　　　② 지출 3000원 : $+3000$원

③ 20 % 증가 : -20 %　　④ 출발 3일 전 : -3일

⑤ 출발 7시간 후 : -7시간

0271 하

다음 중 밑줄 친 부분을 부호 $+$ 또는 $-$를 사용하여 나타낸 것으로 옳은 것은?

① 성적이 20점 올랐다. ⇨ -20점

② 수업이 시작된 지 10분 후에 도착하였다. ⇨ -10분

③ 쌀 생산량이 3 t 감소하였다. ⇨ $+3$ t

④ 용돈이 5000원 인상되었다. ⇨ $+5000$원

⑤ 지난 겨울의 평균 기온은 영하 5 ℃이다. ⇨ $+5$ ℃

0272 하

다음 **보기** 중 부호 $+$ 또는 $-$를 사용하여 나타낸 것으로 옳은 것은 모두 몇 개인지 구하시오.

● 보기 ●

ㄱ. 해저 200 m : $+200$ m

ㄴ. 500원 손해 : -500원

ㄷ. 지상 7층 : $+7$층

ㄹ. 영하 3 ℃ : -3 ℃

ㅁ. 수업 시간 10분 전 : $+10$분

개념원리 중학수학 1-1 63쪽

유형 02 정수의 분류

$$\text{정수} \begin{cases} \text{양의 정수} : +1, +2, +3, \cdots \\ 0 \quad \leftarrow \text{양의 정수도 음의 정수도 아니다.} \\ \text{음의 정수} : -1, -2, -3, \cdots \end{cases}$$

0273 대표문제

다음 수 중에서 정수를 모두 고르시오.

$$-5, \quad -\frac{4}{2}, \quad 0, \quad \frac{1}{3}, \quad 0.6, \quad 3$$

0274 하

다음 중 정수가 아닌 것은?

① -5　　　　② $\frac{7}{2}$　　　　③ 2

④ 0　　　　⑤ $-\frac{9}{3}$

0275 중하

다음 수 중에서 양의 정수와 음의 정수를 각각 고르시오.

$$2, \quad 0, \quad +\frac{6}{2}, \quad -6, \quad -\frac{15}{3}, \quad -2.15$$

0276 중하

다음 수 중에서 음수가 아닌 정수는 모두 몇 개인지 구하시오.

$$+6, \quad -\frac{2}{3}, \quad -3, \quad \frac{1}{2}, \quad -7, \quad 0, \quad 2$$

정답과 풀이 p.20

개념원리 중학수학 1-1 63쪽

유형 03 유리수의 분류

(1) (유리수)$=\dfrac{(정수)}{(0이\ 아닌\ 정수)}$ ← 분수로 나타낼 수 있는 수

(2) 유리수 $\begin{cases} 정수 \begin{cases} 양의\ 정수(자연수):+1,\ +2,\ +3,\ \cdots \\ 0 \\ 음의\ 정수:-1,\ -2,\ -3,\ \cdots \end{cases} \\ 정수가\ 아닌\ 유리수:-\dfrac{1}{2},\ -0.1,\ \dfrac{1}{3},\ 0.14,\ \cdots \end{cases}$

0277 대표문제

다음 수들에 대한 설명으로 옳은 것은?

$$-2.5,\quad -1,\quad \frac{4}{2},\quad 0,\quad \frac{4}{3},\quad -\frac{1}{5},\quad 6$$

① 정수는 4개이다.　　　② 유리수는 6개이다.

③ 자연수는 3개이다.　　④ 음의 유리수는 2개이다.

⑤ 정수가 아닌 유리수는 4개이다.

0278 중

다음 설명 중 옳은 것을 모두 고르면? (정답 2개)

① −1과 0 사이에는 유리수가 1개 있다.

② 양의 정수가 아닌 정수는 음의 정수이다.

③ 0은 유리수이다.

④ 유리수는 양의 유리수와 음의 유리수로 이루어져 있다.

⑤ 자연수는 모두 유리수이다.

0279 중 서술형

다음 수 중에서 양의 유리수의 개수를 x개, 음의 유리수의 개수를 y개, 정수가 아닌 유리수의 개수를 z개라 할 때, $x-y+z$의 값을 구하시오.

$$-5,\quad 6.1,\quad -\frac{2}{3},\quad \frac{2}{5},\quad -3.2,\quad \frac{16}{4},\quad 3$$

개념원리 중학수학 1-1 64~65쪽

유형 04 수직선 위에 수 나타내기

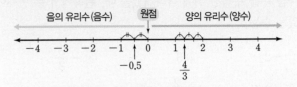

(1) 양수 : 0을 기준으로 오른쪽에 나타낸다.

(2) 음수 : 0을 기준으로 왼쪽에 나타낸다.

0280 대표문제

다음 중 수직선 위의 점 A, B, C, D, E가 나타내는 수로 옳은 것은?

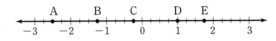

① A : -3.5　　② B : $-\dfrac{9}{4}$　　③ C : $-\dfrac{3}{4}$

④ D : 1.5　　⑤ E : $\dfrac{7}{4}$

0281 하

다음 중 수직선 위의 점 A, B, C, D, E가 나타내는 정수로 옳지 않은 것은?

① A : -4　　② B : -3　　③ C : -1

④ D : $+3$　　⑤ E : $+5$

0282 하

다음 수를 수직선 위에 나타내었을 때, 가장 왼쪽에 있는 수와 가장 오른쪽에 있는 수를 차례로 구하시오.

$$+5,\quad -1,\quad 3,\quad +2,\quad -4$$

03 정수와 유리수

0283 중하
다음 수를 수직선 위에 나타내었을 때, 왼쪽에서 두 번째에 있는 수는?

① −2　　　　② 3　　　　③ −$\dfrac{3}{2}$

④ −0.5　　　⑤ $\dfrac{2}{3}$

0284 중
다음 **보기**에서 수직선 위의 점 A, B, C, D, E, F가 나타내는 수에 대한 설명 중 옳은 것을 모두 고른 것은?

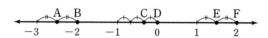

● 보기 ●

ㄱ. 양수가 아닌 수는 3개이다.

ㄴ. 정수가 아닌 수는 3개이다.

ㄷ. 점 A가 나타내는 수는 −$\dfrac{3}{2}$이다.

ㄹ. 0에 가장 가까운 수는 −$\dfrac{1}{3}$이다.

ㅁ. 점 E가 나타내는 수는 $\dfrac{3}{2}$이다.

ㅂ. 오른쪽에서 세 번째에 있는 수는 정수가 아니다.

① ㄱ, ㄹ　　　　② ㄴ, ㅂ　　　　③ ㄱ, ㄷ, ㅁ
④ ㄴ, ㄹ, ㅁ　　⑤ ㄷ, ㄹ, ㅁ, ㅂ

0285 중 서술형
수직선 위에서 −$\dfrac{7}{4}$에 가장 가까운 정수를 a, $\dfrac{5}{3}$에 가장 가까운 정수를 b라 할 때, a, b의 값을 구하시오.
(단, 풀이 과정에서 −$\dfrac{7}{4}$과 $\dfrac{5}{3}$를 수직선 위에 나타내시오.)

◈ 개념원리 중학수학 1-1 65쪽

유형 **05** 수직선 위의 두 점으로부터 같은 거리에 있는 점

수직선 위의 두 점으로부터 같은 거리에 있는 점이 나타내는 수
⇨ 두 점의 한가운데에 있는 점이 나타내는 수

두 수 a, b를 나타내는 두 점의 한가운데에 있는 점

0286 대표문제
수직선 위에서 −5와 3을 나타내는 두 점으로부터 같은 거리에 있는 점이 나타내는 수는?

① −2　　　　② −1　　　　③ 0
④ 1　　　　　⑤ 2

0287 중
다음 조건을 모두 만족시키는 a의 값은?

㈎ 수직선 위에서 a를 나타내는 점은 2를 나타내는 점으로부터 5만큼 떨어져 있다.

㈏ 수직선 위에서 a를 나타내는 점은 0을 나타내는 점의 왼쪽에 있다.

① −7　　　　② −5　　　　③ −3
④ 5　　　　　⑤ 7

0288 중상
수직선 위에서 두 수 a, b를 나타내는 두 점 사이의 거리가 14이고 두 점의 한가운데에 있는 점이 나타내는 수가 3일 때, b의 값은? (단, $b>0$)

① 3　　　　② 6　　　　③ 8
④ 10　　　⑤ 12

⊙ 개념원리 중학수학 1-1 70쪽

유형 06 절댓값

(1) 절댓값 : 수직선 위에서 원점과 어떤 수를 나타내는 점 사이의 거리
(2) 절댓값이 $a(a>0)$인 수 : $+a$, $-a$
(3) 어떤 수의 절댓값 : 그 수에서 부호 $+$, $-$를 떼어낸 수
즉, $|a|=a$, $|-a|=a$ $(a>0)$이다.
⑩ $|-5|=5$
$|+5|=5$

$$|-5|=5 \quad |+5|=5$$
$$-5 \qquad 0 \qquad 5$$

0289 대표문제
수직선 위에서 절댓값이 3인 두 수를 나타내는 두 점 사이의 거리는?

① 0   ② 3   ③ 6
④ 9   ⑤ 12

0290 중
다음 물음에 답하시오.

(1) $+6$의 절댓값을 a, $-\dfrac{3}{2}$의 절댓값을 b라 할 때, $a+b$의 값을 구하시오.

(2) a의 절댓값이 $\dfrac{1}{2}$, b의 절댓값이 $\dfrac{2}{3}$일 때, $a+b$의 값 중에서 가장 큰 값을 구하시오.

0291 중
a의 절댓값이 5이고 b의 절댓값이 2이다. 수직선 위에서 a를 나타내는 점은 0을 나타내는 점의 오른쪽에 있고, b를 나타내는 점은 0을 나타내는 점의 왼쪽에 있을 때, a, b의 값을 구하시오.

0292 중상
두 수 a, b에 대하여 a의 절댓값이 x, b의 절댓값이 3이다. $a+b$의 값 중에서 가장 큰 값이 8일 때, x의 값을 구하시오.

⊙ 개념원리 중학수학 1-1 70쪽

유형 07 절댓값의 성질 중요!

(1) $a>0$일 때, $|a|=a$, $|-a|=a$
(2) 절댓값이 가장 작은 수 ⇨ 0 ← $|0|=0$
(3) 절댓값이 클수록 ⇨ 원점에서 멀리 떨어져 있다.
(4) 양수는 절댓값이 클수록 크고, 음수는 절댓값이 클수록 작다.

0293 대표문제
다음 수들을 수직선 위에 나타내었을 때, 물음에 답하시오.

$$-\frac{5}{2}, \quad +3.2, \quad \frac{1}{2}, \quad -3, \quad -5$$

(1) 원점에 가장 가까운 수를 구하시오.
(2) 원점에서 가장 멀리 떨어져 있는 수를 구하시오.

0294 중
다음 중 옳지 <u>않은</u> 것을 모두 고르면? (정답 2개)

① 절댓값은 항상 0보다 크거나 같다.
② 음수는 절댓값이 클수록 작다.
③ $|x|=\dfrac{3}{5}$인 x는 $\dfrac{3}{5}$, $-\dfrac{3}{5}$의 2개이다.
④ $a<b$이면 $|a|<|b|$이다.
⑤ $a<0$이면 $|a|=a$이다.

0295 중
다음 그림과 같은 수직선 위의 ①~⑤의 점이 나타내는 수를 절댓값이 작은 것부터 차례로 번호를 나열하시오.

↷ 개념원리 중학수학 1-1 71쪽

유형 08 절댓값을 이용하여 수 찾기

(1) 절댓값이 $a(a>0)$보다 작은 정수
　⇨ 원점으로부터의 거리가 a보다 작은 정수
　⇨ $-a$보다 크고 a보다 작은 정수
(2) 절댓값이 $a(a>0)$ 이상인 정수
　⇨ 원점으로부터의 거리가 a 이상인 정수
　⇨ $-a$보다 작거나 같고 a보다 크거나 같은 정수

0296 대표문제
절댓값이 $\dfrac{11}{4}$보다 작은 정수의 개수를 구하시오.

0297 중하
다음 수 중에서 절댓값이 2보다 작은 수는 모두 몇 개인가?

$$-1, \quad +2, \quad \dfrac{1}{4}, \quad 0.7, \quad -\dfrac{5}{7}, \quad -2.1$$

① 1개　　　　　② 2개　　　　　③ 3개
④ 4개　　　　　⑤ 5개

0298 중하
절댓값이 $\dfrac{17}{5}$ 이하인 정수를 모두 구하시오.

0299 중
다음 수 중에서 절댓값이 $\dfrac{13}{6}$ 이상인 수는 모두 몇 개인지 구하시오.

$$-4, \quad 1, \quad 3, \quad +\dfrac{8}{3}, \quad -\dfrac{5}{6}, \quad 0, \quad -\dfrac{9}{2}$$

↷ 개념원리 중학수학 1-1 71쪽

유형 09 절댓값이 같고 부호가 반대인 두 수

수직선 위에서 절댓값이 같고 부호가
반대인 두 수를 나타내는 두 점 사이
의 거리가 a일 때

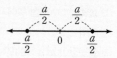

⇨ 두 수의 차는 a이다.

⇨ 큰 수는 $\dfrac{a}{2}$, 작은 수는 $-\dfrac{a}{2}$이다.

⇨ 두 수를 나타내는 점은 원점으로부터 서로 반대 방향으로 각
　각 $\dfrac{a}{2}$만큼 떨어져 있다.

0300 대표문제
절댓값이 같고 $a>b$인 두 수 a, b가 있다. 수직선 위에서 a, b를 나타내는 두 점 사이의 거리가 10일 때, a의 값은?

① -5　　　　　② -3　　　　　③ 0
④ 3　　　　　⑤ 5

0301 중하
절댓값이 같고 부호가 반대인 두 수의 차가 14일 때, 두 수 중 큰 수를 구하시오.

0302 중하
절댓값이 같고 부호가 반대인 두 수가 있다. 수직선 위에서 두 수를 나타내는 두 점 사이의 거리가 $\dfrac{16}{3}$일 때, 두 수 중 음수를 구하시오.

0303 중 서술형
두 수 a, b가 다음 조건을 모두 만족시킬 때, a의 값을 구하시오.

㉮ a와 b의 절댓값은 같다.
㉯ a는 b보다 8만큼 작다.

ⓒ **개념원리** 중학수학 1-1 72쪽

유형 10 수의 대소 관계

(1) (음수) < 0 < (양수)

(2) 두 양수 ⇨ 절댓값이 큰 수가 크다.

(3) 두 음수 ⇨ 절댓값이 작은 수가 크다.

0304 대표문제

다음 중 대소 관계가 옳은 것은?

① $-12 > -1$ ② $-2.5 < -3.2$ ③ $-\dfrac{1}{3} < -\dfrac{2}{5}$

④ $\left|-\dfrac{5}{3}\right| > \dfrac{2}{5}$ ⑤ $|-3.1| < \dfrac{5}{4}$

0305 중하

다음 수들에 대한 설명 중 옳지 <u>않은</u> 것은?

$$-\dfrac{4}{3},\ 5,\ 0,\ -2,\ 4.1,\ \dfrac{7}{3}$$

① 가장 큰 수는 5이다.

② 가장 작은 수는 -2이다.

③ 수직선 위에 나타내었을 때, 가장 오른쪽에 있는 수는 $\dfrac{7}{3}$이다.

④ 절댓값이 가장 큰 수는 5이다.

⑤ 절댓값이 가장 작은 수는 0이다.

0306 중하

다음 수를 작은 수부터 차례로 나열하였을 때, 네 번째에 오는 수는?

$$-\dfrac{2}{3},\ 2,\ 0,\ -3,\ -\dfrac{1}{4}$$

① $-\dfrac{2}{3}$ ② 2 ③ 0

④ -3 ⑤ $-\dfrac{1}{4}$

0307 중

다음 수를 큰 수부터 차례로 나열하였을 때, 다섯 번째에 오는 수를 구하시오.

$$-\dfrac{10}{5},\ 5,\ -2.5,\ \dfrac{11}{4},\ -3.3,\ |-7|$$

0308 중

다음 ☐ 안에 알맞은 부등호가 나머지 넷과 <u>다른</u> 하나는?

① $-6 \,\square\, 1$

② $|3| \,\square\, |-4|$

③ $-2 \,\square\, 0$

④ $|-2| \,\square\, |-5|$

⑤ $-3 \,\square\, -8$

0309 중

다음 수 중에서 절댓값이 가장 큰 수와 절댓값이 가장 작은 수를 차례로 구하시오.

$$-\dfrac{1}{3},\ 3,\ -\dfrac{3}{5},\ -3.5,\ 0.1$$

0310 중

다음 수 중 절댓값이 세 번째로 큰 수를 구하시오.

$$-6,\ 2,\ 0,\ -3.7,\ \dfrac{9}{2},\ \dfrac{3}{7}$$

유형 **11** 부등호를 사용하여 나타내기

◐ 개념원리 중학수학 1-1 72쪽

(1) a는 b보다 크다. ⇨ $a>b$

(2) a는 b보다 작다. ⇨ $a<b$

(3) a는 b보다 크거나 같다(작지 않다). ⇨ $a≥b$

(4) a는 b보다 작거나 같다(크지 않다). ⇨ $a≤b$

0311 대표문제

'x는 -4보다 작지 않고 5보다 크지 않다.'를 부등호를 사용하여 바르게 나타낸 것은?

① $-4<x<5$ ② $-4<x≤5$

③ $-4≤x<5$ ④ $-4≤x≤5$

⑤ $4<x<5$

0312 하

다음 중 옳지 <u>않은</u> 것은?

① x는 3보다 크거나 같다. ⇨ $x≥3$

② x는 -2보다 크지 않다. ⇨ $x<-2$

③ x는 2 이상 6 미만이다. ⇨ $2≤x<6$

④ x는 -1보다 크고 5보다 작다. ⇨ $-1<x<5$

⑤ x는 -2보다 작지 않고 7 미만이다. ⇨ $-2≤x<7$

0313 하

다음을 부등호를 사용하여 나타내시오.

(1) x는 $-\dfrac{2}{3}$ 이상이고 $\dfrac{7}{3}$보다 크지 않다.

(2) a는 $-\dfrac{3}{2}$보다 작지 않고 $\dfrac{1}{4}$ 미만이다.

유형 **12** 두 유리수 사이에 있는 정수

◐ 개념원리 중학수학 1-1 77쪽

가분수는 대분수나 소수로 나타내면 두 유리수 사이에 있는 정수를 쉽게 찾을 수 있다.

예 $-\dfrac{3}{2}$과 $1\dfrac{2}{3}$ 사이에 있는 정수

⇨ $-1, 0, 1$

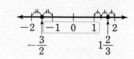

0314 대표문제

두 유리수 $-\dfrac{7}{3}$과 $\dfrac{9}{4}$ 사이에 있는 정수의 개수는?

① 2개   ② 3개   ③ 4개

④ 5개   ⑤ 6개

0315 하

$-\dfrac{7}{2}<x≤4$를 만족시키는 정수 x의 개수를 구하시오.

0316 중하 서술형

두 유리수 $-2\dfrac{2}{5}$와 $1\dfrac{2}{3}$ 사이에 있는 정수 중 절댓값이 가장 큰 정수를 구하시오.

0317 중상

두 유리수 $\dfrac{1}{3}$과 $\dfrac{4}{5}$ 사이에 있는 유리수 중에서 분모가 15인 기약분수의 개수는?

① 1개   ② 2개   ③ 3개

④ 4개   ⑤ 5개

RPM 알피엠

🔾 **개념원리** 중학수학 1-1 77, 79쪽

유형13 절댓값의 응용

(1) 절댓값은 수직선 위에서 원점과 어떤 수에 대응하는 점 사이의 거리이다.

(2) $|x|=a$ $(a>0)$일 때

⇨ $x=a$ 또는 $x=-a$

0318 대표문제

다음 조건을 모두 만족시키는 두 정수 a, b의 값을 구하시오.

> ㈎ $a>0$, $b<0$이다.
> ㈏ b의 절댓값이 2이다.
> ㈐ a, b의 절댓값의 합이 5이다.

0319 중상

$a<b$인 두 정수 a, b에 대하여 $|a|+|b|=4$를 만족시키는 a, b를 (a, b)로 나타낼 때, (a, b)의 개수는?

① 5개 ② 6개 ③ 7개
④ 8개 ⑤ 9개

0320 상

부호가 반대인 두 정수 a, b에 대하여 a의 절댓값은 b의 절댓값의 4배이고 $a>b$라고 한다. 수직선 위에서 a, b를 나타내는 두 점 사이의 거리가 10일 때, 두 정수 a, b의 값을 구하시오.

🔾 **개념원리** 중학수학 1-1 78, 79쪽

유형14 세 수 이상의 수의 대소 관계

(1) 조건을 만족시키는 수를 나타내는 점을 수직선 위에 표시한다.

(2) 수직선 위에서 오른쪽에 있는 수가 왼쪽에 있는 수보다 크다.

0321 대표문제

다음 조건을 모두 만족시키는 서로 다른 세 수 a, b, c의 대소 관계를 부등호를 사용하여 나타내시오.

> ㈎ a는 6보다 크다.
> ㈏ b와 c는 모두 -6보다 크다.
> ㈐ a는 c보다 -6에 더 가깝다.
> ㈑ b의 절댓값은 -6의 절댓값과 같다.

0322 상

다음 조건을 모두 만족시키는 서로 다른 세 수 a, b, c의 대소 관계를 부등호를 사용하여 나타내시오.

> ㈎ a와 c는 모두 -4보다 크다.
> ㈏ b를 수직선 위에 나타내었을 때 4보다 오른쪽에 있다.
> ㈐ $|c|=|-4|$
> ㈑ a는 b보다 -4에서 더 멀리 떨어져 있다.

0323 상

다음 조건을 모두 만족시키는 서로 다른 네 수 a, b, c, d의 대소 관계를 부등호를 사용하여 나타내시오.

> ㈎ a는 0보다 작다.
> ㈏ b는 c보다 크다.
> ㈐ a의 절댓값과 c의 절댓값은 같다.
> ㈑ d는 a, b, c, d 중 가장 작은 수이다.

중단원 마무리하기

0324

다음 중 밑줄 친 부분을 양의 부호 + 또는 음의 부호 −를 사용하여 나타낸 것으로 옳지 <u>않은</u> 것은?

① 어느 산의 높이는 해발 1820 m이다. ⇨ +1820 m
② 오늘 낮 최저 기온은 영하 3 ℃이다. ⇨ −3 ℃
③ 약속 시간보다 30분 전에 도착하였다. ⇨ +30분
④ 오늘 지각한 학생 수가 어제보다 3명 늘었다. ⇨ +3명
⑤ 순이익이 지난 달보다 10만 원 증가하였다.
  ⇨ +10만 원

0325

다음 중 수직선 위의 점 A, B, C, D, E가 나타내는 수로 옳지 <u>않은</u> 것은?

① A : $-\dfrac{5}{2}$ ② B : $-\dfrac{3}{2}$ ③ C : −1

④ D : $\dfrac{3}{4}$ ⑤ E : $\dfrac{9}{4}$

중요 0326

다음 수 중에서

유리수 $\begin{cases} \text{정수} \begin{cases} \text{양의 정수} \\ 0 \\ \text{음의 정수} \end{cases} \end{cases}$ 의 □ 안에 들어갈 수 있는 수의

개수를 구하시오.

$$-5, \quad 0, \quad +\dfrac{5}{3}, \quad 2, \quad -1.8, \quad -\dfrac{15}{5}$$

0327

'x는 7 이하이고 $-\dfrac{2}{5}$보다 작지 않다.'를 부등호를 사용하여 나타내시오.

0328

다음 수를 작은 수부터 차례로 나열하였을 때, 두 번째에 오는 수를 구하시오.

$$3.1, \quad -4, \quad \dfrac{11}{2}, \quad -\dfrac{9}{3}, \quad -2.7$$

0329

다음 수들에 대한 설명 중 옳지 <u>않은</u> 것을 모두 고르면?
(정답 2개)

$$2, \quad -\dfrac{8}{4}, \quad -4.8, \quad \dfrac{6}{3}, \quad 0, \quad -\dfrac{15}{2}$$

① 자연수는 2개이다.
② 양의 유리수는 3개이다.
③ 정수는 4개이다.
④ 유리수는 2개이다.
⑤ 정수가 아닌 유리수는 2개이다.

0330

다음 중 두 수의 대소 관계가 옳은 것은?

① $-2 < -3$ ② $-\dfrac{1}{2} > -\dfrac{1}{5}$ ③ $0 < -\dfrac{1}{2}$

④ $|-2| < 0$ ⑤ $|-5| > |3|$

0331

절댓값이 $\dfrac{9}{4}$ 이하인 정수의 개수는?

① 2개   ② 3개   ③ 4개
④ 5개   ⑤ 6개

0332

다음 중 옳지 <u>않은</u> 것은?

① x는 5보다 크지 않다. $\Rightarrow x \leq 5$

② x는 -3 미만이다. $\Rightarrow x < -3$

③ x는 -2보다 작지 않고 6 미만이다. $\Rightarrow -2 \leq x < 6$

④ x는 -1보다 작지 않고 3보다 작다. $\Rightarrow -1 < x \leq 3$

⑤ x는 -1보다 크고 8 이하이다. $\Rightarrow -1 < x \leq 8$

0333

수직선 위에서 -4와 6을 나타내는 두 점으로부터 같은 거리에 있는 점이 나타내는 수는?

① $-\dfrac{1}{2}$ ② 1 ③ $\dfrac{3}{2}$

④ 2 ⑤ $\dfrac{5}{2}$

0334

다음 수 중에서 절댓값이 $\dfrac{7}{2}$보다 작은 수의 개수는?

$$3, \quad \frac{9}{5}, \quad -2, \quad \frac{4}{2}, \quad -1.8, \quad 2\frac{2}{3}, \quad 4$$

① 2개 ② 3개 ③ 4개

④ 5개 ⑤ 6개

0335

두 유리수 $-\dfrac{9}{2}$와 $\dfrac{7}{3}$ 사이에 있는 정수의 개수는?

① 6개 ② 7개 ③ 8개

④ 9개 ⑤ 10개

0336

$-\dfrac{8}{5}$보다 작은 수 중에서 가장 큰 정수를 a, $\dfrac{8}{3}$보다 큰 수 중에서 가장 작은 정수를 b라 할 때, a, b의 값을 구하시오.

0337

다음 수 중에서 절댓값이 두 번째로 큰 수를 구하시오.

$$-9, \quad 5, \quad -\frac{5}{2}, \quad -3, \quad -6.5, \quad 0$$

0338

다음 설명 중 옳은 것은?

① 절댓값은 0보다 크다.

② 가장 작은 정수는 1이다.

③ 정수 중에는 유리수가 아닌 수가 있다.

④ $a < 0$이면 $|a| = a$이다.

⑤ 원점에서 멀리 떨어질수록 그 점에 대응하는 수의 절댓값이 크다.

0339

다음 중 옳지 <u>않은</u> 것을 모두 고르면? (정답 2개)

① 절댓값이 가장 작은 수는 0이다.

② 절댓값이 같은 두 수는 서로 같은 수이다.

③ 양수의 절댓값은 자기 자신과 같다.

④ 음수는 절댓값이 클수록 작다.

⑤ $a > b$이면 $|a| > |b|$이다.

03 정수와 유리수

0340

다음 수를 수직선 위에 나타내었을 때, 원점에서 가장 멀리 떨어진 수를 A, 원점에 가장 가까운 수를 B라 할 때, A, B를 구하시오.

$$3, \quad -1.5, \quad \frac{5}{4}, \quad -\frac{7}{2}, \quad \frac{4}{3}, \quad -2$$

0341

절댓값이 같고 부호가 반대인 두 수를 수직선 위에 나타내었을 때의 두 점 사이의 거리가 $\frac{10}{3}$이다. 이때 두 수 중 큰 수는?

① $-\frac{10}{3}$ ② $-\frac{5}{3}$ ③ 0

④ $\frac{5}{3}$ ⑤ $\frac{10}{3}$

0342

절댓값이 $\frac{2}{3}$ 이상 4 미만인 정수의 개수는?

① 5개   ② 6개   ③ 7개
④ 8개   ⑤ 9개

0343

다음 조건을 모두 만족시키는 a의 값을 구하시오.

㈎ a는 -3보다 작지 않고 2보다 작은 정수이다.
㈏ $|a| > 2$

0344

$-\frac{11}{2} \leq x < 3$인 유리수 x 중 절댓값이 가장 큰 수를 a, 절댓값이 가장 작은 수를 b라 할 때, $|a| - |b|$의 값을 구하시오.

0345

다음 조건을 모두 만족시키는 정수 a, b의 값을 구하시오.

㈎ $a < b$
㈏ a, b의 절댓값이 같다.
㈐ 수직선 위에서 두 수 a, b를 나타내는 두 점 사이의 거리가 16이다.

0346

두 유리수 $-\frac{2}{3}$와 $\frac{1}{4}$ 사이에 있는 정수가 아닌 유리수 중에서 기약분수로 나타내었을 때, 분모가 12인 유리수의 개수를 구하시오.

0347

$\frac{n}{4}$의 절댓값이 1보다 작게 되는 정수 n의 값을 모두 구하시오.

서술형 주관식

0348
수직선 위에서 $-\dfrac{7}{3}$에 가장 가까운 정수를 a, $\dfrac{13}{4}$에 가장 가까운 정수를 b라 할 때, a보다 크고 b보다 크지 않은 정수의 개수를 구하시오.

0349
수직선 위에서 두 정수 a, b를 나타내는 두 점의 한가운데 있는 점이 나타내는 수가 -1이다. a의 절댓값이 5일 때, b의 값을 모두 구하시오.

0350
수직선 위에서 두 수 a와 b를 나타내는 두 점 사이의 거리가 8이고, 두 점의 한가운데 있는 점이 나타내는 수가 -3일 때, b의 값을 구하시오. (단, $a>b$이고 풀이 과정에서 a, b를 수직선 위에 나타내시오.)

0351
다음 조건을 모두 만족시키는 정수 a, b의 값을 구하시오.

> (가) $a<0$, $b>0$이다.
> (나) a의 절댓값이 4이다.
> (다) a, b의 절댓값의 합이 9이다.

실력 UP

0352
다음 조건을 모두 만족시키는 정수 a, b의 값을 구하시오.

> (가) a는 b보다 작다.
> (나) $|a|=|b|$
> (다) a, b의 절댓값의 합이 10이다.

0353
두 수 a, b가 다음 조건을 모두 만족시킬 때, b의 값을 구하시오.

> (가) a의 절댓값은 b의 절댓값의 2배이다.
> (나) $b<0<a$
> (다) a는 b보다 $\dfrac{12}{5}$만큼 크다.

0354
다음 조건을 모두 만족시키는 서로 다른 세 수 a, b, c의 대소 관계로 옳은 것은?

> (가) c는 6보다 크다.
> (나) b는 c보다 0에서 더 멀리 떨어져 있다.
> (다) a와 b는 모두 -3보다 크다.
> (라) a의 절댓값은 -3의 절댓값과 같다.

① $a<b<c$ ② $a<c<b$ ③ $b<a<c$
④ $b<c<a$ ⑤ $c<b<a$

0355
$a>b$인 두 정수 a, b에 대하여 $|a|+|b|=5$를 만족하는 a, b의 값을 (a, b)로 나타낼 때, (a, b)의 개수를 구하시오.

03 정수와 유리수

04 정수와 유리수의 계산

04-1 유리수의 덧셈

(1) **부호가 같은 두 수의 덧셈**

두 수의 절댓값의 합에 공통인 부호를 붙인다.

예 $\left(+\dfrac{2}{3}\right)+\left(+\dfrac{1}{3}\right)=+\left(\dfrac{2}{3}+\dfrac{1}{3}\right)=+1$　$\left(-\dfrac{2}{3}\right)+\left(-\dfrac{1}{3}\right)=-\left(\dfrac{2}{3}+\dfrac{1}{3}\right)=-1$

공통인 부호 / 절댓값의 합 / 공통인 부호 / 절댓값의 합

(2) **부호가 다른 두 수의 덧셈**

두 수의 절댓값의 차에 절댓값이 큰 수의 부호를 붙인다.

예 $\left(-\dfrac{1}{3}\right)+\left(+\dfrac{4}{3}\right)=+\left(\dfrac{4}{3}-\dfrac{1}{3}\right)=+1$　$\left(+\dfrac{1}{3}\right)+\left(-\dfrac{4}{3}\right)=-\left(\dfrac{4}{3}-\dfrac{1}{3}\right)=-1$

절댓값이 큰 수의 부호 / 절댓값의 차 / 절댓값이 큰 수의 부호 / 절댓값의 차

(3) **덧셈의 계산 법칙** : 세 수 a, b, c에 대하여

① 덧셈의 교환법칙 : $a+b=b+a$

② 덧셈의 결합법칙 : $(a+b)+c=a+(b+c)$

04-2 유리수의 뺄셈

두 수의 뺄셈은 빼는 수의 부호를 바꾸어 더한다.

예 $\left(-\dfrac{3}{5}\right)-\left(+\dfrac{2}{5}\right)=\left(-\dfrac{3}{5}\right)+\left(-\dfrac{2}{5}\right)=-\left(\dfrac{3}{5}+\dfrac{2}{5}\right)=-1$

덧셈으로 바꾼다. / 부호를 바꾼다.

04-3 덧셈과 뺄셈의 혼합 계산

(1) **덧셈과 뺄셈의 혼합 계산**

① 뺄셈은 모두 덧셈으로 바꾼다.

② 덧셈의 계산 법칙을 이용하여 양수는 양수끼리, 음수는 음수끼리 모아서 계산한다.
　　　　　　　　　　　　　　덧셈의 교환법칙, 덧셈의 결합법칙

(2) **부호가 생략된 수의 덧셈과 뺄셈**

모든 수에 +부호가 생략된 것으로 보고 +를 붙여서 나타낸 뒤 계산한다.

예 생략된 +부호 붙이기

$\dfrac{1}{5}-\dfrac{4}{5}-\dfrac{2}{5}+\dfrac{3}{5}=\left(+\dfrac{1}{5}\right)-\left(+\dfrac{4}{5}\right)-\left(+\dfrac{2}{5}\right)+\left(+\dfrac{3}{5}\right)$

$=\left(+\dfrac{1}{5}\right)+\left(-\dfrac{4}{5}\right)+\left(-\dfrac{2}{5}\right)+\left(+\dfrac{3}{5}\right)$　뺄셈을 덧셈으로 바꾸기

$=\left\{\left(+\dfrac{1}{5}\right)+\left(+\dfrac{3}{5}\right)\right\}+\left\{\left(-\dfrac{4}{5}\right)+\left(-\dfrac{2}{5}\right)\right\}$　양수는 양수끼리, 음수는 음수끼리 모으기

$=\left(+\dfrac{4}{5}\right)+\left(-\dfrac{6}{5}\right)=-\dfrac{2}{5}$

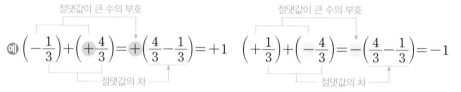

개념플러스

- 분모가 다른 분수의 덧셈, 뺄셈
  ⇨ 분모의 최소공배수로 통분하여 계산한다.

- 어떤 수 a에 대하여
  $a+(-a)=0$
  $a+0=a$, $0+a=a$

- 세 수의 덧셈에서는 덧셈의 결합법칙이 성립하므로 $(a+b)+c$ 또는 $a+(b+c)$ 를 괄호를 사용하지 않고 $a+b+c$로 나타낼 수 있다.

- **부호를 바꾸는 방법**
  $\triangle-(+\square)=\triangle+(-\square)$
  $\triangle-(-\square)=\triangle+(+\square)$

- 뺄셈에서는 교환법칙과 결합법칙이 성립하지 않는다.

- 뺄셈을 덧셈으로 고칠 때, 빼는 수의 부호를 반드시 바꾸어야 한다.

- 계산 결과가 양수이면 +부호는 생략하여 나타낼 수 있다.

04-1 유리수의 덧셈

[0356~0363] 다음을 계산하시오.

0356 $(+5)+(+4)$

0357 $(-2)+(+10)$

0358 $\left(+\dfrac{1}{3}\right)+\left(+\dfrac{5}{6}\right)$

0359 $\left(+\dfrac{3}{4}\right)+\left(-\dfrac{1}{3}\right)$

0360 $\left(+\dfrac{1}{2}\right)+\left(-\dfrac{3}{8}\right)$

0361 $(-2)+\left(-\dfrac{2}{5}\right)$

0362 $(+3.3)+(+2.7)$

0363 $(-2.3)+(-2.2)$

[0364~0366] 다음을 계산하시오.

0364 $(-3)+(+4)+(-7)$

0365 $\left(-\dfrac{5}{2}\right)+\left(+\dfrac{3}{5}\right)+\left(+\dfrac{1}{15}\right)$

0366 $(-4.6)+(+1.4)+(-2.8)$

04-2 유리수의 뺄셈

[0367~0374] 다음을 계산하시오.

0367 $(+4)-(+7)$

0368 $(-8)-(+6)$

0369 $\left(+\dfrac{3}{4}\right)-\left(+\dfrac{3}{2}\right)$

0370 $\left(+\dfrac{1}{6}\right)-\left(-\dfrac{3}{5}\right)$

0371 $\left(-\dfrac{2}{3}\right)-\left(-\dfrac{3}{5}\right)$

0372 $\left(-\dfrac{5}{12}\right)-\left(+\dfrac{1}{6}\right)$

0373 $(+2.8)-(+5.3)$

0374 $(-1.5)-(-6.1)$

[0375~0377] 다음을 계산하시오.

0375 $(+15)-(-3)-(+8)$

0376 $\left(-\dfrac{1}{2}\right)-\left(+\dfrac{1}{3}\right)-(-1)$

0377 $(-1.2)-(+7.2)-(-5.4)$

04-3 덧셈과 뺄셈의 혼합 계산

[0378~0381] 다음을 계산하시오.

0378 $(-2)-(-10)+(+3)$

0379 $\left(-\dfrac{2}{7}\right)-\left(+\dfrac{5}{14}\right)+\left(-\dfrac{3}{2}\right)$

0380 $(-1.8)+(-5.6)-(-2.4)$

0381 $\left(-\dfrac{1}{12}\right)+\left(+\dfrac{2}{3}\right)-\left(-\dfrac{10}{9}\right)-\left(+\dfrac{2}{3}\right)$

[0382~0385] 다음을 계산하시오.

0382 $\dfrac{2}{3}-\dfrac{5}{6}+\dfrac{1}{12}$

0383 $-\dfrac{1}{6}+\dfrac{2}{3}-\dfrac{1}{5}$

0384 $2.4-1.3+4.7$

0385 $1.5+2.3-9.3+5.6$

04-4 유리수의 곱셈

(1) **부호가 같은 두 수의 곱셈** : 두 수의 절댓값의 곱에 양의 부호 ＋를 붙인다.

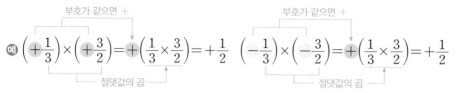

(2) **부호가 다른 두 수의 곱셈** : 두 수의 절댓값의 곱에 음의 부호 ―를 붙인다.

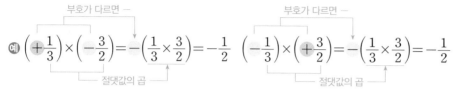

(3) **곱셈의 계산 법칙** : 세 수 a, b, c에 대하여

① 곱셈의 교환법칙 : $a \times b = b \times a$

② 곱셈의 결합법칙 : $(a \times b) \times c = a \times (b \times c)$

(4) **셋 이상의 수의 곱셈**

① 곱의 부호를 먼저 결정한다. ⇨ 곱해진 음수의 개수가 $\begin{cases} \text{짝수 개이면 부호는 } ⇨ \boxed{+} \\ \text{홀수 개이면 부호는 } ⇨ \boxed{-} \end{cases}$

② 각 수의 절댓값을 모두 곱하고 결정된 부호를 붙인다.

(5) **분배법칙** : 세 수 a, b, c에 대하여

$a \times (b+c) = a \times b + a \times c$, $(a+b) \times c = a \times c + b \times c$

* 어떤 수 a에 대하여
$a \times 0 = 0 \times a = 0$

* **두 수의 곱셈의 부호**
$\left.\begin{array}{c} + \times + \\ - \times - \end{array}\right] ⇨ \boxed{+}$
$\left.\begin{array}{c} + \times - \\ - \times + \end{array}\right] ⇨ \boxed{-}$

* $(-a)^n$**의 계산 방법**
　　(단, $a > 0$, n은 자연수)
① n이 짝수이면
　　⇨ $(-a)^n = a^n$
② n이 홀수이면
　　⇨ $(-a)^n = -a^n$

예 $\left(-\dfrac{4}{3}\right) \times \left(-\dfrac{1}{4}\right) \times \left(+\dfrac{1}{2}\right)$
$= +\left(\dfrac{4}{3} \times \dfrac{1}{4} \times \dfrac{1}{2}\right)$
$= +\dfrac{1}{6}$

04-5 유리수의 나눗셈

(1) **부호가 같은 두 수의 나눗셈** : 두 수의 절댓값의 나눗셈의 몫에 양의 부호 ＋를 붙인다.

(2) **부호가 다른 두 수의 나눗셈** : 두 수의 절댓값의 나눗셈의 몫에 음의 부호 ―를 붙인다.

(3) **역수** : 두 수의 곱이 1이 될 때, 한 수를 다른 수의 역수라 한다.

예 $\left(-\dfrac{2}{3}\right) \times \left(-\dfrac{3}{2}\right) = 1$이므로 $-\dfrac{2}{3}$의 역수는 $-\dfrac{3}{2}$이고, $-\dfrac{3}{2}$의 역수는 $-\dfrac{2}{3}$이다.

(4) **역수를 이용한 나눗셈** : 나누는 수의 역수를 이용하여 곱셈으로 바꾸어 계산한다.

예 $(+12) \div \left(-\dfrac{2}{3}\right) = (+12) \times \left(-\dfrac{3}{2}\right) = -\left(12 \times \dfrac{3}{2}\right) = -18$
　　　　　　　곱셈으로 바꾼다.　　　　역수로 바꾼다.

* **역수 구하는 방법**
① 부호는 바뀌지 않는다.
② 분수는 분자와 분모를 바꾼다.
③ 정수는 분모가 1인 분수로 생각하여 구한다.
④ 소수는 분수로 바꿔서 구한다.
⑤ 대분수는 가분수로 바꿔서 구한다.

04-6 덧셈, 뺄셈, 곱셈, 나눗셈의 혼합 계산

① 거듭제곱이 있으면 거듭제곱을 먼저 계산한다.

② 괄호가 있으면 괄호 안을 먼저 계산한다.

이때 소괄호 ( ) ⇨ 중괄호 { } ⇨ 대괄호 〔 〕의 순서로 계산한다.

③ 곱셈, 나눗셈을 계산한다.

④ 덧셈, 뺄셈을 계산한다.

* **곱셈과 나눗셈의 혼합 계산**
① 거듭제곱이 있으면 거듭제곱을 먼저 계산한다.
② 나눗셈은 역수를 이용하여 모두 곱셈으로 바꾸어 계산한다.

04-4 유리수의 곱셈

[0386~0393] 다음을 계산하시오.

0386 $(+2) \times (+8)$

0387 $(+4) \times (-2)$

0388 $(-8) \times (+5)$

0389 $(-5) \times (-10)$

0390 $\left(+\dfrac{1}{3}\right) \times \left(+\dfrac{3}{4}\right)$

0391 $\left(+\dfrac{1}{6}\right) \times \left(-\dfrac{8}{3}\right)$

0392 $(-12) \times \left(+\dfrac{5}{6}\right)$

0393 $\left(-\dfrac{2}{5}\right) \times \left(-\dfrac{1}{6}\right)$

[0394~0395] 다음을 계산하시오.

0394 $\left(+\dfrac{5}{12}\right) \times \left(-\dfrac{3}{2}\right) \times \left(-\dfrac{7}{10}\right)$

0395 $(-3) \times (+2) \times (-5) \times (-4)$

[0396~0399] 다음을 계산하시오.

0396 -2^2

0397 $(-2)^2$

0398 $\left(-\dfrac{1}{5}\right)^2$

0399 $\left(-\dfrac{1}{2}\right)^3$

04-5 유리수의 나눗셈

[0400~0403] 다음을 계산하시오.

0400 $(+10) \div (+5)$

0401 $(+24) \div (-6)$

0402 $(-20) \div (+2)$

0403 $(-48) \div (-3)$

[0404~0407] 다음 수의 역수를 구하시오.

0404 3

0405 -2.9

0406 $-\dfrac{7}{15}$

0407 $1\dfrac{3}{5}$

[0408~0413] 다음을 계산하시오.

0408 $\left(+\dfrac{5}{3}\right) \div \left(+\dfrac{1}{2}\right)$

0409 $\left(-\dfrac{16}{3}\right) \div \left(+\dfrac{4}{15}\right)$

0410 $\left(-\dfrac{3}{10}\right) \div \left(+\dfrac{3}{2}\right)$

0411 $\left(-\dfrac{1}{3}\right) \div \left(-\dfrac{6}{5}\right)$

0412 $(+8) \div (-2.5)$

0413 $(-3) \div (-1.5)$

[0414~0415] 다음을 계산하시오.

0414 $(+2) \div \left(-\dfrac{10}{3}\right) \times (+4)$

0415 $(+4) \times \left(-\dfrac{3}{5}\right) \div \left(+\dfrac{5}{12}\right)$

04-6 덧셈, 뺄셈, 곱셈, 나눗셈의 혼합 계산

0416 다음 식의 계산 순서를 차례로 나열하시오.

$$\dfrac{3}{5} - \dfrac{2}{3} \times \left\{ \left(\dfrac{2}{3} + 1 \right) \div \dfrac{4}{9} \right\}$$

$$\underset{\textstyle ㉠}{\uparrow} \quad \underset{\textstyle ㉡}{\uparrow} \quad \underset{\textstyle ㉢}{\uparrow} \quad \underset{\textstyle ㉣}{\uparrow}$$

[0417~0418] 다음을 계산하시오.

0417 $9 - (-2)^3 \div 1.6$

0418 $\dfrac{1}{3} + \left(-\dfrac{2}{3}\right)^2 \times \dfrac{6}{5}$

유형 익히기

유형 01 유리수의 덧셈

(1) 부호가 같은 두 수의 덧셈
  ⇨ 두 수의 절댓값의 합에 공통인 부호를 붙인다.
(2) 부호가 다른 두 수의 덧셈
  ⇨ 두 수의 절댓값의 차에 절댓값이 큰 수의 부호를 붙인다.

0419 대표문제

다음 중 계산 결과가 옳은 것은?

① $\left(-\dfrac{1}{6}\right)+\left(-\dfrac{1}{3}\right)=\dfrac{1}{2}$ ② $\left(+\dfrac{4}{5}\right)+\left(-\dfrac{1}{5}\right)=-\dfrac{3}{5}$

③ $(+0.5)+\left(-\dfrac{1}{2}\right)=0$ ④ $\left(-\dfrac{3}{7}\right)+\left(+\dfrac{2}{7}\right)=-\dfrac{5}{7}$

⑤ $(-6.3)+(+1.2)=5.1$

0420 하

오른쪽 수직선으로 설명할 수 있는 덧셈식은?

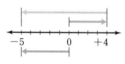

① $(+4)+(+5)=+9$ ② $(+4)+(-9)=-5$
③ $(-9)+(+5)=-4$ ④ $(-4)+(-5)=-9$
⑤ $(-4)+(+9)=+5$

0421 중하

다음 중 계산 결과가 옳지 <u>않은</u> 것은?

① $(-8)+(-6)=-14$
② $(-25)+(+13)=-12$
③ $(+0.5)+(-6.5)=-6$
④ $\left(+\dfrac{3}{5}\right)+\left(+\dfrac{5}{6}\right)=\dfrac{43}{30}$
⑤ $\left(-\dfrac{1}{12}\right)+\left(+\dfrac{1}{3}\right)=-\dfrac{1}{4}$

유형 02 덧셈의 계산 법칙

세 수 a, b, c에 대하여
(1) 덧셈의 교환법칙 : 순서를 바꾸어 더하여도 그 결과는 같다.
  ⇨ $a+b=b+a$
(2) 덧셈의 결합법칙 : 어느 두 수를 먼저 더하여도 그 결과는 같다.
  ⇨ $(a+b)+c=a+(b+c)$

0422 대표문제

다음 계산 과정에서 ㉠, ㉡에 이용된 계산 법칙을 각각 말하시오.

$$
\begin{aligned}
&(+5)+\left(-\tfrac{1}{3}\right)+(-7)+\left(+\tfrac{4}{3}\right) \quad \Big\rangle ㉠\\
&=(+5)+(-7)+\left(-\tfrac{1}{3}\right)+\left(+\tfrac{4}{3}\right) \quad \Big\rangle ㉡\\
&=\{(+5)+(-7)\}+\left\{\left(-\tfrac{1}{3}\right)+\left(+\tfrac{4}{3}\right)\right\}\\
&=(-2)+(+1)=-1
\end{aligned}
$$

0423 중하 서술형

다음을 덧셈의 교환법칙과 덧셈의 결합법칙을 이용하여 계산하시오.

$$\left(+\dfrac{3}{5}\right)+\left(-\dfrac{2}{3}\right)+\left(-\dfrac{4}{5}\right)$$

0424 중하

다음 계산 과정에서 ㉠~㉣에 알맞은 것을 구하시오.

$$
\begin{aligned}
&(-6.3)+\{(+3)+(-4.7)\}\\
&=(-6.3)+\{(-4.7)+(+3)\} \quad \Big\rangle 덧셈의\ \boxed{㉠}\ 법칙\\
&=\{(-6.3)+(-4.7)\}+(+3) \quad \Big\rangle 덧셈의\ \boxed{㉡}\ 법칙\\
&=(\boxed{㉢})+(+3)=\boxed{㉣}
\end{aligned}
$$

유형 **03** 유리수의 뺄셈

(1) 뺄셈을 할 때에는 빼는 수의 부호를 바꾸어 더한다.
(2) 부호 바꾸는 방법
$$\triangle - (+\square) = \triangle + (-\square), \quad \triangle - (-\square) = \triangle + (+\square)$$

덧셈으로 바꾼다.

예 $\left(-\dfrac{1}{3}\right) - \left(-\dfrac{2}{3}\right) = \left(-\dfrac{1}{3}\right) + \left(+\dfrac{2}{3}\right) = +\dfrac{1}{3}$

부호를 바꾼다.

0425 대표문제

다음 중 계산 결과가 옳지 <u>않은</u> 것은?

① $\left(+\dfrac{4}{3}\right) - (+1) = \dfrac{1}{3}$

② $\left(+\dfrac{2}{3}\right) - \left(-\dfrac{7}{6}\right) = -\dfrac{1}{2}$

③ $\left(-\dfrac{4}{5}\right) - \left(-\dfrac{4}{5}\right) = 0$

④ $\left(-\dfrac{5}{6}\right) - \left(+\dfrac{4}{3}\right) = -\dfrac{13}{6}$

⑤ $(-3.8) - (-1.9) = -1.9$

0426 중하

아래 수직선으로 설명할 수 있는 식을 모두 고르면?

(정답 2개)

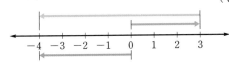

① $(-7) + (-3) = -10$ ② $(+3) - (+7) = -4$
③ $(-4) - (+3) = -7$ ④ $(-4) + (-3) = -7$
⑤ $(+3) + (-7) = -4$

0427 중 서술형

다음 수 중에서 절댓값이 가장 큰 수를 a, 절댓값이 가장 작은 수를 b라 할 때, $a-b$의 값을 구하시오.

$$2.1, \quad -\dfrac{10}{3}, \quad \dfrac{5}{2}, \quad \dfrac{9}{4}, \quad -\dfrac{3}{2}$$

유형 **04** 정수의 덧셈과 뺄셈의 혼합 계산

뺄셈을 모두 덧셈으로 바꾼 후
(1) 앞에서부터 차례로 계산하거나
예 $(+8) + (-5) - (+9) = (+8) + (-5) + (-9)$
$\qquad = (+3) + (-9) = -6$

(2) 양수는 양수끼리, 음수는 음수끼리 모아서 계산한다.
예 $(+8) + (-5) - (+9) = (+8) + \{(-5) + (-9)\}$
$\qquad = (+8) + (-14) = -6$

0428 대표문제

$(-4) - (-7) + (+5) - (+3)$을 계산하시오.

0429 중하

다음을 계산하시오.

(1) $(+6) + (-5) - (-3)$
(2) $(-1) - (+6) + (+7)$

0430 중하

$(+6) - (-6) + (-5) - (-9)$를 계산하면?

① 16 ② 14 ③ 12
④ 10 ⑤ 0

0431 중하

다음을 계산하시오.

$$(+5) + (-4) - (+16) - (-12)$$

개념원리 중학수학 1-1 93쪽

유형 05 유리수의 덧셈과 뺄셈의 혼합 계산 중요!

뺄셈을 모두 덧셈으로 바꾼 후

(1) 앞에서부터 차례로 계산하거나

(2) 양수는 양수끼리, 음수는 음수끼리 모아서 계산한다.

0432 대표문제

다음 중 계산 결과가 옳은 것은?

① $(-4.6)+(+5.4)-(-4.2)=14.2$

② $\left(-\dfrac{7}{9}\right)+\left(+\dfrac{5}{6}\right)-\left(-\dfrac{1}{2}\right)=\dfrac{1}{3}$

③ $\left(-\dfrac{3}{4}\right)+(+1)-\left(+\dfrac{1}{4}\right)=2$

④ $\left(+\dfrac{3}{2}\right)-\left(+\dfrac{2}{5}\right)+\left(-\dfrac{3}{5}\right)=-\dfrac{1}{2}$

⑤ $\left(+\dfrac{2}{3}\right)+\left(-\dfrac{1}{2}\right)+\left(-\dfrac{1}{3}\right)-\left(-\dfrac{5}{6}\right)=\dfrac{2}{3}$

0433 중

다음 중 계산 결과가 옳지 <u>않은</u> 것은?

① $\left(-\dfrac{5}{3}\right)-\left(-\dfrac{1}{6}\right)+\left(+\dfrac{3}{2}\right)=0$

② $\left(+\dfrac{1}{2}\right)-\left(-\dfrac{3}{8}\right)+\left(-\dfrac{1}{4}\right)=\dfrac{5}{8}$

③ $(-1.3)-(+4.2)+(+0.7)=-4.8$

④ $\left(-\dfrac{3}{5}\right)-\left(-\dfrac{1}{3}\right)+\left(-\dfrac{11}{15}\right)=1$

⑤ $\left(+\dfrac{1}{4}\right)+(-0.5)-(+0.75)=-1$

0434 중

다음을 계산하시오.

(1) $\left(-\dfrac{2}{3}\right)-\left(-\dfrac{3}{2}\right)+\left(-\dfrac{1}{3}\right)$

(2) $\left(-\dfrac{3}{2}\right)+(+4)+\left(-\dfrac{5}{2}\right)-\left(-\dfrac{5}{4}\right)-\left(+\dfrac{3}{8}\right)$

개념원리 중학수학 1-1 93쪽

유형 06 부호가 생략된 수의 덧셈과 뺄셈

(1) 괄호를 사용하여 생략된 양의 부호 +를 넣고, 뺄셈을 모두 덧셈으로 바꾼다.

$$\Rightarrow\ -\square=-(+\square)=+(-\square)$$
$$+\square=+(+\square)$$

(2) 덧셈의 교환법칙 또는 결합법칙을 이용하여 계산한다.

0435 대표문제

다음 중 계산 결과가 가장 큰 것은?

① $2-5+\dfrac{1}{2}$ ② $-\dfrac{1}{3}+6+\dfrac{5}{3}$

③ $10.5-9+2.5$ ④ $-\dfrac{5}{2}-\dfrac{5}{6}+\dfrac{4}{3}$

⑤ $2+\dfrac{7}{8}-\dfrac{1}{4}$

0436 중

다음을 계산하시오.

(1) $9-5-7-6+3$

(2) $-4+9-4+2-6$

(3) $\dfrac{2}{3}-\dfrac{3}{5}+\dfrac{7}{15}$

(4) $\dfrac{1}{4}-2-\dfrac{3}{2}-\dfrac{1}{3}$

0437 중

$-15+16+7-35-3+5$를 계산하면?

① -30 ② -25 ③ 18

④ 26 ⑤ 35

0438 중

$\dfrac{1}{2}-\dfrac{3}{4}-2-\dfrac{1}{4}+1$을 계산하시오.

유형 **07** 어떤 수보다 □만큼 큰 수 또는 작은 수

(1) 어떤 수보다 □만큼 큰 수 ⇨ (어떤 수) $+$ □

　예) 2보다 5만큼 큰 수는 $2+5$

　　 2보다 -5만큼 큰 수는 $2+(-5)$

(2) 어떤 수보다 □만큼 작은 수 ⇨ (어떤 수) $-$ □

　예) 2보다 5만큼 작은 수는 $2-5$

　　 2보다 -5만큼 작은 수는 $2-(-5)$

0439 대표문제

6보다 -3만큼 큰 수를 a, $\dfrac{1}{3}$보다 $\dfrac{1}{2}$만큼 작은 수를 b라 할 때, $a-b$의 값을 구하시오.

0440 중하

-1보다 6만큼 큰 수를 a, -10보다 -4만큼 작은 수를 b라 할 때, $a+b$의 값은?

① -3　　　　② -1　　　　③ 5

④ 8　　　　⑤ 11

0441 중

다음 중 가장 큰 수는?

① $-\dfrac{1}{2}$보다 3만큼 큰 수

② -3보다 $-\dfrac{11}{4}$만큼 작은 수

③ 6보다 $-\dfrac{4}{3}$만큼 작은 수

④ $\dfrac{6}{5}$보다 $|-4|$만큼 작은 수

⑤ $\left|-\dfrac{5}{3}\right|$보다 $\left|-\dfrac{7}{2}\right|$만큼 큰 수

0442 중 서술형

$\dfrac{2}{3}$보다 $-\dfrac{1}{2}$만큼 작은 수를 a, $-\dfrac{3}{4}$보다 $\dfrac{4}{3}$만큼 큰 수를 b라 할 때, $b-a$의 값을 구하시오.

유형 **08** □ 안에 알맞은 수 구하기 (1)

두 수 A, B에 대하여

(1) □$+A=B$

　⇨ □보다 A만큼 큰 수는 B

　⇨ □는 B보다 A만큼 작은 수

　⇨ □$=B-A$

(2) □$-A=B$

　⇨ □보다 A만큼 작은 수는 B

　⇨ □는 B보다 A만큼 큰 수

　⇨ □$=B+A$

0443 대표문제

두 수 a, b에 대하여 $a-\left(-\dfrac{1}{2}\right)=\dfrac{2}{5}$, $b+\left(-\dfrac{3}{4}\right)=-2$일 때, $a+b$의 값을 구하시오.

0444 중하

다음 □ 안에 알맞은 수를 구하시오.

(1) □$-\left(+\dfrac{7}{12}\right)=\dfrac{2}{3}$

(2) $\left(-\dfrac{5}{4}\right)-$□$=-3$

0445 중

두 수 A, B에 대하여 $A+(-5)=-2$, $\left(+\dfrac{7}{6}\right)-B=4$일 때, $A-B$의 값은?

① $-\dfrac{35}{6}$　　　② $-\dfrac{25}{6}$　　　③ $\dfrac{1}{6}$

④ $\dfrac{25}{6}$　　　⑤ $\dfrac{35}{6}$

개념원리 중학수학 1-1 97쪽

유형 09 절댓값이 주어진 두 수의 덧셈과 뺄셈

(1) $|x|=a \Rightarrow x=a$ 또는 $x=-a$

(2) $|a|=A$, $|b|=B$일 때, $a+b$ 또는 $a-b$의 값 중 가장 큰 값과 가장 작은 값은

$\Rightarrow a=A$ 또는 $a=-A$, $b=B$ 또는 $b=-B$인 경우를 모두 계산하여 구한다.

0446 대표문제

a의 절댓값이 $\dfrac{5}{6}$이고 b의 절댓값이 $\dfrac{2}{3}$일 때, $a+b$의 값 중에서 가장 작은 값을 구하시오.

0447 중

a의 절댓값은 2이고 b의 절댓값은 7일 때, $a+b$의 값 중에서 가장 큰 값은?

① -14 ② -9 ③ -7

④ 9   ⑤ 14

0448 중

두 수 a, b에 대하여 $|a|=3$, $|b|=6$일 때, $a-b$의 값 중에서 가장 큰 값은?

① -9 ② -6 ③ 0

④ 6   ⑤ 9

0449 중상 서술형

$|a|=\dfrac{3}{2}$, $|b|=\dfrac{2}{3}$인 두 유리수 a, b에 대하여 $a-b$의 값 중에서 가장 큰 값을 M, 가장 작은 값을 m이라 할 때, $M-m$의 값을 구하시오.

개념원리 중학수학 1-1 97쪽

유형 10 덧셈과 뺄셈의 활용

① 수가 모두 있는 변의 수의 합을 먼저 구한다.

② 미지수가 있는 변의 수의 합이 ①의 결과와 같도록 하는 미지수의 값을 구한다.

0450 대표문제

오른쪽 그림에서 삼각형의 한 변에 놓인 네 수의 합이 모두 같을 때, $A-B$의 값을 구하시오.

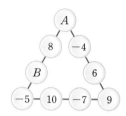

0451 중

오른쪽 표에서 가로, 대각선에 있는 세 수의 합이 모두 같을 때, a, b의 값을 구하시오.

2		b
	a	
0	1	-4

0452 중상

오른쪽 그림과 같은 전개도로 정육면체를 만들었다. 마주 보는 면에 적힌 두 수의 합이 $-\dfrac{1}{4}$일 때, $a+b-c$의 값은?

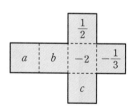

① $\dfrac{5}{2}$ ② $\dfrac{31}{12}$ ③ $\dfrac{8}{3}$

④ $\dfrac{11}{4}$ ⑤ $\dfrac{17}{6}$

유형 **11** 유리수의 곱셈

① 곱의 부호를 먼저 결정한다.

⇨ 곱해진 음수가 ┌ 짝수 개 ⇨ ⊕
　　　　　　　 └ 홀수 개 ⇨ ⊖

② 각 수의 절댓값을 모두 곱하고 결정된 부호를 붙인다.

0453 대표문제

다음 중 계산 결과가 옳지 <u>않은</u> 것은?

① $\left(+\dfrac{5}{7}\right)\times\left(-\dfrac{14}{15}\right)=-\dfrac{2}{3}$

② $0\times\left(-\dfrac{1}{3}\right)=0$

③ $\left(-\dfrac{1}{2}\right)\times\left(-\dfrac{2}{3}\right)\times\left(+\dfrac{3}{4}\right)=+\dfrac{1}{4}$

④ $(+15)\times\left(-\dfrac{3}{5}\right)\times\left(+\dfrac{2}{3}\right)=-8$

⑤ $\left(-\dfrac{5}{6}\right)\times\left(-\dfrac{3}{10}\right)\times\left(+\dfrac{2}{7}\right)=+\dfrac{1}{14}$

0454 중하

다음 **보기**에서 계산 결과가 옳은 것을 모두 고르시오.

┌─── ● 보기 ● ───
│ ㄱ. $\left(-\dfrac{5}{6}\right)\times\left(+\dfrac{1}{2}\right)\times\left(+\dfrac{3}{5}\right)=-\dfrac{3}{4}$
│ ㄴ. $\left(-\dfrac{9}{4}\right)\times(-0.2)\times\left(-\dfrac{8}{3}\right)=-\dfrac{5}{6}$
│ ㄷ. $\left(-\dfrac{3}{4}\right)\times(-10)\times\left(+\dfrac{4}{5}\right)\times\left(-\dfrac{1}{15}\right)=-\dfrac{2}{5}$
└─────────────

0455 중

$A=\left(+\dfrac{2}{3}\right)\times\left(-\dfrac{15}{4}\right)$, $B=(-1.5)\times\dfrac{4}{3}\times\left(-\dfrac{3}{2}\right)$일

때, $A\times B$의 값을 구하시오.

0456 중상

$\left(-\dfrac{1}{3}\right)\times\left(-\dfrac{3}{5}\right)\times\left(-\dfrac{5}{7}\right)\times\cdots\times\left(-\dfrac{23}{25}\right)$을 계산하시오.

유형 **12** 네 유리수 중에서 세 수를 뽑아 곱하기

네 유리수 중에서 서로 다른 세 수를 뽑아 곱할 때

(1) 곱이 가장 큰 경우는

　┌ 음수의 개수 ⇨ 짝수 개
　└ 세 수의 절댓값의 곱 ⇨ 가장 크게

(2) 곱이 가장 작은 경우는

　┌ 음수의 개수 ⇨ 홀수 개
　└ 세 수의 절댓값의 곱 ⇨ 가장 크게

0457 대표문제

네 유리수 $-\dfrac{7}{3}$, $\dfrac{5}{4}$, $-\dfrac{6}{7}$, -4 중에서 서로 다른 세 수를

뽑아 곱한 값 중 가장 작은 값은?

① $-\dfrac{35}{3}$ 　　② -8 　　③ $\dfrac{5}{2}$

④ $\dfrac{30}{7}$ 　　⑤ $\dfrac{35}{3}$

0458 중

네 유리수 $-\dfrac{3}{2}$, $\dfrac{1}{2}$, -3, $-\dfrac{3}{7}$ 중에서 서로 다른 세 수를

뽑아 곱한 값 중 가장 큰 값은?

① $-\dfrac{3}{4}$ 　　② $-\dfrac{3}{14}$ 　　③ $\dfrac{9}{14}$

④ $\dfrac{9}{7}$ 　　⑤ $\dfrac{9}{4}$

0459 중상 서술형

네 유리수 $-\dfrac{1}{2}$, $\dfrac{2}{3}$, $\dfrac{3}{4}$, -3 중에서 서로 다른 세 수를 뽑

아 곱한 값 중 가장 큰 값과 가장 작은 값의 차를 구하시오.

유형 13 곱셈의 계산 법칙 중요!

세 수 a, b, c에 대하여

(1) 곱셈의 교환법칙 : 순서를 바꾸어 곱하여도 그 결과는 같다.
   $\Rightarrow a \times b = b \times a$

(2) 곱셈의 결합법칙 : 어느 두 수를 먼저 곱하여도 그 결과는 같다.
   $\Rightarrow (a \times b) \times c = a \times (b \times c)$

0460 대표문제

다음 계산 과정에서 ㉠, ㉡에 이용된 계산 법칙을 말하시오.

$$
\begin{aligned}
&\left(-\frac{1}{4}\right) \times (-3) \times \left(+\frac{8}{3}\right) \quad \Big\}\, ㉠ \\
&= (-3) \times \left(-\frac{1}{4}\right) \times \left(+\frac{8}{3}\right) \quad \Big\}\, ㉡ \\
&= (-3) \times \left\{\left(-\frac{1}{4}\right) \times \left(+\frac{8}{3}\right)\right\} \\
&= (-3) \times \left(-\frac{2}{3}\right) \\
&= 2
\end{aligned}
$$

0461 하

다음 계산 과정에서 ㉠ ~ ㉣에 알맞은 것을 바르게 구한 것은?

$$
\begin{aligned}
&(-3) \times 2 \times (-6) \\
&= 2 \times (-3) \times (-6) \quad \Big\}\, \text{곱셈의 } \boxed{㉠} \text{ 법칙} \\
&= 2 \times \{(-3) \times (-6)\} \quad \Big\}\, \text{곱셈의 } \boxed{㉡} \text{ 법칙} \\
&= 2 \times \boxed{㉢} \\
&= \boxed{㉣}
\end{aligned}
$$

	㉠	㉡	㉢	㉣
①	교환	결합	-18	-36
②	결합	교환	-18	-36
③	교환	교환	18	36
④	교환	결합	18	36
⑤	분배	결합	18	36

유형 14 거듭제곱

(1) 양수의 거듭제곱은 항상 양수이다.

(2) 음수의 거듭제곱은 지수에 의해 부호가 결정된다.

즉, $a > 0$, n은 자연수일 때

$$(-a)^n = \begin{cases} n\text{이 짝수} \Rightarrow a^n \\ n\text{이 홀수} \Rightarrow -a^n \end{cases}$$

0462 대표문제

다음 중 가장 큰 수와 가장 작은 수의 합을 구하시오.

$$\left(-\frac{1}{2}\right)^3, \quad -\left(-\frac{1}{2}\right)^2, \quad -\frac{1}{2}, \quad \left(-\frac{1}{2}\right)^2, \quad -\left(-\frac{1}{2}\right)^3$$

0463 중하

다음 중 계산 결과가 가장 작은 것은?

① $(-2)^3 + 5$ ② $6 - 3^2$

③ $-3^2 - (-2)^2 + 6$ ④ $3 - (-4^2)$

⑤ $-(-3)^3 + (-2)^2 - (-5)$

0464 중하

다음 중 옳지 않은 것은?

① $\left(-\frac{1}{3}\right)^3 = -\frac{1}{27}$ ② $\left(-\frac{1}{2}\right)^3 \times 16 = -2$

③ $\left(-\frac{2}{3}\right)^2 \times \left(-\frac{3}{2}\right)^3 = \frac{3}{2}$ ④ $\left(-\frac{1}{4}\right)^2 \times (-0.5)^2 = \frac{1}{64}$

⑤ $\left(-\frac{1}{2}\right) \times 3^2 \times (-6) = 27$

0465 중

다음을 계산하시오.

(1) $(-2)^2 \times \left(-\frac{3}{2}\right)^3 \times \left(-\frac{1}{3}\right)^2$

(2) $(-3)^3 \times \left(-\frac{5}{2}\right)^2 \times \left(\frac{2}{5}\right)^2$

유형 15 $(-1)^n$의 계산

ⓢ 개념원리 중학수학 1-1 103쪽

$(-1)^n$의 꼴에서 지수 n에 대하여
(1) n이 짝수이면 $\Rightarrow (-1)^n=1$
　예 $(-1)^{100}=(-1)^{80}=(-1)^2=1$
(2) n이 홀수이면 $\Rightarrow (-1)^n=-1$
　예 $(-1)^3=(-1)^{21}=(-1)^{99}=-1$

0466 대표문제
$(-1)+(-1)^2+(-1)^3+\cdots+(-1)^{1000}$을 계산하면?

① -1000　　② -500　　③ 0
④ 500　　⑤ 1000

0467 중하
$-1^{102}-(-1)^{101}+(-1)^{99}$을 계산하면?

① -3　　② -2　　③ -1
④ 0　　⑤ 1

0468 중상
n이 홀수일 때, $-1^n+(-1)^{n+2}-(-1)^n$을 계산하면?

① -2　　② -1　　③ 1
④ 2　　⑤ 3

0469 중상 서술형
n이 짝수일 때, $(-1)^n-(-1)^{n+1}-(-1)^{2\times n+1}$을 계산하시오.

유형 16 분배법칙

ⓢ 개념원리 중학수학 1-1 104쪽

세 수 a, b, c에 대하여
(1) $a\times(b+c)=a\times b+a\times c$
(2) $a\times b+a\times c=a\times(b+c)$

0470 대표문제
세 수 a, b, c에 대하여 다음을 구하시오.
(1) $a\times b=-3$, $a\times c=-15$일 때, $a\times(b-c)$의 값
(2) $a\times b=10$, $a\times(b+c)=-7$일 때, $a\times c$의 값

0471 하
다음 계산 과정에서 사용하지 <u>않은</u> 계산 법칙은?

$$
\begin{aligned}
&(-2)\times(-7)+3\times(-2)+(-2)\times(-4)\\
&=(-2)\times(-7)+(-2)\times3+(-2)\times(-4)\\
&=(-2)\times\{(-7)+3+(-4)\}\\
&=(-2)\times\{3+(-7)+(-4)\}\\
&=(-2)\times\{3+(-11)\}\\
&=(-2)\times(-8)=16
\end{aligned}
$$

① 덧셈의 교환법칙　　② 덧셈의 결합법칙
③ 분배법칙　　④ 곱셈의 교환법칙
⑤ 곱셈의 결합법칙

0472 중하
다음은 분배법칙을 이용하여 계산하는 과정이다. 물음에 답하시오.

$$
\begin{aligned}
0.75\times125+0.75\times(-25)&=\boxed{㉠}\times\{\boxed{㉡}+(-25)\}\\
&=0.75\times\boxed{㉢}=\boxed{㉣}
\end{aligned}
$$

(1) ㉠~㉣에 알맞은 수를 구하시오.
(2) 분배법칙을 이용하여 $78\times(-3.7)+22\times(-3.7)$을 계산하시오.

0473 중

다음 조건을 모두 만족시키는 세 수 a, b, c에 대하여 c의 값은?

> (가) $a-b=3$
> (나) $a \times c - b \times c = 27$

① 3   ② 5   ③ 7
④ 9   ⑤ 11

0474 중 서술형

두 수 a, b가 다음 식을 만족시킬 때, $a+b$의 값을 구하시오.

> $31 \times (-0.4) + 29 \times (-0.4) = a \times (-0.4) = b$

0475 중

어떤 수 a가 다음과 같을 때, a보다 작은 자연수를 모두 구하시오.

> $a = 0.12 \times 9.17 + 0.12 \times 10.83$

0476 중상

세 수 a, b, c에 대하여 $a \times b + a \times c = a \times (b+c)$가 성립함을 이용하여 $\dfrac{41 \times 3825 - 41 \times 1125}{27}$ 를 계산하시오.

개념원리 중학수학 1-1 108쪽

유형 17 역수

▲ × ● = 1이면 ▲와 ●는 서로 역수이다.

0477 대표문제

다음 중 두 수가 서로 역수가 <u>아닌</u> 것은?

① 2, $\dfrac{1}{2}$ ② $\dfrac{1}{10}$, 0.1 ③ $-\dfrac{13}{3}$, $-\dfrac{3}{13}$

④ -1, -1 ⑤ $\dfrac{9}{8}$, $\dfrac{8}{9}$

0478 중하

다음을 구하시오.

(1) $\dfrac{5}{3}$의 역수를 a, $-1\dfrac{3}{5}$의 역수를 b라 할 때, $a \times b$의 값

(2) -5의 역수를 a, 0.01의 역수를 b라 할 때, $a \times b$의 값

개념원리 중학수학 1-1 108쪽

유형 18 정수의 나눗셈

(1) 두 수의 부호가 같으면 ⇨ +(절댓값의 나눗셈의 몫)
(2) 두 수의 부호가 다르면 ⇨ −(절댓값의 나눗셈의 몫)

0479 대표문제

다음 중 계산 결과가 옳지 <u>않은</u> 것은?

① $(-36) \div (+9) = -4$ ② $(+18) \div (-3) = -6$
③ $0 \div (-5) = 0$ ④ $(-20) \div (-4) = -5$
⑤ $(-21) \div (+7) = -3$

0480 중

다음 중 계산 결과가 $(+60) \div (-2)$와 같은 것은?

① $(-20) \div (+5)$ ② $(-84) \div (-7)$
③ $(-90) \div (+3)$ ④ $(+54) \div (-6)$
⑤ $(+30) \div (-10)$

유형**19** 유리수의 나눗셈

↳ **개념원리** 중학수학 1–1 108쪽

유리수의 나눗셈은 나누는 수의 역수를 이용하여 곱셈으로 바꾸어 계산한다. 즉,

$$\square \div \frac{b}{a} \Rightarrow \square \times \frac{a}{b} \text{ (단, } a \neq 0, b \neq 0\text{)}$$

예 $\left(+\frac{2}{3}\right) \div \left(-\frac{1}{2}\right) = \left(+\frac{2}{3}\right) \times (-2) = -\frac{4}{3}$

0481 대표문제

다음 중 계산 결과가 옳지 <u>않은</u> 것은?

① $(-27) \div \left(+\frac{3}{2}\right) = -18$ ② $\left(-\frac{3}{8}\right) \div \left(+\frac{1}{4}\right) = -\frac{3}{2}$

③ $0 \div \left(-\frac{2}{7}\right) = 0$ ④ $\left(-\frac{3}{5}\right) \div \left(-\frac{9}{25}\right) = \frac{5}{2}$

⑤ $(+4.2) \div (+0.6) = 7$

0482 중하

다음 중 계산 결과가 가장 작은 것은?

① $(-12) \div \left(+\frac{3}{5}\right)$ ② $\left(+\frac{5}{6}\right) \div \left(-\frac{4}{3}\right)$

③ $\left(+\frac{2}{5}\right) \div \left(+\frac{2}{3}\right)$ ④ $\left(-\frac{2}{5}\right) \div \left(+\frac{8}{9}\right)$

⑤ $\left(-\frac{2}{3}\right) \div \left(-\frac{2}{9}\right)$

0483 중

$A = \left(-\frac{9}{14}\right) \div \left(+\frac{3}{7}\right)$, $B = (-12) \div \left(+\frac{9}{4}\right)$일 때,

$A \div B$의 값을 구하시오.

0484 중 서술형

$-\frac{8}{3}$보다 2만큼 큰 수를 a, $-\frac{3}{4}$보다 $-\frac{2}{3}$만큼 작은 수를 b라 할 때, $a \div b$의 값을 구하시오.

유형**20** 곱셈과 나눗셈의 혼합 계산

↳ **개념원리** 중학수학 1–1 109쪽

① 거듭제곱이 있으면 거듭제곱을 먼저 계산한다.

② 나눗셈은 역수를 이용하여 곱셈으로 고쳐서 계산한다.

0485 대표문제

다음 중 계산 결과가 옳지 <u>않은</u> 것은?

① $(-3)^2 \times (+4) \times \left(-\frac{1}{2}\right)^3 = -\frac{9}{2}$

② $(+2) \times \left(-\frac{1}{10}\right) \div \left(-\frac{1}{5}\right)^2 = -5$

③ $\left(+\frac{5}{6}\right) \div \left(-\frac{3}{4}\right) \times \left(+\frac{1}{2}\right) = -\frac{5}{9}$

④ $\left(-\frac{9}{4}\right) \div \left(-\frac{1}{16}\right) \div (-3^3) = -\frac{2}{3}$

⑤ $\left(-\frac{1}{2}\right)^2 \times (+6) \div (+24) = \frac{1}{16}$

0486 중

$A = \left(-\frac{8}{5}\right) \div \frac{4}{5} \div \left(-\frac{4}{9}\right)$, $B = (-2)^3 \times \frac{4}{3} \div \left(-\frac{2}{3}\right)^2$

일 때, $A \times B$의 값을 구하시오.

0487 중

다음 중 계산 결과가 옳은 것은?

① $(-1)^{1004} \times \left(-\frac{1}{2}\right)^3 \div \frac{3}{4} = -6$

② $(-2)^3 \times \left(-\frac{1}{6}\right)^2 \div \left(-\frac{2}{3}\right)^2 = -2$

③ $\left(-\frac{3}{4}\right) \div \left(+\frac{5}{2}\right) \div \left(+\frac{3}{8}\right) = -\frac{5}{4}$

④ $\left(-\frac{10}{3}\right) \times (-5) \times \left(-\frac{6}{5}\right) \div \frac{2}{15} = -120$

⑤ $\left(-\frac{4}{15}\right) \div \frac{3}{25} \times \left(\frac{3}{2}\right)^2 \div (-10) = \frac{1}{2}$

◑ 개념원리 중학수학 1-1 109쪽

유형 21 덧셈, 뺄셈, 곱셈, 나눗셈의 혼합 계산

① 거듭제곱이 있으면 거듭제곱을 먼저 계산한다.
② 괄호가 있으면 괄호 안을 먼저 계산한다.
　이때 소괄호 ( ) ⇨ 중괄호 { } ⇨ 대괄호 [ ]의 순
　서로 계산한다.
③ 곱셈, 나눗셈을 계산한다.
④ 덧셈, 뺄셈을 계산한다.

0488 대표문제

$\dfrac{1}{6} \times \left[220 - \left\{ 3 + \left(\dfrac{1}{4} - \dfrac{1}{6} \right) \times 12 \right\} \right]$ 를 계산하면?

① -52　　　② -34　　　③ 36
④ 42　　　⑤ 52

0489 하

다음 식의 계산 순서를 차례로 나열하시오.

$$2 - (-1) \times \left\{ 5 - \left(8 + 2 \div \dfrac{1}{3} \right) \right\}$$
$$\quad\uparrow\qquad\quad\uparrow\quad\ \uparrow\ \ \uparrow\ \ \uparrow$$
$$\quad ㉠\qquad\quad ㉡\quad ㉢\ \ ㉣\ \ ㉤$$

0490 중

다음을 계산하시오.

(1) $-1 - \left\{ -2 - (3-4) \times (-2)^2 - 5 \right\}$

(2) $\left(-\dfrac{3}{4} \right) \div \left(-\dfrac{1}{2} \right)^2 - (-2)^3 \times \dfrac{5}{4}$

0491 중

$(-1)^3 \times \left\{ \left(-\dfrac{3}{2} \right)^2 \div \left(\dfrac{7}{4} - \dfrac{9}{4} \right) - 1 \right\} + 1$ 을 계산하면?

① $-\dfrac{11}{2}$　　　② -2　　　③ 6
④ $\dfrac{13}{2}$　　　⑤ 7

0492 중

다음 중 계산 결과가 가장 큰 것은?

① $\dfrac{1}{2} + \left(-\dfrac{1}{2} \right)^2 \div \left(\dfrac{5}{6} - \dfrac{4}{3} \right) - 2$

② $\left(-\dfrac{1}{4} \right)^2 \times 8 - 3 \div \left(\dfrac{2}{3} + \dfrac{5}{6} \right)$

③ $-\dfrac{3}{4} - \left\{ -\dfrac{1}{5} - \left(-\dfrac{3}{4} + \dfrac{1}{2} \right) \right\}$

④ $-4 + \left\{ 1 - \left(-\dfrac{1}{2} \right) \times \dfrac{1}{3} \right\} \div \dfrac{7}{6}$

⑤ $\left(-\dfrac{3}{4} \right) \div \left\{ \dfrac{4}{3} \times \left(-\dfrac{3}{5} \right) \right\} \times \dfrac{16}{5}$

0493 중 서술형

다음을 계산하시오.

$$32 - 4 \times \left[5 - \left\{ \left(-\dfrac{3}{2} \right)^3 - \left(\dfrac{7}{4} - \dfrac{3}{2} \right) \right\} \right]$$

유형**22** □ 안에 알맞은 수 구하기 (2)

🔾 **개념원리** 중학수학 1-1 110쪽

(1) $A \times \square = B \Rightarrow \square = B \div A = B \times \dfrac{1}{A} = \dfrac{B}{A}$

(2) $A \div \square = B \Rightarrow \square = A \div B = A \times \dfrac{1}{B} = \dfrac{A}{B}$

0494 대표문제

다음 □ 안에 들어갈 수 중 가장 작은 수는?

① $\left(-\dfrac{3}{7}\right) \times \square = 1$ ② $\left(+\dfrac{5}{3}\right) \div \square = 10$

③ $\square \times (-2)^5 = 32$ ④ $\square \div (-2)^3 = 3$

⑤ $8 \div \square = \dfrac{1}{8}$

0495 중

$a \times (-2) = 4$, $b \div \left(-\dfrac{3}{4}\right) = -2$일 때, $b \div a$의 값을 구하시오.

0496 중상

다음 □ 안에 알맞은 수를 구하시오.

(1) $\dfrac{10}{3} \div \left(-\dfrac{5}{2}\right) \times \square = -\dfrac{2}{3}$

(2) $\left(-\dfrac{3}{4}\right) \div \square \times \left(-\dfrac{2}{3}\right) = \dfrac{2}{5}$

(3) $\left(-\dfrac{1}{2}\right)^3 \times \square = (-3)^2 \div \dfrac{18}{5}$

유형**23** 바르게 계산한 답 구하기

🔾 **개념원리** 중학수학 1-1 94, 110쪽

① 어떤 유리수를 □로 놓는다.

② 잘못 계산한 결과를 식으로 나타낸 후 □의 값을 구한다.

③ 바르게 계산한 답을 구한다.

0497 대표문제

어떤 유리수에서 $-\dfrac{2}{3}$를 빼야 할 것을 잘못하여 더했더니 그 결과가 $\dfrac{2}{3}$가 되었다. 바르게 계산한 답을 구하시오.

0498 중

어떤 유리수에 $\dfrac{1}{5}$을 더해야 할 것을 잘못하여 뺐더니 그 결과가 $-\dfrac{1}{4}$이 되었다. 바르게 계산한 답을 구하시오.

0499 중

어떤 유리수를 $-\dfrac{1}{2}$로 나누어야 할 것을 잘못하여 곱했더니 그 결과가 $\dfrac{6}{5}$이 되었다. 바르게 계산한 답을 구하시오.

0500 중 서술형

어떤 유리수에 $-\dfrac{3}{4}$을 곱해야 할 것을 잘못하여 나누었더니 그 결과가 $-\dfrac{2}{5}$가 되었다. 다음 물음에 답하시오.

(1) 어떤 유리수를 구하시오.

(2) 바르게 계산한 답을 구하시오.

유형 **24** 유리수의 부호 결정 $\circlearrowleft$ 개념원리 중학수학 1-1 111쪽

(1) $a \times b > 0$ (또는 $a \div b > 0$)일 때 $\Rightarrow$ 두 수 a, b는 같은 부호
(2) $a \times b < 0$ (또는 $a \div b < 0$)일 때 $\Rightarrow$ 두 수 a, b는 다른 부호

0501 대표문제

세 유리수 a, b, c에 대하여 $a \times b < 0$, $a - b > 0$, $a \div c < 0$일 때, 다음 중 옳은 것은?

① $a < 0$, $b < 0$, $c < 0$ ② $a < 0$, $b > 0$, $c < 0$
③ $a < 0$, $b > 0$, $c > 0$ ④ $a > 0$, $b < 0$, $c < 0$
⑤ $a > 0$, $b > 0$, $c < 0$

0502 중

두 유리수 a, b에 대하여 $a \times b < 0$, $a < b$일 때, 다음 중 옳은 것은?

① $a - b > 0$ ② $b - a > 0$ ③ $a \div b > 0$
④ $b \div a > 0$ ⑤ $-a < 0$

0503 중

세 유리수 a, b, c에 대하여 $a - b < 0$, $a \times b < 0$, $b \div c > 0$일 때, 다음 중 옳은 것은?

① $a < 0$, $b < 0$, $c < 0$ ② $a < 0$, $b > 0$, $c < 0$
③ $a < 0$, $b > 0$, $c > 0$ ④ $a > 0$, $b < 0$, $c > 0$
⑤ $a > 0$, $b > 0$, $c < 0$

0504 중

세 유리수 a, b, c에 대하여 $a \times b > 0$, $b \div c < 0$, $b < c$일 때, a, b, c의 부호를 정하시오.

유형 **25** 문자로 주어진 수의 대소 관계 $\circlearrowleft$ 개념원리 중학수학 1-1 111쪽

문자로 주어진 수의 대소를 비교할 때는
$\Rightarrow$ 조건을 만족시키는 적당한 수를 문자 대신 넣어 대소를 비교한다.

0505 대표문제

$-1 < a < 0$인 유리수 a에 대하여 다음 중 가장 큰 수는?

① $-a$ ② $-a^2$ ③ $-a^3$
④ $-\dfrac{1}{a}$ ⑤ $-\dfrac{1}{a^2}$

0506 중

$-\dfrac{1}{2} < a < 0$인 유리수 a에 대하여 다음 중 가장 작은 수는?

① $\dfrac{1}{a^2}$ ② $\dfrac{1}{a}$ ③ a
④ a^2 ⑤ a^3

0507 중

$a < -1$인 유리수 a에 대하여 다음 중 가장 작은 수는?

① a ② $-a$ ③ a^2
④ $-a^2$ ⑤ $\dfrac{1}{a}$

0508 중

$0 < a < 1$인 유리수 a에 대하여 다음 중 가장 큰 수는?

① $-a^2$ ② $(-a)^2$ ③ $\dfrac{1}{a}$
④ $-\dfrac{1}{a}$ ⑤ $\left(\dfrac{1}{a}\right)^2$

유형 UP

🔆 개념원리 중학수학 1-1 117쪽

유형26 실생활과 관련된 유리수의 계산

가위바위보에서 이기면 2점, 지면 −1점을 받을 때
⇨ 3번 이기면 : $3 \times (+2) = 6$(점)
　4번 지면 : $4 \times (-1) = -4$(점)

0509 대표문제
지혜와 정아는 가위바위보를 하여 이기면 3점, 지면 −1점을 받는 놀이를 하였다. 0점으로 시작하여 5번의 가위바위보를 했더니 지혜가 3번 이겼다고 할 때, 지혜의 점수와 정아의 점수의 차를 구하시오. (단, 비긴 경우는 없다.)

0510 중
승범이는 한 문제를 맞히면 5점을 얻고 틀리면 3점을 잃는 퀴즈를 풀었다. 기본 점수 50점에서 시작하여 총 6문제를 푼 결과가 다음 표와 같을 때, 승범이의 점수를 구하시오.
(단, 맞히면 ○, 틀리면 ×로 표시한다.)

1번	2번	3번	4번	5번	6번
○	○	×	×	○	○

0511 상
A, B 두 사람이 주사위 놀이를 하는 데 짝수의 눈이 나오면 그 눈의 수의 2배만큼 점수를 얻고, 홀수의 눈이 나오면 그 눈의 수만큼 점수를 잃는다고 한다. 다음 표는 두 사람이 주사위를 4번 던져 나온 눈의 수를 나타낸 것이다. A, B 두 사람이 얻은 점수에 대하여 다음 중 옳은 것은?

	1회	2회	3회	4회
A	3	4	1	2
B	5	3	2	6

① A가 B보다 3점 더 많다.
② A가 B보다 5점 더 많다.
③ A, B의 점수가 같다.
④ B가 A보다 2점 더 많다.
⑤ B가 A보다 6점 더 많다.

🔆 개념원리 중학수학 1-1 119쪽

유형27 두 점을 이은 선분을 $m:n$으로 나누는 점

수직선 위의 두 점 $A(a)$, $B(b)$ $(b>a)$를 이은 선분 AB를 $m:n$ $(m>0, n>0)$으로 나누는 점 P가 나타내는 수는 다음 순서로 구한다.

① 두 점 A, B 사이의 거리를 구한다. ⇨ $b-a$
② 두 점 A, P 사이의 거리를 구한다. ⇨ $(b-a) \times \dfrac{m}{m+n}$
③ 점 P가 나타내는 수를 구한다.
⇨ (점 A가 나타내는 수)+(두 점 A, P 사이의 거리)
$$= a + (b-a) \times \dfrac{m}{m+n}$$

0512 대표문제
오른쪽 수직선 위의 두 점 A, B를 이은 선분을 $3:2$로 나누는 점이 C일 때, 다음 물음에 답하시오.

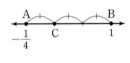

(1) 두 점 A, B 사이의 거리를 구하시오.
(2) 두 점 A, C 사이의 거리를 구하시오.
(3) 점 C가 나타내는 수를 구하시오.

0513 상
오른쪽 수직선 위의 두 점 A, B를 이은 선분을 $1:2$로 나누는 점이 C일 때, 점 C가 나타내는 수를 구하시오.

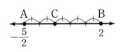

0514 상 서술형
오른쪽 수직선 위의 두 점 A, B를 이은 선분을 $2:3$으로 나누는 점이 C일 때, 점 C가 나타내는 수를 구하시오.

중단원 마무리하기

0515

다음 수들을 작은 수부터 차례로 나열할 때 네 번째에 오는 수는?

① $(-1)^3$ ② $|-3|$ ③ 0

④ $(-2)^2$ ⑤ -3^2

0516

다음 중 계산 결과가 옳지 않은 것은?

① $-\dfrac{3}{4}+\dfrac{11}{20}-\dfrac{3}{10}=-\dfrac{1}{2}$

② $-4-7-8+4=-15$

③ $(-1)^4\times27\div(-3-6)=-3$

④ $(-4.3)-(+4)+(+9)-(-4.3)=6$

⑤ $\left(+\dfrac{2}{5}\right)-(+2.1)-(-3)=1.3$

0517

다음 계산 과정에서 ㉠, ㉡, ㉢에 이용된 계산 법칙을 말하시오.

$$12\times\left(\dfrac{3}{4}-\dfrac{5}{3}\right)-(-6+8)$$
$$=12\times\dfrac{3}{4}-12\times\dfrac{5}{3}-(-6+8) \quad\Big)㉠$$
$$=9-20+6-8$$
$$=9+6-20-8 \quad\Big)㉡$$
$$=(9+6)+(-20-8) \quad\Big)㉢$$
$$=15-28=-13$$

0518

$A=\left(-\dfrac{1}{2}\right)^2\times(-3^2)\times\left(+\dfrac{4}{3}\right)$일 때, $A\times B=1$이 되는 B의 값을 구하시오.

0519

다음 중 계산 결과가 가장 작은 것은?

① $(-5)+(-2)-(-9)-(+11)$

② $\left(-\dfrac{5}{6}\right)+\left(-\dfrac{1}{3}\right)-(-3)-\left(+\dfrac{3}{4}\right)$

③ $\dfrac{1}{4}\div\left(-\dfrac{1}{2}\right)\div(-2)^2$

④ $(+3)\times(-27)\div\left(-\dfrac{9}{2}\right)\times(-2)$

⑤ $\left(-\dfrac{1}{2}\right)^2\times(-2)^3-\dfrac{1}{2}\div\left(-\dfrac{1}{2}\right)^3$

0520

중요

$-\dfrac{1}{9}$의 역수를 x, $2\dfrac{1}{3}$의 역수를 y라 할 때, $(6-x)\div y$의 값을 구하시오.

0521

$A=\left(-\dfrac{5}{6}\right)\div(-2)^2\times\dfrac{27}{10}$,

$B=\dfrac{3}{4}\div\left(-\dfrac{15}{8}\right)\times(-1)^3\div\dfrac{2}{3}$일 때, $A+B$의 값을 구하시오.

0522

세 수 a, b, c에 대하여 $a\times b=6$, $a\times(b+c)=-15$일 때, $a\times c$의 값은?

① -25 ② -21 ③ -9

④ 15 ⑤ 18

0523

어떤 유리수에 $-\dfrac{9}{7}$를 곱해야 할 것을 잘못하여 나누었더니 그 결과가 $\dfrac{10}{3}$이 되었다. 바르게 계산한 답을 구하시오.

0524

다음을 계산하시오.

(1) $\left\{-(-3)^3+5\right\}\div\left(-\dfrac{8}{3}\right)\times\dfrac{1}{2}$

(2) $(-1)^{1001}-(-1)^{97}\div(-1)^{60}$

0525

다음 식의 계산 순서를 차례로 나열하고, 그 순서에 따라 계산하시오.

$$\dfrac{1}{4}-\left[\dfrac{2}{3}-\left\{(-8)-\dfrac{1}{7}\div\left(-\dfrac{2}{7}\right)\right\}\times\dfrac{1}{3}\right]$$
$$\qquad\underset{\textcircled{\tiny ㉠}}{\uparrow}\quad\underset{\textcircled{\tiny ㉡}}{\uparrow}\qquad\underset{\textcircled{\tiny ㉢}}{\uparrow}\;\underset{\textcircled{\tiny ㉣}}{\uparrow}\qquad\underset{\textcircled{\tiny ㉤}}{\uparrow}$$

0526

오른쪽 그림과 같은 전개도로 정육면체를 만들었을 때, 마주 보는 면에 절댓값이 같고 부호가 다른 수가 놓이도록 하려고 한다. 이때 $A+B+C$의 값을 구하시오.

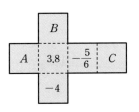

0527

다음을 계산하면?

$$1-\left[(-1)^3-\left\{-2+\dfrac{3}{4}\times\left(1-\dfrac{1}{3}\right)\right\}\div\dfrac{1}{2}\right]$$

① -3 ② -2 ③ -1
④ 2 ⑤ 4

0528

다음은 어느 날 A, B, C, D, E 5개의 도시의 하루 중 최고 기온과 최저 기온을 나타낸 표이다. 일교차가 가장 큰 도시를 구하시오.

도시	최고 기온	최저 기온
A	$-2.6\,°\!C$	$-8.8\,°\!C$
B	$-1.5\,°\!C$	$-6\,°\!C$
C	$0\,°\!C$	$-3.2\,°\!C$
D	$3.7\,°\!C$	$-4.5\,°\!C$
E	$2.8\,°\!C$	$-1.9\,°\!C$

0529

오른쪽 그림과 같은 주사위에서 마주 보는 면에 있는 두 수의 곱은 1이다. 이때 보이지 않는 세 면에 있는 수의 곱을 구하시오.

0530

세 유리수 a, b, c에 대하여 $a-b<0$, $\dfrac{b}{a}<0$, $a\times c>0$일 때 다음 중 옳은 것은?

① $a>0$, $b>0$, $c>0$ ② $a>0$, $b>0$, $c<0$

③ $a>0$, $b<0$, $c>0$ ④ $a<0$, $b>0$, $c<0$

⑤ $a<0$, $b<0$, $c<0$

0531 중요

오른쪽 그림에서 가로, 세로에 있는 네 수의 합이 모두 같을 때, $a-b-c$의 값을 구하시오.

7	6	c	0
-2			5
b			3
-4	5	a	-3

0532

n이 홀수일 때, 다음을 계산하시오.

$$(-1)^{n+1}-(-1)^{n+2}+(-1)^{n\times 2}$$

0533

다음 □ 안에 알맞은 수를 구하시오.

$$\left(-\frac{2}{3}\right)^2\times\square\div\left(-\frac{4}{27}\right)=\frac{1}{2}$$

0534

$-\dfrac{1}{2}<a<-\dfrac{1}{4}$인 유리수 a에 대하여 다음 중 가장 큰 수는?

① a ② a^2 ③ $\dfrac{1}{a^2}$

④ $|a|$ ⑤ $|a^3|$

0535

오른쪽 수직선 위의 두 점 A, B를 이은 선분을 5등분하였을 때, 점 C가 나타내는 수를 구하시오.

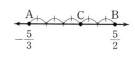

0536

두 유리수 a, b를 수직선 위에 나타내면 아래 그림과 같을 때, 다음 중 부호가 나머지 넷과 다른 하나는?

① $a+b$ ② $a-b$ ③ $|a|-|b|$

④ $a\times b$ ⑤ $a\div b$

0537

$\dfrac{1}{2-\dfrac{1}{2-\dfrac{1}{2}}}$ 을 계산하시오.

서술형 주관식

0538

$-4\dfrac{1}{2}$보다 -1만큼 작은 수를 a, 3보다 $-\dfrac{1}{3}$만큼 큰 수를 b라 할 때, $a<x<b$를 만족시키는 정수 x의 개수를 구하시오.

0539

다음 조건을 모두 만족시키는 유리수 a, b에 대하여 $b-a$의 값을 구하시오.

> (개) $-\dfrac{a}{9}$의 역수는 $\dfrac{3}{5}$이다.
>
> (내) $\dfrac{3}{b}$의 역수는 $-\dfrac{4}{3}$이다.

중요
0540

두 유리수 a, b에 대하여 a의 절댓값은 $\dfrac{1}{3}$, b의 절댓값은 $\dfrac{3}{4}$이다. $a-b$의 값 중에서 가장 큰 값을 M, 가장 작은 값을 m이라 할 때, 다음 물음에 답하시오.

⑴ a, b의 값을 각각 구하시오.
⑵ M, m의 값을 구하시오.
⑶ $M-m$의 값을 구하시오.

0541

네 유리수 $-\dfrac{2}{3}$, $\dfrac{7}{4}$, $-\dfrac{1}{2}$, -6 중에서 서로 다른 세 수를 뽑아 곱한 값 중 가장 큰 값과 가장 작은 값의 차를 구하시오.

실력 UP

0542

자연수 n에 대하여 $\dfrac{1}{n\times(n+1)}=\dfrac{1}{n}-\dfrac{1}{n+1}$이 성립함을 이용하여 $\dfrac{1}{5\times6}+\dfrac{1}{6\times7}+\cdots+\dfrac{1}{9\times10}$을 계산하시오.

0543

네 정수 a, b, c, d에 대하여 $a\times b\times c\times d>0$, $a<b$, $a\times c\times d<0$, $c+d<0$일 때, a, b, c, d의 부호를 정하시오.

0544

두 유리수 a, b에 대하여 $a-b<0$, $a\times b<0$이고 $|a|<|b|$일 때, 다음 중 옳지 <u>않은</u> 것은?

① $a-b<0$ ② $a+b>0$ ③ $-a+b<0$
④ $b-|a|>0$ ⑤ $-a-b<0$

0545

두 정수 a, b에 대하여
$$[a, b]=(\text{두 수 } a, b\text{의 차})$$
로 약속한다. 예를 들어 $[1, 4]=3$이다.
이때 $[[3, 8], [10, a]]=4$가 성립하도록 하는 a의 값 중 가장 큰 수를 x, 가장 작은 수를 y라 할 때, $[x, y]$의 값을 구하시오.

길가에 꽃을 가꾸는 일꾼

수도 시설이 발달하지 않았던 그때, 날마다 동네 우물에 가서 물을 길러 와야 했던 일꾼은 아침이면 어깨에 긴 막대기를 메고 그 양쪽에 두 개의 양동이를 달고는 집을 나섰습니다. 일꾼은 하루도 빠짐없이 우물과 집을 오가며 물을 길어 왔습니다. 그러던 어느 날 그가 들고 다니던 양동이 중 하나에 조그만 금이 갔습니다. 물을 길러 집으로 돌아오는 동안 그 틈새로 조금씩 물이 새어 나왔습니다.

그러나 일꾼은 양동이에서 물이 새는 것을 아는지 모르는지 그저 묵묵히 물을 길러 다닐 뿐이었습니다. 어느 날부터인가 그 일꾼이 오가는 길 위에 아름다운 꽃들이 피어나기 시작했습니다.

하루는 주인이 일꾼을 불러 물었습니다.
"네가 들고 다니는 양동이에 금이 가서 물이 새는 것을 알고 있느냐? 그러면 물을 길러 나르는 것이 헛수고가 되지 않느냐."
그러자 일꾼이 빙그레 웃으면서 말했습니다.
"양동이에서 물이 조금씩 새고 있는 것을 저도 알고 있습니다. 그래서 전 제가 다니는 길 한편에 꽃씨들을 뿌렸지요. 혹시 길 한편으로 예쁜 꽃들이 피어 있는 것을 못 보셨나요?"
그는 말을 계속 이었습니다.
"우물에서 물을 길어 오는 동안 틈이 난 양동이에서 저절로 물을 뿌려주어 예쁜 꽃들이 자랐습니다. 그 꽃들과 이야기하면서 다니면 힘든 줄도 모릅니다."

문자와 식

05 문자의 사용과 식의 계산

05-1 곱셈과 나눗셈 기호의 생략

(1) **곱셈 기호(×)의 생략** : (수)×(문자), (문자)×(문자)에서는 곱셈 기호 ×를 생략하여 간단히 나타낼 수 있다. 이때 다음과 같이 약속한다.

① (수)×(문자), (문자)×(수) : 곱셈 기호 ×를 생략하고 수를 문자 앞에 쓴다.
　　예 $7 \times a = 7a$, $x \times (-3) = -3x$

② (문자)×(문자) : 곱셈 기호 ×를 생략하고 **알파벳 순서**로 쓴다.
　　예 $x \times c \times z \times a \times b = abcxz$

③ 1×(문자), (−1)×(문자) : 곱셈 기호 ×와 **1**을 생략한다.
　　예 $x \times y \times z \times 1 = xyz$, $(-1) \times x = -x$

④ 같은 문자의 곱 : 거듭제곱으로 나타낸다.
　　예 $a \times a \times a = a^3$, $y \times x \times x = x^2 y$

⑤ 괄호가 있는 식과 수의 곱 : 곱셈 기호 ×를 생략하고, 수를 괄호 앞에 쓴다.
　　예 $5 \times (x-y) = 5(x-y)$, $(x+y) \times 2 = 2(x+y)$

(2) **나눗셈 기호(÷)의 생략** : 나눗셈 기호 ÷를 생략하고 분수의 꼴로 나타낸다. 즉, 나눗셈을 역수의 곱셈으로 바꾼 후 곱셈 기호 ×를 생략한다.
　　예 $x \div 3 = x \times \dfrac{1}{3} = \dfrac{1}{3}x$, $a \div (-5) = a \times \left(-\dfrac{1}{5}\right) = -\dfrac{a}{5}$

05-2 문자를 사용한 식

(1) 문자를 사용하면 수량 사이의 관계를 간단한 식으로 나타낼 수 있다.
　　예 한 자루에 500원짜리 연필 x자루의 가격 ⇨ $500 \times x = 500x$(원)

(2) **문자를 사용하여 식 세우기**

① 문제의 뜻을 파악하여 그에 맞는 규칙을 찾는다.

② 문자를 사용하여 ①의 규칙에 맞도록 식을 세운다.

　　예 한 개에 a원인 초콜릿 3개를 사고 10000원을 냈을 때의 거스름돈
　　　⇨ $10000 - 3a$(원)

05-3 식의 값

(1) **대입** : 문자를 사용한 식에서 문자에 어떤 수를 바꾸어 넣는 것

(2) **식의 값** : 문자를 사용한 식에서 문자에 어떤 수를 대입하여 계산한 결과

(3) **식의 값을 구하는 방법**

문자에 주어진 수를 대입할 때

① 주어진 식에서 생략된 **곱셈 기호 ×**를 다시 쓴다.

② 분모에 분수를 대입할 때에는 **나눗셈 기호 ÷**를 다시 쓴다.

③ 대입하는 수가 음수이면 반드시 **괄호 ( )**를 사용한다.

　　예 $a = \dfrac{1}{4}$일 때, $\dfrac{3}{a}$의 값은 $\dfrac{3}{a} = 3 \div a = 3 \div \dfrac{1}{4} = 3 \times 4 = 12$

개념플러스

- $\dfrac{1}{2} \times x$는 $\dfrac{1}{2}x$ 또는 $\dfrac{x}{2}$로 나타낸다.

- 소수 0.1, 0.01, …과 같은 수와 문자의 곱에서는 1을 생략하지 않는다.
  즉, $0.1 \times a \Rightarrow \begin{cases} 0.1a \ (\bigcirc) \\ 0.a \ \ (\times) \end{cases}$,
  $(-0.1) \times b$
  $\Rightarrow \begin{cases} -0.1b \ (\bigcirc) \\ -0.b \ \ (\times) \end{cases}$

- 문자를 1 또는 −1로 나눌 때는 1을 생략한다.
  $x \div 1 = \dfrac{x}{1} = x$
  $y \div (-1) = \dfrac{y}{-1} = -y$

- 문자를 사용한 식에서 자주 쓰이는 수량 관계
  ① (속력)$= \dfrac{(거리)}{(시간)}$
  　 (시간)$= \dfrac{(거리)}{(속력)}$
  　 (거리)$=$(속력)×(시간)
  ② (소금물의 농도)
  　$= \dfrac{(소금의 양)}{(소금물의 양)} \times 100(\%)$
  　(소금의 양)
  　$= \dfrac{(소금물의 농도)}{100}$
  　　$\times (소금물의 양)$
  ③ (거스름돈)
  　$=$(지불 금액)$-$(물건 값)
  ④ (정가에서 $a \%$ 할인한 판매 가격)
  　$=$(정가)$\times \left(1 - \dfrac{a}{100}\right)$(원)

05-1 곱셈과 나눗셈 기호의 생략

[0546~0549] 다음 식을 곱셈 기호 ×를 생략하여 나타내시오.

0546 $a \times b \times (-5)$ **0547** $a \times a \times 4 \times a \times b$

0548 $(-1) \times a + 2 \times b$ **0549** $a \times 4 \times (x+y)$

[0550~0553] 다음 식을 나눗셈 기호 ÷를 생략하여 나타내시오.

0550 $4 \div a$ **0551** $a - b \div 2$

0552 $(a+b) \div 4$ **0553** $3 \div (x+y)$

[0554~0557] 다음 식을 기호 ×, ÷를 생략하여 나타내시오.

0554 $a \times b \div 2$ **0555** $(-4) \div a \times b$

0556 $x \times 3 - y \div z$ **0557** $3 \div (4+y) \times x$

[0558~0561] 다음 식을 곱셈 기호 ×를 사용하여 나타내시오.

0558 $3abc$ **0559** xy^2

0560 $0.1a(x-y)$ **0561** $-x^2y^2z$

[0562~0565] 다음 식을 나눗셈 기호 ÷를 사용하여 나타내시오.

0562 $\dfrac{1}{a}$ **0563** $\dfrac{a-b}{3}$

0564 $\dfrac{4}{x+y}$ **0565** $\dfrac{1}{2}(x-y)$

05-2 문자를 사용한 식

[0566~0571] 다음을 문자를 사용한 식으로 나타내시오.

0566 한 자루에 y원인 볼펜 7자루의 가격

0567 십의 자리의 숫자가 a, 일의 자리의 숫자가 b인 두 자리의 자연수

0568 자동차가 시속 $60\,km$로 x시간 동안 달린 거리

0569 x원의 3할

0570 1000원의 $x\%$

0571 $a\%$의 소금물 $b\,g$에 들어 있는 소금의 양

05-3 식의 값

[0572~0577] $a=-2$일 때, 다음 식의 값을 구하시오.

0572 $2a+5$ **0573** $\dfrac{a}{2}-1$

0574 $-a+4$ **0575** $\dfrac{6}{a}+7$

0576 $-2a^2$ **0577** $4+a^3$

[0578~0581] 다음 식의 값을 구하시오.

0578 $a=\dfrac{1}{2}$일 때, $\dfrac{2}{a}-2$

0579 $a=5$, $b=-6$일 때, $2a-b$

0580 $a=3$, $b=-2$일 때, $3a-b^2$

0581 $x=3$, $y=-5$일 때, $\dfrac{6y}{x}-xy$

개념플러스

05-4 다항식과 일차식

(1) **항** : $3x-2y+7$에서 $3x$, $-2y$, 7과 같이 수 또는 문자의 곱으로만 이루어진 식

(2) **상수항** : $3x-2y+7$에서 7과 같이 문자 없이 수만으로 이루어진 항

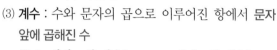

(3) **계수** : 수와 문자의 곱으로 이루어진 항에서 문자 앞에 곱해진 수

    예 $2x$에서 x의 계수는 2, $-y$에서 y의 계수는 -1이다.

(4) **다항식** : $3x-2y+7$과 같이 하나의 항이나 여러 개의 항의 합으로 이루어진 식

(5) **단항식** : $-4x$, $3y$와 같이 다항식 중에서 하나의 항으로만 이루어진 식

(6) **차수** : 항에 포함되어 있는 어떤 문자의 곱해진 개수

    예 $3x^2$의 문자 x에 대한 차수는 2, $-4y^3$의 문자 y에 대한 차수는 3이다.
    $=3\times x\times x$ $=(-4)\times y\times y\times y$

(7) **다항식의 차수** : 다항식에서 차수가 가장 큰 항의 차수

    예 다항식 $5x^2-3x+2$의 차수는 2이다.
          $5x^2$의 차수는 2, $-3x$의 차수는 1, 2의 차수는 0

(8) **일차식** : 차수가 1인 다항식   **예** $-5x+3$, $\dfrac{1}{3}y$

- 단항식은 항의 개수가 1개인 다항식이라 할 수 있다. 즉, 단항식도 다항식이다.

- **분모에 문자가 있는 식은 다항식이 아니다.**
  항이란 수 또는 문자의 곱으로만 이루어진 식이다.
  그러나 $\dfrac{3}{a}$은 $3\div a$가 되어 수 또는 문자의 곱으로만 이루어져 있지 않으므로 항이라 할 수 없다. 즉, 다항식이라 할 수 없다.

- 상수항은 차수가 0이다.

05-5 일차식과 수의 곱셈, 나눗셈

(1) **(수)×(일차식), (일차식)×(수)의 경우**

    ⇨ 분배법칙을 이용하여 일차식의 각 항에 수를 곱한다.

    예 $-2(5x-3)=(-2)\times 5x+(-2)\times(-3)=-10x+6$

(2) **(일차식)÷(수)의 경우**

    ⇨ 나눗셈을 곱셈으로 고쳐서 계산한다. 즉, 분배법칙을 이용하여 나누는 수의 역수를 곱한다.

    예 $(8x+4)\div(-2)=(8x+4)\times\left(-\dfrac{1}{2}\right)=8x\times\left(-\dfrac{1}{2}\right)+4\times\left(-\dfrac{1}{2}\right)=-4x-2$
                  역수

- **단항식과 수의 곱셈, 나눗셈**
  ① (수)×(단항식), (단항식)×(수) : 수끼리 곱한 후 수를 문자 앞에 쓴다.
  ② (단항식)÷(수) : 나눗셈을 곱셈으로 고쳐서 계산한다. 즉, 나누는 수의 역수를 곱한다.

- 괄호 앞에 음수($-$)가 있으면 숫자뿐만 아니라 부호 $-$도 괄호 안의 모든 항에 곱해주어야 한다.

05-6 일차식의 덧셈, 뺄셈

(1) **동류항** : 문자와 차수가 각각 같은 항

    예 $4x$와 $-x$, -1과 3은 각각 동류항이다.

(2) **동류항의 계산** : 분배법칙을 이용하여 동류항의 계수끼리 더하거나 뺀 후 문자 앞에 쓴다.

    예 $5a+2a=(5+2)a=7a$, $5a-2a=(5-2)a=3a$

(3) **일차식의 덧셈, 뺄셈**

    ① 괄호가 있으면 분배법칙을 이용하여 괄호를 푼다.

    ② 동류항끼리 모아서 계산한다.
                 괄호를 푼다.   동류항끼리 모아서 계산한다.

    예 $(3a+2)-(a-3)=3a+2-a+3=(3-1)a+(2+3)=2a+5$

- 상수항끼리는 모두 동류항이다.

- **괄호를 푸는 방법**
  괄호 앞에 $+$가 있으면
  ⇨ 괄호 안의 부호를 그대로
      $A+(B-C)=A+B-C$
  괄호 앞에 $-$가 있으면
  ⇨ 괄호 안의 부호를 반대로
      $A-(B-C)=A-B+C$

05-4 다항식과 일차식

0582 다음 표의 빈칸에 알맞은 것을 써넣으시오.

	항	상수항
(1) $\frac{1}{4}x+1$		
(2) $x-3y+5$		
(3) x^2+2x-3		
(4) $-x^2+2y+3$		

0583 다음 표의 빈칸에 알맞은 것을 써넣으시오.

	계수	다항식의 차수
(1) $3x+2$	x의 계수 :	
(2) $\frac{b}{4}+\frac{1}{5}$	b의 계수 :	
(3) $\frac{1}{2}x^2+x-3$	x^2의 계수 : x의 계수 :	
(4) $5a^3-4a^2$	a^3의 계수 : a^2의 계수 :	

[0584~0589] 다음 중 일차식인 것은 ○표, 일차식이 아닌 것은 ×표를 하시오.

0584 $10a-7$ (　)　**0585** $\frac{1}{x}+2$ (　)

0586 x^2-5x-1 (　)　**0587** $\frac{x+3}{4}$ (　)

0588 $0\times x+5$ (　)　**0589** $0.1x-7$ (　)

05-5 일차식과 수의 곱셈, 나눗셈

[0590~0595] 다음 식을 간단히 하시오.

0590 $3\times 2x$ 　　　　**0591** $-4a\times(-2)$

0592 $-3a\times\left(-\frac{5}{6}\right)$ 　　**0593** $15a\div(-3)$

0594 $14y\div\frac{7}{5}$ 　　　**0595** $(-2x)\div\left(-\frac{1}{6}\right)$

[0596~0599] 다음 식을 간단히 하시오.

0596 $3(2x-4)$

0597 $-(-2y+3)$

0598 $\frac{2}{3}(6x-9)$

0599 $(a-3)\div\frac{1}{3}$

05-6 일차식의 덧셈, 뺄셈

[0600~0603] 다음 식을 간단히 하시오.

0600 $2x-9x$ 　　　　**0601** $-7y-y$

0602 $-\frac{1}{2}a+\frac{1}{3}a$ 　　**0603** $\frac{1}{2}b-\frac{5}{3}b$

[0604~0607] 다음 식을 간단히 하시오.

0604 $5x+3x-2x$

0605 $2y-7y+4y$

0606 $-11x+5+3x+7$

0607 $\frac{3}{2}y+1+\frac{1}{2}y-\frac{2}{3}$

[0608~0611] 다음 식을 간단히 하시오.

0608 $4(x+2)+2(-2x+3)$

0609 $-(2x+5)+2(3x-1)$

0610 $3(-10x+8)-(-15x+7)$

0611 $\frac{2}{3}(6x-3)-\frac{1}{2}(2-4x)$

RPM 알피엠

유형 익히기

유형 01 곱셈 기호와 나눗셈 기호의 생략

개념원리 중학수학 1–1 129쪽

(1) 곱셈 기호(×)의 생략
⇨ (수)×(문자), (문자)×(문자)에서 곱셈 기호 ×를 생략할 수 있다. 이때 수는 문자 앞에, 문자는 알파벳 순서로 쓴다. 또, 1 또는 −1과 문자의 곱에서는 1을 생략하고, 같은 문자의 곱은 거듭제곱으로 나타낸다.

(2) 나눗셈 기호(÷)의 생략
⇨ 역수의 곱셈으로 바꾼 후 곱셈 기호 ×를 생략한다.

0612 대표문제

다음 중 옳지 않은 것을 모두 고르면? (정답 2개)

① $x \times y \times (-1) = -xy$

② $3 \times x \times 5 \times x \times x \times y = 15x^3 y$

③ $0.1 \div a \times b = \dfrac{10b}{a}$

④ $(a+b) \div (-2) \times c = -\dfrac{(a+b)c}{2}$

⑤ $a \div \dfrac{1}{b} \div \dfrac{1}{c} = \dfrac{a}{bc}$

0613 중

다음 중 옳은 것을 모두 고르면? (정답 2개)

① $(a+b) \div 5 = a + \dfrac{5}{b}$

② $a \div (3 \times b \div c) = \dfrac{3ab}{c}$

③ $x \times x \times x \div y \div (-1) = -\dfrac{x^3}{y}$

④ $x + y \times z \div 6 = \dfrac{x + yz}{6}$

⑤ $a \div \dfrac{2}{3} b + a \div 7 \times c = \dfrac{3a}{2b} + \dfrac{ac}{7}$

0614 중

다음 중 $a \div b \div c$와 같은 것은?

① $a \div (b \div c)$ ② $a \div b \times c$ ③ $a \times b \div c$

④ $a \div (b \times c)$ ⑤ $a \times b \times c$

개념원리 중학수학 1–1 130쪽

유형 02 문자를 사용한 식으로 나타내기 — 자연수, 단위, 금액

(1) $a \, \% \Rightarrow \dfrac{a}{100}$, a할 $\Rightarrow \dfrac{a}{10}$

(2) 정가가 a원인 물건을 $b \, \%$ 할인한 판매 가격
⇨ (정가)−(할인 금액)$= a - a \times \dfrac{b}{100} = a - \dfrac{ab}{100}$ (원)

0615 대표문제

다음 중 옳지 않은 것은?

① 5000원의 $x \, \%$는 $50x$원이다.

② 1000원의 a할은 $100a$원이다.

③ 백의 자리의 숫자가 a, 십의 자리의 숫자가 b, 일의 자리 숫자가 c인 세 자리의 자연수는 $100a + 10b + c$이다.

④ 1개에 300원 하는 물건을 x개 사고 2000원 냈을 때의 거스름돈은 $(300x - 2000)$원이다.

⑤ 10자루에 a원인 연필 한 자루의 가격은 $\dfrac{a}{10}$ 원이다.

0616 중하

다음 중 옳은 것은?

① a시간 b분 ⇨ $(a+b)$분

② 800 kg의 $a \, \%$ ⇨ $80a$ kg

③ 100원의 a할 ⇨ $10a$원

④ a m b cm ⇨ $(a + 100b)$ cm

⑤ 3분 x초 ⇨ $(60+x)$초

0617 중

다음을 문자를 사용한 식으로 나타내시오.

(1) 정가가 20000원인 이어폰을 $a \, \%$ 할인하여 샀을 때, 지불한 금액

(2) 2자루에 a원 하는 연필 3자루와 4권에 b원 하는 공책 5권을 샀을 때, 지불한 금액

유형 03 문자를 사용한 식으로 나타내기 − 도형

↪ 개념원리 중학수학 1−1 130쪽

(1) (직사각형의 둘레의 길이)
= 2 × {(가로의 길이)+(세로의 길이)}

(2) (사다리꼴의 넓이)
= $\frac{1}{2}$ × {(윗변의 길이)+(아랫변의 길이)} × (높이)

0618 대표문제

다음 중 옳은 것은?

① 밑변의 길이가 $4\,\text{cm}$, 높이가 $x\,\text{cm}$인 삼각형의 넓이는 $4x\,\text{cm}^2$이다.

② 한 변의 길이가 $a\,\text{cm}$인 정사각형의 넓이는 $4a\,\text{cm}^2$이다.

③ 한 변의 길이가 $x\,\text{cm}$인 정삼각형의 둘레의 길이는 $\frac{3}{2}x\,\text{cm}$이다.

④ 가로의 길이가 $a\,\text{cm}$, 세로의 길이가 $3b\,\text{cm}$인 직사각형의 둘레의 길이는 $(2a+6b)\,\text{cm}$이다.

⑤ 밑변의 길이가 $x\,\text{cm}$, 높이가 $y\,\text{cm}$인 평행사변형의 넓이는 $\frac{xy}{2}\,\text{cm}^2$이다.

0619 하

윗변의 길이가 a, 아랫변의 길이가 b이고 높이가 h인 사다리꼴의 넓이를 문자를 사용한 식으로 나타내시오.

0620 중

다음 그림의 색칠한 부분의 넓이를 문자를 사용한 식으로 나타내시오.

(1)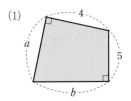

(2)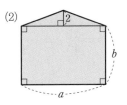

유형 04 문자를 사용한 식으로 나타내기 − 속력, 농도

중요

↪ 개념원리 중학수학 1−1 130쪽

(1) (속력) = $\frac{(거리)}{(시간)}$, (시간) = $\frac{(거리)}{(속력)}$, (거리) = (속력)×(시간)

(2) (소금물의 농도) = $\frac{(소금의 양)}{(소금물의 양)}$ × 100 (%)

(소금의 양) = $\frac{(소금물의 농도)}{100}$ × (소금물의 양)

0621 대표문제

육지에서 출발하여 $150\,\text{km}$만큼 떨어진 섬을 향해 가는데 시속 $60\,\text{km}$인 보트를 이용하여 a시간 동안 갔을 때, 남은 거리를 문자를 사용한 식으로 나타내면?

① $(150-6a)\,\text{km}$

② $(150-60a)\,\text{km}$

③ $\left(150-\dfrac{a}{60}\right)\text{km}$

④ $\left(150-\dfrac{a}{600}\right)\text{km}$

⑤ $\left(150-\dfrac{a}{6}\right)\text{km}$

0622 하

김치를 담그는 데 필요한 소금물의 농도는 $a\,\%$이다. 이 소금물 $3000\,\text{g}$에 들어 있는 소금의 양은 몇 g인지 문자를 사용한 식으로 나타내시오.

0623 중

A지점을 출발하여 $a\,\text{km}$만큼 떨어진 B지점까지 시속 $80\,\text{km}$로 가다가 도중에 40분 동안 휴식을 취하였다. A지점에서 출발하여 B지점에 도착할 때까지 걸린 시간을 문자를 사용한 식으로 나타내시오.

0624 중 서술형

$a\,\%$의 소금물 $200\,\text{g}$과 $b\,\%$의 소금물 $300\,\text{g}$을 섞어 소금물을 만들 때, 다음을 문자를 사용한 식으로 나타내시오.

(1) 새로 만든 소금물에 녹아 있는 소금의 양

(2) 새로 만든 소금물의 농도

05 문자의 사용과 식의 계산

유형 **05** 식의 값 구하기

(1) 문자에 수를 대입할 때에는 생략된 곱셈 기호 ×를 다시 쓴다.

(2) 문자에 대입하는 수가 음수이면 반드시 괄호 ( )를 사용한다.

0625 대표문제

$x=-2$, $y=4$일 때, 다음 중 식의 값이 나머지 넷과 다른 하나는?

① $3x+4y$ ② $-x^2y$ ③ $-x+2y$

④ $-\dfrac{5y}{x}$ ⑤ $-\dfrac{x^2+y^2}{x}$

0626 중하

$a=-3$일 때, 다음 중 식의 값이 가장 작은 것은?

① a^2 ② $\dfrac{1}{a^2}$ ③ $-\dfrac{1}{a^2}$

④ $-a^2$ ⑤ a^3

0627 중

$x=-2$, $y=3$, $z=-4$일 때, $\dfrac{y}{x}-\dfrac{xy+z}{z}$의 값을 구하시오.

0628 중상

$x=3$, $y=-2$일 때, 다음 식의 값을 구하시오.

(1) $-x^3-4x^2\div\left(-\dfrac{2}{3}y\right)^2$

(2) $\left|3x^2+\dfrac{1}{2}y^3\right|-\left|\dfrac{xy}{3}-\dfrac{1}{x+y}\right|$

유형 **06** 분수를 분모에 대입하여 식의 값 구하기

분모에 분수를 대입할 때

⇨ 생략된 나눗셈 기호 ÷를 다시 쓴다.

예 $x=\dfrac{1}{2}$일 때, $\dfrac{5}{x}$의 값은 $\dfrac{5}{x}=5\div x=5\div\dfrac{1}{2}=5\times2=10$

0629 대표문제

$x=\dfrac{1}{3}$, $y=-\dfrac{1}{4}$일 때, $\dfrac{3}{x}-\dfrac{4}{y}$의 값을 구하시오.

0630 중하

$x=-\dfrac{1}{4}$일 때, 다음 중 식의 값이 가장 큰 것은?

① $-x$ ② $\dfrac{1}{x}$ ③ $\dfrac{2}{x}$

④ $-x^2$ ⑤ x^2

0631 중

$a=\dfrac{1}{2}$, $b=-\dfrac{1}{3}$, $c=\dfrac{1}{4}$일 때, $\dfrac{2}{a}-\dfrac{3}{b}-\dfrac{8}{c}$의 값은?

① -17 ② -18 ③ -19

④ -20 ⑤ -21

0632 중상

$a=-\dfrac{3}{2}$, $b=\dfrac{1}{4}$, $c=-\dfrac{1}{6}$일 때, $\dfrac{ab+bc+ca}{abc}$의 값을 구하시오.

유형 **07** 식의 값의 활용

🔸 **개념원리** 중학수학 1–1 135쪽

문자를 사용한 식에서 특정한 값을 구하는 경우
⇨ 어떤 문자에 어떤 값을 대입해야 하는지 먼저 파악한 후 식의 값을 구한다.

0633 대표문제

섭씨 $x°C$는 화씨 $\left(\dfrac{9}{5}x+32\right)°F$이다. 섭씨 $15°C$는 화씨 몇 $°F$인지 구하시오.

0634 중

기온이 $x°C$일 때, 소리의 속력은 초속 $(331+0.6x)$m이다. 기온이 $20°C$일 때의 소리의 속력은 $0°C$일 때의 소리의 속력보다 얼마나 빠른가?

① 초속 6 m   ② 초속 12 m   ③ 초속 20 m
④ 초속 60 m   ⑤ 초속 120 m

0635 중 서술형

윗변의 길이가 a cm, 아랫변의 길이가 b cm, 높이가 c cm인 사다리꼴의 넓이를 S cm²라 할 때, 다음 물음에 답하시오.

⑴ S를 a, b, c를 사용한 식으로 나타내시오.
⑵ $a=8$, $b=5$, $c=6$일 때, S의 값을 구하시오.

0636 중

가로의 길이가 a cm, 세로의 길이가 b cm, 높이가 c cm인 직육면체의 부피를 V cm³라 할 때, 다음 물음에 답하시오.

⑴ V를 a, b, c를 사용한 식으로 나타내시오.
⑵ $a=4$, $b=3$, $c=2$일 때, V의 값을 구하시오.

유형 **08** 다항식

🔸 **개념원리** 중학수학 1–1 139쪽

예 다항식 $4x^2-x+5$에서
⇨ 항 : $4x^2$, $-x$, 5, 차수 : 2
x^2의 계수 : 4, x의 계수 : -1, 상수항 : 5

주의 $\dfrac{1}{x}+5$와 같이 분모에 문자가 있는 식은 다항식이 아니다.

0637 대표문제

다음 중 단항식인 것은?

① $\dfrac{5}{x}$ ② $-xy^5$ ③ $-x^2+x-5$
④ $\dfrac{x}{3}-y$ ⑤ $-x+y+1$

0638 하

다항식 $4x^2-\dfrac{y}{2}+3$에 대한 다음 설명 중 옳지 <u>않은</u> 것은?

① 항은 $4x^2$, $-\dfrac{y}{2}$, 3이다.
② 다항식의 차수는 2이다.
③ x^2의 계수는 4이다.
④ y의 계수는 $\dfrac{1}{2}$이다.
⑤ 상수항은 3이다.

0639 중하

다음 중 옳은 것은?

① $\dfrac{7}{x}$은 다항식이다.
② $\dfrac{x}{5}+2$에서 x의 계수는 5이다.
③ $xy+z$에서 항은 3개이다.
④ $8-x$에서 상수항은 8이다.
⑤ $2x^2-3x+6$에서 x의 계수와 상수항의 곱은 18이다.

0640 중

다항식 $-x^2+\dfrac{4}{5}x-\dfrac{1}{5}$에서 x의 계수를 A, 상수항을 B, 다항식의 차수를 C라 할 때, $A+B+C$의 값을 구하시오.

유형 09 일차식

개념원리 중학수학 1-1 139쪽

일차식 ⇨ 차수가 1인 다항식

즉, x에 대한 일차식은 $ax+b$ (a, b는 상수, $a\neq 0$)의 꼴이다.

예 · $3x+1$, $-\dfrac{1}{2}y$에서 $3x$와 $-\dfrac{1}{2}y$의 차수가 1이므로 일차식이다.

· $\dfrac{1}{x}-3$과 같이 분모에 문자가 있는 식은 다항식이 아니므로 일차식이 아니다.

0641 대표문제

다음 중 일차식인 것을 모두 고르면? (정답 2개)

① $1-x^2$ ② $\dfrac{3}{x}$ ③ $2x+7$

④ $\dfrac{2}{5}x-3$ ⑤ $0\times x-6$

0642 하

다음 보기 중 일차식인 것을 모두 고른 것은?

┌─ 보기 ─
│ ㄱ. $6x-5$ ㄴ. x^2-x+9 ㄷ. $-7x$
│ ㄹ. $\dfrac{x}{4}+1$ ㅁ. $8-0.5x$ ㅂ. $\dfrac{3}{x}-1$
└

① ㄱ, ㄷ, ㄹ ② ㄱ, ㄷ, ㅁ ③ ㄴ, ㄷ, ㅂ
④ ㄴ, ㄹ, ㅂ ⑤ ㄱ, ㄷ, ㄹ, ㅁ

0643 중하

다음 보기 중 일차식의 개수를 구하시오.

┌─ 보기 ─
│ ㄱ. $\dfrac{6}{x}-1$ ㄴ. $0\times x^2+2x-\dfrac{1}{3}$
│ ㄷ. $\dfrac{x}{4}+\dfrac{y}{2}-1$ ㄹ. $\dfrac{2}{a+1}$
│ ㅁ. $\dfrac{2-x}{5}$ ㅂ. $\dfrac{1}{3}x+1$
└

유형 10 일차식과 수의 곱셈, 나눗셈

개념원리 중학수학 1-1 140쪽

(1) (수)×(일차식), (일차식)×(수)의 계산
⇨ 분배법칙을 이용하여 일차식의 각 항에 수를 곱한다.
(2) (일차식)÷(수)의 계산
⇨ 나눗셈을 곱셈으로 고쳐서 계산한다. 즉, 분배법칙을 이용하여 일차식의 각 항에 나누는 수의 역수를 곱한다.

0644 대표문제

다음 중 옳은 것은?

① $3\times(-6x)=-18x^2$
② $(-15x)\div(-3)=-5x$
③ $-3(2x-4)=-6x+12$
④ $(-8x+4)\div(-2)=4x+2$
⑤ $(4x-6)\times\dfrac{3}{2}=6x-18$

0645 중하

다음 식을 간단히 하시오.

(1) $\dfrac{4}{3}\left(6x-\dfrac{1}{2}\right)$

(2) $(-1)\times(4x-3)$

(3) $(5x+10)\div\dfrac{5}{6}$

(4) $(3x-6)\div\left(-\dfrac{3}{5}\right)$

0646 중

다음 중 식을 간단히 한 결과가 $-5(2x-1)$과 같은 것은?

① $(2x+1)\times 5$ ② $(-2x+1)\div\left(-\dfrac{1}{5}\right)$
③ $(2x-1)\div\dfrac{1}{5}$ ④ $(-2x+1)\div\dfrac{1}{5}$
⑤ $(-2x+1)\times(-5)$

유형 11 동류항

↪ 개념원리 중학수학 1-1 144쪽

(1) 동류항 ⇨ 다항식에서 문자와 차수가 각각 같은 항

(2) 상수항끼리는 모두 동류항이다.

0647 대표문제

다음 중 동류항끼리 짝지어진 것은?

① a, b ② ab, b^2 ③ x, $-4x$

④ x^2, $2x$ ⑤ $-3x^2$, $5y^2$

0648 하

다음 중 $-2x$와 동류항인 것은?

① 2 ② $-\dfrac{2}{x}$ ③ $2x^2$

④ $-\dfrac{1}{2}x$ ⑤ $2y$

0649 하

다음 중 $2y$와 동류항인 것은 모두 몇 개인가?

$$-2,\ -4y,\ y^2,\ -\dfrac{y}{3},\ \dfrac{2}{y},\ y$$

① 1개   ② 2개   ③ 3개

④ 4개   ⑤ 5개

0650 중하

다음 중 동류항끼리 짝지어진 것은?

① a, $2a^2$ ② $2a$, a^2 ③ $\dfrac{a}{2}$, $-a^2$

④ $\dfrac{a}{2}$, $-2a$ ⑤ $-a$, b

유형 12 일차식의 덧셈, 뺄셈

↪ 개념원리 중학수학 1-1 144쪽

① 괄호가 있으면 분배법칙을 이용하여 괄호를 푼다.

② 동류항끼리 모아서 계산한다.

예 $3x+2-(x+1)\overset{①}{=}3x+2-x-1$

$\overset{②}{=}(3-1)x+(2-1)=2x+1$

0651 대표문제

$\dfrac{2}{3}(6x-3)-\dfrac{1}{4}(-4x+12)$를 간단히 하였을 때, x의 계수를 a, 상수항을 b라 하자. 이때 $a+b$의 값을 구하시오.

0652 중

다음 중 옳지 **않은** 것은?

① $(3x-2)+(2x+3)=5x+1$

② $2(6x-5)-3(-2x+4)=18x-22$

③ $-(5x-2)-(4x+3)=-9x-1$

④ $\dfrac{1}{3}(3x+6)+(x-4)=2x-2$

⑤ $\dfrac{1}{2}(4x-2)-\dfrac{3}{4}(4x+8)=-x+7$

0653 중 서술형

$\dfrac{3}{4}(8x-4)-\dfrac{1}{3}(3x+9)=ax+b$일 때, ab의 값을 구하시오. (단, a, b는 상수)

0654 중상

$(8x-6)\div\dfrac{2}{3}-\dfrac{3}{4}(20x+12)$를 간단히 하였을 때, x의 계수를 a, 상수항을 b라 하자. 이때 $a-b$의 값을 구하시오.

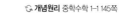 개념원리 중학수학 1-1 145쪽

유형 13 괄호가 있는 일차식의 덧셈, 뺄셈

괄호는 ( ) → { } → [ ] 순으로 푼다.
이때 괄호 앞의 부호에 주의한다.

⇨ 괄호 앞에 $\begin{cases} +$가 있으면 ⇨ 괄호 안의 부호를 그대로 $\\ -$가 있으면 ⇨ 괄호 안의 부호를 반대로 $\end{cases}$

0655 대표문제
$2x-[3x+4\{2x-(3x-1)\}]$을 간단히 하면?

① $-3x+2$ ② $-x-5$ ③ $2x+7$
④ $3x-4$ ⑤ $4x+1$

0656 중
$(2x-5)-\left\{\dfrac{1}{3}(9x-15)-2\right\}=ax+b$일 때, $2a+b$의 값을 구하시오. (단, a, b는 상수)

0657 중
$-4x-[5y-3x-\{-2x-4(x-3y)\}]$를 간단히 하면?

① $-x-7y$ ② $5x+7y$ ③ $-7x+7y$
④ $-5x-5y$ ⑤ $7x-7y$

0658 중
다음 식을 간단히 하시오.

$$-5x+[8-2\{4x-(3-7x)\}+1]+6x$$

 개념원리 중학수학 1-1 145쪽

유형 14 분수 꼴인 일차식의 덧셈, 뺄셈

분수 꼴인 일차식의 계산
⇨ 분모의 최소공배수로 통분한 후 동류항끼리 모아서 계산한다.

0659 대표문제
$\dfrac{2x+1}{4}-\dfrac{3x-4}{3}$를 간단히 하였을 때, x의 계수와 상수항의 합을 구하시오.

0660 중
$\dfrac{3x-4}{2}-\dfrac{2x-1}{3}+x+1$을 간단히 하면?

① $\dfrac{-11x+4}{6}$ ② $\dfrac{11x-4}{6}$ ③ $11x-4$
④ $\dfrac{11x-8}{6}$ ⑤ $11x+4$

0661 중
다음 식을 간단히 하시오.

$$\dfrac{3x-y}{2}-\dfrac{2x-5y}{3}-\dfrac{2x+3y}{5}$$

0662 중상
$6x-\dfrac{5}{3}+\dfrac{x-4}{2}-\dfrac{3x+1}{3}=ax-b$일 때, $2(a+b)$의 값을 구하시오. (단, a, b는 상수)

↻ 개념원리 중학수학 1-1 146쪽

유형 **15** 일차식이 되도록 하는 미지수 구하기

(1) x에 대한 일차식의 꼴 ⇨ $ax+b$ (단, a, b는 상수, $a \neq 0$)

(2) ax^2+bx+c가 x에 대한 일차식이 되려면

⇨ $a=0$, $b \neq 0$

0663 대표문제

다항식 $6x-ax+4$가 x에 대한 일차식일 때, 다음 중 상수 a의 값이 될 수 없는 것은?

① -6 ② -5 ③ -1

④ 5 ⑤ 6

0664 중

다항식 $2x^2-5x+4-ax^2+x-1$을 간단히 하였을 때, x에 대한 일차식이 되도록 하는 상수 a의 값은?

① -2 ② -1 ③ 1

④ 2 ⑤ 3

0665 중 서술형

다항식 $-4x^2+x-a+bx^2-6x+3$을 간단히 하면 x에 대한 일차식이 되고 상수항은 5이다. 이때 $a-b$의 값을 구하시오. (단, a, b는 상수)

0666 중상

다항식 $2x^2-ax+1-bx^2+5x$를 간단히 하였을 때, x에 대한 일차식이 되도록 하는 a, b의 조건은?

(단, a, b는 상수)

① $a=5$, $b \neq 2$ ② $a \neq -5$, $b \neq 2$

③ $a \neq 5$, $b=-2$ ④ $a \neq 5$, $b=2$

⑤ $a=-5$, $b=2$

↻ 개념원리 중학수학 1-1 146쪽

유형 **16** 문자에 일차식을 대입하기

문자에 일차식을 대입할 때는 괄호를 사용한다.

이때 주어진 식이 복잡하면 먼저 간단히 한다.

예 $A=x+2$, $B=2x-3$일 때,

$A+B=(x+2)+(2x-3)=3x-1$

0667 대표문제

$A=3x-2$, $B=-x+4$일 때, $-A-3B+3(A+2B)$를 x를 사용한 식으로 나타내면?

① $-3x+12$ ② $-3x+8$ ③ $3x-8$

④ $3x+8$ ⑤ $3x+12$

0668 중하

$A=x-\dfrac{1}{3}y$, $B=\dfrac{3}{4}x-\dfrac{1}{8}y$일 때, $3A-8B$를 간단히 하면?

① $-3x-2y$ ② $-3x$ ③ $3x+2y$

④ $9x$ ⑤ $6x-2y$

0669 중 서술형

$A=-3(x-1)$, $B=\dfrac{x+1}{2}-1$일 때,

$A-4B+2(-3B-A)$를 간단히 하였더니 $ax+b$가 되었다. 이때 $a-b$의 값을 구하시오. (단, a, b는 상수)

0670 중상

$A=\dfrac{x-2}{3}+\dfrac{x-1}{2}$, $B=\dfrac{10x+5}{2} \div \dfrac{5}{2}$일 때,

$2A+\{6A-2(A+2B)-1\}$을 x를 사용한 식으로 나타내시오.

05 문자의 사용과 식의 계산

유형 17 □ 안에 알맞은 식 구하기

↻ 개념원리 중학수학 1-1 146쪽

(1) □$+A=B$ ⇨ □$=B-A$
(2) □$-A=B$ ⇨ □$=B+A$
(3) $A-$□$=B$ ⇨ □$=A-B$

0671 대표문제

$3(2x+1)-$ [ ] $=4x+5$에서 □ 안에 알맞은 식은?

① $-2x-2$ ② $-x+2$ ③ $2x-2$
④ $3x+2$ ⑤ $4x-2$

0672 중

다음 □ 안에 알맞은 식을 구하시오.

$$\frac{3}{4}(x-12)-\boxed{}=-2x+5$$

0673 중

어떤 다항식에서 $6x-3y$를 뺐더니 $-4x-8y$가 되었다. 이때 어떤 다항식을 구하시오.

0674 중상 서술형

다음 조건을 만족시키는 두 다항식 A, B에 대하여 $A-B$를 간단히 하시오.

  (개) A에 3을 곱했더니 $12x-9$가 되었다.
  (내) $-6x+5$에서 B를 뺐더니 $-7x+3$이 되었다.

유형 18 바르게 계산한 식 구하기

↻ 개념원리 중학수학 1-1 147쪽

① 어떤 다항식을 □로 놓고 주어진 조건에 따라 식을 세운다.
② □를 구한다.
③ 바르게 계산한 식을 구한다.

0675 대표문제

어떤 다항식에서 $5x-2$를 빼야 할 것을 잘못하여 더했더니 $3x-7$이 되었다. 이때 바르게 계산한 식은?

① $-7x-3$ ② $3x-7$ ③ $-5x+2$
④ $2x-3$ ⑤ $8x-5$

0676 중

어떤 다항식에 $6x+2$를 더해야 할 것을 뺐더니 $-3x-8$이 되었다. 이때 바르게 계산한 식을 구하시오.

0677 중

다항식 A에서 $-2x-5$를 빼야 할 것을 잘못하여 더했더니 $-5x+3$이 되었다. 바르게 계산한 식을 B라 할 때, $A-3B$를 간단히 하시오.

0678 중상 서술형

$3x-2y+4$에 어떤 다항식을 더해야 할 것을 잘못하여 뺐더니 $-x+2y-6$이 되었다. 다음 물음에 답하시오.

(1) 어떤 다항식을 구하시오.
(2) 바르게 계산한 식을 구하시오.

유형 UP

개념원리 중학수학 1-1 147쪽

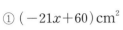 **도형에서의 일차식의 덧셈과 뺄셈의 활용**

도형의 둘레의 길이와 넓이의 공식을 이용하여 식을 세운 후 간단히 한다.

0679 대표문제

오른쪽 그림과 같은 직사각형에서 색칠한 부분의 넓이는?

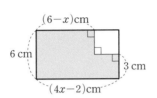

① $(-21x+60)\,\text{cm}^2$

② $(-15x+24)\,\text{cm}^2$

③ $(9x+12)\,\text{cm}^2$

④ $(15x+36)\,\text{cm}^2$

⑤ $(21x+36)\,\text{cm}^2$

0680 중상

오른쪽 그림과 같은 사다리꼴에서 색칠한 부분의 넓이를 x를 사용한 식으로 나타내시오.

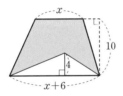

0681 중상

오른쪽 그림과 같이 가로, 세로의 길이가 각각 40 m, 30 m인 직사각형 모양의 땅에 폭이 x m로 일정한 길을 만들었다. 길을 제외한 땅의 둘레의 길이를 x를 사용한 식으로 나타내면?

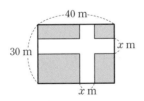

① $(40-8x)\,\text{m}$ ② $(40+8x)\,\text{m}$ ③ $(280-8x)\,\text{m}$

④ $280\,\text{m}$ ⑤ $(280+8x)\,\text{m}$

개념원리 중학수학 1-1 154쪽

유형 20 **$(-1)^n$의 꼴이 포함된 일차식의 계산**

$(-1)^n$의 꼴에서 지수 n이 짝수인지 홀수인지 판단하여 $(-1)^{짝수}=1$, $(-1)^{홀수}=-1$임을 이용한다.

0682 대표문제

n이 홀수일 때, 다음 식을 간단히 하시오.

$$(-1)^n(5x+2)-(-1)^{n+1}(5x-2)$$

0683 중상

n이 자연수일 때, 다음 식을 간단히 하시오.

$$(-1)^{2n+1}(3x-4)-(-1)^{2n}(3x+4)$$

0684 중상

$3(6x+4)-\dfrac{1}{3}(6x+15)=mx+n$이라 할 때, $(-1)^m(4a-2b)+(-1)^n(2a-4b)$를 간단히 하시오.

(단, m, n은 상수)

0685 상

$(-1)^{2n}\times\dfrac{x+1}{3}+(-1)^{2n+1}\times\dfrac{3x-1}{2}$을 간단히 하였을 때 x의 계수를 a, 상수항을 b라 하자. 이때 $a-b$의 값을 구하시오. (단, n은 자연수)

0686

다항식 $-\dfrac{1}{2}x^2+5x-1$에 대한 다음 설명 중 옳지 <u>않은</u> 것은?

① 항의 개수는 3개이다.　② x^2의 계수는 $\dfrac{1}{2}$이다.

③ x의 계수는 5이다.　④ 상수항은 -1이다.

⑤ 다항식의 차수는 2이다.

0687

다음 **보기** 중 일차식인 것을 모두 고른 것은?

┌─ 보기 ●─────────────────────┐
　ㄱ. $-5x$　　　ㄴ. 4　　　ㄷ. $\dfrac{1}{x}+3$

　ㄹ. x^2+1　　ㅁ. $\dfrac{x}{3}-2$　ㅂ. $1+x-x^2$
└──────────────────────────┘

① ㄱ, ㄷ　　　② ㄱ, ㅁ　　　③ ㄴ, ㄹ

④ ㄱ, ㄷ, ㅁ　　⑤ ㄴ, ㅁ, ㅂ

0688

다음 중 옳지 <u>않은</u> 것을 모두 고르면? (정답 2개)

① $a\times(-0.1)=-0.1a$

② $a\div(b\div c)=\dfrac{ac}{b}$

③ $x+y\div 3=\dfrac{x+y}{3}$

④ $a\times a\times b\times(-1)=a^2b-1$

⑤ $x\times(y+3)\div z=\dfrac{x(y+3)}{z}$

0689

다음 중 $-\dfrac{1}{2}x$와 동류항인 것은 모두 몇 개인가?

┌────────────────────────────────┐
　$-\dfrac{1}{x}$,　$-\dfrac{1}{2}y$,　$4y^2$,　$-x^2+3$,　$0.3x$,　-2
└────────────────────────────────┘

① 1개　　　② 2개　　　③ 3개

④ 4개　　　⑤ 5개

0690

다음 중 옳지 <u>않은</u> 것을 모두 고르면? (정답 2개)

① x명의 학생 중 10 %가 감소하였을 때 남은 학생 수 ⇨ $0.9x$명

② 10자루에 a원인 연필 한 자루의 가격 ⇨ $\dfrac{a}{10}$원

③ 가로의 길이가 a cm, 세로의 길이가 b cm인 직사각형의 둘레의 길이 ⇨ $(4a+b)$ cm

④ 시속 a km로 3시간 동안 달린 거리 ⇨ $3a$ km

⑤ 십의 자리의 숫자가 3, 일의 자리의 숫자가 b인 두 자리의 자연수 ⇨ $3b$

0691

다음 중 옳지 <u>않은</u> 것을 모두 고르면? (정답 2개)

① $(8x-12)\div\left(-\dfrac{4}{5}\right)=-10x+15$

② $-(x-6)\div\dfrac{1}{5}=-5x-30$

③ $3(2x-1)-\dfrac{1}{4}(4x-8)=5x-1$

④ $-\dfrac{1}{4}(4x-12)+\dfrac{1}{3}(9x+6)=2x+5$

⑤ $\dfrac{3}{4}\left(16x-\dfrac{8}{3}\right)-14\left(\dfrac{1}{2}x-\dfrac{3}{7}\right)=5x-4$

0692

$-\left(\dfrac{1}{3}a-\dfrac{1}{2}\right)+\left(\dfrac{3}{4}a-\dfrac{2}{5}\right)$를 간단히 하면?

① $5a+1$ ② $-5a+1$ ③ $\dfrac{5}{12}a+\dfrac{1}{10}$

④ $\dfrac{5}{12}a+\dfrac{1}{12}$ ⑤ $-\dfrac{5}{12}a+\dfrac{1}{12}$

0693

$x=-\dfrac{1}{2}$일 때, 다음 중 식의 값이 가장 큰 것은?

① $4x-2$ ② $4x^2$ ③ $-x^3$

④ $\dfrac{3}{x}$ ⑤ $-\dfrac{2}{3}x$

0694

다음 물음에 답하시오.

(1) $4(3x-5)-(15x+9)\div\left(-\dfrac{3}{2}\right)=ax+b$일 때, 상수 a, b에 대하여 $a+b$의 값을 구하시오.

(2) $\dfrac{2-x}{3}+\dfrac{5x+2}{6}-\dfrac{3x+5}{2}=ax+b$일 때, 상수 a, b에 대하여 $a-b$의 값을 구하시오.

0695

$x=\dfrac{1}{4}$, $y=-\dfrac{7}{4}$일 때, $\dfrac{x}{y}-16xy$의 값을 구하시오.

0696

$\dfrac{-2x+3}{6}-\boxed{}=\dfrac{x-5}{2}$일 때, ☐ 안에 알맞은 식은?

① $\dfrac{x-8}{3}$ ② $x-8$ ③ $\dfrac{-2x-9}{6}$

④ $\dfrac{-5x+18}{6}$ ⑤ $\dfrac{-3x+9}{2}$

0697

$ax^2-3x+1+2x^2+4x-5$를 간단히 하였을 때, x에 대한 일차식이 되도록 하는 상수 a의 값은?

① -2 ② -1 ③ 0

④ 1 ⑤ 2

0698

$A=2x-\dfrac{1}{2}$, $B=\dfrac{-x+5}{3}$일 때, $3A-2(A+B)-B$를 x를 사용한 식으로 나타내시오.

0699

x의 계수가 -2, 상수항이 6인 x에 대한 일차식이 있다. $x=1$일 때의 식의 값을 a, $x=-1$일 때의 식의 값을 b라 할 때, $a-b$의 값을 구하시오.

0700

$3x-[10y-4x-\{2x-(-x+y)\}]$를 간단히 하면?

① $-11x-10y$ ② $-10x+11y$ ③ $7x-11y$

④ $10x-11y$ ⑤ $11x-10y$

0701

$x=-1$, $y=3$일 때,

$-x^{101}-(-y)^3\times(-x^{50})\div\left(-\dfrac{y}{x}\right)^2$의 값을 구하시오.

0702

오른쪽 그림과 같이 한 모서리의 길이가 a인 정육면체의 겉넓이를 S라 할 때, 다음 물음에 답하시오.

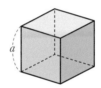

(1) S를 a를 사용한 식으로 나타내시오.
(2) $a=4$일 때, S의 값을 구하시오.

0703

남학생이 20명, 여학생이 15명인 어느 학급에서 중간고사를 본 결과 남학생의 평균이 x점, 여학생의 평균이 y점이었다. 이 학급 학생들의 중간고사 점수의 평균을 문자를 사용한 식으로 나타내시오.

0704

오른쪽 표의 가로, 세로, 대각선에 놓인 세 식의 합이 모두 같도록 빈칸을 채울 때, $A-B$를 간단히 하시오.

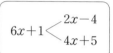

		B
$-3x-3$	$x-1$	$5x+1$
A		-4

0705

오른쪽과 같은 규칙에 따라 ㈎, ㈏, ㈐에 알맞은 식을 써넣으시오.

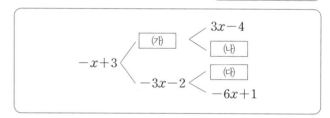

0706

오른쪽 그림과 같은 정사각형에서 색칠한 부분의 넓이를 x를 사용한 식으로 나타내시오.

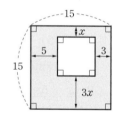

0707

$a\,\%$의 소금물 $100\,\mathrm{g}$과 $b\,\%$의 소금물 $200\,\mathrm{g}$을 섞어서 만든 소금물의 농도는?

① $\dfrac{a+2b}{2}\,\%$ ② $\dfrac{2a+b}{3}\,\%$ ③ $\dfrac{300}{a+2b}\,\%$

④ $\dfrac{a+2b}{3}\,\%$ ⑤ $\dfrac{a+2b}{300}\,\%$

서술형 주관식

0708

$(36x-24) \div 6 - (20x-6) \div \dfrac{2}{3}$ 를 간단히 하였을 때의 x 의 계수를 a, $\left(\dfrac{2}{5}y-9\right) \div \dfrac{3}{4} + \dfrac{7}{2}$ 을 간단히 하였을 때의 상수항을 b라 할 때, ab의 값을 구하시오.

0709

어떤 다항식에 $\dfrac{1}{3}x+5$를 더해야 할 것을 잘못하여 뺐더니 $\dfrac{3}{2}x-6$이 되었다. 다음 물음에 답하시오.

⑴ 어떤 다항식을 구하시오.

⑵ 바르게 계산한 식을 구하시오.

⑶ 바르게 계산한 식에서 x의 계수를 a, 상수항을 b라 할 때, $b-a$의 값을 구하시오.

0710

다음 조건을 만족시키는 두 다항식 A, B에 대하여 $A+B$를 간단히 하시오.

> ⑺ A에 $3x-7$을 더했더니 $x-6$이 되었다.
> ⑻ B에서 $2x+1$을 뺐더니 $3x-4$가 되었다.

0711

원가가 a원인 물건에 30 %의 이익을 붙여 정가를 매겼다. 이 물건을 20 % 할인하여 판매한 가격을 문자를 사용한 식으로 나타내시오.

실력 UP

0712

다음 그림과 같이 성냥개비를 사용하여 정삼각형의 개수를 하나씩 늘려 나가려고 한다. x개의 정삼각형을 만들 때, 필요한 성냥개비의 개수를 x를 사용한 식으로 나타내시오.

0713

$a=\dfrac{1}{2}$, $b=\dfrac{2}{3}$, $c=-\dfrac{3}{4}$일 때, $\dfrac{bc-2ac-3ab}{abc}$의 값을 구하시오.

0714

n이 자연수일 때,
$$\dfrac{-x+1}{2} - \left\{ (-1)^{2n-1} \times \dfrac{2x-5}{3} - (-1)^{2n} \times \dfrac{5x+3}{4} \right\}$$ 을 간단히 하시오.

0715

오른쪽 그림과 같은 직사각형에 대하여 다음 물음에 답하시오.

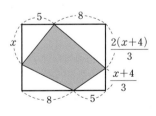

⑴ 색칠한 부분의 넓이를 x를 사용한 식으로 나타내시오.

⑵ $x=6$일 때, 색칠한 부분의 넓이를 구하시오.

06 일차방정식의 풀이

06-1 방정식과 항등식

(1) **등식** : 등호(＝)를 사용하여 두 수 또는 두 식이 서로 같음을 나타낸 식

① **좌변** : 등식에서 등호의 왼쪽 부분

② **우변** : 등식에서 등호의 오른쪽 부분

③ **양변** : 등식의 좌변과 우변을 통틀어 양변이라 한다.

(2) **방정식** : 미지수의 값에 따라 참이 되기도 하고 거짓이 되기도 하는 등식

(3) **항등식** : 미지수에 어떤 수를 대입하여도 항상 참이 되는 등식

06-2 등식의 성질

(1) 등식의 양변에 같은 수를 더하여도 등식은 성립한다.

$A=B$이면 $A+C=B+C$

(2) 등식의 양변에서 같은 수를 빼어도 등식은 성립한다.

$A=B$이면 $A-C=B-C$

(3) 등식의 양변에 같은 수를 곱하여도 등식은 성립한다.

$A=B$이면 $AC=BC$

(4) **등식의 양변을 0이 아닌 같은 수로 나누어도** 등식은 성립한다.

$C \neq 0$이고 $A=B$이면 $\dfrac{A}{C}=\dfrac{B}{C}$

→ 수를 나눌 때는 0으로 나누는 것은 생각하지 않는다.

06-3 일차방정식의 뜻과 풀이

(1) **이항** : 등식의 성질을 이용하여 등식의 한 변에 있는 항을 부호를 바꾸어 다른 변으로 옮기는 것

$+■$를 이항하면 ⇨ $-■$ ┐
$-■$를 이항하면 ⇨ $+■$ ┘ 이항하면 부호가 바뀐다.

예 $x-3=1 \qquad 2x+1=-x+3$
　　　　이항 　　　　　　이항
　　　$x=1+3 \qquad 2x+x=3-1$

(2) **일차방정식** : 방정식에서 우변의 모든 항을 좌변으로 이항하여 정리했을 때,

(x에 대한 일차식)$=0$

의 꼴로 나타내어지는 방정식을 x에 대한 일차방정식이라 한다.

(3) **일차방정식의 풀이**

① x를 포함하는 항은 좌변으로, 상수항은 우변으로 이항한다.

② 양변을 정리하여 $ax=b(a \neq 0)$의 꼴로 고친다.

③ 양변을 x의 계수 a로 나눈다. 즉, $ax=b$에서 $x=\dfrac{b}{a}$

개념플러스

- 등호를 사용하지 않거나 등호 대신 부등호를 사용하는 식은 등식이 아니다.
  예 $2x-1, 2+5>1,$
  　　$x+3 \leq 1$

- **등식의 참, 거짓**
  등식에서 등호가 성립하면 참이라 하고, 성립하지 않으면 거짓이라 한다.

- ① 미지수 : 방정식에 있는 문자
  ② 방정식의 해(근) : 방정식을 참이 되게 하는 미지수의 값
  ③ 방정식을 푼다 : 방정식의 해(근)를 구하는 것

- $ax+b=cx+d$ $(a, b, c, d$는 상수$)$가 x에 대한 항등식이 될 조건
  ⇨ $a=c, b=d$

- 이항은 등식의 성질 중 '등식의 양변에 같은 수를 더하거나 빼어도 등식은 성립한다.'를 이용한 것이다.

- x에 대한 일차방정식은 $ax+b=0$ $(a \neq 0)$의 꼴로 나타내어진다. 방정식의 미지수로 보통 x를 사용하지만 다른 문자를 사용해도 된다.

- **복잡한 일차방정식의 풀이**
  ① 괄호가 있으면 ⇨ 먼저 분배법칙을 이용하여 괄호를 푼다.
  ② 계수가 소수이면 ⇨ 양변에 10, 100, …을 곱하여 계수를 정수로 고친다.
  ③ 계수가 분수이면 ⇨ 양변에 분모의 최소공배수를 곱하여 계수를 정수로 고친다.

06-1 방정식과 항등식

0716 다음 **보기** 중 등식인 것을 모두 고르시오.

> ● 보기 ●
>
> ㄱ. $3+6=9$ ㄴ. $5x-2$
> ㄷ. $x+4x=5x$ ㄹ. $2x+4=10$
> ㅁ. $x\leq 6$ ㅂ. $x+5<9$

[0717 ~ 0719] 다음 문장을 등식으로 나타내시오.

0717 x를 2배한 후 3을 더하면 10이다.

0718 4에서 x를 뺀 것에 3을 곱하면 -9이다.

0719 가로의 길이가 $3\,\mathrm{cm}$, 세로의 길이가 $x\,\mathrm{cm}$인 직사각형의 넓이는 $15\,\mathrm{cm}^2$이다.

0720 다음 중 항등식인 것을 모두 고르면? (정답 2개)

① $2x=6$ ② $x+3x=4x$
③ $2x-3=x$ ④ $-(x+2)=1$
⑤ $2(x+2)=2x+4$

0721 다음 방정식 중 해가 $x=1$인 것은?

① $x-1=-1$ ② $2x+4=6$
③ $4x-2=4$ ④ $x+3=3$
⑤ $3x-7=5$

06-2 등식의 성질

[0722 ~ 0727] 등식의 성질을 이용하여 다음 방정식을 푸시오.

0722 $x+1=4$ **0723** $x-2=5$

0724 $\dfrac{x}{4}=3$ **0725** $6x=24$

0726 $\dfrac{x}{3}+1=7$ **0727** $\dfrac{3}{2}x-4=2$

06-3 일차방정식의 뜻과 풀이

[0728 ~ 0731] 다음 등식에서 밑줄 친 항을 이항하시오.

0728 $x\underline{-1}=1$ **0729** $2x=5\underline{-3x}$

0730 $2x\underline{+6}=3$ **0731** $-4x=\underline{x}+7$

0732 다음 중 일차방정식인 것은?

① $2x-7=x+1$ ② $2x+1$
③ $x-1<0$ ④ $2+4=7$
⑤ $x^2+2x-1=0$

[0733 ~ 0736] 다음 방정식을 푸시오.

0733 $2x+10=4$

0734 $3x=x+2$

0735 $5x-2=3x+6$

0736 $x+5=-4x-10$

[0737 ~ 0738] 다음 방정식을 푸시오.

0737 $5(x-1)=3(9-x)$

0738 $5-2(3x+1)=3(5-x)$

[0739 ~ 0740] 다음 방정식을 푸시오.

0739 $0.7x+2.4=0.3x-1.6$

0740 $0.12x-0.3=0.08x-0.3$

[0741 ~ 0742] 다음 방정식을 푸시오.

0741 $\dfrac{x-3}{2}-\dfrac{2x-1}{3}=0$

0742 $\dfrac{3}{2}-\dfrac{1-x}{4}=\dfrac{4}{3}\left(x+\dfrac{1}{4}\right)$

◑ 개념원리 중학수학 1-1 162쪽

유형 01 등식

(1) 등식 : 등호(=)를 사용하여 두 수 또는 두 식이 서로 같음을 나타낸 식

예 $2x-4=5$, $3x+x=6x$

(2) 등호를 사용하지 않거나 등호 대신 부등호를 사용한 식은 등식이 아니다.
$>$, $<$, $\geq$, $\leq$

0743 대표문제

다음 중 등식인 것은?

① $3x-6$ ② $9 \geq 6x$ ③ $1+7 < 10$

④ $x+3y-1$ ⑤ $3x+2x=10$

0744 중

다음 중 문장을 등식으로 나타낸 것으로 옳지 <u>않은</u> 것은?

① x에서 3을 뺀 것은 x의 5배와 같다. ⇨ $x-3=5x$

② 한 변의 길이가 a cm인 정사각형의 둘레의 길이는 18 cm이다. ⇨ $4a=18$

③ 가로의 길이가 5 cm, 세로의 길이가 x cm인 직사각형의 넓이는 32 cm²이다. ⇨ $2(5+x)=32$

④ 한 자루에 x원인 연필 7자루와 한 개에 y원인 지우개 3개를 구입한 금액은 2500원이다. ⇨ $7x+3y=2500$

⑤ 6000원을 내고 500원짜리 우표를 x장 샀더니 거스름돈이 1000원이었다. ⇨ $6000-500x=1000$

0745 중

다음 문장을 등식으로 나타내시오.

(1) 어떤 수 x를 6배한 수보다 3만큼 작은 수는 x의 2배와 같다.

(2) x명의 학생들에게 귤을 나누어 주는데 5개씩 주면 2개가 남고 6개씩 주면 3개가 부족하다.

◑ 개념원리 중학수학 1-1 162쪽

유형 02 방정식의 해 중요!

주어진 수가 방정식의 해인지 확인하려면 그 수를 방정식에 대입하여 등식이 성립하는지 알아본다.

예 방정식 $2x-1=x+1$에서 $x=2$일 때
$2 \times 2 - 1 = 2 + 1$
즉, (좌변)=(우변)이므로 $x=2$는 방정식의 해이다.

0746 대표문제

다음 방정식 중 해가 $x=2$가 <u>아닌</u> 것은?

① $2x=4$ ② $3x+2=8$ ③ $5x-2=8$

④ $2(x+1)=4$ ⑤ $-(x-3)=1$

0747 하

다음 방정식 중 해가 $x=-1$인 것은?

① $4x-1=3x$ ② $2x-5=-x+4$

③ $2(x-1)=-3$ ④ $2-(4+x)=x$

⑤ $\dfrac{x}{2}+1=1$

0748 중

다음 중 [ ] 안의 수가 주어진 방정식의 해가 <u>아닌</u> 것은?

① $2x-3=-1$ [1]   ② $6x=2x+12$ [3]

③ $3(x+2)=5x-2$ [4]   ④ $-\dfrac{2}{3}x=1$ $\left[-\dfrac{3}{2}\right]$

⑤ $\dfrac{3}{4}x=\dfrac{1}{2}$ [2]

0749 중상

x가 절댓값이 3인 수일 때, 방정식 $x-2(3x+5)=5$의 해를 구하시오.

유형**03** 방정식과 항등식

↪ 개념원리 중학수학 1-1 163쪽

(1) 방정식 : 미지수의 값에 따라 참이 되기도 하고 거짓이 되기도 하는 등식

例 $3x+1=4x$ ⇨ $x=1$일 때만 참이므로 방정식이다.

(2) 항등식 : 미지수에 어떤 수를 대입하여도 항상 참이 되는 등식

例 $3x+x=4x$ ⇨ x에 어떤 수를 대입하여도 항상 참이므로 항등식이다.

⇨ 'x의 값에 관계없이~', '모든 x의 값에 대하여 ~', 항상 등식이 성립한다는 표현이 있으면 x에 대한 항등식이다.

0750 대표문제

다음 중 x의 값에 관계없이 항상 참인 등식은?

① $2x=4$ ② $x-2=2-x$
③ $2x+4=8x+1$ ④ $2(x-2)=2x-4$
⑤ $-3(x+2)=3(x-3)$

0751 하

다음 중 방정식인 것은?

① $3x+2(x-1)$ ② $x+5=3$
③ $2x+1\geq7$ ④ $3x-2y$
⑤ $2x+7=2(x+3)+1$

0752 중하

보기에서 다음에 해당하는 식을 모두 고르시오.

┌ 보기 ┐
ㄱ. $2x-1=x$ ㄴ. $x+x=2x$
ㄷ. $3x=0$ ㄹ. $12-3x=x+12$
ㅁ. $5x+2-3x=2x+2$ ㅂ. $2(x+1)=2x+2$
└─────────┘

(1) 방정식
(2) 항등식

유형**04** 항등식이 되는 조건

↪ 개념원리 중학수학 1-1 163쪽

상수 a, b, c, d에 대하여

$ax+b=cx+d$가 x에 대한 항등식이 되는 조건

⇨ $a=c$, $b=d$

0753 대표문제

등식 $5x-3=a+b(1-x)$가 x에 대한 항등식일 때, 상수 a, b에 대하여 ab의 값은?

① 8 ② 4 ③ -3
④ -4 ⑤ -10

0754 중하

등식 $ax+3=2x-b$가 x에 대한 항등식일 때, 상수 a, b에 대하여 ab의 값은?

① -6 ② -3 ③ -1
④ 1 ⑤ 4

0755 중

등식 $3(x-1)=-2x+\boxed{}$가 x의 값에 관계없이 항상 성립할 때, ☐ 안에 알맞은 식은?

① $2x+4$ ② $3x-1$ ③ $3x+1$
④ $5x-3$ ⑤ $5x+3$

0756 중 서술형

등식 $4x+3=a(1+2x)+b$가 모든 x에 대하여 항상 참일 때, 상수 a, b에 대하여 $a-b$의 값을 구하시오.

↪ 개념원리 중학수학 1-1 167쪽

유형 05 등식의 성질

등식의 양변에 같은 수를 더하거나 빼거나 곱하거나 0이 아닌 같은 수로 나누어도 등식은 성립한다.

$\Rightarrow a=b$이면

① $a+c=b+c$　　　② $a-c=b-c$

③ $ac=bc$　　　④ $\dfrac{a}{c}=\dfrac{b}{c}$ (단, $c\neq0$)

0757 대표문제

다음 중 옳지 <u>않은</u> 것을 모두 고르면? (정답 2개)

① $3a=6b$이면 $a=2b$이다.

② $a=2b$이면 $a+1=2(b+1)$이다.

③ $-a=b$이면 $a+2=-b+2$이다.

④ $\dfrac{3}{2}a=\dfrac{b}{4}$이면 $6a=b$이다.

⑤ $a=3b$이면 $-2a+3=6b+3$이다.

0758 중

다음 중 옳지 <u>않은</u> 것은?

① $a+c=b+c$이면 $a=b$이다.

② $a=b$이면 $a-c=b-c$이다.

③ $ac=bc$이면 $a=b$이다.

④ $\dfrac{1}{2}a=\dfrac{1}{2}b$이면 $a=b$이다.

⑤ $a=b$이면 $ac=bc$이다.

0759 중

다음 보기 중 옳은 것을 모두 고르시오.

> ● 보기 ●
>
> ㄱ. $3(a-1)=9b$이면 $a-1=3b$이다.
>
> ㄴ. $2a=3b$이면 $\dfrac{a}{2}=\dfrac{b}{3}$이다.
>
> ㄷ. $-a=b$이면 $a+5=b-5$이다.
>
> ㄹ. $5a+3=5b+3$이면 $a=b$이다.

↪ 개념원리 중학수학 1-1 168쪽

유형 06 등식의 성질을 이용한 방정식의 풀이

$3x-5=7$

$3x-5+5=7+5$ ⟩ 양변에 5를 더한다.

$3x=12$

$3x\div3=12\div3$ ⟩ 양변을 3으로 나눈다.

$\therefore x=4$

0760 대표문제

오른쪽 방정식의 풀이 과정에서 등식의 성질 '$a=b$이면 $\dfrac{a}{c}=\dfrac{b}{c}$이다.'를 이용한 곳을 고르시오.

(단, c는 자연수)

$\dfrac{2}{3}x-1=1$ ⟩ ㉠

$2x-3=3$ ⟩ ㉡

$2x=6$ ⟩ ㉢

$\therefore x=3$

0761 중하

오른쪽은 등식의 성질을 이용하여 방정식 $\dfrac{x+3}{2}=5$를 푸는 과정이다. 이때 (가), (나)에서 이용된 등식의 성질을 보기에서 고르시오.

$\dfrac{x+3}{2}=5$ ⟩ (가)

$x+3=10$ ⟩ (나)

$\therefore x=7$

> ● 보기 ●
>
> $a=b$이고 c는 자연수일 때
>
> ㄱ. $a+c=b+c$　　ㄴ. $a-c=b-c$
>
> ㄷ. $ac=bc$　　ㄹ. $\dfrac{a}{c}=\dfrac{b}{c}$

0762 중하

방정식 $2x+5=1$을 풀기 위해 등식의 성질 '$a=b$이면 $a+c=b+c$이다.'를 한 번만 이용하여 좌변에 x항만 남기려고 한다. 이때 c의 값을 구하시오.

0763 중

방정식 $\dfrac{1}{3}x-2=\dfrac{5}{3}-x$를 등식의 성질을 이용하여 푸시오.

유형 **07** 이항

↪ 개념원리 중학수학 1-1 173쪽

이항하면 부호가 바뀐다.
+■를 이항하면 ⇨ −■
−■를 이항하면 ⇨ +■

0764 대표문제

다음 중 밑줄 친 항을 바르게 이항한 것은?

① $3x\underline{-5}=7 ⇨ 3x=7-5$
② $4x=6\underline{-3x} ⇨ 4x-3x=6$
③ $5x\underline{-1}=4x+7 ⇨ 5x-4x=7+1$
④ $2x+1=x\underline{-4} ⇨ 2x+x=-4+1$
⑤ $4x\underline{+2}=-x-3 ⇨ 4x+x=-3+2$

0765 중하

다음 중 등식 $3x+5=11$에서 좌변의 5를 이항한 것과 결과가 같은 것을 모두 고르면? (정답 2개)

① 양변에 −5를 더한다.
② 양변에 5를 곱한다.
③ 양변을 5로 나눈다.
④ 양변에 −5를 곱한다.
⑤ 양변에서 5를 뺀다.

0766 중하

다음 중 밑줄 친 항을 이항하여 간단히 한 것으로 옳은 것은?

① $6x\underline{-4}=2 ⇨ 6x=-2$
② $2x=5\underline{-x} ⇨ x=5$
③ $-3x=7\underline{+x} ⇨ -2x=7$
④ $4x\underline{+3}=7 ⇨ 4x=4$
⑤ $5x\underline{+1}=-x+6 ⇨ 6x=7$

0767 중 서술형

등식 $3x+1=2x-6$을 이항만을 이용하여 $ax=b\,(a>0)$의 꼴로 나타내었을 때, 상수 a, b에 대하여 $a+b$의 값을 구하시오.

유형 **08** 일차방정식의 뜻

↪ 개념원리 중학수학 1-1 173쪽

x에 대한 일차방정식 ⇨ (x에 대한 일차식)=0의 꼴
⇨ $ax+b=0\,(a≠0)$의 꼴

0768 대표문제

다음 **보기** 중 일차방정식인 것을 모두 고르시오.

— 보기 —
ㄱ. $3x-1=x+5$ ㄴ. $5(x-3)=15-5x$
ㄷ. $2x+4=2(x+2)$ ㄹ. $x^2+3=x$
ㅁ. $0×x^2+x=-1$

0769 중하

다음 중 일차방정식이 <u>아닌</u> 것은?

① $x=0$
② $x+1=3x-5$
③ $x-5=-5+x$
④ $x^2+x=x^2-2$
⑤ $2(x+1)=2-2x$

0770 중

다음 중 문자를 사용한 식으로 나타내었을 때, x에 대한 일차방정식인 것은?

① x에 2를 더한 수는 x의 제곱과 같다.
② x를 3으로 나눈 것에 1을 더한다.
③ x에 1을 더한 것의 2배는 15보다 크다.
④ x의 $\frac{1}{2}$에 5를 더한 것은 $\frac{x}{2}+5$와 같다.
⑤ x의 4배에 3을 더하면 11이 된다.

0771 중 서술형

등식 $3x-2=5-ax$가 x에 대한 일차방정식이 되기 위한 상수 a의 조건을 구하시오.

유형 09 **괄호가 있는 일차방정식의 풀이**

⊙ 개념원리 중학수학 1-1 174쪽

① 괄호가 있으면 분배법칙을 이용하여 괄호를 먼저 푼다.

② $ax=b\,(a\neq0)$의 꼴로 고친다.

③ 양변을 x의 계수 a로 나눈다. 즉, $x=\dfrac{b}{a}$

0772 대표문제

일차방정식 $5x-(x+2)=3-2(4-x)$를 풀면?

① $x=-7$ ② $x=-3$ ③ $x=-\dfrac{3}{2}$

④ $x=\dfrac{2}{3}$ ⑤ $x=2$

0773 중

다음 중 일차방정식 $3(x-1)=x+5$와 해가 같은 것은?

① $x+1=4$ ② $2x-5=4$

③ $5x-4=3(x+2)$ ④ $\dfrac{1}{2}(x-2)=1$

⑤ $x-1=2x+3$

0774 중

일차방정식 $-3(5+x)=-(4x-3)$의 해를 $x=a$, $-(2x-6)=5-(-x+1)$의 해를 $x=b$라 할 때, ab의 값을 구하시오.

0775 중상

다음 일차방정식을 푸시오.

$$2\{5x-(3-2x)\}+x-6=18$$

유형 10 **계수가 소수인 일차방정식의 풀이**

⊙ 개념원리 중학수학 1-1 174쪽

양변에 10, 100, ⋯ 을 곱하여 계수를 정수로 고친다.

예 $0.3x-0.3=0.05x+0.2$의 양변에 100을 곱하면

⇨ $30x-30=5x+20$, $25x=50$ ∴ $x=2$

0776 대표문제

일차방정식 $0.5x-0.05=3(0.2x+0.15)$를 풀면?

① $x=-5$ ② $x=-3$ ③ $x=-1$

④ $x=1$ ⑤ $x=3$

0777 중

다음 일차방정식을 푸시오.

(1) $0.4x-0.7=0.6x-1.1$

(2) $0.3x-0.01=0.2(x+2)+0.04$

유형 11 **계수가 분수인 일차방정식의 풀이**

⊙ 개념원리 중학수학 1-1 175쪽

양변에 분모의 최소공배수를 곱하여 계수를 정수로 고친다.

예 $\dfrac{1}{2}x=\dfrac{1}{3}x+6$에서 분모 2, 3의 최소공배수가 6이므로

양변에 6을 곱하면 ⇨ $3x=2x+36$ ∴ $x=36$

0778 대표문제

일차방정식 $\dfrac{x-3}{2}-\dfrac{2x-5}{6}=\dfrac{5}{3}-x$를 푸시오.

0779 중상

일차방정식 $\dfrac{x+5}{6}-2=\dfrac{6-4x}{9}$를 풀면?

① $x=-3$ ② $x=-2$ ③ $x=2$

④ $x=3$ ⑤ $x=5$

유형 **12** **계수에 소수와 분수가 혼합된 일차방정식의 풀이**

계수가 소수이면 ⇨ 양변에 10, 100, 1000, …을 곱한다.

계수가 분수이면 ⇨ 양변에 분모의 최소공배수를 곱한다.

즉, 양변에 적당한 수를 곱하여 계수를 정수로 고친 후 일차방정식을 푼다.

0780 대표문제

일차방정식 $\dfrac{2}{5}x - \dfrac{6-x}{4} = 0.3x - 0.45$ 를 풀면?

① $x = -2$ ② $x = -1$ ③ $x = 1$

④ $x = 2$ ⑤ $x = 3$

0781 중

다음 일차방정식을 풀면?

$$0.3(x+1) - \dfrac{2x-5}{4} = 0.7x + 2$$

① $x = -\dfrac{9}{2}$ ② $x = -\dfrac{1}{2}$ ③ $x = \dfrac{1}{2}$

④ $x = \dfrac{3}{2}$ ⑤ $x = \dfrac{9}{2}$

0782 중상 서술형

일차방정식 $\dfrac{1}{2} - \dfrac{2-x}{3} = 0.25x$ 의 해를 $x = a$, 일차방정식 $\dfrac{3(x-1)}{2} = 0.75(x+1) + \dfrac{2(x-1)}{3}$ 의 해를 $x = b$라 할 때, $a+b$의 값을 구하시오.

유형 **13** **비례식으로 주어진 일차방정식의 풀이**

비례식 $a : b = c : d$로 주어지는 경우

⇨ $ad = bc$임을 이용하여 일차방정식을 세운다.

0783 대표문제

비례식 $\dfrac{1}{7}(x-2) : 3 = (0.3x+1) : 7$을 만족시키는 x의 값은?

① -50 ② -30 ③ -10

④ 30 ⑤ 50

0784 하

비례식 $(x+3) : 2 = (3x-2) : 5$를 만족시키는 x의 값을 구하시오.

0785 중

비례식 $(3x+6) : (2x-3) = 4 : \dfrac{1}{3}$을 만족시키는 x의 값을 구하시오.

0786 중상

비례식 $(0.5x+2) : 5 = \dfrac{3}{5}(x-8) : 3$을 만족시키는 x의 값을 구하시오.

유형 14 일차방정식의 해가 주어진 경우

○ 개념원리 중학수학 1-1 176쪽

일차방정식의 해가 $x=$▲이면
⇨ $x=$▲를 주어진 일차방정식에 대입하면 등식이 성립한다.

0787 대표문제

일차방정식 $6-\dfrac{x+a}{2}=a+5x$의 해가 $x=3$일 때, 상수 a의 값은?

① -9 ② -7 ③ -5

④ -3 ⑤ -1

0788 중하

일차방정식 $3x-a=2x+\dfrac{1}{3}$의 해가 $x=-\dfrac{2}{3}$일 때, 상수 a의 값을 구하시오.

0789 중

일차방정식 $\dfrac{a(x+3)}{3}-\dfrac{2-ax}{4}=\dfrac{1}{6}$의 해가 $x=-1$일 때, 상수 a의 값을 구하시오.

0790 중상 서술형

일차방정식 $a(x-1)=5$의 해가 $x=2$일 때, 일차방정식 $3x-a(x+3)=1$의 해를 구하시오. (단, a는 상수)

유형 15 두 일차방정식의 해가 서로 같은 경우

○ 개념원리 중학수학 1-1 176쪽

해를 구할 수 있는 방정식의 해를 구한다.
⇨ 구한 해를 다른 방정식에 대입하면 등식이 성립한다.

0791 대표문제

x에 대한 두 일차방정식 $0.4x-1.2=0.1x-0.9$, $\dfrac{x-5}{6}=\dfrac{2x+a}{8}-1$의 해가 같을 때, 상수 a의 값을 구하시오.

0792 중

x에 대한 두 일차방정식 $\dfrac{x}{4}-1=\dfrac{2(x+1)}{3}$, $2x+5=a$의 해가 같을 때, 상수 a의 값을 구하시오.

0793 중상

x에 대한 두 일차방정식 $2(0.6-0.1x)=0.2(2x+3)$, $\dfrac{ax-4}{5}=2$의 해가 같을 때, 상수 a의 값은?

① 12 ② 13 ③ 14

④ 15 ⑤ 16

0794 중상 서술형

일차방정식 $0.3(x+1)-1.6=\dfrac{x-3}{5}$의 해가 비례식 $(x+a):2=4(x-3):4$를 만족시키는 x의 값일 때, 상수 a의 값을 구하시오.

RPM 알피엠

유형16 특수한 해를 갖는 경우

🔄 **개념원리** 중학수학 1-1 177쪽

(1) 해가 무수히 많다. (해는 모든 수이다.) ⇨ $0 \times x = 0$의 꼴
(2) 해가 없다. ⇨ $0 \times x = (0$이 아닌 상수$)$의 꼴

0795 대표문제

방정식 $ax - 5 = 2(x - b) + 1$의 해가 무수히 많을 때, $a + b$의 값은? (단, a, b는 상수)

① -5 ② -3 ③ -2
④ 3 ⑤ 5

0796 중

x에 대한 방정식 $5x - a = bx + 3$의 해가 없을 조건은?
(단, a, b는 상수)

① $a = 3$, $b = 5$ ② $a \neq 3$, $b = 5$
③ $a \neq -3$, $b = 5$ ④ $a = -3$, $b \neq 5$
⑤ $a \neq -3$, $b \neq 5$

0797 중

등식 $(a + 6)x = 1 - ax$를 만족시키는 x의 값이 존재하지 않을 때, 상수 a의 값을 구하시오.

0798 중상

방정식 $(a - 3)x - 1 = 5$는 해가 없고, 방정식 $bx + a = c - 2$는 해가 무수히 많을 때, 상수 a, b, c에 대하여 $a + b + c$의 값은?

① -8 ② -2 ③ 0
④ 2 ⑤ 8

유형17 해에 대한 조건이 주어진 경우

🔄 **개념원리** 중학수학 1-1 177쪽

① 주어진 방정식을 풀어 해를 미지수를 사용한 식으로 나타낸다.
② 해의 조건을 만족시키는 미지수의 값을 구한다.

$\dfrac{\blacktriangle}{\blacksquare}$ 가 자연수이면 ⇨ $\blacktriangle$는 $\blacksquare$의 배수

0799 대표문제

x에 대한 일차방정식 $6x + a = 4x + 7$의 해가 자연수가 되도록 하는 자연수 a의 값을 모두 구하시오.

0800 중상

x에 대한 일차방정식 $2(7 - 2x) = a$의 해가 양의 정수가 되도록 하는 모든 자연수 a의 값의 합을 구하시오.

0801 중상

x에 대한 일차방정식 $3(2x + 1) = ax - 6$의 해가 음의 정수가 되도록 하는 모든 정수 a의 값의 합을 구하시오.

0802 중상

x에 대한 일차방정식 $5(9 - 2x) = a$의 해가 0보다 큰 정수가 되도록 하는 자연수 a의 값을 모두 구하시오.

중요 0803

다음 중 x의 값에 관계없이 항상 참인 등식은?

① $\dfrac{x-1}{3}=-\dfrac{x}{3}$　　② $5x=0$

③ $0.3x-2x=1.4$　　④ $8x-1=8(x-1)$

⑤ $x+x-6=2(x-3)$

0804

오른쪽 방정식의 풀이 과정에서 등식의 성질 '$a=b$이면 $\dfrac{a}{c}=\dfrac{b}{c}$이다.' 를 이용한 곳을 고르시오. (단, c는 자연수)

$$\begin{aligned}&\dfrac{1}{3}x-2=-\dfrac{2}{3}-x \\ &x-6=-2-3x \quad \big) ㉠\\ &4x-6=-2 \quad\quad\ \big) ㉡\\ &4x=4 \quad\quad\quad\ \big) ㉢\\ &\therefore x=1 \quad\quad\quad \big) ㉣\end{aligned}$$

0805

방정식 $\dfrac{4}{3}x=-8$을 풀기 위해 이용할 수 있는 등식의 성질을 **보기**에서 모두 고르시오. (단, c는 양수)

> **보기**
> ㄱ. $a=b$이면 $a+c=b+c$이다.
> ㄴ. $a=b$이면 $a-c=b-c$이다.
> ㄷ. $a=b$이면 $ac=bc$이다.
> ㄹ. $a=b$이면 $\dfrac{a}{c}=\dfrac{b}{c}$이다.

중요 0806

일차방정식 $\dfrac{x-2}{3}=0.25(x-3)-2$를 푸시오.

0807

다음 중 방정식 $0.3(x-2)=0.4(x+2)-1.5$와 해가 같은 것은?

① $4(x+1)=3x-5$　　② $0.5x+1=0.3(x-4)$

③ $\dfrac{1}{2}x+3=\dfrac{3}{2}+2x$　　④ $0.2x-1.6=0.4(x-3)$

⑤ $2\{x-3(x+1)+2\}=1-3x$

중요 0808

다음 중 옳은 것은?

① $2a=6b$이면 $a=2b$이다.

② $\dfrac{a}{2}=\dfrac{b}{3}$이면 $2a=3b$이다.

③ $a=3b$이면 $a+1=3(b+1)$이다.

④ $a-b=x-y$이면 $a-x=b-y$이다.

⑤ $ac=bc$이면 $a=b$이다.

0809

일차방정식 $\dfrac{3}{4}x+1=\dfrac{1}{2}x+\dfrac{1}{4}$의 해가 $x=a$, 일차방정식 $0.3(x+2)+0.2=0.8(x-4)$의 해가 $x=b$일 때, $a+b$의 값을 구하시오.

0810

다음 x에 대한 두 일차방정식의 해가 같을 때, 상수 a의 값을 구하시오.

$$ax+4=2x+8, \quad 0.2(x-3)=0.4(x+3)-1$$

0811

x에 대한 일차방정식 $\dfrac{a(x-6)}{4}-\dfrac{x-2a}{3}=5$의 해가 비

례식 $1:(x+1)=3:2(2x+1)$을 만족시키는 x의 값의

2배일 때, 상수 a의 값을 구하시오.

0812

승리는 일차방정식 $3x-3=6x-7$을 푸는데 좌변의 x항

의 계수 3을 잘못 보고 풀었더니 해가 $x=-2$이었다. 이때

3을 어떤 수로 잘못 보았는가?

① 4   ② 6   ③ 8

④ 10   ⑤ 12

0813

x에 대한 두 일차방정식 $5-x=\dfrac{x-1}{3}$과

$\dfrac{x+a}{4}=2(x-2a)+\dfrac{9}{4}$의 해의 비가 $2:3$일 때, 상수 a

의 값을 구하시오.

0814

상수 a, b, c에 대하여 $ax+3=4x-2$를 만족하는 x의 값

이 존재하지 않고, $(b-2)x-5=x+c$를 만족하는 x의

값이 무수히 많을 때, $a+b+c$의 값을 구하시오.

서술형 주관식

0815

등식 $5-3(a+2)x=2b+9x+1$이 x의 값에 관계없이

항상 성립할 때, $a+b$의 값을 구하시오. (단, a, b는 상수)

0816

비례식 $\left(\dfrac{x}{3}-1\right):4=\dfrac{x+3}{4}:6$을 만족시키는 x의 값이

다음 두 일차방정식의 해일 때, ab의 값을 구하시오.

(단, a, b는 상수)

$$\dfrac{x-a}{2}-\dfrac{2x-1}{4}=-2, \quad x-b=-9$$

실력 UP

0817

다음 중 x에 대한 일차방정식

$0.4\left(x-\dfrac{1}{5}\right)=-0.5\left(x+\dfrac{9}{5}a\right)+1.72$의 해가 음의 정수

가 되도록 하는 자연수 a의 값이 될 수 없는 것은?

① 2   ② 3   ③ 4

④ 5   ⑤ 6

중요 0818

x에 대한 일차방정식 $x-\dfrac{1}{4}(x+3a)=-3$의 해가 음의

정수일 때, 자연수 a의 값을 모두 구하시오.

RPM 알피엠

07 일차방정식의 활용

07-1 일차방정식의 활용 문제 푸는 방법

① 문제의 뜻을 파악하고 구하려고 하는 것을 x로 놓는다. ⇨ 미지수 x 정하기

② 주어진 조건에 맞는 방정식을 세운다. ⇨ 방정식 세우기

③ 방정식을 풀어 x의 값을 구한다. ⇨ 방정식 풀기

④ 구한 x의 값이 문제의 뜻에 맞는지 확인한다. ⇨ 확인하기

참고 수에 대한 문제에서 미지수는 다음과 같이 정하는 것이 편리하다.

(1) 연속하는 두 정수 : x, $x+1$ (또는 $x-1$, x)

(2) 연속하는 세 정수 : $x-1$, x, $x+1$ (또는 x, $x+1$, $x+2$)

(3) 연속하는 두 홀수(짝수) : x, $x+2$ (또는 $x-2$, x)

(4) 연속하는 세 홀수(짝수) : $x-2$, x, $x+2$ (또는 x, $x+2$, $x+4$)

(5) 백의 자리의 숫자가 x, 십의 자리의 숫자가 y, 일의 자리의 숫자가 z인 세 자리의 자연수 : $100x+10y+z$

- 일차방정식의 활용 문제에서는 서로 같은 것이 무엇인지에 주목하여 방정식을 세운다.

- 일차방정식의 활용 문제의 답을 쓸 때는 단위가 있는 경우 반드시 단위를 쓰도록 한다.

07-2 거리, 속력, 시간에 대한 문제

거리, 속력, 시간에 대한 문제는 다음 관계를 이용하여 방정식을 세운다.

(1) (거리)=(속력)×(시간)

(2) (속력)$=\dfrac{(거리)}{(시간)}$, (시간)$=\dfrac{(거리)}{(속력)}$

예 ① 시속 30 km로 x시간 동안 달린 거리 : $30x$ km

② x km의 거리를 5시간 동안 달렸을 때의 속력 : 시속 $\dfrac{x}{5}$ km

③ 시속 100 km로 x km를 가는 데 걸린 시간 : $\dfrac{x}{100}$시간

- 거리, 속력, 시간에 대한 문제를 풀 때 단위가 각각 다른 경우에는 방정식을 세우기 전에 먼저 단위를 통일시킨 후 방정식을 세운다.

07-3 농도에 대한 문제

소금물의 농도에 대한 문제는 다음 관계를 이용하여 방정식을 세운다.

(1) (소금물의 농도)$=\dfrac{(소금의 양)}{(소금물의 양)}\times 100(\%)$

(2) (소금의 양)$=\dfrac{(소금물의 농도)}{100}\times(소금물의 양)$

예 ① 물 200 g에 소금 50 g을 넣었을 때의 소금물의 농도는

$$\dfrac{50}{200+50}\times 100=20(\%)$$

② 10 %의 소금물 300 g에 들어 있는 소금의 양은

$$\dfrac{10}{100}\times 300=30(g)$$

- 소금물에 물을 넣거나 증발시키는 경우 소금물의 양과 농도는 변하지만 소금의 양은 변하지 않는다.
  따라서 소금물의 농도에 대한 문제는 소금의 양이 변하지 않음을 이용하여 방정식을 세운다.

정답과 풀이 p.71

07-1 일차방정식의 활용 문제 푸는 방법

[0819~0822] 다음 문장을 방정식으로 나타내고 x의 값을 구하시오.

0819 어떤 수 x에 8을 더하여 4배한 것은 x의 5배와 같다.

0820 어떤 수 x에서 7을 빼서 3배한 것은 x에 2를 더하여 2배한 것과 같다.

0821 한 개에 500원 하는 사과 x개와 한 개에 100원 하는 귤을 합하여 20개 사고 3600원을 지불하였다.

0822 가로의 길이가 6 cm, 세로의 길이가 x cm인 직사각형의 둘레의 길이는 30 cm이다.

07-2 거리, 속력, 시간에 대한 문제

[0823~0825] 거리가 x km인 두 지점 A, B 사이를 왕복하는데 갈 때는 시속 2 km로 걷고, 올 때는 시속 3 km로 걸어서 모두 5시간이 걸렸다. ☐ 안에 알맞은 것을 써넣으시오.

0823

	갈 때	올 때
거리(km)	x	x
속력(km/h)	2	3
걸린 시간(시간)	☐	☐

(갈 때 걸린 시간)＋(올 때 걸린 시간)＝5시간

이므로 방정식을 세우면 ☐ ＋ ☐ ＝5

0824 방정식을 풀면 $x=$☐

0825 따라서 두 지점 A, B 사이의 거리는 ☐ km이다.

0826 슬기는 등산을 하는데 올라갈 때는 시속 3 km, 내려올 때는 같은 등산로를 시속 4 km로 걸어서 모두 3시간 30분이 걸렸다. 이때 등산로의 길이를 구하시오.

07-3 농도에 대한 문제

[0827~0829] 8 %의 소금물 200 g에서 x g의 물을 증발시켰더니 10 %의 소금물이 되었다. ☐ 안에 알맞은 것을 써넣으시오.

0827

	물을 증발시키기 전	물을 증발시킨 후
농도(%)	8	10
소금물의 양(g)	200	☐
소금의 양(g)	$\dfrac{8}{100}\times200$	☐

(물을 증발시키기 전의 소금의 양)
＝(물을 증발시킨 후의 소금의 양)

이므로 방정식을 세우면

$\dfrac{8}{100}\times200=$ ☐

0828 방정식을 풀면 $x=$☐

0829 따라서 ☐ g의 물을 증발시키면 10 %의 소금물이 된다.

0830 농도가 8 %인 소금물 500 g에 몇 g의 물을 넣으면 5 %의 소금물이 되는지 구하시오.

개념원리 중학수학 1-1 192쪽

유형01 어떤 수에 대한 문제

① 어떤 수를 x로 놓는다.
② 주어진 조건에 맞는 x에 대한 방정식을 세운다.
③ x에 대한 방정식을 푼다.
예 어떤 수에 5를 더하면 어떤 수의 3배와 같다.
$\underbrace{x+5}$ $\underbrace{3x}$ =
⇨ $x+5=3x$

0831 대표문제

어떤 수에서 4를 뺀 후 2배 한 수는 어떤 수의 $\dfrac{1}{3}$배보다 2만큼 클 때, 어떤 수를 구하시오.

0832 중하

서로 다른 두 자연수의 차는 8이고, 큰 수는 작은 수의 5배보다 4만큼 작다. 이때 작은 수를 구하시오.

0833 중

서로 다른 두 자연수에 대하여 큰 수를 작은 수로 나누었더니 몫이 3이고 나머지가 2이었다. 큰 수와 작은 수의 합이 38일 때, 큰 수를 구하시오.

0834 중 서술형

어떤 수의 5배에 2를 더해야 할 것을 잘못하여 어떤 수의 2배에 5를 더했더니 처음 구하려고 했던 수보다 6만큼 작아졌다. 다음을 구하시오.

(1) 어떤 수
(2) 처음 구하려고 했던 수

개념원리 중학수학 1-1 193쪽

유형02 연속하는 자연수에 대한 문제

(1) 연속하는 세 자연수
⇨ $x-1,\ x,\ x+1$ 또는 $x,\ x+1,\ x+2$
(2) 연속하는 세 홀수(짝수)
⇨ $x-2,\ x,\ x+2$ 또는 $x,\ x+2,\ x+4$

0835 대표문제

연속하는 세 짝수의 합이 114일 때, 이 세 수 중 가장 작은 수는?

① 28 ② 32 ③ 36
④ 38 ⑤ 40

0836 중하

연속하는 세 홀수의 합이 75일 때, 이 세 수 중 가장 큰 수를 구하시오.

0837 중

연속하는 세 자연수 중에서 가운데 수의 4배는 나머지 두 수의 합보다 30만큼 크다고 한다. 이때 세 자연수의 합은?

① 42 ② 45 ③ 48
④ 51 ⑤ 54

0838 중 서술형

연속하는 세 짝수 중에서 가장 큰 수의 3배는 나머지 두 수의 합의 2배보다 4만큼 크다고 한다. 이때 세 짝수를 구하시오.

유형 03 자릿수에 대한 문제

↪ 개념원리 중학수학 1-1 194쪽

(1) 십의 자리의 숫자가 a, 일의 자리의 숫자가 b인 두 자리의 자연수 ⇨ $10a+b$

(2) 백의 자리의 숫자가 a, 십의 자리의 숫자가 b, 일의 자리의 숫자가 c인 세 자리의 자연수 ⇨ $100a+10b+c$

0839 대표문제

일의 자리의 숫자가 3인 두 자리의 자연수가 있다. 이 자연수의 십의 자리의 숫자와 일의 자리의 숫자를 바꾼 수는 처음 수보다 9만큼 크다. 처음 자연수를 구하시오.

0840 중하

일의 자리의 숫자가 3인 두 자리의 자연수가 있다. 이 자연수는 각 자리의 숫자의 합의 7배보다 3만큼 작다. 이 자연수는?

① 23   ② 33   ③ 43
④ 53   ⑤ 63

0841 중

십의 자리의 숫자가 일의 자리의 숫자보다 2만큼 작은 두 자리의 자연수가 있다. 이 자연수는 각 자리의 숫자의 합의 3배보다 16만큼 크다. 이 자연수를 구하시오.

0842 중상 서술형

일의 자리의 숫자와 십의 자리의 숫자의 합이 12인 두 자리의 자연수가 있다. 이 자연수의 십의 자리의 숫자와 일의 자리의 숫자를 바꾼 수는 처음 수보다 18만큼 크다. 처음 자연수를 구하시오.

유형 04 나이에 대한 문제

↪ 개념원리 중학수학 1-1 193쪽

(1) (x년 후의 나이)=(현재의 나이)$+x$

(2) (x년 전의 나이)=(현재의 나이)$-x$

0843 대표문제

현재 아버지와 아들의 나이의 합은 58세이고 10년 후에는 아버지의 나이가 아들의 나이의 2배가 된다고 한다. 현재 아들의 나이를 구하시오.

0844 중

현재 아버지와 아들의 나이 차는 24세이고 5년 후에는 아버지의 나이가 아들의 나이의 2배보다 4세가 더 많아진다고 한다. 현재 아버지의 나이를 구하시오.

유형 05 예금에 대한 문제

↪ 개념원리 중학수학 1-1 194쪽

(x개월 후의 예금액)=(현재의 예금액)+(x개월 동안의 예금액)

0845 대표문제

현재 형은 통장에 30000원, 동생은 통장에 15000원이 예금되어 있다. 형은 매달 500원씩 예금하고, 동생은 매달 3000원씩 예금할 때, 동생의 예금액이 형의 예금액의 3배가 되는 것은 몇 개월 후인지 구하시오.

(단, 이자는 생각하지 않는다.)

0846 중 서술형

현재 언니와 동생의 예금액은 각각 74000원, 32000원이다. 언니는 매달 5000원씩, 동생은 매달 x원씩 예금한다면 10개월 후에 언니의 예금액이 동생의 예금액의 2배가 된다고 한다. 이때 x의 값을 구하시오.

(단, 이자는 생각하지 않는다.)

🔁 개념원리 중학수학 1–1 195쪽

유형 06 개수의 합이 일정한 문제

(1) 개수의 합이 a개로 일정한 경우 구하고자 하는 것을 x개, 다른 것을 $(a-x)$개로 놓고 x에 대한 방정식을 세운다.

(2) (물건 값)=(한 개의 가격)×(개수)
(거스름돈)=(낸 돈)−(물건 값)

0847 대표문제

한 개에 700원인 과자와 한 개에 500원인 아이스크림을 합하여 모두 10개를 사고 7000원을 내었더니 800원을 거슬러 주었다. 이때 과자는 몇 개를 샀는지 구하시오.

0848 중하

농장에 개와 닭을 합하여 모두 12마리가 있다. 다리 수의 합이 36개일 때, 개는 모두 몇 마리인지 구하시오.

0849 중하

철수는 3000원을 가지고 있고, 영희는 2000원을 가지고 있다. 철수가 공책 2권을 사고, 영희는 같은 공책 한 권과 300원짜리 지우개를 한 개 사면 남는 돈이 서로 같다고 한다. 이때 공책 한 권의 가격을 구하시오.

0850 중

장미와 백합이 섞인 꽃 바구니를 만들려고 한다. 장미는 한 송이에 500원, 백합은 한 송이에 700원으로 두 꽃을 합하여 15송이를 사서 1500원짜리 바구니에 담았더니 10000원이 되었다. 장미와 백합을 각각 몇 송이씩 샀는지 구하시오.

🔁 개념원리 중학수학 1–1 195쪽

유형 07 도형에 대한 문제

도형의 둘레의 길이와 넓이에 대한 공식을 이용하여 방정식을 세운다.

(1) (사다리꼴의 넓이)
$=\dfrac{1}{2} \times \{(윗변의 길이)+(아랫변의 길이)\} \times (높이)$

(2) (직사각형의 둘레의 길이)
$=2 \times \{(가로의 길이)+(세로의 길이)\}$

0851 대표문제

한 변의 길이가 12 cm인 정사각형에서 가로의 길이를 4 cm 늘이고 세로의 길이를 x cm 줄여서 만든 직사각형의 넓이는 처음 정사각형의 넓이보다 32 cm² 만큼 줄었다. 이때 x의 값을 구하시오.

0852 중하

윗변의 길이가 3 cm, 아랫변의 길이가 7 cm, 높이가 6 cm인 사다리꼴에서 아랫변의 길이를 x cm 만큼 늘였더니 그 넓이가 처음 넓이보다 6 cm²만큼 늘어났다. 이때 x의 값을 구하시오.

0853 중

둘레의 길이가 44 m이고, 가로의 길이가 세로의 길이의 3배보다 2 m 짧은 직사각형 모양의 수영장을 만들려고 한다. 이때 이 수영장의 가로의 길이를 구하시오.

0854 중

오른쪽 그림과 같이 가로의 길이가 20 m, 세로의 길이가 15 m인 직사각형 모양의 땅에 가로로는 폭이 2 m인 직선 도로를 만들고, 세로로는 폭이 x m인 직선 도로를 만들었다. 도로를 제외한 땅의 넓이가 221 m²일 때, x의 값을 구하시오.

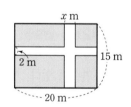

07
일차방정식의 활용

개념원리 중학수학 1–1 196쪽

유형 **08** 중요! **과부족에 대한 문제**

학생들에게 물건을 나누어 줄 때
① 학생 수를 x명이라 놓는다.
② 나누어 주는 방법에 관계없이 나누어 주는 물건의 전체 개수가 일정함을 이용하여 방정식을 세운다.
  ⇨ (남는 경우의 물건의 개수)=(모자란 경우의 물건의 개수)

0855 대표문제
학생들에게 귤을 나누어 주는데 한 학생에게 5개씩 나누어 주면 3개가 남고, 6개씩 나누어 주면 13개가 부족하다. 이때 학생 수와 귤의 개수를 구하시오.

0856 중
진수가 가지고 있는 돈으로 같은 아이스크림 6개를 사면 1400원이 남고, 9개를 사면 400원이 부족하다. 이 아이스크림 한 개의 가격은?

① 450원　　　② 500원　　　③ 550원
④ 600원　　　⑤ 700원

0857 중
오늘 모임에 참여한 사람들에게 기념품을 나누어 주는데 한 사람에게 7개씩 나누어 주면 4개가 모자라고, 6개씩 나누어 주면 3개가 남는다. 이때 기념품의 개수는?

① 37개　　　② 40개　　　③ 45개
④ 52개　　　⑤ 56개

개념원리 중학수학 1–1 196쪽

유형 **09** **증가, 감소에 대한 문제**

(1) (올해의 학생 수)=(작년의 학생 수)+(변화한 학생 수)
　　　　　　　　　　　　　　증가하면 +, 감소하면 −

(2) x가 a % 증가한 후의 전체의 양 ⇨ $x+\dfrac{a}{100}x$
　　　　　　　　　(원래의 양)   (증가량)

　x가 b % 감소한 후의 전체의 양 ⇨ $x-\dfrac{b}{100}x$
　　　　　　　　　(원래의 양)   (감소량)

0858 대표문제
어느 중학교의 올해의 남학생과 여학생 수는 작년에 비하여 남학생은 5 % 증가하고, 여학생은 3 % 감소하였다. 작년의 전체 학생 수가 1600명이고, 올해는 작년에 비하여 전체적으로 16명이 증가하였다. 올해의 남학생 수를 구하시오.

0859 중하
어느 봉사단체의 회원 수는 작년보다 5 % 증가하여 올해는 1302명이 되었다. 작년의 회원 수를 구하시오.

0860 중
어느 중학교의 올해의 남학생 수는 작년에 비하여 10 % 증가하고, 여학생 수는 그대로였다. 작년의 전체 학생 수가 400명이고, 올해는 작년에 비하여 전체적으로 6 % 증가하였다. 작년의 여학생 수를 구하시오.

0861 중
어느 중학교의 작년의 전체 학생 수는 560명이었다. 올해는 작년에 비하여 여학생 수는 10 % 증가하고 남학생 수는 4명 감소하여 전체적으로 5 % 증가하였다. 올해의 여학생 수를 구하시오.

↻ 개념원리 중학수학 1-1 198쪽

유형 10 전체의 양에 대한 문제

전체의 양을 x라 하고 x에 대한 방정식을 세운다.

⇨ 전체 x의 $\dfrac{1}{a}$은 $\dfrac{1}{a}x$

0862 대표문제

성희가 책 한 권을 읽는데 첫째 날에는 전체의 $\dfrac{1}{4}$, 둘째 날에는 전체의 $\dfrac{1}{2}$, 셋째 날에는 30쪽을 읽어 3일 만에 다 읽었다고 한다. 이때 이 책의 전체 쪽수는?

① 110쪽 　　② 120쪽 　　③ 128쪽
④ 132쪽 　　⑤ 140쪽

0863 중

민정이는 며칠 동안 여행을 다녀왔다. 전체의 $\dfrac{1}{4}$은 잠을 자고 전체의 $\dfrac{1}{5}$은 차를 탔다. 8시간은 먹는데 썼고, 전체의 $\dfrac{1}{3}$은 유적지를 놀아보았으며, 나머지 5시간은 할머니 댁에 머물렀다. 민정이가 여행한 총 시간을 구하시오.

0864 중

다음은 고대 그리스의 수학자 피타고라스의 제자에 대한 이야기이다. 이때 피타고라스의 제자는 몇 명인지 구하시오.

> 내 제자의 $\dfrac{1}{2}$은 수의 아름다움을 탐구하고 $\dfrac{1}{4}$은 자연의 이치를 연구한다. 또, $\dfrac{1}{7}$의 제자들은 굳게 입을 다물고 깊은 사색에 잠겨있다. 그 외에 여자인 제자가 세 사람이 있다. 그들이 제자의 전부이다.

↻ 개념원리 중학수학 1-1 200쪽

유형 11 거리, 속력, 시간에 대한 문제 — 속력이 바뀌는 경우

속력에 따라 구간을 나누어 시간에 대한 방정식을 세운다.

⇨ (시속 A km로 이동한 시간)+(시속 B km로 이동한 시간)
　 =(총 걸린 시간)

0865 대표문제

등산을 하는데 올라갈 때는 시속 3 km로, 내려올 때는 같은 길을 시속 2 km로 걸어서 모두 3시간 20분이 걸렸다. 내려올 때 걸린 시간은?

① 1시간 　　② 1시간 30분 　　③ 2시간
④ 2시간 30분 　　⑤ 3시간

0866 중하

두 지점 A, B 사이를 왕복하는데 갈 때는 시속 5 km로 걷고, 올 때는 시속 4 km로 걸어서 모두 54분이 걸렸다고 한다. 두 지점 A, B 사이의 거리를 구하시오.

0867 중

차를 타고 70 km 떨어진 온천에 가는데 처음에는 시속 80 km로 가다가 중간에 시속 100 km로 가서 모두 48분이 걸렸다. 시속 80 km로 간 거리는?

① 30 km 　　② 35 km 　　③ 40 km
④ 45 km 　　⑤ 50 km

0868 중상 서술형

지혜네 가족이 주말 체험 마을에 다녀왔는데 갈 때는 자동차를 타고 시속 80 km로 달렸고, 올 때는 갈 때보다 30 km 더 먼 길을 시속 60 km로 달려서 모두 4시간이 걸렸다. 체험 마을에서 집으로 돌아오는 데 걸린 시간을 구하시오.

유형 12 거리, 속력, 시간에 대한 문제
— 시간 차가 발생하는 경우

↻ **개념원리** 중학수학 1-1 200쪽

같은 거리를 가는 데 속력이 달라서 시간 차가 발생하는 경우에는 시간에 대한 방정식을 세운다.

⇨ (느린 쪽이 걸린 시간)−(빠른 쪽이 걸린 시간)
　　=(걸린 시간 차)

0869 대표문제

두 지점 A, B 사이를 자동차로 왕복하는데 시속 60 km로 달리는 것과 시속 70 km로 달리는 것은 5분의 차가 생긴다고 한다. 두 지점 A, B 사이의 거리는?

① 17.5 km　　② 20 km　　③ 22.5 km
④ 25 km　　⑤ 27.5 km

0870 중 서술형

A지점에서 B지점까지 가는데 시속 40 km로 달리는 자동차로 가면 시속 15 km로 달리는 자전거로 갈 때보다 1시간 30분 빨리 도착한다고 한다. 이때 두 지점 A, B 사이의 거리를 구하시오.

0871 중상

집에서 극장까지 가는데 시속 5 km로 걸으면 극장 상영시간 15분 후에 도착하고, 시속 7 km로 자전거를 타고 가면 상영시간 5분 전에 도착한다고 한다. 이때 집에서 극장까지의 거리는?

① $\dfrac{25}{6}$ km　　② 5 km　　③ $\dfrac{35}{6}$ km

④ 6 km　　⑤ $\dfrac{20}{3}$ km

유형 13 거리, 속력, 시간에 대한 문제
— 시간 차를 두고 출발하는 경우

↻ **개념원리** 중학수학 1-1 201쪽

두 사람이 시간 차를 두고 같은 지점에서 출발하여 만나는 경우는 두 사람의 이동 거리가 같으므로 거리에 대한 방정식을 세운다.

⇨ (A가 이동한 거리)=(B가 이동한 거리)

0872 대표문제

동생이 집을 출발한 지 6분 후에 형이 동생을 따라나섰다. 동생은 매분 100 m의 속력으로 걷고 형은 매분 250 m의 속력으로 자전거를 타고 따라간다고 할 때, 형은 출발한 지 몇 분 후에 동생을 만나게 되는가?

① 2분 후　　② 3분 후　　③ 4분 후
④ 5분 후　　⑤ 7분 후

0873 중

아빠가 오토바이를 타고 시속 60 km의 속력으로 집을 출발하였다. 아빠가 출발한 지 15분 후에 엄마가 차를 타고 시속 80 km의 속력으로 따라간다면 엄마는 아빠가 출발한 지 몇 시간 후에 만나는지 구하시오.

0874 중

친척들과 함께 여행을 가는데 두 대의 차로 나누어 타고 출발하였다. 한 차는 먼저 출발하여 시속 60 km로 달렸으며 또 다른 차는 20분 늦게 출발하여 시속 70 km로 달려서 목적지에 두 대의 차가 동시에 도착하였다. 출발지에서 목적지까지의 거리는?

① 70 km　　② 100 km　　③ 120 km
④ 140 km　　⑤ 160 km

↪ 개념원리 중학수학 1-1 201쪽

유형 14 거리, 속력, 시간에 대한 문제 — 마주 보고 가거나 둘레를 도는 경우

두 사람이 동시에 출발하여 이동하다가 처음으로 만나는 경우

(1) 서로 다른 지점에서 마주 보고 이동하는 경우
⇨ (두 사람이 이동한 거리의 합)=(두 지점 사이의 거리)

(2) 같은 지점에서 둘레를 반대 방향으로 도는 경우
⇨ (두 사람이 이동한 거리의 합)=(둘레의 길이)

(3) 같은 지점에서 둘레를 같은 방향으로 도는 경우
⇨ (두 사람이 이동한 거리의 차)=(둘레의 길이)

0875 대표문제

둘레의 길이가 3000 m인 호숫가를 A, B 두 사람이 같은 지점에서 서로 반대 방향으로 동시에 출발하여 걸어갔다. A는 분속 80 m의 속력으로, B는 분속 70 m의 속력으로 걸었다면 두 사람은 출발한 지 몇 분 후에 처음으로 만나게 되는지 구하시오.

0876 중 서술형

하늘이와 수영이네 집 사이의 거리는 1400 m이다. 하늘이는 분속 80 m로, 수영이는 분속 60 m로 각자의 집에서 상대방의 집을 향하여 동시에 출발하여 걸어갔다. 다음 물음에 답하시오.

(1) 두 사람은 출발한 지 몇 분 후에 만나게 되는지 구하시오.
(2) 두 사람이 만나는 지점은 하늘이네 집에서 얼마만큼 떨어진 곳인지 구하시오.

0877 중상

둘레의 길이가 1100 m인 트랙이 있다. 매분 60 m의 속력으로 걷는 형과 매분 50 m의 속력으로 걷는 동생이 트랙의 같은 지점에서 동시에 출발하여 같은 방향으로 걷기 시작하였다. 이때 형과 동생은 출발한 지 몇 분 후에 처음으로 만나게 되는지 구하시오.

유형 15 농도에 대한 문제 — 물을 넣거나 증발시키는 경우

중요!

↪ 개념원리 중학수학 1-1 203쪽

(1) (소금의 양)=$\dfrac{(소금물의 농도)}{100}$×(소금물의 양)

(2) (소금물의 양)=(소금의 양)+(물의 양)

(3) 물을 넣기 전이나 물을 넣은 후의 소금의 양은 변하지 않음을 이용하여 방정식을 세운다.

0878 대표문제

10 %의 소금물 200 g이 있다. 이 소금물에 몇 g의 물을 넣으면 8 %의 소금물이 되겠는가?

① 35 g ② 40 g ③ 46 g
④ 50 g ⑤ 60 g

0879 중 서술형

8 %의 소금물 250 g이 있다. 이 소금물에서 몇 g의 물을 증발시키면 10 %의 소금물이 되는지 구하시오.

0880 중

소금물 240 g에 물 60 g을 넣었더니 농도가 12 %인 소금물이 되었다. 처음 소금물의 농도는?

① 10 % ② 15 % ③ 18 %
④ 21 % ⑤ 25 %

0881 중

설탕물 400 g에서 100 g의 물을 증발시켰더니 16 %의 설탕물이 되었을 때, 처음 설탕물의 농도를 구하시오.

유형 16 농도에 대한 문제 − 소금을 더 넣는 경우

🔄 **개념원리** 중학수학 1-1 204쪽

더 넣은 소금의 양만큼 소금의 양과 소금물의 양이 모두 증가한다.
⇨ (처음 소금물의 소금의 양)+(더 넣은 소금의 양)
 =(나중 소금물의 소금의 양)
 (처음 소금물의 양)+(더 넣은 소금의 양)
 =(나중 소금물의 양)

0882 대표문제
20 %의 소금물이 있다. 여기에 소금 100 g을 더 넣어 30 %
의 소금물을 만든다면 처음 20 %의 소금물은 몇 g인가?

① 600 g ② 670 g ③ 700 g
④ 770 g ⑤ 800 g

0883 중하
10 %의 소금물 200 g이 있다. 여기에 몇 g의 소금을 더
넣으면 20 %의 소금물이 되는지 구하시오.

0884 중
6 %의 소금물 500 g에 물 290 g과 소금을 더 넣어서 5 %
의 소금물을 만들려고 한다. 이때 더 넣어야 하는 소금의
양을 구하시오.

0885 중
소금물 200 g에 물 70 g과 소금 30 g을 더 넣었더니 농도
가 처음의 소금물의 농도의 2배가 되었다. 처음 소금물의
농도를 구하시오.

유형 17 농도에 대한 문제
 − 농도가 다른 두 소금물을 섞는 경우

🔄 **개념원리** 중학수학 1-1 203쪽

농도가 다른 두 소금물을 섞는 경우
⇨ (섞기 전 두 소금물에 들어 있는 소금의 양의 합)
 =(섞은 후 소금물에 들어 있는 소금의 양)

0886 대표문제
10 %의 소금물 100 g과 20 %의 소금물을 섞어서 12 %의
소금물을 만들려고 한다. 이때 20 %의 소금물은 몇 g을 섞
어야 하는가?

① 20 g ② 25 g ③ 30 g
④ 34 g ⑤ 38 g

0887 중
11 %의 소금물 200 g과 x %의 소금물 100 g을 섞었더니
13 %의 소금물이 되었다. 이때 x의 값을 구하시오.

0888 중 서술형
3 %의 소금물과 8 %의 소금물을 섞어서 6 %의 소금물
100 g을 만들려고 한다. 이때 3 %의 소금물은 몇 g을 섞
어야 하는지 구하시오.

0889 중상
6 %의 소금물 120 g과 8 %의 소금물을 섞은 후 물을 더
넣어서 5 %의 소금물 240 g을 만들었다. 이때 더 넣은 물
의 양을 구하시오.

유형 18 원가, 정가에 대한 문제

↳ **개념원리** 중학수학 1-1 197쪽

(1) (정가)=(원가)+(이익)
(2) (판매 가격)=(정가)−(할인 금액)
   ⇨ 정가가 x원인 물건을 a % 할인한 판매 가격은
   $\left(x-\dfrac{a}{100}x\right)$원
(3) (이익)=(판매 가격)−(원가)

0890 대표문제
어떤 선풍기의 원가에 20 %의 이익을 붙여서 정가를 정했다가 상품이 팔리지 않아 정가에서 5000원을 할인하여 팔았더니 3000원의 이익이 생겼다. 이 선풍기의 원가를 구하시오.

0891 중상
어떤 물건의 원가에 50 %의 이익을 붙여서 정가를 정했다가 다시 정가에서 400원을 할인하여 팔았더니 800원의 이익이 생겼다. 이 물건의 원가를 구하시오.

0892 상
원가가 8000원인 상품이 있다. 정가의 20 %를 할인하여 팔았더니 원가의 15 %의 이익이 생겼다. 이 상품의 정가를 구하시오.

0893 상
원가에 x할의 이익을 붙여서 정가를 정했다가 팔리지 않아 정가의 20 %를 할인하여 팔았더니 원가의 20 %의 이익이 생겼다. 이때 x의 값을 구하시오.

유형 19 일에 대한 문제

↳ **개념원리** 중학수학 1-1 197쪽

전체 일의 양을 1로 놓고 각자 단위 시간(1일, 1시간, 1분) 동안 할 수 있는 일의 양을 구한 다음 조건에 맞는 식을 세운다.
예 어떤 일을 완성하는 데 a일이 걸린다.
   ⇨ 전체 일의 양을 1이라 하면 a일 동안 1을 완성하므로 하루 동안 하는 일의 양은 $\dfrac{1}{a}$이다.

0894 대표문제
어떤 일을 완성하는 데 형은 12일, 동생은 20일이 걸린다고 한다. 이 일을 동생이 혼자 4일 동안 일한 후 나머지는 형과 동생이 함께 일하여 완성하였다. 형과 동생이 함께 일한 기간은 며칠인지 구하시오.

0895 중
어떤 일을 완성하는 데 승범이는 10일, 은모는 20일이 걸린다고 한다. 이 일을 승범이가 혼자 며칠 동안 하다가 쉬고 은모가 그 일을 완성하였다. 은모가 승범이보다 5일 더 일했다고 하면 승범이는 며칠 동안 일했는지 구하시오.

0896 중
어떤 일을 완성하는 데 태진이는 20일, 창민이는 30일이 걸린다고 한다. 이 일을 둘이 함께 하다가 도중에 창민이가 쉬어서 나머지는 태진이가 혼자서 10일 만에 완성하였다. 이 일을 완성하는 데 걸린 기간은 총 며칠인지 구하시오.

0897 중상
어떤 빈 물통에 물을 가득 채우는 데 A호스로는 3시간, B호스로는 4시간이 걸리고, 이 물통에 가득 찬 물을 C호스로 빼내는 데에는 6시간이 걸린다. A, B호스로 물을 넣는 동시에 C호스로 물을 빼낸다면 물통에 물을 가득 채우는 데 걸리는 시간을 구하시오.

유형20 긴 의자에 대한 문제

◎ **개념원리** 중학수학 1-1 206쪽

긴 의자에 학생들이 앉을 때
⇨ ① 긴 의자의 개수를 x개로 놓는다.
　② 앉는 방법에 관계없이 전체 학생 수가 같음을 이용하여 x에 대한 방정식을 세운다.

0898 대표문제

강당의 긴 의자에 학생들이 앉는데 한 의자에 5명씩 앉으면 의자에 모두 앉고도 4명이 앉지 못하고, 한 의자에 6명씩 앉으면 빈 의자는 없고 마지막 의자에는 2명이 앉는다고 한다. 이때 긴 의자의 개수와 학생 수를 각각 구하시오.

0899 중상 서술형

강당의 긴 의자에 학생들이 앉는데 한 의자에 6명씩 앉으면 의자에 모두 앉고도 3명이 앉지 못하고, 한 의자에 7명씩 앉으면 의자 1개가 비어 있고 마지막 의자에는 2명이 앉는다고 한다. 이때 긴 의자의 개수와 학생 수를 각각 구하시오.

0900 중상

학생들이 바다에 가서 보트를 타는데 한 보트에 5명씩 타면 1명이 남고, 7명씩 타면 마지막 보트에는 1명이 타고 보트 1척 남는다. 이때 학생 수를 구하시오.

0901 상

학생들이 야외 훈련을 위해 텐트를 설치했다. 한 텐트에 3명씩 자면 9명이 남고, 4명씩 자면 25개의 텐트가 남고 마지막 1개에는 3명이 자게 된다. 이때 텐트의 수와 학생 수를 각각 구하시오.

유형21 거리, 속력, 시간에 대한 문제
　　　　─ 기차가 다리 또는 터널을 지나는 경우

◎ **개념원리** 중학수학 1-1 208쪽

(1) 기차가 터널을 완전히 통과한다는 것은 기차의 맨 앞부분이 터널에 들어가기 시작하여 기차의 맨 뒷부분이 터널을 완전히 빠져나오는 것을 말한다.
(2) (기차가 터널을 완전히 통과할 때 움직인 거리)
　＝(터널의 길이)＋(기차의 길이)

0902 대표문제

일정한 속력으로 달리는 열차가 있다. 이 열차가 길이가 1300 m인 터널을 완전히 통과하는 데 40초가 걸리고, 길이가 400 m인 다리를 완전히 통과하는 데 15초가 걸렸다. 이 열차의 길이를 구하시오.

0903 중상

1초에 45 m를 달리는 기차가 길이가 1600 m인 다리를 완전히 통과하는 데 40초가 걸렸다. 이때 이 기차의 길이는?

① 100 m　　② 150 m　　③ 180 m
④ 200 m　　⑤ 230 m

0904 상

길이가 240 m인 기차가 일정한 속력으로 달려서 길이가 960 m인 터널을 완전히 통과하는 데 30초가 걸렸다고 한다. 이때 기차는 몇 초 동안 보이지 않았는가?

① 12초　　② 15초　　③ 18초
④ 21초　　⑤ 24초

0905

일의 자리의 숫자가 8인 두 자리의 자연수에서 십의 자리의 숫자와 일의 자리의 숫자를 바꾸면 처음 수의 2배보다 7만큼 크다. 이때 처음 수를 구하시오.

0906

현재 우찬이가 가지고 있는 돈은 50000원, 세진이가 가지고 있는 돈은 31000원이다. 두 사람이 각각 매일 1000원씩 사용할 때, 우찬이가 가지고 있는 돈이 세진이가 가지고 있는 돈의 2배가 되는 것은 며칠 후인지 구하시오.

중요 0907

길이가 120 cm인 철사를 구부려 직사각형을 만드는데 가로의 길이와 세로의 길이의 비가 2 : 1이 되도록 하려고 한다. 이 직사각형의 가로의 길이를 구하시오.

0908

어머니가 집에서 시속 70 km로 자동차를 타고 떠났다. 그런데 어머니가 출발한 지 9분 후에 두고 간 물건이 발견되어서 아버지가 자동차로 어머니를 뒤따라 갔다. 아버지는 시속 100 km로 자동차를 운전한다면 아버지가 출발한 지 몇 분 후에 어머니를 만나게 되는가?

① 19분 후   ② 20분 후   ③ 21분 후
④ 22분 후   ⑤ 23분 후

0909

오른쪽 그림은 어느 달의 달력이다. 이 달력에서 ⊞ 모양으로 선택할 때 가운데 수는 9이다. ⊞ 모양 안의 날짜의 합이 115가 되도록 날짜 5개를 선택할 때, 가운데 수를 구하시오.

일	월	화	수	목	금	토
		1	2	3	4	5
6	7	8	9	10	11	12
13	14	15	16	17	18	19
20	21	22	23	24	25	26
27	28	29	30	31		

0910

오른쪽 그림과 같이 가로의 길이가 30 m, 세로의 길이가 25 m인 직사각형 모양의 잔디밭에 폭이 6 m로 일정한 길과 폭이 x m로 일정한 길을 내었더니 길을 제외한 잔디밭의 넓이가 480 m²가 되었다. 이때 x의 값을 구하시오.

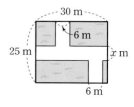

0911

둘레의 길이가 480 m인 호수가 있다. 현정이와 성현이가 각각 초속 10 m, 초속 7 m의 속력으로 같은 지점에서 동시에 출발하여 같은 방향으로 16분 동안 달린다면 총 몇 번 만나게 되는지 구하시오.

0912

수철이네 학교의 작년의 전체 학생 수는 650명이었다. 올해는 작년에 비하여 남학생 수는 8 % 증가하고 여학생 수는 2명 감소하여 전체적으로 4 % 증가하였다. 올해의 남학생 수를 구하시오.

0913

강당의 긴 의자에 학생들이 앉는데 한 의자에 4명씩 앉으면 의자에 모두 앉고도 5명이 앉지 못하고, 한 의자에 5명씩 앉으면 의자 3개가 비어 있고 마지막 의자에는 4명이 앉는다고 한다. 이때 학생 수는?

① 68명 　　　② 72명 　　　③ 78명
④ 85명 　　　⑤ 89명

0914

어떤 일을 완성하는 데 A는 8일, B는 16일 걸린다고 한다. 처음에 A가 2일 동안 일한 후에 A와 B가 함께 일하여 이 일을 완성했다면 A는 며칠 동안 일했는지 구하시오.

0915

어느 학교의 입학시험에서 입학 지원자의 남녀의 비는 4 : 3, 합격자의 남녀의 비는 5 : 3, 불합격자의 남녀의 비는 1 : 1이다. 합격자 수가 160명일 때, 입학 지원자의 수를 구하시오.

0916

원가에 40 %의 이익을 붙여서 정가를 정한 물건이 팔리지 아 정가에서 1600원을 할인하여 팔았더니 1400원의 이익이 생겼다. 다음 물음에 답하시오.

(1) 이 물건의 원가를 구하시오.
(2) 이 물건의 정가를 구하시오.

서술형 주관식

0917

8 %의 소금물 300 g에서 x g의 소금물을 퍼내고 퍼낸 소금물의 양만큼 물을 부은 후 4 %의 소금물을 섞어 6 %의 소금물 360 g을 만들었다. 이때 x의 값을 구하시오.

0918

42 km 떨어진 두 지점 A, B 사이를 시속 60 km로 달리는 열차가 있다. A지점을 출발한 후 도중에 열차에 이상이 생겨 시속 40 km로 감속하여 운행을 하였더니 B지점에 도착 예정시간보다 8분 늦게 도착하였다. 열차가 시속 60 km로 달린 거리를 구하시오.

실력 UP

0919

A그릇에는 20 %의 소금물 300 g, B그릇에는 30 %의 소금물 200 g이 들어 있다. A그릇의 소금물 50 g을 B그릇에 넣고 섞은 다음 다시 B그릇의 소금물 50 g을 A그릇에 넣고 섞었다. 이때 A그릇의 소금물의 농도를 구하시오.

0920

다음 물음에 답하시오.

(1) 5시와 6시 사이에서 시계의 시침과 분침이 일치하는 시각을 구하시오.
(2) 9시와 10시 사이에서 시계의 시침과 분침이 서로 반대 방향으로 일직선을 이루는 시각을 구하시오.

고개를 숙이면 부딪치는 법이 없다.

열아홉의 어린 나이에 장원 급제를 하여 스무 살에 경기도 파주 군수가 된 맹사성은 자만심으로 가득 차 있었습니다. 어느 날 그가 무명 선사를 찾아가 물었습니다.

"스님이 생각하기에 이 고을을 다스리는 사람으로서 내가 최고로 삼아야 할 좌우명이 무엇이라고 생각하오?"

그러자 무명 선사가 대답했습니다.

"그건 어렵지 않지요. 나쁜 일을 하지 말고 착한 일을 많이 베푸시면 됩니다."

"그런 건 삼척동자도 다 아는 이치인데 먼 길을 온 내게 해줄 말이 고작 그것뿐이오?"

맹사성은 거만하게 말하며 자리에서 일어나려 했습니다. 그러자 무명 선사가 녹차나 한잔하고 가라며 붙잡았습니다. 그는 못이기는 척 자리에 앉았는데 스님은 그의 찻잔에 찻물이 넘치는데도 계속해서 차를 따랐습니다.

"스님, 찻물이 넘쳐 방바닥을 망칩니다."

맹사성이 소리쳤습니다. 하지만 스님은 태연하게 계속 찻잔에 차를 따랐습니다. 그리고는 잔뜩 화가 나 있는 맹사성을 물끄러미 쳐다보며 말했습니다.

"찻물이 넘쳐 방바닥을 적시는 것을 알면서 지식이 넘쳐 인품을 망치는 것은 어찌 모르십니까?"

스님의 이 한마디에 맹사성은 부끄러움으로 얼굴이 붉어졌고 황급히 일어나 방문을 열고 나가려다 문에 이마를 세게 부딪치고 말았습니다. 그러자 스님이 빙그레 웃으며 말했습니다.

"고개를 숙이면 부딪치는 법이 없습니다."

좌표평면과 그래프

RPM 알피엠

08 좌표와 그래프

08-1　순서쌍과 좌표

개념플러스

(1) **수직선 위의 점의 좌표** : 수직선 위의 한 점에 대응하는 수를 그 점의 좌표라 하며, 수 a 가 점 P의 좌표일 때, 기호로 P(a)와 같이 나타낸다.

(2) **순서쌍** : 두 수나 문자의 순서를 정하여 짝을 지어 나타낸 것

(3) **좌표평면 위의 점의 좌표**

좌표평면 위의 한 점 P에서 x축, y축에 각각 수선을 긋고 이 수선이 x축, y축과 만나는 점에 대응하는 수를 각각 a, b라 할 때, 순서쌍 (a, b)를 점 P의 좌표라 하고, 기호로 P(a, b)와 같이 나타낸다.

점 P의 y좌표 ┘
점 P의 x좌표 ┘

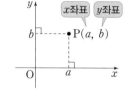

- $a \neq b$일 때
  $(a, b) \neq (b, a)$

- ① x축 위의 점의 좌표
  ⇨ y좌표가 0
  ⇨ (x좌표, 0)
  ② y축 위의 점의 좌표
  ⇨ x좌표가 0
  ⇨ (0, y좌표)
  ③ 원점의 좌표 ⇨ (0, 0)

08-2　사분면과 대칭인 점의 좌표

(1) **사분면** : 좌표평면은 좌표축에 의하여 네 부분으로 나누어진다. 이때 각 부분을 오른쪽 그림과 같이 제1사분면, 제2사분면, 제3사분면, 제4사분면이라 한다.

참고 좌표축(x축 또는 y축) 위의 점은 어느 사분면에도 속하지 않는다.

제2사분면 $x<0, y>0$	제1사분면 $x>0, y>0$
제3사분면 $x<0, y<0$	제4사분면 $x>0, y<0$

- 각 사분면 위의 점의 x좌표, y좌표의 부호

$(-, +)$	$(+, +)$
$(-, -)$	$(+, -)$

(2) **대칭인 점의 좌표** : 점 (a, b)와

① x축에 대하여 대칭인 점의 좌표 : y좌표의 부호만 바뀐다. ⇨ $(a, -b)$

② y축에 대하여 대칭인 점의 좌표 : x좌표의 부호만 바뀐다. ⇨ $(-a, b)$

③ 원점에 대하여 대칭인 점의 좌표 : x좌표, y좌표의 부호가 모두 바뀐다.
⇨ $(-a, -b)$

08-3　그래프와 그 해석

(1) **변수** : x, y와 같이 여러 가지로 변하는 값을 나타내는 문자를 변수라 한다.

(2) **그래프** : 두 변수 x, y의 순서쌍 (x, y)를 좌표로 하는 점을 좌표평면 위에 모두 나타낸 것을 그래프라고 한다.

(3) 일상에서 나타나는 다양한 상황을 점, 직선, 곡선, 꺾은선 등의 그래프로 나타낼 수 있다.

(4) 그래프로부터 두 변수 사이의 증가와 감소, 주기적 변화 등을 파악하여 다양한 상황을 이해하고 문제를 해결할 수 있다.

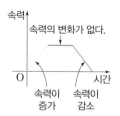

08-1 순서쌍과 좌표

0921 다음 수직선 위의 점 A, B, C, D의 좌표를 기호로 나타내시오.

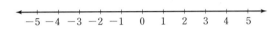

0922 다음 점을 아래 수직선 위에 나타내시오.

$$A(2), \quad B\left(\frac{7}{2}\right), \quad C(-1), \quad D(-4)$$

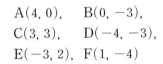

0923 오른쪽 좌표평면 위의 점 A, B, C, D의 좌표를 기호로 나타내시오.

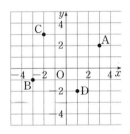

0924 다음 점을 오른쪽 좌표평면 위에 나타내시오.

$$A(4, 0), \quad B(0, -3),$$
$$C(3, 3), \quad D(-4, -3),$$
$$E(-3, 2), \quad F(1, -4)$$

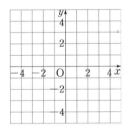

[0925~0928] 다음 좌표평면 위의 점의 좌표를 기호로 나타내시오.

0925 x좌표가 5, y좌표가 -2인 점 A

0926 x축 위에 있고, x좌표가 -4인 점 B

0927 y축 위에 있고, y좌표가 3인 점 C

0928 원점 O

08-2 사분면과 대칭인 점의 좌표

[0929~0932] 다음은 제몇 사분면 위의 점인지 말하시오.

0929 $(-6, 1)$

0930 $(3, -4)$

0931 $(7, 2)$

0932 $(-9, -5)$

0933 각 사분면 위에 있는 점의 x좌표와 y좌표의 부호를 써넣으시오.

점의 위치	제1사분면	제2사분면	제3사분면	제4사분면
x좌표				
y좌표				

[0934~0936] 점 $(3, -2)$에 대하여 다음 점의 좌표를 구하시오.

0934 x축에 대하여 대칭인 점

0935 y축에 대하여 대칭인 점

0936 원점에 대하여 대칭인 점

08-3 그래프와 그 해석

0937 오른쪽 그래프는 지혜가 집에서 출발하여 $2\,\mathrm{km}$ 떨어져 있는 공연장에 다녀왔을 때, 집으로부터의 거리를 시간에 따라 나타낸 것이다. x분 후 집으로부터의 거리를 $y\,\mathrm{km}$라 할 때, 다음 물음에 답하시오.

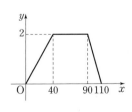

(1) 공연장에 도착한 시간은 집에서 출발한 지 몇 분 후인지 구하시오.

(2) 집에서 출발하여 공연장까지 다녀오는 데 걸린 시간을 구하시오.

(3) 공연장에 몇 분 동안 머물렀는지 구하시오.

08 좌표와 그래프

유형 익히기

○ 개념원리 중학수학 1-1 219쪽

유형 01 순서쌍과 좌표평면 위의 점의 좌표

(1) 두 순서쌍 (a, b), (c, d)가 서로 같다. ⇨ $a=c$, $b=d$

(2) 좌표평면 위의 한 점 P에서 x축, y축에 각각 수선을 긋고 이 수선이 x축, y축과 만나는 점에 대응하는 수를 각각 a, b라 할 때

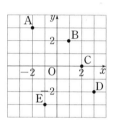

① a : 점 P의 x좌표
② b : 점 P의 y좌표
③ 점 P의 좌표가 (a, b)일 때, 기호로 ⇨ $\mathrm{P}(a, b)$

0938 대표문제

다음 중 오른쪽 좌표평면 위의 점의 좌표를 나타낸 것으로 옳지 <u>않은</u> 것은?

① $\mathrm{A}(-2, 3)$ ② $\mathrm{B}(1, 2)$
③ $\mathrm{C}(0, 2)$ ④ $\mathrm{D}(3, -2)$
⑤ $\mathrm{E}(-1, -3)$

0939 하

오른쪽 좌표평면 위의 점 A, B, C, D의 좌표를 기호로 나타내시오.

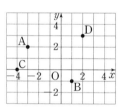

0940 중하

두 순서쌍 $(3a-6, -b+4)$, $(a-2, -2b+1)$이 서로 같을 때, $a-b$의 값을 구하시오.

0941 중

오른쪽 그림에서 사각형 ABCD가 직사각형일 때, 두 점 A, C의 좌표를 기호로 나타내시오. (단, 사각형 ABCD의 네 변은 좌표축에 평행하다.)

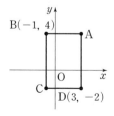

○ 개념원리 중학수학 1-1 220쪽

유형 02 x축, y축 위의 점의 좌표

(1) x축 위의 점의 좌표 ⇨ y좌표가 0 ⇨ (x좌표, 0)

(2) y축 위의 점의 좌표 ⇨ x좌표가 0 ⇨ (0, y좌표)

0942 대표문제

다음 중 x축 위에 있고, x좌표가 $-\dfrac{2}{3}$인 점의 좌표는?

① $\left(-\dfrac{2}{3}, 0\right)$ ② $\left(0, -\dfrac{2}{3}\right)$ ③ $\left(0, \dfrac{2}{3}\right)$

④ $\left(\dfrac{2}{3}, 0\right)$ ⑤ $\left(-\dfrac{2}{3}, \dfrac{2}{3}\right)$

0943 하

y축 위에 있고, y좌표가 -7인 점의 좌표는?

① $(-7, 0)$ ② $(0, -7)$ ③ $(0, 7)$
④ $(7, 7)$ ⑤ $(-7, -7)$

0944 중하 서술형

점 $(a+3, a-2)$는 x축 위의 점이고, 점 $(b-5, 2-b)$는 y축 위의 점일 때, $a+b$의 값을 구하시오.

0945 중

원점이 아닌 점 (a, b)가 y축 위에 있을 때, 다음 중 옳은 것은?

① $a=0$, $b>0$ ② $a\neq0$, $b=0$
③ $a=0$, $b\neq0$ ④ $a>0$, $b\neq0$
⑤ $a>0$, $b<0$

🔗 **개념원리** 중학수학 1-1 221쪽

유형 03 좌표평면 위의 도형의 넓이

① 도형의 꼭짓점을 좌표평면 위에 나타내고, 선분으로 연결하여 도형을 그린다.

② 다음 공식을 이용하여 도형의 넓이를 구한다.

- (삼각형의 넓이)$=\dfrac{1}{2}\times$(밑변의 길이)$\times$(높이)

- (직사각형의 넓이)$=$(가로의 길이)$\times$(세로의 길이)

- (사다리꼴의 넓이)
  $=\dfrac{1}{2}\times\{($윗변의 길이$)+($아랫변의 길이$)\}\times($높이$)$

0946 대표문제

세 점 $A(5, 4)$, $B(-3, -2)$, $C(2, -2)$를 꼭짓점으로 하는 삼각형 ABC의 넓이는?

① 9   ② 12   ③ $\dfrac{25}{2}$

④ 15   ⑤ 21

0947 중하

네 점 $A(-2, 4)$, $B(-3, -2)$, $C(5, -2)$, $D(3, 4)$를 꼭짓점으로 하는 사각형 ABCD의 넓이를 구하시오.

0948 중

세 점 $A(-2, 1)$, $B(4, 0)$, $C(1, 4)$를 꼭짓점으로 하는 삼각형 ABC의 넓이를 구하시오.

0949 중상 서술형

세 점 $A(-2, 2)$, $B(4, -2)$, $C(4, a)$를 꼭짓점으로 하는 삼각형 ABC의 넓이가 21일 때, 양수 a의 값을 구하시오.

🔗 **개념원리** 중학수학 1-1 221쪽

유형 04 사분면

(1) 각 사분면 위의 점의 x좌표와 y좌표의 부호

제1사분면 ⇨ $(+, +)$ 제2사분면 ⇨ $(-, +)$

제3사분면 ⇨ $(-, -)$ 제4사분면 ⇨ $(+, -)$

(2) 좌표축 위의 점은 어느 사분면에도 속하지 않는다.
    └── x축 또는 y축

0950 대표문제

다음 중 옳지 않은 것을 모두 고르면? (정답 2개)

① x축 위의 점은 y좌표가 0이다.

② x축과 y축이 만나는 점의 좌표는 $(0, 0)$이다.

③ 점 $(2, -5)$는 제2사분면 위의 점이다.

④ 점 $(-1, 3)$과 점 $(3, -1)$은 같은 사분면 위의 점이다.

⑤ 좌표축 위의 점은 어느 사분면에도 속하지 않는다.

0951 하

다음 중 제2사분면 위의 점은?

① $(3, -1)$ ② $(0, 4)$ ③ $(5, 3)$

④ $(-5, 7)$ ⑤ $(-2, -8)$

0952 중하

다음 중 주어진 점이 속하는 사분면을 바르게 나타낸 것은?

① $(7, 3)$ ⇨ 제4사분면

② $(-6, -4)$ ⇨ 제2사분면

③ $(5, -2)$ ⇨ 제4사분면

④ $(-3, 7)$ ⇨ 제3사분면

⑤ $(-5, 0)$ ⇨ 제1사분면

0953 중하

다음 **보기**의 점 중 제3사분면 위의 점은 모두 몇 개인지 구하시오.

─▶ 보기 ◀─

ㄱ. $(-2, -5)$ ㄴ. $(1, -12)$

ㄷ. $(4, 10)$ ㄹ. $(-10, -5)$

ㅁ. $(3, -6)$ ㅂ. $(-8, 7)$

08 좌표와 그래프

↪ 개념원리 중학수학 1-1 222쪽

유형 05 사분면 위의 점−점 (a, b)가 속한 사분면이 주어진 경우

점 (a, b)가 제3사분면 위의 점일 때, 점 $(-b, -a)$가 속한 사분면

⇨ $a<0$, $b<0$이므로 ← a, b의 부호를 구한다.

$-b>0$, $-a>0$ ← 새로운 점의 x좌표, y좌표의 부호를 구한다.

따라서 점 $(-b, -a)$는 제1사분면 위의 점이다.

0954 대표문제

점 $(-b, a)$가 제4사분면 위의 점일 때,

점 $(-ab, a+b)$는 제몇 사분면 위의 점인가?

① 제1사분면 　　　　② 제2사분면

③ 제3사분면 　　　　④ 제4사분면

⑤ 어느 사분면에도 속하지 않는다.

0955 중

점 (x, y)가 제3사분면 위의 점일 때, 다음 중 항상 옳은 것을 모두 고르면? (정답 2개)

① $xy>0$ 　　　　② $x+y>0$

③ $\dfrac{y}{x}<0$ 　　　　④ $-x+y<0$

⑤ $-x-y>0$

0956 중상

점 $(-a, b)$가 제2사분면 위의 점일 때, 다음 중 제3사분면 위에 있는 점은?

① (ab, a) 　　② $(ab, -b)$ 　　③ $\left(-b, \dfrac{a}{b}\right)$

④ $\left(\dfrac{b}{a}, ab\right)$ 　　⑤ $(-a-b, -b)$

↪ 개념원리 중학수학 1-1 226쪽

유형 06 상황을 그래프로 나타내기

그래프가 주어질 때, 그래프를 바르게 해석함으로써 다양한 상황을 이해하고 문제를 해결할 수 있다.

그래프 모양	오른쪽 위로 향하는 직선이다. (╱)	수평이다. (→)	오른쪽 아래로 향하는 직선이다. (╲)
상황	일정하게 증가	변화가 없다.	일정하게 감소

0957 대표문제

다음은 시간 x와 집으로부터의 거리 y 사이의 관계를 나타낸 그래프이다. 각 그래프에 알맞은 상황을 **보기**에서 찾으시오.

(1) 　　(2)

(3) 　　(4)

● 보기 ●

ㄱ. 지혜는 도서관에서 책을 읽고 있었다.

ㄴ. 성현이는 집에서 출발하여 일정한 속력으로 도서관에 갔다.

ㄷ. 승준이는 뮤지컬 공연장에서 일정한 속력으로 집으로 오는 도중 서점에 들러 책을 구경하고 일정한 속력으로 집에 돌아왔다.

ㄹ. 진경이는 집에서 출발하여 일정한 속력으로 공원에 가서 책을 보고 일정한 속력으로 집에 돌아왔다.

0958 중하

현명이가 일정한 속력으로 자전거를 타고 갈 때, 다음 **보기** 중 시간 x와 자전거의 속력 y 사이의 관계를 나타낸 그래프를 찾으시오.

● 보기 ●

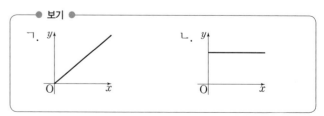

0959 (중)

다음 그림과 같은 빈 그릇에 시간당 일정한 양의 물을 채울 때, 경과 시간 x와 물의 높이 y 사이의 관계를 나타낸 그래프로 알맞은 것을 **보기**에서 각각 찾으시오.

(1) 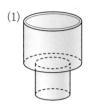 (2)

● 보기 ●

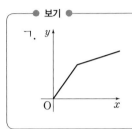 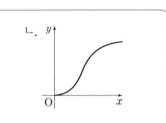

0960 (중)

아래 상황에서 시간을 x, 향의 길이를 y라 할 때, 다음 중 x와 y 사이의 관계를 알맞게 나타낸 그래프는?

(단, 향에 불을 붙이면 향의 길이는 일정하게 줄어든다.)

> 현수는 향에 불을 붙였다가 잠시 뒤에 껐다. 그리고 조금 있다가 다시 불을 붙이고 향의 길이가 처음 길이의 $\dfrac{1}{3}$이 되었을 때 불을 껐다.

① 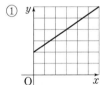 ②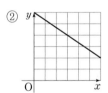

③ 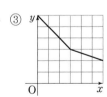 ④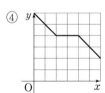

⑤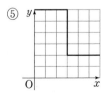

🔎 개념원리 중학수학 1-1 227~228쪽

유형 07 그래프의 해석

(1) 그래프가 오른쪽 위로 향한다. (↗)
  ⇨ 속력의 증가, 온도의 증가, 물의 양의 증가, 출발 지점에서 멀어짐 등
(2) 그래프가 수평이다. (→)
  ⇨ 일정한 속력 유지, 출발 지점과 일정한 거리 유지, 일정한 온도 유지, 휴식 또는 정지 등
(3) 그래프가 오른쪽 아래로 향한다. (↘)
  ⇨ 속력의 감소, 온도의 감소, 물의 양의 감소, 출발 지점에 가까워짐 등

0961 (대표문제)

오른쪽 그래프는 세형이가 자전거를 탈 때, 경과 시간에 따른 자전거의 속력의 변화를 나타낸 것이다. x초 후 자전거의 속력을 초속 y m라 할 때, 다음 물음에 답하시오.

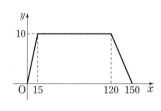

(1) 자전거의 속력이 가장 빠를 때의 속력을 구하시오.
(2) 자전거의 속력이 몇 초 동안 일정했는지 구하시오.
(3) 자전거를 타고 움직이기 시작해서 정지할 때까지 걸린 시간을 구하시오.

0962 (중하) 서술형

오른쪽 그래프는 슬기네 가족이 자동차를 타고 집에서 출발하여 주말농장에 도착할 때까지 시간에 따른 속력의 변화를 나타낸 것이다. x분 후 자동차의 속력을 시속 y km라 할 때, 다음 물음에 답하시오.

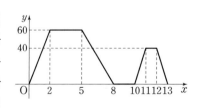

(1) 자동차의 속력이 두 번째로 감소하기 시작한 때는 집에서 출발한 지 몇 분 후인지 구하시오.
(2) 집에서 출발하여 주말농장에 도착할 때까지 자동차의 속력이 일정하게 유지된 시간은 모두 몇 분 동안인지 구하시오.

0963 중하

아래 그래프는 지효가 집에서 출발하여 친구들과 자전거를 타고 공원에 다녀왔을 때 오전 10시부터 오후 5시 30분까지 지효의 집으로부터의 거리를 시각에 따라 나타낸 것이다. x시에 집으로부터의 거리를 y km라 할 때, 다음 물음에 답하시오.

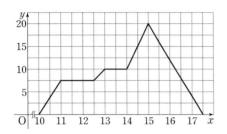

(1) 지효가 출발한 지 3시간 후에 집으로부터의 거리를 구하시오.

(2) 지효가 1시간 동안의 휴식을 시작한 시각을 구하시오.

(3) 지효가 집으로 돌아가기 시작한 시각을 구하시오.

0964 중

아래 그래프는 은정이가 집으로부터 2000 m 떨어진 학교까지 갈 때, 은정이의 이동 시간 x분과 이동 거리 y m 사이의 관계를 나타낸 그래프이다. 다음 **보기** 중 옳은 것을 모두 고르시오.

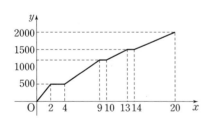

● 보기 ●

ㄱ. 은정이가 학교까지 가는 데 걸린 시간은 모두 20분이다.

ㄴ. 은정이가 세 번째로 멈춰있기 시작한 때는 집에서 출발한 지 9분 후이다.

ㄷ. 은정이가 학교까지 가는 데 멈춰 있었던 시간은 모두 5분이다.

0965 중

아래 그래프는 태희와 예인이의 1세부터 12세까지 키의 변화를 나타낸 것이다. x세 때의 키를 y cm라 할 때, 다음 **보기** 중 옳은 것을 모두 고른 것은?

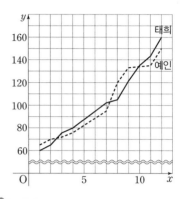

● 보기 ●

ㄱ. 1세 때 태희가 예인이보다 키가 크다.

ㄴ. 태희와 예인이의 키가 같았을 때는 3번 있었다.

ㄷ. 1세부터 12세까지 태희가 예인이보다 키가 많이 컸다.

① ㄱ　　　　② ㄴ　　　　③ ㄱ, ㄴ

④ ㄴ, ㄷ　　　⑤ ㄱ, ㄴ, ㄷ

0966 중상 서술형

다음 그래프는 출발점에서 반환점까지 1000 m의 거리를 2회 왕복하여 걸을 때, 시간 x분과 출발점으로부터의 거리 y m 사이의 관계를 나타낸 것이다. 출발점에서 반환점까지 가는 데 걸린 시간이 a분, 반환점에서 출발점까지 오는 데 걸린 시간이 b분, 출발점에서 반환점까지 1회 왕복하는데 걸린 시간이 c분일 때, $a-b+c$의 값을 구하시오.

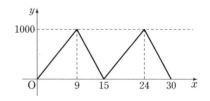

유형 UP

↻ **개념원리** 중학수학 1-1 222쪽

유형08 중요! 사분면 위의 점 − 두 수의 부호를 이용하는 경우

(1) $ab>0$일 때, 두 수 a, b의 부호가 같다.
└→ 곱이 양수
  ⇨ $a>0, b>0$인 경우 : $a+b>0$
  $a<0, b<0$인 경우 : $a+b<0$
(2) $ab<0$일 때, 두 수 a, b의 부호가 다르다.
└→ 곱이 음수
  ⇨ $a>0, b<0$인 경우 : $a-b>0$
  $a<0, b>0$인 경우 : $a-b<0$

0967 대표문제
$ab<0$, $a>b$일 때, 점 $\left(\dfrac{a}{b}, b\right)$는 제몇 사분면 위의 점인가?

① 제1사분면 　　② 제2사분면
③ 제3사분면 　　④ 제4사분면
⑤ 어느 사분면에도 속하지 않는다.

0968 중
$ab>0$, $a+b<0$일 때, 점 $(a, -b)$는 제몇 사분면 위의 점인가?

① 제1사분면 　　② 제2사분면
③ 제3사분면 　　④ 제4사분면
⑤ 어느 사분면에도 속하지 않는다.

0969 중상
$x-y<0$, $xy<0$일 때, 다음 중 제4사분면 위의 점은?

① (x, y) 　　② $(xy, -x)$ 　　③ $(x-y, xy^2)$
④ (x^2, y^2) 　　⑤ $\left(-\dfrac{x}{y}, \dfrac{y}{x}\right)$

유형09 대칭인 점의 좌표

↻ **개념원리** 중학수학 1-1 222쪽

점 (a, b)와
(1) x축에 대하여 대칭인 점의 좌표 : y좌표의 부호만 바뀐다.
  ⇨ $(a, -b)$
(2) y축에 대하여 대칭인 점의 좌표 : x좌표의 부호만 바뀐다.
  ⇨ $(-a, b)$
(3) 원점에 대하여 대칭인 점의 좌표 : x, y좌표의 부호가 모두 바뀐다. ⇨ $(-a, -b)$

0970 대표문제
두 점 $(a+2, 6)$, $(-2, b-4)$가 x축에 대하여 대칭일 때, $a+b$의 값은?

① -6 　　② -4 　　③ -2
④ 0 　　⑤ 2

0971 중하
점 $(6, -2)$와 원점에 대하여 대칭인 점의 좌표가 (a, b)일 때, $3a-2b$의 값은?

① -22 　　② -16 　　③ 14
④ 18 　　⑤ 22

0972 중 서술형
점 $(a, -5)$와 y축에 대하여 대칭인 점의 좌표가 $(3, b)$일 때, $a+b$의 값을 구하시오.

0973 중상
점 A$(2, -4)$와 x축에 대하여 대칭인 점을 B, 원점에 대하여 대칭인 점을 C라 할 때, 삼각형 ABC의 넓이를 구하시오.

0974

다음 중 오른쪽 좌표평면 위의 점
A, B, C, D, E의 좌표를 나타낸
것으로 옳지 않은 것은?

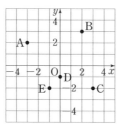

① A$(-3, 2)$ ② B$(2, 3)$
③ C$(-2, 3)$ ④ D$(0, -1)$
⑤ E$(-1, -2)$

0975

다음 중 옳은 것은?

① 점 $(0, -3)$은 x축 위의 점이다.
② 점 $(2, 0)$은 제1사분면 위의 점이다.
③ 점 $(6, -4)$는 제2사분면 위의 점이다.
④ 점 $(-1, 3)$과 x축에 대하여 대칭인 점의 좌표는
　$(1, 3)$이다.
⑤ 제3사분면 위의 점은 x좌표, y좌표가 모두 음수이다.

0976

점 $(-2, a)$가 제3사분면 위의 점일 때, 다음 중 a의 값이
될 수 없는 것을 모두 고르면? (정답 2개)

① -5 ② -3 ③ -1
④ 0 ⑤ 2

0977

점 $(a, -b)$가 제2사분면 위의 점일 때, 점 $(ab, a+b)$
는 제몇 사분면 위의 점인지 구하시오.

0978

두 점 $(3a+2, 4b+2)$, $(1-2a, b-3)$이 y축에 대하여
대칭일 때, ab의 값을 구하시오.

0979

좌표평면 위에 두 점 A$(-2, 1)$, B$(4, 1)$과 다른 한 점 C
를 꼭짓점으로 하는 삼각형 ABC의 넓이가 12가 되게 하
려고 한다. 다음 중 점 C의 좌표로 적당한 것을 모두 고르
면? (정답 2개)

① $(1, 5)$ ② $(2, 4)$ ③ $(4, -4)$
④ $(-2, 3)$ ⑤ $(3, -3)$

0980

네 점 A$(-2, -1)$, B$(2, -1)$, C$(5, 3)$, D$(1, 3)$을
꼭짓점으로 하는 사각형 ABCD의 넓이를 구하시오.

0981

$xy < 0$, $x-y > 0$일 때, 다음 중 점 $(-x, y)$와 같은 사분
면 위의 점은?

① $(3, 1)$ ② $(-4, 0)$ ③ $(-2, -5)$
④ $(-3, 6)$ ⑤ $(2, -3)$

0982

아래 그래프는 현우가 도서관에 가기 위해 집 앞 버스 정류장에서 버스를 타고 도서관 앞 버스 정류장에 도착할 때까지 x분 후 버스의 속력 시속 y km 사이의 관계를 나타낸 것이다. 다음 **보기**의 설명 중 옳은 것을 모두 고르시오.

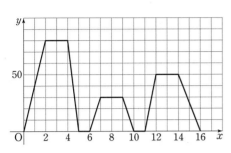

● 보기 ●

ㄱ. 버스가 가장 빨리 달릴 때의 속력은 시속 80 km이다.

ㄴ. 현우가 버스를 타고 도서관 앞 버스 정류장에 도착할 때까지 버스는 모두 6분 동안 정지해 있었다.

ㄷ. 버스의 속력이 두 번째로 감소하기 시작한 때는 출발한 지 9분 후이다.

ㄹ. 현우가 도서관에 가기 위해 버스를 탄 시간은 모두 16분이다.

0983

다음 그래프는 연우가 공원에서 방패연을 날렸을 때, x초 후 방패연의 지면으로부터의 높이 y m 사이의 관계를 나타낸 것이다. 방패연이 지면에 닿았다가 다시 떠오른 시간을 a초 후, 방패연이 가장 높게 날 때의 높이를 b m라 할 때, $a+b$의 값을 구하시오.

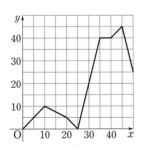

0984

두 점 $\left(-3a, \dfrac{1}{2}a-3\right)$, $(5b-15, -2b+8)$이 각각 x축, y축 위의 점일 때, $\dfrac{b}{a}$의 값을 구하시오.

0985

점 $(a-b, ab)$가 제3사분면 위의 점일 때, 점 $(-b, -ab)$는 제몇 사분면 위의 점인지 구하시오.

실력 **UP**

0986

점 $(-4, 3)$과 y축에 대하여 대칭인 점 A와 두 점 B$(-3, 1)$, C$(2, -2)$에 대하여 삼각형 ABC의 넓이를 구하시오.

0987

점 P(a, b)가 제4사분면 위의 점이고 $|a| < |b|$를 만족할 때, 점 Q$(a+b, a-b)$는 제몇 사분면 위의 점인지 구하시오.

RPM알피엠

09 정비례와 반비례

09-1 정비례

(1) **정비례** : 두 변수 x와 y 사이에 x의 값이 2배, 3배, 4배, …가 될 때, y의 값도 2배, 3배, 4배, …가 되는 관계가 있으면 y는 x에 정비례한다고 한다.

(2) **정비례 관계식** : y가 x에 정비례할 때, x와 y 사이의 관계식은 $y=ax\,(a\neq0)$

(3) **정비례의 성질** : y가 x에 정비례할 때, x의 값에 대한 y의 값의 비 $\dfrac{y}{x}\,(x\neq0)$의 값은 항상 a로 일정하다.

$$y=ax \Rightarrow \frac{y}{x}=a\text{(일정)}$$

- 정비례 관계식 구하기
  $\Rightarrow y=ax\,(a\neq0)$로 놓고 x, y의 값을 대입하여 a의 값을 구한다.

- ① $y=ax$에서 $a=0$이면 정비례가 아니다.
  ② $y=ax+b\,(a\neq0,\ b\neq0)$와 같이 0이 아닌 상수항 b가 있으면 x, y는 정비례 관계가 아니다.

(예)

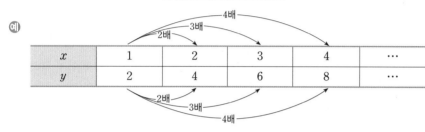

x	1	2	3	4	…
y	2	4	6	8	…

$$y=2x \Rightarrow \frac{y}{x}=\frac{2}{1}=\frac{4}{2}=\frac{6}{3}=\frac{8}{4}=\cdots=2\text{(일정)}$$

09-2 정비례 관계 $y=ax(a\neq0)$의 그래프

(1) x의 값의 범위가 수 전체일 때, 정비례 관계 $y=ax(a\neq0)$의 그래프는 원점을 지나는 직선이다.

- 정비례 관계 $y=ax(a\neq0)$에서
  ① 그래프는 a의 절댓값이 클수록 y축에 가깝고, a의 절댓값이 작을수록 x축에 가깝다.
  ② x의 값의 범위가 주어지지 않은 경우에는 x의 값의 범위를 수 전체로 생각한다.

	$a>0$일 때	$a<0$일 때
그래프	(그래프: 제1사분면과 제3사분면을 지나는 직선, 점 $(1, a)$ 표시, 증가)	(그래프: 제2사분면과 제4사분면을 지나는 직선, 점 $(1, a)$ 표시, 증가·감소)
지나는 사분면	**제1사분면**과 **제3사분면**을 지난다.	**제2사분면**과 **제4사분면**을 지난다.
그래프의 모양	**오른쪽 위(↗)**로 향하는 직선	**오른쪽 아래(↘)**로 향하는 직선
증가, 감소 상태	x의 값이 **증가**하면 y의 값도 **증가**한다.	x의 값이 **증가**하면 y의 값은 **감소**한다.

(2) **그래프가 지나는 점** : '그래프가 점 $(p,\ q)$를 지난다.' 또는 '점 $(p,\ q)$가 그래프 위에 있다.'
  $\Rightarrow x$와 y 사이의 관계식에 $x=p$, $y=q$를 대입하면 등식이 성립한다.

09-1 정비례

[0988~0989] 1자루에 1000원인 연필 x자루의 값을 y원이라 할 때, 다음 물음에 답하시오.

0988 다음 표의 빈칸을 채우시오.

x	1	2	3	4	$\cdots$
y					$\cdots$

0989 x와 y 사이의 관계식을 구하시오.

0990 다음 중 y가 x에 정비례하는 것은 '○'표, 정비례하지 않는 것은 '×'표를 하시오.

(1) $y=-5x$ (   )

(2) $y=x-1$ (   )

(3) $y=7x$ (   )

(4) $y=-\dfrac{x}{2}$ (   )

(5) $y=-\dfrac{3}{x}$ (   )

[0991~0993] y가 x에 정비례하고 x의 값에 대한 y의 값이 다음과 같을 때, x와 y 사이의 관계식을 구하시오.

0991 $x=5$일 때 $y=15$

0992 $x=-4$일 때 $y=12$

0993 $x=-\dfrac{2}{3}$일 때 $y=4$

09-2 정비례 관계 $y=ax\,(a\neq0)$의 그래프

[0994~0996] x의 값의 범위가 수 전체일 때, 다음 정비례 관계의 그래프를 좌표평면 위에 그리시오.

0994 $y=-2x$

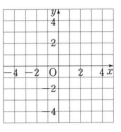

0995 $y=3x$

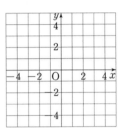

0996 $y=-\dfrac{2}{3}x$

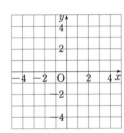

[0997~0998] 정비례 관계의 그래프가 다음과 같을 때, x와 y 사이의 관계식을 구하시오.

0997

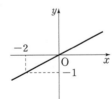

0998

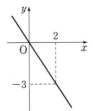

개념플러스

09-3 반비례

(1) **반비례** : 두 변수 x와 y 사이에 x의 값이 2배, 3배, 4배, …가 될 때, y의 값은 $\frac{1}{2}$배, $\frac{1}{3}$배, $\frac{1}{4}$배, …가 되는 관계가 있으면 y는 x에 반비례한다고 한다.

(2) **반비례 관계식** : y가 x에 반비례할 때, x와 y 사이의 관계식은 $y=\frac{a}{x}\,(a\neq 0)$

(3) **반비례의 성질** : y가 x에 반비례할 때, xy의 값은 항상 a로 일정하다.

$$y=\frac{a}{x} \Rightarrow xy=a \,(일정)$$

예
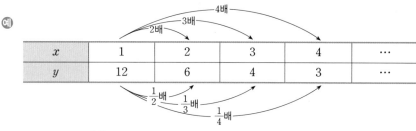

$$y=\frac{12}{x} \Rightarrow xy=1\times 12=2\times 6=3\times 4=4\times 3=\cdots=12(일정)$$

- 반비례 관계식 구하기
  ⇨ $y=\frac{a}{x}\,(a\neq 0)$로 놓고 x, y의 값을 대입하여 a의 값을 구한다.

- $y=\frac{2}{x}+3$, $y=-\frac{3}{x}-1$과 같이 상수항이 있으면 x, y는 반비례 관계가 아니다.

09-4 반비례 관계 $y=\frac{a}{x}\,(a\neq 0)$의 그래프

x의 값의 범위가 0을 제외한 수 전체일 때, 반비례 관계 $y=\frac{a}{x}\,(a\neq 0)$의 그래프는 좌표축에 가까워지면서 한없이 뻗어 나가는 한 쌍의 매끄러운 곡선이다.

	$a>0$일 때	$a<0$일 때
그래프	![그래프 a>0](증가, $(1, a)$ 감소)	![그래프 a<0](증가, $(1, a)$ 증가)
지나는 사분면	제1사분면과 제3사분면을 지난다.	제2사분면과 제4사분면을 지난다.
그래프의 모양	좌표축에 점점 가까워지면서 한없이 뻗어 나가는 한 쌍의 곡선	

- 반비례 관계 $y=\frac{a}{x}\,(a\neq 0)$에서
  ① 그래프는 a의 절댓값이 클수록 원점에서 멀고, a의 절댓값이 작을수록 원점에 가깝다.
  ② x의 값의 범위가 주어지지 않은 경우에는 x의 값의 범위를 0을 제외한 수 전체로 생각한다.

- 그래프가 주어졌을 때 x와 y 사이의 관계식 구하기
  ① 원점을 지나는 직선이면
    ⇨ $y=ax\,(a\neq 0)$의 꼴
  ② 원점에 대하여 대칭인 한 쌍의 매끄러운 곡선이면
    ⇨ $y=\frac{a}{x}\,(a\neq 0)$의 꼴

09-5 정비례, 반비례 관계의 활용

그래프의 활용 문제를 푸는 순서
① 변화하는 두 양을 변수 x, y로 놓는다.
② 두 변수 x와 y가 정비례 관계인지 반비례 관계인지 알아본다.
③ 관계식이나 그래프 등을 이용하여 문제에서 요구하는 값을 구한다.
④ 구한 값이 문제의 뜻에 맞는지 확인한다.

09-3 반비례

[0999~1000] 귤 72개를 남김 없이 x명에게 똑같이 나누어 주려고 한다. 한 명이 받는 귤의 개수를 y개라 할 때, 다음 물음에 답하시오.

0999 다음 표의 빈칸을 채우시오.

x	1	2	3	4	...
y					...

1000 x와 y 사이의 관계식을 구하시오.

1001 다음 중 y가 x에 반비례하는 것은 'O'표, 반비례하지 않는 것은 '×'표를 하시오.

(1) $y = -\dfrac{9}{x}$ ( )

(2) $y = \dfrac{x}{7}$ ( )

(3) $y = \dfrac{13}{x}$ ( )

(4) $y = -\dfrac{x}{8}$ ( )

(5) $y = -\dfrac{2}{x} + 1$ ( )

(6) $xy = -6$ ( )

[1002~1004] y가 x에 반비례하고 x의 값에 대한 y의 값이 다음과 같을 때, x와 y 사이의 관계식을 구하시오.

1002 $x = 6$일 때 $y = 7$

1003 $x = -3$일 때 $y = 5$

1004 $x = \dfrac{8}{5}$일 때 $y = \dfrac{15}{2}$

09-4 반비례 관계 $y = \dfrac{a}{x}(a \neq 0)$의 그래프

[1005~1006] x의 값의 범위가 0을 제외한 수 전체일 때, 다음 반비례 관계의 그래프를 좌표평면 위에 그리시오.

1005 $y = \dfrac{2}{x}$

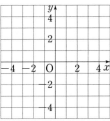

1006 $y = -\dfrac{8}{x}$

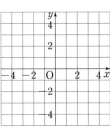

[1007~1008] 반비례 관계의 그래프가 다음과 같을 때, x와 y 사이의 관계식을 구하시오.

1007

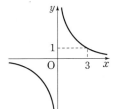

1008

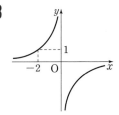

09-5 정비례, 반비례 관계의 활용

1009 매분 2L의 물이 나오는 정수기가 있다. x분 후 정수기에서 나온 물의 양을 yL라 할 때, 다음 물음에 답하시오.

(1) x와 y 사이의 관계식을 구하시오.

(2) 이 정수기에서 12L의 물이 나오려면 몇 분이 걸리는지 구하시오.

개념원리 중학수학 1-1 240, 241쪽

유형 01 정비례 관계식 찾기

(1) 두 변수 x와 y 사이에 x의 값이 2배, 3배, 4배, …가 될 때, y의 값도 2배, 3배, 4배, …가 되는 관계가 있으면
 ⇨ y는 x에 정비례한다.
 ⇨ x와 y 사이의 관계식은 $y=ax$, $\dfrac{y}{x}=a\,(a\neq 0)$의 꼴

(2) x와 y 사이에 $y=ax\,(a\neq 0)$인 관계식이 성립하면 y는 x에 정비례한다.

1010 대표문제

다음 **보기** 중 y가 x에 정비례하는 것을 모두 고르시오.

● 보기 ●

ㄱ. $y=-\dfrac{2}{5}x$　　ㄴ. $y=-\dfrac{3}{x}$　　ㄷ. $xy=2$

ㄹ. $\dfrac{y}{x}=4$　　ㅁ. $y=\dfrac{x}{3}$　　ㅂ. $y=\dfrac{x}{3}-1$

1011 중하

다음 중 x의 값이 2배, 3배, 4배, …가 될 때, y의 값도 2배, 3배, 4배, …가 되는 것을 모두 고르면? (정답 2개)

① $y=\dfrac{3}{x}-1$　　② $4x-y=0$　　③ $x-y=2$

④ $y=\dfrac{x}{8}$　　⑤ $y-x=-3$

1012 중

다음 **보기** 중 y가 x에 정비례하는 것을 모두 고르시오.

● 보기 ●

ㄱ. 시속 x km로 2시간 동안 달린 거리 y km

ㄴ. 1분 동안 맥박 수가 85일 때, x분 동안의 총 맥박 수 y

ㄷ. 소금 30 g이 녹아 있는 소금물 x g의 농도 y %

ㄹ. 한 변의 길이가 x cm인 정삼각형의 둘레의 길이 y cm

ㅁ. 150쪽인 책을 하루에 7쪽씩 x일 동안 읽고 남은 쪽수 y쪽

개념원리 중학수학 1-1 240쪽

유형 02 정비례 관계식 구하기

y가 x에 정비례하면
① $y=ax\,(a\neq 0)$로 놓는다.
② 주어진 x, y의 값을 대입하여 a의 값을 구한다.
③ x와 y 사이의 관계식을 구한다.

1013 대표문제

y가 x에 정비례할 때, x와 y 사이의 관계를 표로 나타내면 다음과 같다. 이때 $A+B+C$의 값을 구하시오.

x	1	B	3	4	5
y	A	-6	-9	-12	C

1014 중하 서술형

y가 x에 정비례하고, $x=\dfrac{1}{2}$일 때 $y=-3$이다. $y=\dfrac{3}{2}$일 때 x의 값을 구하시오.

1015 중하

y가 x에 정비례하고, $x=-6$일 때 $y=18$이다. 다음 **보기**의 설명 중 옳지 <u>않은</u> 것을 모두 고르시오.

● 보기 ●

ㄱ. $x=2$일 때 $y=6$이다.

ㄴ. x와 y 사이의 관계식은 $y=-3x$이다.

ㄷ. x의 값이 3배가 되면 y의 값도 3배가 된다.

1016 중

y가 x에 정비례할 때, x와 y 사이의 관계를 표로 나타내면 다음과 같다. 이때 $A+B$의 값을 구하시오.

x	-2	-1	A
y	1	B	$-\dfrac{1}{2}$

유형03 정비례 관계 $y=ax\,(a\neq0)$의 그래프

(1) 원점을 지나는 직선이다.

(2) $a>0$일 때, 제1사분면과 제3사분면을 지난다.

　　$a<0$일 때, 제2사분면과 제4사분면을 지난다.

1017 대표문제

다음 중 정비례 관계 $y=\dfrac{3}{4}x$의 그래프는?

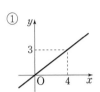 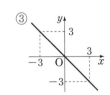

1018 중

x의 값이 -2, 0, 2일 때, 다음 중 정비례 관계 $y=-\dfrac{3}{2}x$의 그래프는?

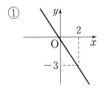 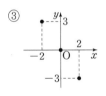

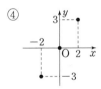

1019 중

다음 정비례 관계의 그래프 중 제1사분면과 제3사분면을 지나는 것을 모두 고르면? (정답 2개)

① $y=-5x$　　② $y=\dfrac{x}{3}$　　③ $y=-\dfrac{3}{2}x$

④ $y=-\dfrac{2}{3}x$　　⑤ $y=9x$

유형04 정비례 관계 $y=ax\,(a\neq0)$의 그래프와 a의 절댓값 사이의 관계

정비례 관계 $y=ax\,(a\neq0)$의 그래프는

(1) a의 절댓값이 클수록 y축에 가깝다.

(2) a의 절댓값이 작을수록 x축에 가깝다.

1020 대표문제

다음 정비례 관계의 그래프 중 x축에 가장 가까운 것은?

① $y=-\dfrac{5}{3}x$　　② $y=4x$　　③ $y=-3x$

④ $y=\dfrac{1}{2}x$　　⑤ $y=-7x$

1021 중하

다음 정비례 관계의 그래프 중 y축에 가장 가까운 것은?

① $y=5x$　　② $y=\dfrac{7}{2}x$　　③ $y=-\dfrac{1}{2}x$

④ $y=-3x$　　⑤ $y=-6x$

1022 중

오른쪽 그림은 정비례 관계 $y=ax\,(a\neq0)$의 그래프이다. 이때 ①~⑤ 중 a의 값이 가장 큰 것을 고르시오.

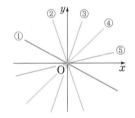

1023 중

오른쪽 그림에서 ㉠, ㉡은 각각 두 정비례 관계 $y=-x$, $y=2x$의 그래프일 때, ①~⑤ 중 정비례 관계 $y=-\dfrac{3}{4}x$의 그래프가 될 수 있는 것을 고르시오.

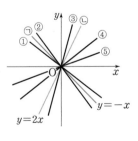

유형 05 정비례 관계 $y=ax\,(a\neq0)$의 그래프가 지나는 점

점 $(p,\,q)$가 정비례 관계 $y=ax\,(a\neq0)$의 그래프 위의 점이다.
⇨ 정비례 관계 $y=ax\,(a\neq0)$의 그래프가 점 $(p,\,q)$를 지난다.
⇨ $y=ax$에 $x=p,\,y=q$를 대입하면 등식이 성립한다.

1024 대표문제
정비례 관계 $y=ax\,(a\neq0)$의 그래프
가 오른쪽 그림과 같을 때, $a+b$의
값을 구하시오. (단, a는 상수)

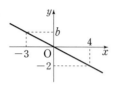

1025 중하
정비례 관계 $y=ax\,(a\neq0)$의 그래프가 점 $(3,\,-2)$를 지
날 때, 다음 중 이 그래프 위의 점이 아닌 것은?
(단, a는 상수)

① $(0,\,0)$ ② $\left(-1,\,\dfrac{2}{3}\right)$ ③ $(6,\,4)$

④ $\left(2,\,-\dfrac{4}{3}\right)$ ⑤ $(-9,\,6)$

1026 중 서술형
정비례 관계 $y=ax\,(a\neq0)$의 그래프가 세 점 $(3,\,-12)$,
$(-2,\,b)$, $(c,\,4)$를 지날 때, $a+b+c$의 값을 구하시오.
(단, a는 상수)

1027 중
두 정비례 관계 $y=ax\,(a\neq0)$와
$y=bx\,(b\neq0)$의 그래프가 오른쪽
그림과 같을 때, $a+b$의 값을 구하
시오. (단, a, b는 상수)

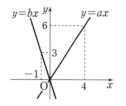

유형 06 정비례 관계 $y=ax\,(a\neq0)$의 그래프의 성질

(1) 원점을 지나는 직선이다.
(2) $a>0$일 때, 제1사분면과 제3사분면을 지나고, x의 값이 증
가하면 y의 값도 증가한다.
(3) $a<0$일 때, 제2사분면과 제4사분면을 지나고, x의 값이 증
가하면 y의 값은 감소한다.

1028 대표문제
정비례 관계 $y=-\dfrac{3}{5}x$의 그래프에 대한 다음 설명 중 옳
지 않은 것을 모두 고르면? (정답 2개)

① 원점을 지나는 직선이다.
② 제1사분면과 제3사분면을 지난다.
③ 점 $(5,\,-3)$을 지난다.
④ x의 값이 증가하면 y의 값도 증가한다.
⑤ y는 x에 정비례한다.

1029 중
정비례 관계 $y=ax\,(a\neq0)$의 그래프에 대한 다음 설명 중
옳지 않은 것은? (단, a는 상수)

① a의 값에 관계없이 항상 원점을 지난다.
② $a>0$이면 x의 값이 증가할 때, y의 값도 증가한다.
③ $a<0$이면 제2사분면과 제4사분면을 지난다.
④ 점 $(1,\,a)$를 지난다.
⑤ a의 절댓값이 클수록 x축에 가깝다.

1030 중
정비례 관계 $y=3x$의 그래프에 대한 다음 설명 중 옳지 않
은 것은?

① 점 $(-2,\,-6)$을 지난다.
② 제1사분면과 제3사분면을 지난다.
③ x의 값이 증가하면 y의 값도 증가한다.
④ 정비례 관계 $y=-3x$의 그래프와 만난다.
⑤ 정비례 관계 $y=-4x$의 그래프보다 y축에 가깝다.

개념원리 중학수학 1-1 248쪽

개념원리 중학수학 1-1 248쪽

유형 07 중요! 정비례 관계 $y=ax\,(a\neq0)$의 그래프가 주어진 경우

① 그래프가 원점을 지나는 직선이면 정비례 관계의 그래프이다.
➾ $y=ax\,(a\neq0)$로 놓는다.
② $y=ax$에 원점을 제외한 직선 위의 한 점의 좌표를 대입하여 a의 값을 구한다.

1031 대표문제

오른쪽 그래프가 나타내는 x와 y 사이의 관계식은?

① $y=3x$　　② $y=2x$
③ $y=\dfrac{3}{2}x$　　④ $y=x$
⑤ $y=\dfrac{2}{3}x$

1032 중 서술형

오른쪽 그림과 같은 그래프가 점 $(k,\ -2)$를 지날 때, k의 값을 구하시오.

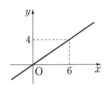

1033 중

오른쪽 그림과 같은 그래프에서 점 P의 x좌표를 구하시오.

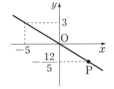

1034 중

다음 중 오른쪽 그림과 같은 그래프 위의 점이 <u>아닌</u> 것은?

① $\left(-2,\ \dfrac{3}{2}\right)$　　② $\left(-\dfrac{1}{3},\ \dfrac{1}{4}\right)$
③ $\left(-\dfrac{2}{3},\ \dfrac{3}{2}\right)$　　④ $\left(1,\ -\dfrac{3}{4}\right)$
⑤ $(4,\ -3)$

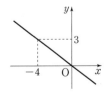

유형 08 정비례 관계 $y=ax\,(a\neq0)$의 그래프와 도형의 넓이

정비례 관계 $y=ax\,(a\neq0)$의 그래프 위의 한 점 P에 대하여 점 P의 x좌표가 k이면 y좌표는 ak이다.
① $P(k,\ ak)$
② 삼각형 POA에서
선분 OA의 길이 : $|k|$
선분 PA의 길이 : $|ak|$

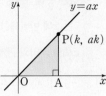

1035 대표문제

오른쪽 그림과 같이 정비례 관계 $y=\dfrac{4}{3}x$의 그래프 위의 한 점 A에서 x축에 수직인 직선을 그었을 때, x축과 만나는 점 B의 좌표가 $(9,\ 0)$이다. 이때 삼각형 AOB의 넓이를 구하시오. (단, O는 원점이다.)

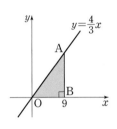

1036 중

오른쪽 그림은 두 정비례 관계 $y=3x$, $y=-\dfrac{1}{2}x$의 그래프이다. 이때 삼각형 AOB의 넓이를 구하시오. (단, O는 원점이다.)

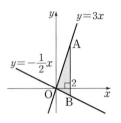

1037 중상

오른쪽 그림과 같이 정비례 관계 $y=ax\,(a\neq0)$의 그래프 위의 한 점 P에서 y축에 수직인 직선을 그었을 때, y축과 만나는 점 Q의 y좌표가 8이고 삼각형 OPQ의 넓이가 12이다. 이때 양수 a의 값을 구하시오. (단, O는 원점이다.)

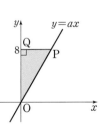

개념원리 중학수학 1-1 252, 253쪽

유형 09 반비례 관계식 찾기

(1) 두 변수 x와 y 사이에 x의 값이 2배, 3배, 4배, …가 될 때, y의 값은 $\frac{1}{2}$배, $\frac{1}{3}$배, $\frac{1}{4}$배, …가 되는 관계가 있으면

⇨ y는 x에 반비례한다.

⇨ x와 y 사이의 관계식은 $y=\frac{a}{x}$, $xy=a$ $(a\neq0)$의 꼴

(2) x와 y 사이에 $y=\frac{a}{x}$ $(a\neq0)$인 관계식이 성립하면 y는 x에 반비례한다.

1038 대표문제

다음 **보기** 중 y가 x에 반비례하는 것을 모두 고른 것은?

─● 보기 ●─

ㄱ. $y=-2x$ ㄴ. $y=\frac{x}{5}$ ㄷ. $xy=-4$

ㄹ. $y=2x-1$ ㅁ. $y=-\frac{1}{x}$ ㅂ. $\frac{y}{x}=3$

① ㄱ, ㄹ ② ㄴ, ㄷ ③ ㄷ, ㅁ
④ ㄷ, ㅂ ⑤ ㄴ, ㄷ, ㅁ, ㅂ

1039 중하

다음 중 x의 값이 2배, 3배, 4배, …가 될 때, y의 값은 $\frac{1}{2}$배, $\frac{1}{3}$배, $\frac{1}{4}$배, …가 되는 것을 모두 고르면? (정답 2개)

① $y=-\frac{5}{x}$ ② $\frac{y}{x}=-1$ ③ $y=2-x$
④ $xy=-\frac{1}{6}$ ⑤ $y=\frac{1}{x}+1$

1040 중

다음 중 y가 x에 반비례하는 것을 모두 고르면? (정답 2개)

① 밑변의 길이가 $20\,\mathrm{cm}$, 높이가 $x\,\mathrm{cm}$인 삼각형의 넓이가 $y\,\mathrm{cm}^2$이다.
② $10\,\mathrm{km}$의 거리를 시속 $x\,\mathrm{km}$로 달릴 때 걸린 시간은 y시간이다.
③ 밑면의 넓이가 $9\,\mathrm{cm}^2$이고 높이가 $x\,\mathrm{cm}$인 원기둥의 부피는 $y\,\mathrm{cm}^3$이다.
④ $x\%$의 소금물 $y\,\mathrm{g}$에 녹아 있는 소금의 양은 $15\,\mathrm{g}$이다.
⑤ 가로의 길이가 $x\,\mathrm{cm}$, 세로의 길이가 $7\,\mathrm{cm}$인 직사각형의 둘레의 길이는 $y\,\mathrm{cm}$이다.

유형 10 반비례 관계식 구하기 중요!

개념원리 중학수학 1-1 252쪽

y가 x에 반비례하면

① $y=\frac{a}{x}$ $(a\neq0)$로 놓는다.
② 주어진 x, y의 값을 대입하여 a의 값을 구한다.
③ x와 y 사이의 관계식을 구한다.

1041 대표문제

y가 x에 반비례할 때, x와 y 사이의 관계를 표로 나타내면 다음과 같다. 이때 $A-B$의 값을 구하시오.

x	-9	-6	2	B
y	A	3	-9	-1

1042 하

y가 x에 반비례하고, $x=-3$일 때 $y=5$이다. x와 y 사이의 관계식은?

① $y=15x$ ② $y=-15x$ ③ $y=-\frac{3}{5}x$
④ $y=\frac{15}{x}$ ⑤ $y=-\frac{15}{x}$

1043 중하

x의 값이 2배, 3배, 4배, …가 될 때, y의 값은 $\frac{1}{2}$배, $\frac{1}{3}$배, $\frac{1}{4}$배, …가 되고, $x=4$일 때 $y=-\frac{1}{2}$이다. $y=\frac{1}{6}$일 때 x의 값을 구하시오.

1044 중 서술형

y가 x에 반비례할 때, x와 y 사이의 관계를 표로 나타내면 다음과 같다. 이때 $A+B+C$의 값을 구하시오.

x	-4	-3	B	2
y	A	12	18	C

개념원리 중학수학 1-1 258쪽

유형 11 반비례 관계 $y=\dfrac{a}{x}\,(a\neq0)$의 그래프

(1) 원점에 대하여 대칭인 한 쌍의 매끄러운 곡선이다.
(2) $a>0$일 때, 제1사분면과 제3사분면을 지난다.
   $a<0$일 때, 제2사분면과 제4사분면을 지난다.

1045 대표문제

다음 중 $x<0$일 때, 반비례 관계 $y=\dfrac{3}{x}$의 그래프는?

①   ② 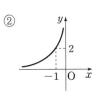 ③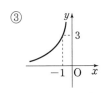

④   ⑤

1046 중

다음 중 $x>0$일 때, 반비례 관계 $y=\dfrac{a}{x}\,(a<0)$의 그래프가 될 수 있는 것은? (단, a는 상수)

①   ②   ③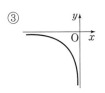

④   ⑤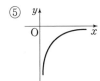

1047 중

다음 **보기**의 정비례 관계 또는 반비례 관계의 그래프 중 제4사분면을 지나는 것을 모두 고르시오.

● 보기 ●

ㄱ. $y=5x$ ㄴ. $y=-5x$ ㄷ. $y=\dfrac{1}{5}x$

ㄹ. $y=-\dfrac{1}{5}x$ ㅁ. $y=\dfrac{5}{x}$ ㅂ. $y=-\dfrac{5}{x}$

중요! **개념원리** 중학수학 1-1 258쪽

유형 12 반비례 관계 $y=\dfrac{a}{x}\,(a\neq0)$의 그래프와 a의 절댓값 사이의 관계

반비례 관계 $y=\dfrac{a}{x}\,(a\neq0)$의 그래프는
(1) a의 절댓값이 클수록 원점에서 멀다.
(2) a의 절댓값이 작을수록 원점에 가깝다.

1048 대표문제

다음 반비례 관계의 그래프 중 원점에서 가장 멀리 떨어진 것은?

① $y=\dfrac{6}{x}$ ② $y=\dfrac{1}{x}$ ③ $y=\dfrac{1}{2x}$

④ $y=-\dfrac{2}{x}$ ⑤ $y=-\dfrac{1}{5x}$

1049 중하

다음 ㉠~㉤의 그래프와 **보기**의 정비례 관계식 또는 반비례 관계식을 옳게 짝지은 것은?

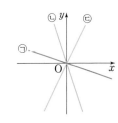 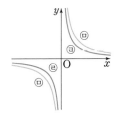

● 보기 ●
$$y=-3x,\quad y=-\dfrac{1}{3}x,\quad y=2x,\quad y=\dfrac{8}{x},\quad y=\dfrac{5}{x}$$

① ㉠ $y=-3x$ ② ㉡ $y=-\dfrac{1}{3}x$ ③ ㉢ $y=2x$

④ ㉣ $y=\dfrac{8}{x}$ ⑤ ㉤ $y=\dfrac{5}{x}$

1050 중상

두 반비례 관계 $y=\dfrac{a}{x}\,(a\neq0)$, $y=-\dfrac{2}{x}$의 그래프가 오른쪽 그림과 같을 때, 상수 a의 값의 범위를 구하시오.

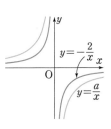

09. 정비례와 반비례

139

⊙ 개념원리 중학수학 1-1 259쪽

유형 13 반비례 관계 $y=\dfrac{a}{x}(a\neq0)$의 그래프가 지나는 점

점 $(p,\ q)$가 반비례 관계 $y=\dfrac{a}{x}(a\neq0)$의 그래프 위의 점이다.

▷ 반비례 관계 $y=\dfrac{a}{x}(a\neq0)$의 그래프가 점 $(p,\ q)$를 지난다.

▷ $y=\dfrac{a}{x}$에 $x=p,\ y=q$를 대입하면 등식이 성립한다.

1051 대표문제

반비례 관계 $y=\dfrac{a}{x}(a\neq0)$의 그래프가 점 $(2,\ 4)$를 지날 때, 다음 중 이 그래프 위의 점은? (단, a는 상수)

① $(-4,\ 2)$ ② $(-2,\ 4)$ ③ $(-1,\ -8)$
④ $(1,\ -8)$ ⑤ $(4,\ -2)$

1052 중하 서술형

반비례 관계 $y=-\dfrac{12}{x}$의 그래프가 두 점 $(6,\ a)$, $(b,\ -12)$를 지날 때, $a+b$의 값을 구하시오.

1053 중

반비례 관계 $y=\dfrac{a}{x}(a\neq0)$의 그래프가 오른쪽 그림과 같을 때, 점 P의 좌표를 구하시오. (단, a는 상수)

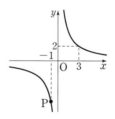

1054 중상

반비례 관계 $y=\dfrac{10}{x}$의 그래프 위의 점 중에서 x좌표와 y좌표가 모두 정수인 점의 개수는?

① 7개 ② 8개 ③ 9개
④ 10개 ⑤ 11개

⊙ 개념원리 중학수학 1-1 259쪽

유형 14 반비례 관계 $y=\dfrac{a}{x}(a\neq0)$의 그래프의 성질

(1) 원점에 대하여 대칭인 한 쌍의 매끄러운 곡선이다.

(2) $a>0$일 때, 제1사분면과 제3사분면을 지나고, 각 사분면에서 x의 값이 증가하면 y의 값은 감소한다.

(3) $a<0$일 때, 제2사분면과 제4사분면을 지나고, 각 사분면에서 x의 값이 증가하면 y의 값도 증가한다.

(4) 좌표축에 점점 가까워지면서 한없이 뻗어 나가는 한 쌍의 곡선이다.

1055 대표문제

반비례 관계 $y=\dfrac{3}{x}$의 그래프에 대한 다음 설명 중 옳은 것은?

① 점 $(-1,\ 3)$을 지난다.
② $x<0$일 때, 제1사분면을 지난다.
③ 좌표축과 점 $(0,\ 1)$에서 만난다.
④ 제1사분면과 제3사분면을 지나는 한 쌍의 매끄러운 곡선이다.
⑤ y는 x에 정비례한다.

1056 중

반비례 관계 $y=-\dfrac{8}{x}$의 그래프에 대한 다음 설명 중 옳은 것은?

① 점 $(1,\ 8)$을 지난다.
② 제1사분면과 제3사분면을 지난다.
③ 정비례 관계 $y=8x$의 그래프와 만난다.
④ 반비례 관계 $y=-\dfrac{2}{x}$의 그래프보다 원점에서 더 멀리 떨어져 있다.
⑤ $x>0$일 때 x의 값이 증가하면 y의 값은 감소한다.

1057 중

반비례 관계 $y=\dfrac{a}{x}(a\neq0)$의 그래프에 대한 다음 설명 중 옳지 <u>않은</u> 것은? (단, a는 상수)

① 원점에 대하여 대칭인 한 쌍의 매끄러운 곡선이다.
② 점 $(1,\ a)$를 지난다.
③ $a<0$이면 제2사분면과 제4사분면을 지난다.
④ $a>0$이면 $x>0$일 때 x의 값이 증가하면 y의 값은 감소한다.
⑤ x의 값이 2배, 3배, 4배, …가 될 때, y의 값도 2배, 3배, 4배, …가 된다.

🔿 **개념원리** 중학수학 1–1 260쪽

유형 **15** 반비례 관계 $y=\dfrac{a}{x}(a\neq0)$의 그래프가 주어진 경우

① 그래프가 좌표축에 가까워지면서 한없이 뻗어 나가는 한 쌍의 매끄러운 곡선이면 반비례 관계의 그래프이다.

⇨ $y=\dfrac{a}{x}(a\neq0)$로 놓는다.

② $y=\dfrac{a}{x}$에 곡선 위의 한 점의 좌표를 대입하여 a의 값을 구한다.

1058 대표문제

오른쪽 그림과 같은 그래프에서 점 A의 좌표를 구하시오.

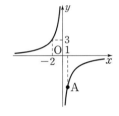

1059 중 서술형

오른쪽 그림과 같은 그래프에서 k의 값을 구하시오.

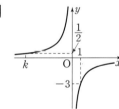

1060 중

다음 그림에서 ①~⑤의 그래프가 나타내는 x와 y 사이의 관계식이 옳게 짝지어진 것은?

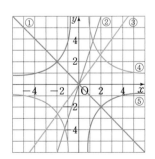

① $y=-2x$ ② $y=-3x$ ③ $y=3x$

④ $y=-\dfrac{5}{x}$ ⑤ $y=-\dfrac{4}{x}$

🔿 **개념원리** 중학수학 1–1 261쪽

유형 **16** 정비례 관계와 반비례 관계의 그래프가 만나는 점

정비례 관계 $y=ax(a\neq0)$와 반비례 관계 $y=\dfrac{b}{x}(b\neq0)$의 그래프가 점 (p,q)에서 만나면

⇨ $y=ax$와 $y=\dfrac{b}{x}$에 $x=p$, $y=q$를 각각 대입한다.

1061 대표문제

정비례 관계 $y=2x$와 반비례 관계 $y=\dfrac{a}{x}(a\neq0)$의 그래프가 오른쪽 그림과 같을 때, 두 그래프가 만나는 점 A의 x좌표가 -2이다. 이때 상수 a의 값을 구하시오.

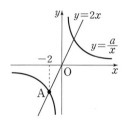

1062 중하

정비례 관계 $y=ax(a\neq0)$와 반비례 관계 $y=\dfrac{b}{x}(b\neq0)$의 그래프가 오른쪽 그림과 같이 점 $(6,2)$에서 만날 때, ab의 값을 구하시오.

(단, a, b는 상수)

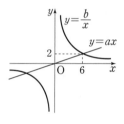

1063 중

정비례 관계 $y=-2x$와 반비례 관계 $y=\dfrac{a}{x}(a\neq0)$의 그래프가 오른쪽 그림과 같을 때, 두 그래프가 만나는 점 A의 y좌표가 -8이다. 이때 상수 a의 값을 구하시오.

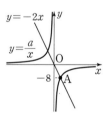

1064 중상 서술형

정비례 관계 $y=-3x$와 반비례 관계 $y=\dfrac{a}{x}(a\neq0,\ x<0)$의 그래프가 오른쪽 그림과 같이 점 $(-4,b)$에서 만날 때, $a+b$의 값을 구하시오.

(단, a는 상수)

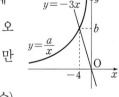

09 정비례와 반비례

○ **개념원리** 중학수학 1-1 261쪽

유형 17 반비례 관계 $y=\dfrac{a}{x}(a\neq 0)$의 그래프와 도형의 넓이

반비례 관계 $y=\dfrac{a}{x}(a\neq 0)$의 그래프 위의
한 점 P에 대하여 점 P의 x좌표가 k이면
y좌표는 $\dfrac{a}{k}$이다.

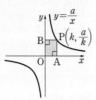

⇨ (직사각형 OAPB의 넓이)
　＝(선분 OA의 길이)×(선분 OB의 길이)
　$=|k|\times\left|\dfrac{a}{k}\right|=|a|$

1065 대표문제

오른쪽 그림은 반비례 관계
$y=\dfrac{a}{x}(a\neq 0,\ x>0)$의 그래프이고,
점 P는 이 그래프 위의 점이다. 점 P
에서 x축에 내린 수선이 x축과 만나
는 점 A에 대하여 삼각형 POA의
넓이가 10일 때, 상수 a의 값은? (단, O는 원점이다.)

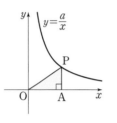

① -20　　　② -10　　　③ 5

④ 10　　　　⑤ 20

1066 중하

오른쪽 그림은 반비례 관계 $y=\dfrac{14}{x}$
$(x>0)$의 그래프이고, 점 P는 이 그
래프 위의 점이다. 직사각형 OAPB
의 넓이는? (단, O는 원점이다.)

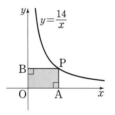

① 8　　　　② 10
③ 12　　　　④ 14
⑤ 16

1067 중

오른쪽 그림과 같이 반비례 관계
$y=\dfrac{12}{x}(x>0)$의 그래프 위의 임의
의 점 P에서 x축, y축에 수직인 직선
을 그어 x축, y축과 만나는 점을 각
각 A, B라 할 때, 삼각형 APB의
넓이를 구하시오.

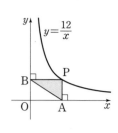

1068 중

오른쪽 그림은 반비례 관계
$y=\dfrac{a}{x}(a\neq 0,\ x<0)$의 그래프이다.
점 A의 좌표가 $(-4,\ 0)$이고, 직사
각형 PAOB의 넓이가 18일 때, 상
수 a의 값은? (단, O는 원점이다.)

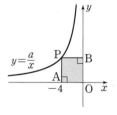

① -18　　　② -9　　　③ $-\dfrac{9}{4}$

④ $\dfrac{9}{4}$　　　　⑤ 18

1069 중상

오른쪽 그림은 반비례 관계
$y=\dfrac{a}{x}(a\neq 0)$의 그래프이다. 그래프
위의 두 점 A, C는 원점에 대하여
대칭이고, 직사각형 ABCD의 넓이
가 40일 때, 상수 a의 값은?

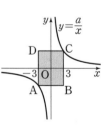

(단, 직사각형의 모든 변은 각각 좌표축과 평행하다.)

① 20　　　　② 10　　　　③ 5
④ -10　　　⑤ -20

☝ 개념원리 중학수학 1-1 265쪽

유형 18 정비례 관계 $y=ax\,(a\neq0)$의 활용
－x와 y 사이의 관계식 구하기

① 변화하는 두 양을 변수 x, y로 놓는다.

② y가 x에 정비례하는 경우, $\dfrac{y}{x}$의 값이 일정한 경우

⇨ $y=ax\,(a\neq0)$로 놓고 a의 값을 찾는다.

1070 대표문제

두 톱니바퀴 A, B가 서로 맞물려 돌고 있다. A, B의 톱니의 수가 각각 38개, 19개이고, A가 x번 회전하는 동안 B는 y번 회전할 때, x와 y 사이의 관계식은?

① $y=-2x$ ② $y=2x$ ③ $y=\dfrac{x}{2}$

④ $y=-\dfrac{2}{x}$ ⑤ $y=\dfrac{2}{x}$

1071 하

$x\,$km의 거리를 시속 $y\,$km의 일정한 속력으로 가면 4시간이 걸릴 때, x와 y 사이의 관계식을 구하시오.

1072 중하

불을 붙이면 매분 $0.6\,$cm씩 타는 양초가 있다. 불을 붙인 지 x분 후 줄어든 양초의 길이를 $y\,$cm라 할 때, x와 y 사이의 관계식을 구하시오.

1073 중

$200\,$g의 소금물에 소금 $40\,$g이 녹아 있다. 이 소금물 $x\,$g에 녹아 있는 소금의 양을 $y\,$g이라 할 때, x와 y 사이의 관계식을 구하시오.

중요! ☝ 개념원리 중학수학 1-1 265쪽

유형 19 정비례 관계 $y=ax\,(a\neq0)$의 활용 문제

① 두 변수 x, y가 정비례 관계이면 $y=ax\,(a\neq0)$로 놓고 x와 y 사이의 관계식을 구한다.

② $x=p$ 또는 $y=q$를 대입하여 문제에서 요구하는 값을 구한다.

③ 답이 문제의 뜻에 맞는지 확인한다.

1074 대표문제

300쪽의 책을 매일 일정한 양만큼씩 읽어 20일 만에 모두 읽었다. 책을 읽기 시작한 지 x일 후 읽은 책의 쪽수가 y쪽일 때, 5일 동안 읽은 책의 쪽수를 구하시오.

1075 중하

어떤 물체의 수성에서의 무게는 지구에서의 무게의 $\dfrac{1}{3}$배라 한다. 지구에서의 무게가 $36\,$kg인 물체의 수성에서의 무게를 구하시오.

1076 중

어느 제과점에서 구매 금액의 $5\,\%$를 할인해 주는 행사를 하고 있다. 이 제과점에서 행사 기간 중에 35000원짜리 케익을 구매하였을 때, 할인받는 금액을 구하시오.

1077 중

오른쪽 그림과 같은 직사각형 ABCD에서 점 P는 점 B에서 출발하여 점 C까지 변 BC 위를 움직인다. 점 P가 움직인 거

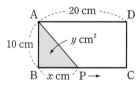

리를 $x\,$cm, 이때 생기는 삼각형 ABP의 넓이를 $y\,$cm²라 하자. 삼각형 ABP의 넓이가 $40\,$cm²일 때, 선분 BP의 길이를 구하시오. (단, $0<x\leq20$)

유형 20 반비례 관계 $y=\dfrac{a}{x}(a\neq0)$의 활용 — x와 y 사이의 관계식 구하기

↪ 개념원리 중학수학 1-1 265쪽

① 변화하는 두 양을 변수 x, y로 놓는다.
② y가 x에 반비례하는 경우, xy의 값이 일정한 경우
⇨ $y=\dfrac{a}{x}(a\neq0)$로 놓고 a의 값을 찾는다.

1078 대표문제

매분 5L씩 물을 채우면 80분 만에 가득 차는 물통이 있다. 이 물통에 매분 xL씩 물을 채우면 y분 만에 가득 찼다고 할 때, x와 y 사이의 관계식은?

① $y=-\dfrac{400}{x}$ ② $y=\dfrac{80}{x}$ ③ $y=\dfrac{400}{x}$

④ $y=80x$ ⑤ $y=400x$

1079 중

톱니의 수가 30개인 톱니바퀴 A가 5바퀴 회전할 때, 이와 맞물려 돌고 있는 톱니의 수가 x개인 톱니바퀴 B는 y바퀴 회전한다고 한다. 이때 x와 y 사이의 관계식을 구하시오.

1080 중

부피가 30 cm³인 원기둥의 밑면의 넓이를 y cm², 높이를 x cm라 할 때, x와 y 사이의 관계를 그래프로 옳게 나타낸 것은?

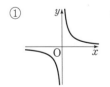

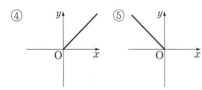

유형 21 반비례 관계 $y=\dfrac{a}{x}(a\neq0)$의 활용 문제

↪ 개념원리 중학수학 1-1 265쪽

① 두 변수 x, y가 반비례 관계이면 $y=\dfrac{a}{x}(a\neq0)$로 놓고 x와 y 사이의 관계식을 구한다.
② $x=p$ 또는 $y=q$를 대입하여 문제에서 요구하는 값을 구한다.
③ 답이 문제의 뜻에 맞는지 확인한다.

1081 대표문제

온도가 일정하면 기체의 부피는 압력에 반비례한다. 어떤 기체의 부피가 15 cm³일 때, 이 기체의 압력이 6기압이었다. 압력이 9기압일 때, 이 기체의 부피를 구하시오.

1082 중

7명이 16시간을 작업해야 끝나는 일이 있다. 이 일을 14시간 만에 끝내려면 몇 명이 필요한지 구하시오.
(단, 사람이 일을 하는 속도는 모두 같다.)

1083 중

오른쪽 그래프는 시속 x km의 속력으로 달리는 자동차가 출발지부터 도착지까지 가는 데 걸린 시간을 y시간이라 할 때, x와 y 사이의 관계를 나타낸 것이다. 이 자동차가 시속 100 km로 달릴 때, 출발지부터 도착지까지 가는 데 걸린 시간을 구하시오.

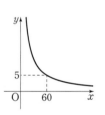

1084 중상 서술형

성중이는 운동장을 매일 3바퀴씩 돈다. 운동장을 3바퀴 도는 데 분속 300 m의 속력으로 걸으면 10분이 걸릴 때, 6분이 걸리려면 분속 몇 m로 걸어야 하는지 구하시오.

유형 UP

🔄 개념원리 중학수학 1-1 272쪽

유형 22 도형의 넓이를 이등분하는 직선

오른쪽 그림에서 정비례 관계
$y=ax(a\neq0)$의 그래프가 삼각형
AOB의 넓이를 이등분한다.
⇨ 정비례 관계 $y=ax(a\neq0)$의 그래
프가 선분 AB의 한가운데 점을 지
난다.

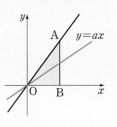

1085 대표문제

오른쪽 그림과 같이 정비례 관계 $y=4x$
의 그래프 위의 한 점 A에서 x축에 내
린 수선이 x축과 만나는 점을 B라 하자.
정비례 관계 $y=ax(a\neq0)$의 그래프는
삼각형 AOB의 넓이를 이등분하고 점
A의 x좌표가 3일 때, 다음 물음에 답하
시오. (단, O는 원점이다.)

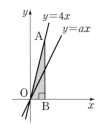

⑴ 삼각형 AOB의 넓이를 구하시오.
⑵ 상수 a의 값을 구하시오.

1086 중상

오른쪽 그림과 같이 좌표평면 위의
세 점 O(0, 0), A(0, 8), B(6, 0)
을 꼭짓점으로 하는 삼각형 AOB의
넓이를 정비례 관계 $y=ax(a\neq0)$
의 그래프가 이등분할 때, 상수 a의
값은?

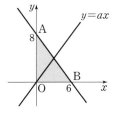

① $-\dfrac{4}{3}$ ② $-\dfrac{3}{4}$ ③ $\dfrac{3}{4}$

④ $\dfrac{4}{3}$ ⑤ $\dfrac{3}{2}$

🔄 개념원리 중학수학 1-1 272쪽

유형 23 두 정비례 관계의 그래프 비교하기

① 정비례 관계의 그래프가 지나는 원점이 아닌 점의 좌표를 각
각 대입하여 x와 y 사이의 관계식을 구한다.
② 조건을 이용하여 문제에서 요구하는 값을 구한다.

1087 대표문제

집에서 800 m 떨어진 공원까지 형은
자전거를 타고 가고, 동생은 걸어가서
먼저 도착한 사람이 다른 사람을 기다
리기로 했다. 오른쪽 그림은 두 사람이
집에서 동시에 출발하여 x분 동안 간
거리 y m 사이의 관계를 나타낸 그래
프이다. 형이 공원에 도착한 후 몇 분을 기다려야 동생이
도착하겠는가?

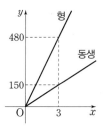

(단, 형과 동생은 공원까지 각각 일정한 속력으로 간다.)

① 5분   ② 8분   ③ 11분
④ 16분   ⑤ 21분

1088 상

오른쪽 그래프는 하늘이가 자전거
를 탈 때와 걸어갈 때, x시간 동안
소모되는 열량 y kcal 사이의 관계
를 나타낸 것이다. 720 kcal의 열
량을 소모하기 위해 자전거를 타야
하는 시간과 걸어야 하는 시간의
차는?

① 1시간   ② 1시간 30분   ③ 2시간
④ 2시간 30분   ⑤ 3시간

1089

다음 **보기** 중에서 y가 x에 정비례하는 것을 모두 고르시오.

┌─ 보기 ─────────────────────────────
ㄱ. $y=-\dfrac{x}{3}$ ㄴ. $y=6x+2$ ㄷ. $xy=8$

ㄹ. $y=-\dfrac{9}{x}$ ㅁ. $\dfrac{y}{x}=6$ ㅂ. $y+1=-\dfrac{2}{x}$
└────────────────────────────────────

중요 1090

y가 x에 반비례할 때, x와 y 사이의 관계를 표로 나타내면 다음과 같다. 이때 AB의 값을 구하시오.

x	-4	-2	1	B
y	1	A	-4	-1

1091

다음 **보기** 중 y가 x에 반비례하는 것을 모두 고르시오.

┌─ 보기 ─────────────────────────────
ㄱ. 1 L에 1560원인 휘발유 x L의 가격이 y원이다.

ㄴ. 20명을 뽑는 시험에 응시한 사람 수가 x명일 때 합격률이 y%이다.

ㄷ. 2명이 5일 동안 하는 일을 x명이 y일 동안 한다.

ㄹ. 원금 1000원의 연이율이 x%일 때 1년 동안의 이자가 y원이다.
└────────────────────────────────────

1092

오른쪽 그림과 같은 직사각형 ABCD에서 점 P는 점 A를 출발하여 점 D까지 일정한 속력으로 선분 AD 위를 움직인다. 선분 PD의 길이를 x cm라 하고, 이때 생기는 삼각형 DPC의 넓이를 y cm²라 할 때, x와 y 사이의 관계식을 구하시오. (단, $0<x\le6$)

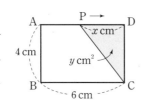

1093

정비례 관계 $y=-\dfrac{3}{4}x$의 그래프에 대한 다음 설명 중 옳은 것은?

① 점 $(4, 3)$을 지난다.   ② 점 $(3, 4)$를 지난다.

③ 정비례 관계 $y=\dfrac{1}{2}x$의 그래프보다 x축에 더 가깝다.

④ $x<0$일 때 $y>0$이다.

⑤ x의 값이 증가하면 y의 값도 증가한다.

1094

다음 중 $x<0$일 때, 반비례 관계 $y=\dfrac{5}{x}$의 그래프가 될 수 있는 것은?

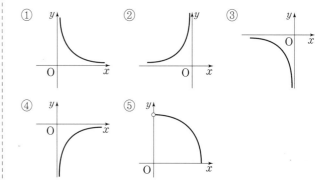

1095

다음 정비례 관계 또는 반비례 관계의 그래프 중에서 $x>0$일 때, x의 값이 증가하면 y의 값도 증가하는 것을 모두 고르면? (정답 2개)

① $y=\dfrac{1}{6}x$ ② $y=-\dfrac{5}{x}$ ③ $y=-\dfrac{1}{3}x$

④ $y=-5x$ ⑤ $y=\dfrac{7}{x}$

1096

정비례 관계 $y=ax\,(a\ne0)$의 그래프가 점 $(-3, 9)$를 지나고, 반비례 관계 $y=\dfrac{b}{x}\,(b\ne0)$의 그래프가 점 $(7, 4)$를 지날 때, $a-b$의 값을 구하시오. (단, a, b는 상수)

1097

다음 중 오른쪽 그림과 같은 그래프 위의 점은?

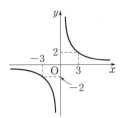

① $(-1, 6)$ ② $(-2, -3)$
③ $(1, -6)$ ④ $(2, -3)$
⑤ $(6, -1)$

1098

정비례 관계 $y=ax\,(a\neq0)$의 그래프 가 오른쪽 그림과 같을 때, 점 A의 좌표는? (단, a는 상수)

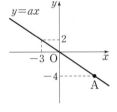

① $(2, -4)$ ② $(3, -4)$
③ $(4, -4)$ ④ $(5, -4)$
⑤ $(6, -4)$

1099

오른쪽 그림은 두 정비례 관계 $y=ax$ $(a\neq0)$, $y=bx\,(b\neq0)$의 그래프이 다. 이때 ab의 값을 구하시오.

(단, a, b는 상수)

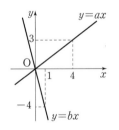

1100

오른쪽 그림은 정비례 관계 $y=-\dfrac{x}{2}$와 반비례 관계 $y=\dfrac{a}{x}$ $(a\neq0)$의 그래프이다. 두 그래프 가 만나는 점 A의 x좌표가 4일 때, 상수 a의 값을 구하시오.

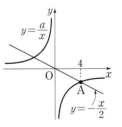

1101

오른쪽 그림에서 ㉠의 그래프를 나 타내는 x와 y 사이의 관계식은?

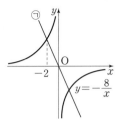

① $y=-4x$ ② $y=-2x$
③ $y=-\dfrac{1}{3}x$ ④ $y=\dfrac{1}{2}x$
⑤ $y=2x$

1102

다음 중 오른쪽 그래프에 대한 설명 으로 옳은 것을 모두 고르면?

(정답 2개)

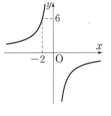

① y는 x에 정비례한다.
② $x>0$일 때, x의 값이 증가하면 y의 값은 감소한다.
③ 반비례 관계 $y=-\dfrac{12}{x}$의 그래프이다.
④ 점 $(-6, -2)$를 지난다.
⑤ xy의 값은 항상 일정하다.

1103

오른쪽 그림과 같이 두 정비례 관계 $y=3x$와 $y=\dfrac{1}{3}x$의 그래프가 점 H를 지나고 y축에 평행한 직선과 만나는 점 을 각각 A, B라 하자. 점 B의 y좌표 가 2일 때, 삼각형 AOB의 넓이는?

(단, O는 원점이다.)

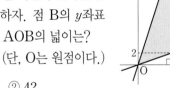

① 40 ② 42
③ 45 ④ 48
⑤ 53

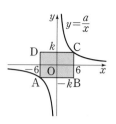

1104

똑같은 기계 40대로 15시간 동안 작업해야 끝나는 일이 있다. 이 일을 3시간 만에 끝내려면 몇 대의 똑같은 기계가 필요한지 구하시오. (단, 기계의 작업 속도는 모두 일정하다.)

1105

반비례 관계 $y=\dfrac{a}{x}(a\neq0)$의 그래프가 점 $(3, 4)$를 지날 때, 이 그래프 위의 점 중에서 x좌표와 y좌표가 모두 정수인 점의 개수를 구하시오. (단, a는 상수)

1106

오른쪽 그림과 같이 반비례 관계 $y=\dfrac{a}{x}(a\neq0,\ x>0)$의 그래프가 두 점 A$(2, 6)$과 B$(t, 3)$을 지난다. 정비례 관계 $y=kx\,(k\neq0)$의 그래프가 선분 AB 위의 점을 지날 때, 상수 k의 값의 범위를 구하시오. (단, a는 상수)

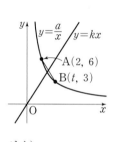

1107

두 물체 A, B의 온도 변화를 30분간 측정하여 x분 후의 물체의 온도를 y ℃라 하면 x와 y 사이의 관계를 나타낸 그래프는 오른쪽 그림과 같다. A, B의 온도 차가 15 ℃가 되는 것은 온도를 측정하기 시작한 지 몇 분 후인지 구하시오.

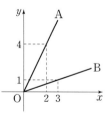

1108

오른쪽 그림과 같이 반비례 관계 $y=\dfrac{a}{x}(a\neq0)$의 그래프 위의 두 점 A$(-6, -k)$, C$(6, k)$와 좌표평면 위의 두 점 D$(-6, k)$, B$(6, -k)$를 꼭짓점으로 하는 직사각형 ABCD의 넓이가 48일 때, 상수 a의 값은? (단, $k>0$)

① $\dfrac{1}{3}$ ② 2 ③ $\dfrac{13}{2}$

④ 12 ⑤ 24

1109

오른쪽 그림과 같이 반비례 관계 $y=\dfrac{a}{x}(a\neq0)$의 그래프와 정비례 관계 $y=bx\,(b\neq0)$의 그래프가 만나는 점 D의 x좌표가 2이고, 직사각형 ABCO의 넓이가 8일 때, $a-b$의 값을 구하시오. (단, a, b는 상수이고 O는 원점이다.)

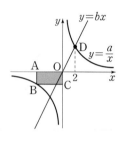

1110

오른쪽 그림과 같이 길이가 10 cm인 용수철에 추를 매달면 늘어난 용수철의 길이는 추의 무게에 정비례한다. 이 용수철에 10 g짜리 추를 매달았더니 용수철의 길이가 0.5 cm 늘어났을 때, 용수철의 길이가 13 cm가 되게 하려면 몇 g짜리 추를 매달아야 하는지 구하시오.

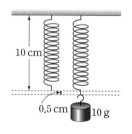

서술형 주관식

1111

y가 x에 정비례하고 $x=-6$일 때 $y=3$, z가 y에 반비례하고 $y=4$일 때 $z=-\dfrac{1}{2}$이다. $x=4$일 때 z의 값을 구하시오.

1112

오른쪽 그림과 같이 정비례 관계 $y=ax$ $(a\neq 0)$와 반비례 관계 $y=\dfrac{b}{x}$ $(b\neq 0,\ x>0)$의 그래프가 점 $(4,\ 2)$에서 만날 때, ab의 값을 구하시오. (단, a, b는 상수)

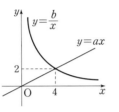

1113

톱니의 수가 각각 x개, 40개인 톱니바퀴 A, B가 시로 맞물려 돌고 있다. A가 1분에 y바퀴 회전할 때, B는 1분에 12바퀴 회전한다. 다음 물음에 답하시오.

⑴ x와 y 사이의 관계식을 구하시오.

⑵ A의 톱니의 수가 30개일 때, A는 1분에 몇 바퀴 회전하는지 구하시오.

1114

오른쪽 그림과 같이 두 점 A와 C는 각각 두 정비례 관계 $y=2x$, $y=ax$ $(a\neq 0)$의 그래프 위에 있다. 사각형 ABCD는 한 변의 길이가 4이고 변 AB가 y축에 평행한 정사각형이다. 점 A의 좌표가 $(b,\ 12)$일 때, 상수 a의 값을 구하시오.

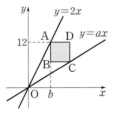

실력 UP

1115

어느 댐에 두 개의 수문 A, B가 있다. 오른쪽 그래프는 A, B 두 수문을 각각 열 때, x시간 동안 방류되는 물의 양 y만 톤 사이의 관계를 나타낸 그래프이다. 다음 설명 중 옳지 <u>않은</u> 것은?

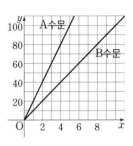

① A수문을 열 때, 1시간 동안 방류되는 물의 양은 20만 톤이다.

② B수문을 열 때, 1시간 동안 방류되는 물의 양은 10만 톤이다.

③ A, B 두 수문을 동시에 열면 3시간 동안 방류되는 물의 양은 90만 톤이다.

④ A수문을 나타내는 그래프에서 x와 y 사이의 관계식은 $y=10x\,(x\geq 0)$이다.

⑤ A, B 두 수문을 동시에 열면 4시간 동안 방류되는 물의 양의 차는 40만 톤이다.

1116

오른쪽 그림과 같이 좌표평면 위에 세 점 A$(4,\ 0)$, B$(4,\ 3)$, C$(2,\ 3)$이 있다. 정비례 관계 $y=ax$ $(a\neq 0)$의 그래프가 사다리꼴 OABC의 넓이를 이등분할 때, 상수 a의 값은? (단, O는 원점이다.)

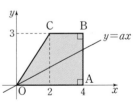

① $\dfrac{3}{8}$ ② $\dfrac{9}{16}$ ③ $\dfrac{9}{8}$

④ $\dfrac{3}{2}$ ⑤ $\dfrac{9}{4}$

인자가 된 악인

얼굴이 아주 험악하게 생기고, 성격도 아주 많이 비뚤어진 한 사나이가 있었답니다.

어느 날 이런 사나이의 가슴에도 사랑이 싹트게 되었지요.

사나이는 자신이 사랑하게 된 아름답고 순결한 아가씨에게 청혼을 하였답니다.

그러나 그 아가씨는

"당신처럼 험악하게 생긴 사람의 아내가 될 수는 없습니다."

라면서 냉정히 거절하였습니다.

사나이는 자신이 사랑하게 된 아가씨와 결혼을 하기 위해 많은 고민을 하였습니다.

그러던 중 그는 자신의 모습을 감추기 위해 인자하게 생긴 모습의 가면을 쓰고 다시 청혼을 하였습니다.

사나이의 인자한 모습에 감동한 아가씨는 청혼을 받아들여 그와 결혼을 하였답니다.

그는 아내를 기쁘게 해 주기 위해 아주 열심히 일하고 늘 '사랑한다.'는 말을 들려주었지요.

이렇게 단란한 가정을 이루고 행복하게 살고 있던 어느 날, 한 사람이 찾아왔답니다.

그 사람은 사나이의 아내에게 남편의 가면 속에 감추어진 험악한 얼굴 모습과 방탕한 과거의 생활들을 숨김없이 이야기 해 주었지요.

아내는 사실을 확인하기 위해 당장 남편의 가면을 벗겼답니다.

순간 아내에게 사나이의 과거를 밝혔던 사람의 얼굴은 놀라움으로 가득찼습니다.

아내에게 청혼을 했던 때의 가면의 모습보다 오히려 더 인자하고 푸근하게 변해 있었던 것이죠.

실력
테스트

객관식 | 1~4번 각 5점, 5~12번 각 6점

01 다음 중 소수는 모두 몇 개인가?

> 1, 7, 13, 21, 29, 43, 65, 79

① 2개　　　　② 3개　　　　③ 4개
④ 5개　　　　⑤ 6개

02 다음 **보기** 중 옳은 것을 모두 고른 것은?

> ● 보기 ●
> ㄱ. 소수의 약수는 2개이다.
> ㄴ. 두 소수의 곱은 소수이다.
> ㄷ. 짝수인 소수는 없다.
> ㄹ. 1은 모든 자연수의 약수이다.

① ㄱ, ㄴ　　　② ㄱ, ㄹ　　　③ ㄴ, ㄹ
④ ㄱ, ㄴ, ㄷ　　⑤ ㄱ, ㄷ, ㄹ

03 40에 가장 가까운 소수를 a, 70에 가장 가까운 합성수를 b라 할 때, $b-a$의 값은?

① 28　　　　② 30　　　　③ 32
④ 34　　　　⑤ 36

04 다음 중 420의 소인수가 <u>아닌</u> 것은?

① 2　　　　② 3　　　　③ 5
④ 7　　　　⑤ 11

05 180을 소인수분해하면?

① $2^2 \times 3 \times 5$　　② $2 \times 3^2 \times 5$　　③ $2^2 \times 3^2 \times 5$
④ $2^2 \times 3 \times 5^2$　　⑤ $2 \times 3^2 \times 5^2$

06 다음 중 소인수분해하였을 때, 서로 다른 소인수의 개수가 가장 많은 것은?

① 60　　　　② 70　　　　③ 80
④ 140　　　⑤ 210

07 $2^a = 256$, $3^b = 729$를 만족시키는 자연수 a, b에 대하여 $a+b$의 값은?

① 14　　　　② 15　　　　③ 16
④ 17　　　　⑤ 18

08 다음 중 $2^2 \times 3^3 \times 5$의 약수가 <u>아닌</u> 것은?

① 30　　　　② 45　　　　③ 108
④ 126　　　⑤ 270

정답과 풀이 p.104

09 다음 중 약수의 개수가 가장 많은 것은?

① 36 ② 90 ③ $2^2 \times 3^4$
④ $2 \times 3 \times 7^2$ ⑤ $3 \times 5 \times 7 \times 9$

10 720을 자연수로 나누어 어떤 자연수의 제곱이 되게 하려고 한다. 나눌 수 있는 가장 작은 자연수는?

① 2 ② 3 ③ 4
④ 5 ⑤ 6

11 $2^4 \times \square$의 약수의 개수가 15개일 때, 다음 중 $\square$ 안에 알맞은 수는?

① 4 ② 8 ③ 9
④ 12 ⑤ 16

12 $360 \times a = b^2$을 만족하는 가장 작은 자연수 a, b에 대하여 $b-a$의 값은?

① 45 ② 50 ③ 55
④ 60 ⑤ 65

주관식 | 단답형 각 6점, 서술형 각 10점

13 자연수 a에 대하여 $f(a)$를 a의 약수의 개수로 약속할 때, $f(31)+f(432)$의 값을 구하시오.

14 1부터 100까지의 자연수 중에서 약수의 개수가 3개인 자연수를 모두 구하시오.

서술형

15 $1 \times 2 \times 3 \times 4 \times 5 \times 6 \times 7 \times 8 \times 9 \times 10$
$= 2^a \times 3^b \times 5^c \times 7$일 때, $a+b+c$의 값을 구하시오.
(단, a, b, c는 자연수이다.)

서술형

16 $2^a \times 7^b \times 27$의 약수의 개수와 600의 약수의 개수가 같을 때, $a \times b$의 값을 구하시오.
(단, a, b는 자연수이다.)

객관식 | 1~4번 각 5점, 5~12번 각 6점

01 다음 중 두 수가 서로소인 것은?

① 6, 9 　　② 10, 100 　　③ 8, 15

④ 14, 21 　　⑤ 22, 121

02 다음 중 두 수 $2^3 \times 3 \times 5$, $2^2 \times 5^2$의 공약수가 <u>아닌</u> 것은?

① 5 　　② 2^2 　　③ 2×5

④ $2^2 \times 5$ 　　⑤ $2^3 \times 3$

03 세 수 $2^2 \times 3^2 \times 5$, $3^2 \times 5$, $3^3 \times 5^2 \times 7$의 최대공약수와 최소공배수를 차례로 구하면?

① 3×5, $3^2 \times 5^2 \times 7$

② 3×5, $3^3 \times 5^2 \times 7$

③ $3^2 \times 5$, $2 \times 3^2 \times 5^2 \times 7$

④ $3^2 \times 5$, $2^2 \times 3^3 \times 5^2 \times 7$

⑤ $3^2 \times 5^2$, $2 \times 3^2 \times 5^2 \times 7$

04 두 수의 곱이 $2^3 \times 3^4 \times 5 \times 7$이고 최대공약수가 2×3^2일 때, 최소공배수는?

① $2 \times 3 \times 5 \times 7$ 　　② $2^2 \times 3^2 \times 5 \times 7$

③ $2^2 \times 3^2 \times 5^2 \times 7$ 　　④ $2^2 \times 3^2 \times 5 \times 7^2$

⑤ $2^3 \times 3^4 \times 5 \times 7$

05 소인수분해된 두 수 $2^a \times 3^2 \times 5$, $2^3 \times 3^b \times c$의 최대공약수는 $2^2 \times 3^2$, 최소공배수는 $2^3 \times 3^2 \times 5 \times 7$일 때, $a+b+c$의 값은?

① 10 　　② 11 　　③ 12

④ 13 　　⑤ 14

06 두 자연수 $2^2 \times 3 \times 5^2$과 A의 최대공약수가 $2 \times 3 \times 5$이고, 최소공배수가 $2^2 \times 3^2 \times 5^2 \times 7$일 때, A의 값은?

① $2 \times 3 \times 5$ 　　② $2 \times 3 \times 5 \times 7$

③ $2^2 \times 3 \times 5 \times 7$ 　　④ $2 \times 3^2 \times 5 \times 7$

⑤ $2 \times 3 \times 5^2 \times 7$

07 세 자연수 $4 \times x$, $6 \times x$, $9 \times x$의 최소공배수가 108일 때, x의 값은?

① 2 　　② 3 　　③ 4

④ 5 　　⑤ 6

08 사과 48개, 배 72개, 복숭아 168개를 되도록 많은 학생들에게 똑같이 나누어 주려고 할 때, 나누어 줄 수 있는 학생 수는?

① 24명 　　② 25명 　　③ 26명

④ 27명 　　⑤ 28명

09 어떤 자연수로 62를 나누면 2가 남고, 94를 나누면 4가 남고, 159를 나누면 9가 남는다. 이러한 수 중에서 가장 큰 수와 가장 작은 수의 합은?

① 31   ② 33   ③ 35
④ 36   ⑤ 40

10 두 분수 $\dfrac{252}{n}$, $\dfrac{180}{n}$을 모두 자연수로 만드는 자연수 n의 값의 개수는?

① 3개   ② 5개   ③ 7개
④ 9개   ⑤ 11개

11 톱니의 수가 각각 75개, 60개인 톱니바퀴 A, B가 서로 맞물려 돌고 있다. 두 톱니바퀴가 한 번 맞물린 후 같은 톱니에서 처음으로 다시 맞물리려면 A는 몇 바퀴 회전해야 하는가?

① 4바퀴   ② 5바퀴   ③ 6바퀴
④ 7바퀴   ⑤ 8바퀴

12 세 자연수 32, N, 40의 최대공약수가 8, 최소공배수가 160일 때, 다음 중 N의 값이 될 수 <u>없는</u> 것은?

① 32   ② 40   ③ 60
④ 80   ⑤ 160

13 두 분수 $\dfrac{7}{15}$, $\dfrac{49}{12}$의 어느 것에 곱해도 그 결과가 자연수가 되는 분수 중에서 가장 작은 기약분수를 구하시오.

14 세 자연수의 비가 4 : 5 : 6이고 최소공배수가 240일 때, 세 자연수의 합을 구하시오.

서술형

15 4로 나누면 3이 남고, 5로 나누면 4가 남고, 6으로 나누면 5가 남는 세 자리의 자연수 중 가장 작은 수를 구하시오.

서술형

16 가로의 길이, 세로의 길이, 높이가 각각 18 cm, 12 cm, 8 cm인 직육면체 모양의 벽돌을 한 방향으로 빈틈없이 쌓아서 가능한 한 작은 정육면체를 만들려고 한다. 이때 필요한 벽돌은 모두 몇 장인지 구하시오.

실력 테스트

객관식 | 1~4번 각 5점, 5~12번 각 6점

01 다음 중 정수가 아닌 유리수는 모두 몇 개인가?

$$-\frac{12}{3}, \ +2.7, \ -\frac{1}{2}, \ 0, \ \frac{3}{5}, \ 5$$

① 1개　　　② 2개　　　③ 3개
④ 4개　　　⑤ 5개

02 다음 설명 중 옳지 <u>않은</u> 것은?

① 모든 정수는 유리수이다.
② 수직선 위에서 원점은 양의 정수보다 항상 왼쪽에 있다.
③ 유리수는 분자가 정수이고 분모는 0이 아닌 정수인 분수로 나타낼 수 있는 수이다.
④ 서로 다른 두 유리수 사이에는 항상 또 다른 유리수가 있다.
⑤ 유리수는 양의 유리수와 음의 유리수로 이루어져 있다.

03 다음 중 대소 관계가 옳지 <u>않은</u> 것은?

① $-19 > -92$　　② $|-0.75| < \left|-\frac{3}{5}\right|$

③ $0 > -7$　　④ $\left|\frac{1}{3}\right| > \left|\frac{1}{5}\right|$

⑤ $-\frac{9}{4} < \frac{3}{7}$

04 다음 수를 수직선 위에 나타내었을 때, 왼쪽에서 두 번째에 있는 수는?

① -3　　　② 2　　　③ $-\frac{2}{3}$

④ $-\frac{5}{4}$　　⑤ $\frac{7}{2}$

05 다음 중 옳지 <u>않은</u> 것은?

① x는 6보다 작다. ⇨ $x < 6$
② x는 -3보다 크거나 같다. ⇨ $x \geq -3$
③ x는 2보다 작지 않다. ⇨ $x > 2$
④ x는 -1 이상 5 미만이다. ⇨ $-1 \leq x < 5$
⑤ x는 -2보다 크고 6 이하이다. ⇨ $-2 < x \leq 6$

06 다음 수를 수직선 위에 나타내었을 때, 원점에서 가장 멀리 떨어져 있는 수는?

① -6　　　② 2　　　③ -0.5

④ 1.2　　　⑤ $\frac{5}{2}$

07 다음 수 중 절댓값이 $\frac{5}{2}$ 이상인 수는 모두 몇 개인가?

$$-\frac{8}{3}, \ -4, \ 2, \ \frac{13}{4}, \ 0, \ -1$$

① 2개　　　② 3개　　　③ 4개
④ 5개　　　⑤ 6개

08 두 수를 수직선 위에 나타내었을 때, 두 점 사이의 거리가 8이고 두 점의 한가운데 있는 점이 나타내는 수가 2일 때, 이 두 수는?

① $-5, 3$　　② $-4, 4$　　③ $-3, 5$
④ $-2, 6$　　⑤ $-1, 7$

09 다음 수에 대한 설명 중 옳은 것은?

$$3.5, \quad -2, \quad -\frac{1}{3}, \quad 0.02, \quad 6, \quad -1$$

① 가장 큰 수는 3.5이다.
② 가장 작은 수는 -1이다.
③ 절댓값이 가장 작은 수는 $-\frac{1}{3}$이다.
④ 음수 중 가장 큰 수는 $-\frac{1}{3}$이다.
⑤ 0보다 작은 수는 2개이다.

10 절댓값이 $\frac{12}{5}$ 이하인 정수의 개수는?

① 1개   ② 2개   ③ 3개
④ 4개   ⑤ 5개

11 $-\frac{17}{6}$보다 큰 정수 중 가장 작은 것을 a라 할 때, a와 절댓값이 같으면서 부호가 반대인 수는?

① 2   ② 3   ③ 4
④ 5   ⑤ 6

12 두 정수 a, b에 대하여 a는 b보다 8만큼 크고, b의 절댓값은 a의 절댓값보다 2만큼 클 때, a, b의 값은?

① $a=-3$, $b=-5$ ② $a=3$, $b=-5$
③ $a=-3$, $b=5$ ④ $a=3$, $b=5$
⑤ $a=1$, $b=-7$

주관식 | 단답형 각 6점, 서술형 각 10점

13 다음 수를 절댓값이 작은 수부터 차례로 나열하시오.

$$-\frac{11}{3}, \quad -3, \quad 0, \quad -2.3, \quad \frac{7}{2}$$

14 $\frac{a}{6}$의 절댓값이 1보다 작도록 하는 정수 a의 개수를 구하시오.

서술형

15 다음 조건을 모두 만족시키는 두 유리수 a, b의 값을 구하시오.

㈎ a는 b보다 $\frac{5}{4}$만큼 작다.
㈏ a, b의 절댓값은 같다.

서술형

16 'x는 $-\frac{5}{3}$ 이상이고 $\frac{7}{5}$보다 작거나 같다.'에 대하여 다음 물음에 답하시오.

(1) 주어진 문장을 부등호를 사용하여 나타내시오.
(2) (1)에서 구한 식을 만족시키는 정수 x의 개수를 구하시오.

실력 테스트

객관식 | 1~4번 각 5점, 5~12번 각 6점

01 다음 중 계산 결과가 옳지 <u>않은</u> 것은?

① $(-13)+(+6)=-7$

② $(-9)-(+3)=-12$

③ $(+18)÷(-3)=-6$

④ $(-5)+(-11)=16$

⑤ $(-11)×(-2)=22$

02 5보다 -7만큼 큰 수를 a, -2보다 -4만큼 작은 수를 b라 할 때, $a-b$의 값은?

① -4 ② -2 ③ 0

④ 2 ⑤ 4

03 $a=\left(-\dfrac{2}{3}\right)+\left(+\dfrac{4}{5}\right)$, $b=\left(+\dfrac{5}{6}\right)-\left(-\dfrac{2}{5}\right)$일 때, $b-a$의 값은?

① $\dfrac{11}{30}$ ② $\dfrac{11}{15}$ ③ $\dfrac{11}{10}$

④ $\dfrac{13}{15}$ ⑤ $\dfrac{13}{10}$

04 다음 중 계산 결과가 옳지 <u>않은</u> 것은?

① $\left(-\dfrac{1}{3}\right)^2×\left(-\dfrac{3}{4}\right)÷\dfrac{1}{12}=-1$

② $\left(-\dfrac{7}{4}\right)^2÷\left(-\dfrac{9}{2}\right)×\left(-\dfrac{9}{8}\right)=\dfrac{49}{64}$

③ $\left(-\dfrac{1}{2}\right)^2÷4×(-3)=-\dfrac{3}{16}$

④ $\left(-\dfrac{3}{4}\right)÷\left(-\dfrac{3}{2}\right)^2×\left(-\dfrac{9}{2}\right)=-\dfrac{3}{2}$

⑤ $\dfrac{9}{4}÷\left(-\dfrac{1}{2}\right)^2-2^3×\dfrac{5}{8}=4$

05 세 유리수 a, b, c에 대하여 $a×b=3$, $a×(b+c)=-2$일 때, $a×c$의 값은?

① -5 ② -3 ③ 1

④ 3 ⑤ 5

06 $-\dfrac{2}{5}$보다 $-\dfrac{4}{3}$만큼 작은 수를 A, 절댓값이 $\dfrac{3}{5}$인 수 중 작은 수를 B, 큰 수를 C라 할 때, $A-B+C$의 값은?

① $-\dfrac{8}{15}$ ② $-\dfrac{4}{15}$ ③ $\dfrac{3}{5}$

④ $\dfrac{14}{15}$ ⑤ $\dfrac{32}{15}$

07 $-\dfrac{8}{5}$에 가장 가까운 정수를 a, $\dfrac{33}{7}$에 가장 가까운 정수를 b라 할 때, $a+b$의 값은?

① -2 ② -1 ③ 1

④ 2 ⑤ 3

08 세 유리수 a, b, c에 대하여 $a×b>0$, $b×c<0$, $b-c>0$일 때, 다음 중 옳은 것은?

① $a>0$, $b>0$, $c>0$

② $a>0$, $b>0$, $c<0$

③ $a>0$, $b<0$, $c>0$

④ $a<0$, $b>0$, $c<0$

⑤ $a<0$, $b<0$, $c>0$

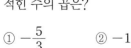

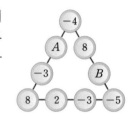

09 $(-1)+(-1)^2+(-1)^3+\cdots+(-1)^{200}$을 계산하면?

① -200 ② -100 ③ 0

④ 100 ⑤ 200

10 네 유리수 $-\dfrac{5}{2}$, $-\dfrac{1}{3}$, 2, -4 중에서 서로 다른 세 수를 뽑아 곱한 값 중 가장 큰 수를 a, 가장 작은 수를 b라 할 때, $a-b$의 값은?

① $-\dfrac{35}{2}$ ② $-\dfrac{50}{3}$ ③ 6

④ $\dfrac{50}{3}$ ⑤ $\dfrac{70}{3}$

11 $(-3)\times\square-13\div\left\{\left(\dfrac{1}{3}-2.5\right)\times(-6)\right\}=2$일 때, $\square$ 안에 알맞은 수는?

① -6 ② -1 ③ 2

④ 4 ⑤ 6

12 오른쪽 그림과 같은 정육면체에서 마주 보는 면에 적힌 두 수의 곱이 1이다. 이때 보이지 않는 세 면에 적힌 수의 곱은?

① $-\dfrac{5}{3}$ ② -1

③ $\dfrac{5}{6}$ ④ 3 ⑤ 6

13 다음을 계산하시오.

$$1-2+3-4+5-6+\cdots+49-50$$

14 오른쪽 그림의 삼각형에서 세 변에 놓인 네 수의 합이 모두 같을 때, A, B의 값을 각각 구하시오.

서술형

15 a의 절댓값이 $\dfrac{3}{5}$, b의 절댓값이 $\dfrac{5}{3}$일 때, $a-b$의 값 중 가장 큰 값을 M, 가장 작은 값을 m이라 하자. 이때 $M-m$의 값을 구하시오.

서술형

16 어떤 유리수에서 $-\dfrac{3}{5}$을 빼야 할 것을 잘못하여 더했더니 그 결과가 $\dfrac{3}{10}$이 되었다. 바르게 계산한 답을 구하시오.

객관식 | 1~4번 각 5점, 5~12번 각 6점

01 $3-\dfrac{1}{3}-\dfrac{1}{6}+4$를 계산하면?

① $\dfrac{7}{2}$ ② 4 ③ 5

④ $\dfrac{13}{2}$ ⑤ 8

02 $\left|\left(-\dfrac{1}{4}\right)+\dfrac{2}{3}\right|-\left|\dfrac{1}{3}-\dfrac{3}{4}\right|$을 계산하면?

① -2 ② $-\dfrac{5}{6}$ ③ 0

④ $\dfrac{5}{6}$ ⑤ 2

03 다음 중 가장 큰 수는?

① -2^4 ② $-(-2)^3$ ③ -3^3
④ $-(-3)^2$ ⑤ $(-3)^2$

04 -1보다 -4만큼 작은 수를 a, -2보다 9만큼 큰 수를 b라 할 때, $a+b$의 값은?

① 9 ② 10 ③ 11
④ 12 ⑤ 13

05 -3^2의 역수를 x, $\left(-\dfrac{1}{3}\right)^2$의 역수를 y라 할 때, $x\times y$의 값은?

① -81 ② -1 ③ $\dfrac{1}{81}$

④ 1 ⑤ 81

06 $\left\{(-2)^3\times\dfrac{5}{4}-2^3\div\dfrac{8}{3}\right\}\times\left(-\dfrac{3}{2}\right)-\dfrac{9}{4}\div\left(-\dfrac{1}{2}\right)$을 계산하면?

① $-\dfrac{31}{2}$ ② -12 ③ $\dfrac{1}{2}$

④ 15 ⑤ 24

07 a의 절댓값이 $\dfrac{5}{6}$이고 b의 절댓값이 $\dfrac{2}{3}$일 때, $a+b$의 값 중에서 가장 작은 값은?

① $-\dfrac{5}{2}$ ② $-\dfrac{3}{2}$ ③ $-\dfrac{1}{6}$

④ $\dfrac{1}{6}$ ⑤ $\dfrac{3}{2}$

08 두 수 a, b에 대하여 $a\times b<0$, $a-b<0$일 때, 다음 중 옳은 것은?

① $a<0$, $b>0$ ② $a<0$, $b<0$
③ $a>0$, $b<0$ ④ $a>0$, $b>0$
⑤ $a<0$, $b=0$

09 다음 중 계산 결과가 옳지 <u>않은</u> 것은?

① $\left(-\dfrac{4}{3}\right) \div \dfrac{8}{9} - 4 \times \left(-\dfrac{3}{2}\right) = \dfrac{9}{2}$

② $\left(+\dfrac{3}{2}\right) + \left(-\dfrac{5}{3}\right) - \left(-\dfrac{1}{2}\right) - \left(+\dfrac{1}{3}\right) = 0$

③ $(-0.4) \times \left(-\dfrac{5}{8}\right) \times \left(-\dfrac{2}{3}\right) = -\dfrac{1}{6}$

④ $\dfrac{3}{4} \div \left(-\dfrac{1}{2}\right)^2 - 2^2 \times \dfrac{7}{4} + (-3)^2 = 6$

⑤ $\dfrac{1}{6} \times \left[220 - \left\{ 3 + \left(\dfrac{1}{4} - \dfrac{1}{6}\right) \times 12 \right\} \right] = 36$

10 세 수 a, b, c에 대하여 $a \times b = 6$, $a \times (b+c) = 18$일 때, $a \times c$의 값은?

① 8   ② 10   ③ 12
④ 14   ⑤ 16

11 $-1 < a < 0$일 때, 다음 중 가장 큰 수는?

① $-a^2$ ② $-a$ ③ $\dfrac{1}{a}$
④ $\left(-\dfrac{1}{a}\right)^2$ ⑤ $\left(-\dfrac{1}{a}\right)^3$

12 $\left(-\dfrac{2}{3}\right) \times \left(-\dfrac{3}{4}\right) \times \left(-\dfrac{4}{5}\right) \times \cdots \times \left(-\dfrac{19}{20}\right)$를 계산하면?

① $-\dfrac{9}{10}$ ② $-\dfrac{1}{10}$ ③ $\dfrac{1}{10}$
④ $\dfrac{9}{10}$ ⑤ $\dfrac{19}{10}$

13 다음 식을 계산하시오.

$$(-2)^2 - \left[\dfrac{1}{2} + (-1)^3 \div \{(-3) \times 4 + 8\} \right] \div \dfrac{1}{4}$$

14 정현이와 혜림이는 가위바위보를 하여 이기면 2점, 지면 -1점을 얻는 놀이를 하였다. 9번 가위바위보를 하여 정현이는 5번 이기고 4번 졌을 때, 정현이와 혜림이의 점수를 각각 구하시오.

(단, 비기는 경우는 없다.)

서술형

15 다음 그림의 사각형에서 한 변에 놓인 세 수의 합이 모두 같을 때, $A - B + C$의 값을 구하시오.

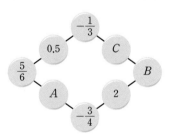

서술형

16 n이 홀수일 때, 다음을 계산하시오.

$$(-1)^{n+1} - (-1)^{2 \times n - 1} + (-1)^{2 \times n + 1} + (-1)^{2 \times n}$$

실력 테스트

객관식 | 1~11번 각 6점

01 다음 중 기호 $\times$, $\div$를 생략하여 나타낸 것으로 옳은 것은?

① $0.1 \times x \times (-x) = -0.x^2$

② $a \times a \times a \times a \times a = 5a$

③ $5 \div (a+b) = \dfrac{1}{5}(a+b)$

④ $x \div \dfrac{2}{3}y = \dfrac{3x}{2y}$

⑤ $3 \div a \div (x-y) = \dfrac{3(x-y)}{a}$

02 다음 중 옳은 것은?

① $2x^3 - 5x + 3$의 차수는 4이다.

② $5a^2 - 3a + 1$에서 a의 계수는 3이다.

③ $7x - 3y$는 다항식이다.

④ $-2x^3$과 $3x^2$은 동류항이다.

⑤ $-3x^2 - x - 1$의 상수항은 1이다.

03 다음 **보기** 중 일차식인 것을 모두 고른 것은?

> **보기**
>
> ㄱ. $3x - 3(x+1)$ ㄴ. $0 \times x + 3$
>
> ㄷ. $\dfrac{1}{2}x + 5$ ㄹ. $x^2 + 2x - 3$
>
> ㅁ. xy ㅂ. $\dfrac{1}{x} - 3$

① ㄷ   ② ㄱ, ㄷ   ③ ㄴ, ㅂ

④ ㄴ, ㄹ, ㅂ   ⑤ ㄷ, ㅁ, ㅂ

04 다음 중 동류항끼리 짝지어진 것을 모두 고르면?

(정답 2개)

① -5, 8 ② $3x^2$, $3y^2$ ③ $-5a$, $-5a^2$

④ $\dfrac{x}{3}$, $-6x$ ⑤ $\dfrac{2y}{3}$, $\dfrac{5}{y}$

05 오른쪽 그림과 같은 직사각형의 가로의 길이와 세로의 길이를 각각 $2x$ cm, $(x-2)$cm 줄여서 만든 직사각형의 둘레의 길이를 x를 사용한 식으로 나타내면?

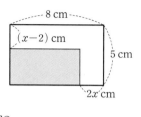

① $(30+6x)$cm   ② $(30-6x)$cm

③ $(6x-15)$cm   ④ $(15+6x)$cm

⑤ $(15-6x)$cm

06 다음 중 기호 $\times$, $\div$를 생략하여 나타내었을 때 결과가 나머지 넷과 <u>다른</u> 하나는?

① $a \times c \div b$ ② $a \div b \times c$ ③ $a \div (b \div c)$

④ $a \div b \div \dfrac{1}{c}$ ⑤ $\dfrac{1}{a} \div \dfrac{1}{b} \div \dfrac{1}{c}$

07 다음 중 옳지 <u>않은</u> 것은?

① 정가가 y원인 옷을 20 % 할인한 값 ⇨ $\dfrac{4}{5}y$원

② $3x$ %의 소금물 1 kg에 들어 있는 소금의 양

⇨ $30x$ g

③ a시간 b분 ⇨ $\left(a + \dfrac{b}{60}\right)$시간

④ 두 번의 시험 점수가 a점, b점일 때, 두 시험 점수의 평균 ⇨ $\dfrac{ab}{2}$점

⑤ 시속 8 km로 x시간 동안 달린 거리 ⇨ $8x$ km

08 $x=-\dfrac{1}{2}$일 때, 다음 중 식의 값이 가장 큰 것은?

① $6x-2$ ② $4x^2$ ③ $-x^3$

④ $\dfrac{3}{x}$ ⑤ $-\dfrac{3}{2}x$

09 어떤 다항식에서 $3x-5$를 빼야 할 것을 잘못하여 더 했더니 $2x-3$이 되었다. 이때 바르게 계산한 식은?

① $-4x-7$ ② $-4x+7$ ③ $-6x-7$

④ $-6x+7$ ⑤ $6x-7$

10 $-10x-[8-3\{5x-(3-7x)+3\}+6x]$를 간단히 하면?

① $-20x-8$ ② $-20x+8$ ③ $20x-8$

④ $-40x+8$ ⑤ $40x-8$

11 x의 계수가 -2인 일차식이 있다. $x=3$일 때의 식의 값을 p, $x=-1$일 때의 식의 값을 q라 할 때, $q-p$의 값은?

① -10 ② -8 ③ -4

④ 4 ⑤ 8

12 $a=\dfrac{1}{2}$, $b=\dfrac{2}{3}$, $c=-\dfrac{3}{4}$일 때, $\dfrac{4}{a}-\dfrac{2}{b}-\dfrac{3}{c}$의 값을 구하시오.

13 다음 □ 안에 알맞은 식을 구하시오.

$$\dfrac{\boxed{}}{2}-3(2x-6)=-4x+8$$

서술형

14 다음을 만족하는 두 다항식 A, B에 대하여 $A+B$를 간단히 하시오.

$$A+2x-3=5x-2$$
$$3x+5-B=-x+4$$

서술형

15 다음 식을 간단히 하였을 때, x의 계수와 상수항의 합을 구하시오.

$$\dfrac{x-2}{3}+\dfrac{3x-1}{5}+\dfrac{1}{2}(-2x+2)$$

01 다음 중 일차식을 모두 고르면? (정답 2개)

① $-2x$

② $8-x^2$

③ $\dfrac{x}{3}$

④ $\dfrac{1}{x}-1$

⑤ x^2+4x

02 6권에 x원인 공책 5권과 3개에 y원인 지우개 4개를 샀을 때, 지불한 금액을 문자를 사용한 식으로 나타내면?

① $\left(\dfrac{1}{6}x+\dfrac{1}{3}y\right)$원

② $\left(\dfrac{6}{5}x+\dfrac{3}{4}y\right)$원

③ $\left(\dfrac{6}{5}x+\dfrac{4}{3}y\right)$원

④ $\left(\dfrac{5}{6}x+\dfrac{3}{4}y\right)$원

⑤ $\left(\dfrac{5}{6}x+\dfrac{4}{3}y\right)$원

03 다음 중 문자를 사용하여 나타낸 식으로 옳지 <u>않은</u> 것은?

① 2500원의 a할 ⇨ $250a$원

② t시간 m분 ⇨ $(60t+m)$분

③ 정가 p원에서 10 % 할인하여 살 때의 물건 값 ⇨ $0.9p$원

④ 원가 600원인 물건에 $a\%$의 이윤을 붙여서 정한 정가 ⇨ $(600+a)$원

⑤ 시속 x km로 2시간 동안 달린 거리 ⇨ $2x$ km

04 다음 중 기호 $\times$, $\div$를 생략하여 나타내었을 때 결과가 나머지 넷과 <u>다른</u> 하나는?

① $a\div(b\times c)$

② $a\times b\div c$

③ $a\times\dfrac{1}{b}\div c$

④ $a\div b\div c$

⑤ $\dfrac{a}{b}\div c$

05 $A=-x+3$, $B=2x-5$일 때, $2A-\{3B-2A-(2B-A)\}$를 x를 사용하여 나타내면?

① $-5x+14$

② $5x-14$

③ $4x+9$

④ $4x-9$

⑤ $6x+5$

06 x %의 소금물 200 g과 y %의 소금물 300 g을 섞어서 만든 소금물에 들어 있는 소금의 양을 문자를 사용한 식으로 나타내면?

① $6xy$ g

② $\dfrac{xy}{6}$ g

③ $(2x+3y)$g

④ $(3x+2y)$g

⑤ $\dfrac{2x+3y}{100}$ g

07 $x=-3$, $y=2$일 때, $-x^2-3x^3\div\left(-\dfrac{3}{2}y\right)^2$의 값은?

① -18

② -9

③ 0

④ 9

⑤ 18

08 다항식 $-x^2+3x+4$에서 x^2의 계수를 a, 상수항을 b라 할 때, $(7a+b)\div3-ab$의 값은?

① -3 ② -1 ③ 1

④ 3 ⑤ 7

09 $3(2x-4)+(12x-9)\div\left(-\dfrac{3}{2}\right)$을 간단히 하면?

① $-2x-18$ ② $-2x-6$ ③ $-2x+18$

④ $2x+6$ ⑤ $14x+18$

10 $\dfrac{3x+y}{2}-\dfrac{x-2y}{3}$를 간단히 하였을 때, x의 계수를 a, y의 계수를 b라 하자. 이때 $6a-12b$의 값은?

① -9 ② -7 ③ -5

④ 5 ⑤ 7

11 다음 □ 안에 알맞은 식은?

$$-x+9-(\boxed{})=3(x+1)$$

① $-4x+6$ ② $-2x-7$ ③ $-x+10$

④ $2x+9$ ⑤ $5x-1$

주관식 | 단답형 각 7점, 서술형 각 10점

12 오른쪽 그림과 같은 사다리꼴의 넓이를 a를 사용한 식으로 나타내시오.

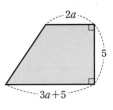

13 $a=\dfrac{1}{2}$, $b=\dfrac{1}{3}$, $c=-\dfrac{1}{6}$일 때, $\dfrac{3}{a}-\dfrac{2}{b}+\dfrac{4}{c}$의 값을 구하시오.

서술형

14 -3의 역수를 a, $\dfrac{3}{2}$의 역수를 b라 할 때, $\dfrac{b}{a}-9ab$의 값을 구하시오.

서술형

15 어떤 다항식에서 $5x-3$을 빼야 할 것을 잘못하여 더했더니 $2x+1$이 되었다. 바르게 계산한 식을 구하시오.

객관식 | 1~4번 각 5점, 5~12번 각 6점

01 다음 중 방정식인 것은?

① $2x+5$ ② $3(x-1)=3x-3$

③ $-6x+18>0$ ④ $4x=6x-8$

⑤ $\dfrac{1}{2}x-\dfrac{1}{3}y$

02 다음 중 [ ] 안의 수가 주어진 방정식의 해인 것은?

① $3x-4=8$ $[-4]$ ② $\dfrac{1}{3}x+2=1$ $[-3]$

③ $8-x=3$ $[-5]$ ④ $9x+4=3$ $[-5]$

⑤ $2x-3=x+1$ $[-4]$

03 등식 $ax-8=2(x+b)$가 x에 대한 항등식일 때, $a+b$의 값은? (단, a, b는 상수이다.)

① -4 ② -2 ③ 2

④ 3 ⑤ 5

04 다음 중 옳지 <u>않은</u> 것은?

① $a=b$이면 $a+7=b+7$이다.

② $a=2b$이면 $a-2=2(b-1)$이다.

③ $a=b$이면 $\dfrac{a}{c}=\dfrac{b}{c}$이다.

④ $\dfrac{3}{2}a=6b$이면 $a=4b$이다.

⑤ $\dfrac{a}{3}=\dfrac{b}{5}$이면 $5a=3b$이다.

05 방정식 $0.2x-0.05=0.1x+0.35$를 풀면?

① $x=-4$ ② $x=-3$ ③ $x=-2$

④ $x=2$ ⑤ $x=4$

06 일차방정식 $\dfrac{3x-2}{4}+a=\dfrac{x-3a}{3}$의 해가 $x=-2$일 때, 상수 a의 값은?

① $\dfrac{2}{3}$ ② $\dfrac{3}{4}$ ③ $\dfrac{5}{4}$

④ $\dfrac{5}{3}$ ⑤ $\dfrac{9}{5}$

07 방정식 $x^2-6x+10=8+3x+ax^2$이 x에 대한 일차방정식이 되기 위한 상수 a의 값은?

① -2 ② -1 ③ 0

④ 1 ⑤ 2

08 오른쪽은 등식의 성질을 이용하여 방정식 $\dfrac{2x+8}{5}=4$를 푸는 과정이다. 이때 (가), (나), (다)에 이용된 등식의 성질을 **보기**에서 골라 차례로 나열하면? (단, c는 자연수이다.)

$$\dfrac{2x+8}{5}=4 \quad \text{(가)}$$
$$2x+8=20 \quad \text{(나)}$$
$$2x=12 \quad \text{(다)}$$
$$\therefore x=6$$

● 보기 ●

ㄱ. $a=b$이면 $a+c=b+c$이다.

ㄴ. $a=b$이면 $a-c=b-c$이다.

ㄷ. $a=b$이면 $ac=bc$이다.

ㄹ. $a=b$이면 $\dfrac{a}{c}=\dfrac{b}{c}$이다.

① ㄱ, ㄴ, ㄹ   ② ㄴ, ㄷ, ㄹ   ③ ㄷ, ㄱ, ㄹ

④ ㄷ, ㄴ, ㄹ   ⑤ ㄹ, ㄱ, ㄷ

09 일차방정식 $x - \dfrac{3x-1}{5} = -2 - \dfrac{x}{3}$ 를 풀면?

① $x = -3$ ② $x = -2$ ③ $x = 1$
④ $x = 2$ ⑤ $x = 4$

10 비례식 $\dfrac{1}{5}(x-2) : 3 = (0.2x+2) : 5$ 를 만족시키는 x의 값은?

① -30 ② -20 ③ 10
④ 20 ⑤ 40

11 방정식 $3x - 4 = ax + 2(b-1)$의 해가 무수히 많을 때, $a+b$의 값은? (단, a, b는 상수이다.)

① -2 ② -1 ③ 0
④ 1 ⑤ 2

12 x에 대한 두 일차방정식 $\dfrac{-5-a}{3} - x = \dfrac{9-ax}{5}$ 와 $0.2x + 0.5 = -0.8(x+b) + 0.9$ 의 해가 $x = -2$로 같을 때, 상수 a, b에 대하여 ab의 값은?

① -10 ② -8 ③ -6
④ 6 ⑤ 8

정답과 풀이 p.114

주관식 | 단답형 각 6점, 서술형 각 10점

13 두 일차방정식 $1.8 + x = 3 + 0.6x$, $\dfrac{x}{6} + 1 = \dfrac{x+a}{4}$ 의 해가 같을 때, 상수 a의 값을 구하시오.

14 다음 그림에서 □ 안의 식은 바로 위 양 옆의 □ 안의 식의 합이다. 이때 x의 값을 구하시오.

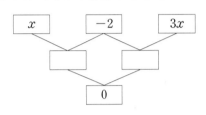

서술형

15 일차방정식 $\dfrac{1}{2}x - \dfrac{2}{3} = \dfrac{5}{2}(x-a) - \dfrac{7}{6}$ 의 해가 일차방정식 $0.2x - 0.1 = 0.1(x-3) + 0.4$ 의 해의 2배일 때, 상수 a의 값을 구하시오.

서술형

16 x에 대한 일차방정식 $x + 2 = -2(x+5) + 3a$의 해가 음의 정수일 때, 이를 만족시키는 자연수 a의 개수를 구하시오.

객관식 | 1~4번 각 5점, 5~12번 각 6점

01 어떤 수의 2배에서 3을 뺀 수는 어떤 수에 1을 더해서 3배한 수와 같다. 어떤 수는?

① -6 ② -4 ③ -2
④ 2 ⑤ 4

02 연속하는 세 홀수의 합이 123일 때, 세 자연수 중 가장 큰 수는?

① 35 ② 37 ③ 39
④ 41 ⑤ 43

03 일의 자리의 숫자가 6인 두 자리의 자연수가 있다. 이 자연수의 십의 자리의 숫자와 일의 자리의 숫자를 바꾼 수는 처음 수의 2배보다 9만큼 작다. 처음 수는?

① 26 ② 36 ③ 46
④ 56 ⑤ 66

04 현재 희종이와 아버지의 나이의 합은 51세이다. 12년 후에 아버지의 나이가 희종이의 나이의 2배가 될 때, 현재 희종이의 나이는?

① 10세 ② 11세 ③ 12세
④ 13세 ⑤ 14세

05 한 개에 900원인 과자와 한 개에 1500원인 초콜릿을 합하여 모두 21개를 사고 25000원을 내었더니 700원을 거슬러 주었다. 이때 초콜릿은 몇 개를 샀는가?

① 7개 ② 8개 ③ 9개
④ 10개 ⑤ 11개

06 한 변의 길이가 9 cm인 정사각형이 있다. 가로의 길이를 $3x$ cm 늘이고, 세로의 길이를 3 cm 줄였더니 넓이가 90 cm²인 직사각형이 되었다. 이때 새로운 직사각형의 둘레의 길이는?

① 36 cm ② 38 cm ③ 40 cm
④ 42 cm ⑤ 44 cm

07 학생들에게 사탕을 나누어 주는데 5개씩 나누어 주면 25개가 남고, 6개씩 나누어 주면 10개가 부족하다. 이때 사탕은 모두 몇 개인가?

① 180개 ② 190개 ③ 200개
④ 210개 ⑤ 220개

08 6 %의 소금물 360 g에서 x g의 소금물을 퍼내고 퍼낸 소금물의 양만큼 물을 부었더니 4 %의 소금물이 되었다. 이때 x의 값은?

① 110 ② 120 ③ 130
④ 140 ⑤ 150

09 음악실의 긴 의자에 학생들이 앉는데 한 의자에 7명씩 앉으면 5명이 앉지 못하고, 한 의자에 9명씩 앉으면 빈 의자가 없고 마지막 의자에 2명이 앉는다. 이때 전체 학생 수는?

① 43명 　　② 44명 　　③ 45명
④ 46명 　　⑤ 47명

10 원가가 8000원인 책이 있다. 정가의 20 %를 할인하여 팔았더니 원가의 15 %의 이익이 생겼다. 이 책의 정가는?

① 10000원 　　② 10500원 　　③ 11000원
④ 11500원 　　⑤ 12000원

11 어떤 일을 완성하는 데 형은 10일, 동생은 20일이 걸린다고 한다. 이 일을 형이 혼자 4일 동안 일한 후 나머지는 형과 동생이 함께 일하여 완성하였다. 형과 동생이 함께 일한 기간은?

① 2일 　　② 3일 　　③ 4일
④ 5일 　　⑤ 6일

12 동생이 집을 출발한 지 12분 후에 형이 동생을 따라나섰다. 동생은 매분 60 m의 속력으로 걷고 형은 매분 150 m의 속력으로 뛰어서 따라간다고 할 때, 형은 출발한 지 몇 분 후에 동생을 만나게 되는가?

① 8분 후 　　② 12분 후 　　③ 14분 후
④ 16분 후 　　⑤ 20분 후

주관식 | 단답형 각 6점, 서술형 각 10점

13 현재 언니의 예금액은 78000원, 동생의 예금액은 64000원이다. 언니는 매달 3000원씩, 동생은 매달 5000원씩 예금을 할 때, 언니와 동생의 예금액이 같아지는 것은 몇 개월 후인지 구하시오.
(단, 이자는 생각하지 않는다.)

14 등산을 하는데 올라갈 때는 시속 3 km로 걷고, 내려올 때는 올라갈 때보다 1 km 더 먼 거리를 시속 4 km로 걸어서 모두 4시간 20분이 걸렸다. 이때 내려올 때 걸은 거리를 구하시오.

서술형
15 3 %의 소금물과 8 %의 소금물을 섞어서 5 %의 소금물 400 g을 만들려고 한다. 이때 8 %의 소금물은 몇 g을 섞어야 하는지 구하시오.

서술형
16 어느 중학교의 올해의 남학생과 여학생 수는 작년에 비하여 남학생은 8 % 감소하고, 여학생은 6 % 증가하였다. 작년의 전체 학생 수는 850명이고, 올해는 작년에 비하여 전체적으로 19명이 감소하였다. 올해의 남학생 수를 구하시오.

점수

01 다음 중 좌표평면에 대한 설명으로 옳지 <u>않은</u> 것은?

① x축 위의 점은 y좌표가 0이다.
② 점 $(0, 0)$은 x축과 y축이 만나는 점이다.
③ 점 $(0, -1)$은 y축 위의 점이다.
④ 원점은 어느 사분면에도 속하지 않는다.
⑤ 점 $(-2, -2)$는 제2사분면 위의 점이다.

02 다음 중 오른쪽 좌표평면 위의 점의 좌표를 나타낸 것으로 옳지 <u>않은</u> 것은?

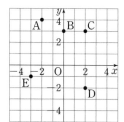

① $A(-2, 4)$
② $B(3, 0)$
③ $C(2, 3)$
④ $D(2, -2)$
⑤ $E(-3, -1)$

03 y축 위의 점 중에서 y좌표가 -4인 점의 좌표는?

① $(4, 0)$ ② $(-4, 0)$ ③ $(0, 4)$
④ $(0, -4)$ ⑤ $(4, -4)$

04 두 점 $\left(-\dfrac{1}{2}a+1, -3\right)$, $(2, 3b-6)$이 x축에 대하여 대칭일 때, $b-a$의 값은?

① 1 ② 2 ③ 3
④ 4 ⑤ 5

05 다음 중 제3사분면 위의 점은?

① $(3, 3)$ ② $(3, -3)$ ③ $(-3, -3)$
④ $(-3, 3)$ ⑤ $(-3, 0)$

06 두 점 $P(2a-4, a+2)$, $Q\left(\dfrac{1}{2}b-3, b+5\right)$가 각각 x축, y축 위의 점일 때, 점 $A(a, b)$는 제몇 사분면 위의 점인가?

① 제1사분면 ② 제2사분면
③ 제3사분면 ④ 제4사분면
⑤ 어느 사분면에도 속하지 않는다.

07 오른쪽 그림과 같은 모양의 그릇에 일정한 속력으로 물을 채울 때, 시간 x에 따른 물의 높이 y의 변화를 나타낸 그래프로 알맞은 것은?

① ②

③ ④

⑤

08 점 $(a, -b)$가 제2사분면 위의 점일 때, 점 $(ab, b+a)$는 제몇 사분면 위의 점인가?

① 제1사분면 ② 제2사분면
③ 제3사분면 ④ 제4사분면
⑤ 어느 사분면에도 속하지 않는다.

09 세 점 A(3, 1), B(−3, 1), C(0, −3)을 꼭짓점으로 하는 삼각형 ABC의 넓이는?

① 6   ② $\dfrac{15}{2}$ ③ 9

④ 10   ⑤ 12

10 점 $(−a, −b)$가 제4사분면 위의 점일 때, 다음 중 점 $(a−b, −ab)$와 같은 사분면 위의 점은?

① (1, −2)   ② (5, 2)   ③ (−2, −3)

④ (0, −1)   ⑤ (−4, 3)

11 A(4, 2)를 y축에 대하여 대칭이동한 점을 B, 원점에 대하여 대칭이동한 점을 C, x축에 대하여 대칭이동한 점을 D라 할 때, 사각형 ABCD의 넓이는?

① 30   ② 32   ③ 34

④ 36   ⑤ 38

12 오른쪽 그래프는 희종이가 집에서 2000 m 떨어진 도서관에 다녀올 때, x분 후 집으로부터의 거리 y m를 나타낸 것이다. 희종이가 도서관에 머무른 시간은 몇 분인가?

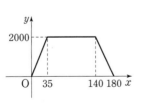

① 35분   ② 60분   ③ 85분

④ 105분   ⑤ 140분

13 $ab<0$, $a+b>0$, $|a|>|b|$일 때, 점 $(b, a−b)$는 제몇 사분면 위의 점인지 구하시오.

14 제2사분면 위의 점 P$(−a, b)$와 x축에 대하여 대칭인 점을 Q, 원점에 대하여 대칭인 점을 R, y축에 대하여 대칭인 점을 S라 하자. 사각형 PQRS의 넓이가 24일 때, ab의 값을 구하시오.

서술형
15 두 점 $(3m−1, −2)$, $\left(4, \dfrac{1}{2}n+1\right)$이 y축에 대하여 대칭일 때, mn의 값을 구하시오.

서술형
16 점 A(3, 4)와 y축에 대하여 대칭인 점을 B, 원점에 대하여 대칭인 점을 C라 할 때, 삼각형 ABC의 넓이를 구하시오.

점수

객관식 | 1~4번 각 5점, 5~12번 각 6점

01 다음 **보기** 중 y가 x에 정비례하는 것은 모두 몇 개인가?

> ● 보기 ●
> ㄱ. $xy=2$ ㄴ. $y=-\dfrac{3}{2}x$ ㄷ. $y=-30x$
> ㄹ. $y=\dfrac{3}{x}$ ㅁ. $6y=3x$ ㅂ. $y=x+1$

① 1개 ② 2개 ③ 3개
④ 4개 ⑤ 5개

02 다음 중 y가 x에 정비례하지 <u>않는</u> 것은?

① 넓이가 $3\ \text{cm}^2$인 삼각형의 밑변의 길이 $x\ \text{cm}$와 높이 $y\ \text{cm}$
② 가로의 길이가 $x\ \text{cm}$, 세로의 길이가 $6\ \text{cm}$인 직사각형의 넓이 $y\ \text{cm}^2$
③ 10 %의 소금물 $x\ \text{g}$에 들어 있는 소금의 양 $y\ \text{g}$
④ 한 변의 길이가 $x\ \text{cm}$인 정사각형의 둘레의 길이 $y\ \text{cm}$
⑤ 분속 80 m로 x분 동안 달린 거리 $y\ \text{m}$

03 반비례 관계 $y=-\dfrac{4}{x}$의 그래프에 대한 다음 설명 중 옳지 <u>않은</u> 것을 모두 고르면? (정답 2개)

① $x>0$이면 x의 값이 증가할 때, y의 값은 감소한다.
② $x<0$이면 제2사분면을 지난다.
③ 제2사분면과 제4사분면을 지난다.
④ 점 $(2, -2)$를 지난다.
⑤ 점 $(0, 0)$을 지나는 직선이다.

04 다음 정비례 관계의 그래프 중에서 y축에 가장 가까운 것은?

① $y=-x$ ② $y=-\dfrac{5}{2}x$ ③ $y=-4x$
④ $y=3x$ ⑤ $y=\dfrac{7}{2}x$

05 반비례 관계 $y=\dfrac{a}{x}\ (a\neq0)$의 그래프가 오른쪽 그림과 같을 때, 상수 a의 값은?

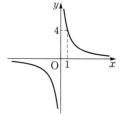

① 2 ② 4
③ 6 ④ 8
⑤ 10

06 y가 x에 반비례할 때, x, y 사이의 관계를 표로 나타내면 다음과 같다. 이때 $p+q+r+s$의 값은?

x	-6	-3	q	2	r	s
y	p	-4	-6	6	4	2

① -1 ② 1 ③ 3
④ 5 ⑤ 7

07 정비례 관계 $y=ax\ (a\neq0)$의 그래프가 오른쪽 그림과 같을 때, $4a^2$의 값은? (단, a는 상수)

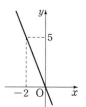

① 16 ② 20
③ 25 ④ 30
⑤ 36

08 반비례 관계 $y=\dfrac{a}{x}\ (a\neq0)$의 그래프가 점 $(2, 3)$을 지날 때, 다음 중 이 그래프 위의 점은? (단, a는 상수)

① $(-3, -2)$ ② $(-2, 3)$
③ $(-1, 6)$ ④ $(2, -3)$
⑤ $(3, -1)$

09 정비례 관계 $y = ax$ $(a \neq 0)$의 그래프가 점 $(2, -3)$을 지나고, 반비례 관계 $y = \dfrac{4}{x}$의 그래프가 점 $(-1, b)$를 지날 때, ab의 값은? (단, a는 상수)

① -6 ② -2 ③ $\dfrac{8}{3}$

④ 3 ⑤ 6

10 y는 x에 반비례하고 $x = -5$일 때, $y = 6$이다. 또 z는 y에 정비례하고 $y = 3$일 때, $z = 9$이다. $x = -15$일 때, z의 값은?

① -3 ② 3 ③ 6
④ 9 ⑤ 12

11 9명이 일을 하면 10일이 걸리는 일이 있다. x명이 y일 동안 일을 하면 이 일이 끝난다고 할 때, 6일 동안 일을 하여 이 일을 끝내려면 필요한 사람은 몇 명인가? (단, 한 사람당 일하는 양은 같다.)

① 12명 ② 13명 ③ 14명
④ 15명 ⑤ 16명

12 오른쪽 그래프는 희종이와 지혜가 둘레의 길이가 5 km인 호수 둘레를 도는 데 걸린 시간 x분과 이동 거리 y m 사이의 관계를 나타낸 것이다. 두 사람이 동시에 출발하였을 때 희종이가 5 km를 다 돈 후 지혜가 올 때까지 몇 분 동안 기다려야 하는가?

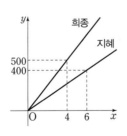

(단, 두 사람의 속도는 각각 일정하다.)

① 30분 ② 35분 ③ 40분
④ 45분 ⑤ 50분

13 휘발유 5 L로 60 km를 가는 자동차가 있다. 이 자동차가 사용한 휘발유의 양을 x L, 이동한 거리를 y km라 할 때, 이 자동차가 180 km를 가는 동안 사용한 휘발유는 몇 L인지 구하시오.

14 오른쪽 그림은 정비례 관계 $y = \dfrac{3}{4}x$의 그래프와 반비례 관계 $y = \dfrac{a}{x}$ $(a \neq 0, x > 0)$의 그래프이다. 반비례 관계 $y = \dfrac{a}{x}$의 그래프가 점 A$(1, b)$를 지나고 두 그래프가 만나는 점 B의 y좌표가 3일 때, $a + b$의 값을 구하시오.

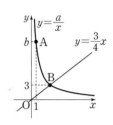

(단, a는 상수)

15 오른쪽 그림과 같은 정비례 관계 $y = \dfrac{5}{4}x$의 그래프에서 삼각형 OPQ의 넓이를 구하시오.

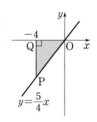

(단, O는 원점)

16 반비례 관계 $y = \dfrac{a}{x}$ $(a \neq 0)$의 그래프가 점 $(-3, 2)$를 지날 때, 이 그래프 위의 점 중에서 x좌표, y좌표가 모두 정수인 것의 개수를 구하시오. (단, a는 상수)

MEMO

MEMO

개념원리와
만나는
모든 방법

다양한 이벤트, 동기부여 콘텐츠 등
공부 자극에 필요한 모든 콘텐츠를 보고 싶다면?

개념원리 공식 인스타그램
@wonri_with

교재 속 QR코드 문제 풀이 영상 공부법까지
수학 공부에 필요한 모든 것

개념원리 공식 유튜브 채널
youtube.com/개념원리2022

개념원리에서 만들어지는 모든 콘텐츠를
정기적으로 받고 싶다면?

 개념원리 공식
카카오뷰 채널

개념원리
RPM

중학 수학 1-1

정답과 풀이

개념원리 수학연구소

정답과 풀이

친절한 풀이	정확하고 이해하기 쉬운 친절한 풀이
다른 풀이	수학적 사고력을 키우는 다양한 해결 방법 제시
서술형 분석	모범 답안과 단계별 배점 제시로 서술형 문제 완벽 대비

개념원리

RPM

문제기본서 [알피엠]

중학수학 1-1

정답과 풀이

01 소인수분해

교과서문제 정복하기

0001 답 (1) ○ (2) △ (3) ○ (4) △

0002 답 ○

0003 소수 중에 2는 짝수이다.

답 ×

0004 1은 소수가 아니며 가장 작은 소수는 2이다.

답 ×

0005 2의 배수 중 소수는 2로 1개뿐이다.

답 ○

0006 답 밑 : 3, 지수 : 4

0007 답 밑 : 4, 지수 : 3

0008 답 3^3 **0009** 답 5^4

0010 답 $\left(\dfrac{1}{2}\right)^3$ **0011** 답 $2^2 \times 7^3$

0012 답 $2^3 \times 5^2 \times 7$

0013 답 $\left(\dfrac{1}{2}\right)^2 \times \left(\dfrac{1}{5}\right)^2 \times \left(\dfrac{1}{7}\right)^3$

0014 답 2^4 **0015** 답 3^3

0016 답 5^3 **0017** 답 10^3

0018
$$\begin{array}{r} 2\,)\,24 \\ \hline 2\,)\,12 \\ \hline 2\,)\,6 \\ \hline 3 \end{array}$$

답 $2^3 \times 3$, 소인수 : 2, 3

0019
$$\begin{array}{r} 2\,)\,36 \\ \hline 2\,)\,18 \\ \hline 3\,)\,9 \\ \hline 3 \end{array}$$

답 $2^2 \times 3^2$, 소인수 : 2, 3

0020
$$\begin{array}{r} 3\,)\,75 \\ \hline 5\,)\,25 \\ \hline 5 \end{array}$$

답 3×5^2, 소인수 : 3, 5

0021
$$\begin{array}{r} 2\,)\,200 \\ \hline 2\,)\,100 \\ \hline 2\,)\,50 \\ \hline 5\,)\,25 \\ \hline 5 \end{array}$$

답 $2^3 \times 5^2$, 소인수 : 2, 5

0022
$$\begin{array}{r} 2\,)\,42 \\ \hline 3\,)\,21 \\ \hline 7 \end{array}$$

답 $2 \times 3 \times 7$, 소인수 : 2, 3, 7

0023
$$\begin{array}{r} 2\,)\,98 \\ \hline 7\,)\,49 \\ \hline 7 \end{array}$$

답 2×7^2, 소인수 : 2, 7

0024
$$\begin{array}{r} 2\,)\,144 \\ \hline 2\,)\,72 \\ \hline 2\,)\,36 \\ \hline 2\,)\,18 \\ \hline 3\,)\,9 \\ \hline 3 \end{array}$$

답 $2^4 \times 3^2$, 소인수 : 2, 3

0025
$$\begin{array}{r} 2\,)\,432 \\ \hline 2\,)\,216 \\ \hline 2\,)\,108 \\ \hline 2\,)\,54 \\ \hline 3\,)\,27 \\ \hline 3\,)\,9 \\ \hline 3 \end{array}$$

답 $2^4 \times 3^3$, 소인수 : 2, 3

0026 답

×	1	3	3^2
1	1	3	9
2	2	6	18
2^2	4	12	36
2^3	8	24	72

약수 : 1, 2, 3, 4, 6, 8, 9, 12, 18, 24, 36, 72

0027 답

×	1	3	3^2
1	1	3	9
2	2	6	18

답 1, 2, 3, 6, 9, 18

0028

$\times$	1	5	5^2
1	1	5	25
3	3	15	75
3^2	9	45	225

답 **1, 3, 5, 9, 15, 25, 45, 75, 225**

0029 $100=2^2\times5^2$이므로

$\times$	1	5	5^2
1	1	5	25
2	2	10	50
2^2	4	20	100

답 **1, 2, 4, 5, 10, 20, 25, 50, 100**

0030 $196=2^2\times7^2$이므로

$\times$	1	7	7^2
1	1	7	49
2	2	14	98
2^2	4	28	196

답 **1, 2, 4, 7, 14, 28, 49, 98, 196**

0031 $(2+1)\times(1+1)=6$(개)   답 **6개**

0032 $(4+1)\times(2+1)=15$(개)   답 **15개**

0033 $(2+1)\times(1+1)\times(3+1)=24$(개)   답 **24개**

0034 $135=3^3\times5$이므로 약수의 개수는
$(3+1)\times(1+1)=8$(개)

답 **8개**

0035 $180=2^2\times3^2\times5$이므로 약수의 개수는
$(2+1)\times(2+1)\times(1+1)=18$(개)

답 **18개**

유형 익히기

0036 1은 소수가 아니다.
$21=3\times7$, $33=3\times11$, $91=7\times13$, $237=3\times79$
이므로 21, 33, 91, 237은 소수가 아니다.
따라서 소수는 7, 47, 113의 3개이다.

답 **3개**

0037 합성수는 1보다 큰 자연수 중 소수가 아닌 수이므로 27, 98, 150의 3개이다.   답 **3개**

0038 ① 1은 소수도 아니고 합성수도 아니다.
③ 소수 중 2는 짝수이다.
④ 자연수 1은 소수도 아니고 합성수도 아니다.
　 따라서 모든 자연수는 1 또는 소수 또는 합성수이다.
⑤ 30보다 작은 소수는 2, 3, 5, 7, 11, 13, 17, 19, 23, 29의 10개이다.   답 ②

0039 20에 가장 가까운 소수는 19이므로 $a=19$, 20에 가장 가까운 합성수는 21이므로 $b=21$
$\therefore a+b=19+21=40$

답 **40**

0040 ① $3^3=3\times3\times3=27$
③ $\dfrac{1}{2}\times\dfrac{1}{2}\times\dfrac{1}{2}\times\dfrac{1}{2}\times\dfrac{1}{2}=\left(\dfrac{1}{2}\right)^5=\dfrac{1}{2^5}$
④ $\dfrac{1}{10\times100^2}=\dfrac{1}{10\times100\times100}$
$=\dfrac{1}{10\times10\times10\times10\times10}=\dfrac{1}{10^5}$

답 ①, ③

0041 ① $2\times2\times2\times2=2^4$
② $5+5+5+5=5\times4$
③ $2\times2\times5\times5=2^2\times5^2$
④ $3\times3\times3\times2\times2=2^2\times3^3$ 답 ⑤

0042 $a\times a\times b\times b\times a\times c\times b\times c\times b=a^3\times b^4\times c^2$이므로
$x=3$, $y=4$, $z=2$
$\therefore x+y-z=3+4-2=5$ 답 **5**

0043 $16=2^4$이므로 $a=4$
······ ㉮

$3^4=81$이므로 $b=81$
······ ㉯

$\therefore a+b=4+81=85$
······ ㉰

답 **85**

단계	채점요소	배점
㉮	a의 값 구하기	40%
㉯	b의 값 구하기	40%
㉰	$a+b$의 값 구하기	20%

0044
① $2\,)\,\underline{48}$
$\quad 2\,)\,\underline{24}$
$\quad\ \ 2\,)\,\underline{12}$
$\quad\ \ \ \ 2\,)\,\underline{6}$
$\quad\ \ \ \ \ \ \ 3$
$\therefore 48 = 2^4 \times 3$

② $2\,)\,\underline{60}$
$\quad 2\,)\,\underline{30}$
$\quad\ \ 3\,)\,\underline{15}$
$\quad\ \ \ \ \ 5$
$\therefore 60 = 2^2 \times 3 \times 5$

③ $2\,)\,\underline{80}$
$\quad 2\,)\,\underline{40}$
$\quad\ \ 2\,)\,\underline{20}$
$\quad\ \ \ \ 2\,)\,\underline{10}$
$\quad\ \ \ \ \ \ \ 5$
$\therefore 80 = 2^4 \times 5$

④ $2\,)\,\underline{120}$
$\quad 2\,)\,\underline{60}$
$\quad\ \ 2\,)\,\underline{30}$
$\quad\ \ \ \ 3\,)\,\underline{15}$
$\quad\ \ \ \ \ \ \ 5$
$\therefore 120 = 2^3 \times 3 \times 5$

⑤ $2\,)\,\underline{140}$
$\quad 2\,)\,\underline{70}$
$\quad\ \ 5\,)\,\underline{35}$
$\quad\ \ \ \ \ 7$
$\therefore 140 = 2^2 \times 5 \times 7$

답 ③

0045
(1) $2\,)\,\underline{54}$
$\quad 3\,)\,\underline{27}$
$\quad\ \ 3\,)\,\underline{9}$
$\quad\ \ \ \ \ 3$
$\therefore 54 = 2 \times 3^3$

(2) $2\,)\,\underline{72}$
$\quad 2\,)\,\underline{36}$
$\quad\ \ 2\,)\,\underline{18}$
$\quad\ \ \ \ 3\,)\,\underline{9}$
$\quad\ \ \ \ \ \ \ 3$
$\therefore 72 = 2^3 \times 3^2$

(3) $2\,)\,\underline{84}$
$\quad 2\,)\,\underline{42}$
$\quad\ \ 3\,)\,\underline{21}$
$\quad\ \ \ \ \ 7$
$\therefore 84 = 2^2 \times 3 \times 7$

(4) $2\,)\,\underline{180}$
$\quad 2\,)\,\underline{90}$
$\quad\ \ 3\,)\,\underline{45}$
$\quad\ \ \ \ 3\,)\,\underline{15}$
$\quad\ \ \ \ \ \ \ 5$
$\therefore 180 = 2^2 \times 3^2 \times 5$

답 (1) $\mathbf{2 \times 3^3}$ (2) $\mathbf{2^3 \times 3^2}$ (3) $\mathbf{2^2 \times 3 \times 7}$ (4) $\mathbf{2^2 \times 3^2 \times 5}$

0046 $360 = 2^3 \times 3^2 \times 5$이므로
⟶ ㉮
$a = 3, b = 2, c = 5$
⟶ ㉯
$\therefore a - b + c = 3 - 2 + 5 = 6$
⟶ ㉰

답 **6**

단계	채점요소	배점
㉮	360을 소인수분해하기	60 %
㉯	a, b, c의 값 구하기	30 %
㉰	$a - b + c$의 값 구하기	10 %

0047 $225 = 3^2 \times 5^2$이므로
$a = 3, b = 5, m = 2, n = 2$
$\therefore a + b - m + n = 3 + 5 - 2 + 2 = 8$

답 **8**

0048 $150 = 2 \times 3 \times 5^2$이므로 소인수는 2, 3, 5이다.
따라서 모든 소인수의 합은 $2 + 3 + 5 = 10$

답 **10**

0049 $252 = 2^2 \times 3^2 \times 7$이므로 소인수는 2, 3, 7이다.

답 ②

0050 ㄱ. $6 = 2 \times 3$이므로 소인수는 2, 3이다.
ㄴ. $32 = 2^5$이므로 소인수는 2이다.
ㄷ. $60 = 2^2 \times 3 \times 5$이므로 소인수는 2, 3, 5이다.
ㄹ. $108 = 2^2 \times 3^3$이므로 소인수는 2, 3이다.
따라서 소인수가 같은 것은 ㄱ, ㄹ이다.

답 ②

0051 ① $18 = 2 \times 3^2$이므로 소인수는 2, 3이다.
② $42 = 2 \times 3 \times 7$이므로 소인수는 2, 3, 7이다.
③ $48 = 2^4 \times 3$이므로 소인수는 2, 3이다.
④ $54 = 2 \times 3^3$이므로 소인수는 2, 3이다.
⑤ $144 = 2^4 \times 3^2$이므로 소인수는 2, 3이다.
따라서 소인수가 나머지 네 수의 소인수와 다른 하나는 ②이다.

답 ②

0052 $2^3 \times 5 \times 7^2$의 약수는
(2^3의 약수) × (5의 약수) × (7^2의 약수)의 꼴이다.
① $8 = 2^3$ ② $28 = 2^2 \times 7$ ③ $40 = 2^3 \times 5$
④ $72 = 2^3 \times 3^2$ ⑤ $98 = 2 \times 7^2$
따라서 $2^3 \times 5 \times 7^2$의 약수가 아닌 것은 ④이다.

답 ④

0053 $420 = 2^2 \times 3 \times 5 \times 7$이므로 420의 약수가 아닌 것은
③ $2^3 \times 3 \times 7$이다.

답 ③

0054 $216 = 2^3 \times 3^3$이므로 216의 약수 중에서 어떤 자연수의 제곱이 되는 수는 1, 2^2, 3^2, $2^2 \times 3^2$의 4개이다.

답 **4개**

0055 $2^2 \times 3^4$의 약수 중에서 가장 큰 수는 자기 자신, 즉 $2^2 \times 3^4$이고 두 번째로 큰 수는 자기 자신을 가장 작은 소인수인 2로 나눈 것이므로 $2 \times 3^4 = 162$이다.

답 **162**

0056 ① $(2+1) \times (2+1) = 9$(개)

② $(3+1) \times (2+1) = 12$(개)

③ $(2+1) \times (2+1) \times (1+1) = 18$(개)

④ $(2+1) \times (1+1) \times (1+1) = 12$(개)

⑤ $(2+1) \times (4+1) = 15$(개)   답 ③

0057 $8 \times 3^a \times 5^2 = 2^3 \times 3^a \times 5^2$의 약수의 개수가 72개이므로

$(3+1) \times (a+1) \times (2+1) = 72$

$12 \times (a+1) = 72$

$a+1 = 6$ ∴ $a = 5$ 답 **5**

0058 $360 = 2^3 \times 3^2 \times 5$이므로 360의 약수의 개수는

$(3+1) \times (2+1) \times (1+1) = 24$(개)

-- ㉮

$2^2 \times 3 \times 5^n$의 약수의 개수는

$(2+1) \times (1+1) \times (n+1) = 6 \times (n+1)$(개)

이므로 $6 \times (n+1) = 24$에서

-- ㉯

$n+1 = 4$ ∴ $n = 3$

-- ㉰

답 **3**

단계	채점요소	배점
㉮	360의 약수의 개수 구하기	30%
㉯	360과 $2^2 \times 3 \times 5^n$의 약수의 개수가 같음을 이용하여 식 세우기	40%
㉰	n의 값 구하기	30%

0059 $a = 2$일 때, $x = 2^4 \times 2^2 = 2^6$이므로 약수의 개수는

$6+1 = 7$(개)이다.

이때 $x = 2^4 \times a^2$ (a는 소수)의 약수의 개수는 15개이므로 $a \neq 2$이다.

따라서 $a = 3$이므로 구하는 가장 작은 자연수 x의 값은

$2^4 \times 3^2 = 144$이다.   답 **144**

유형 UP --------------------------------------

0060 $63 = 3^2 \times 7$이므로 곱해야 하는 자연수는 $7 \times$(자연수)^{2}의 꼴이어야 한다.

① $7 = 7 \times 1^2$ ② $21 = 7 \times 3$ ③ $28 = 7 \times 2^2$

④ $35 = 7 \times 5$ ⑤ $49 = 7^2$

따라서 곱할 수 있는 수는 ①, ③이다.   답 ①, ③

0061 $84 = 2^2 \times 3 \times 7$이므로

-- ㉮

$84 \times x = 2^2 \times 3 \times 7 \times x = y^2$이 되려면

$x = 3 \times 7 = 21$

-- ㉯

이때 $y^2 = 2^2 \times 3 \times 7 \times 3 \times 7 = 2^2 \times 3^2 \times 7^2 = (2 \times 3 \times 7)^2$이므로

$y = 2 \times 3 \times 7 = 42$

-- ㉰

∴ $x + y = 21 + 42 = 63$

-- ㉱

답 **63**

단계	채점요소	배점
㉮	84를 소인수분해하기	20%
㉯	x의 값 구하기	30%
㉰	y의 값 구하기	30%
㉱	$x+y$의 값 구하기	20%

0062 $180 = 2^2 \times 3^2 \times 5$이므로 $180 \div a = b^2$이려면 $a = 5$

이때 $b^2 = 180 \div 5 = 36 = 6^2$이므로 $b = 6$

∴ $a + b = 5 + 6 = 11$ 답 ③

0063 $540 = 2^2 \times 3^3 \times 5$이므로 곱해야 하는 자연수는

$3 \times 5 \times$(자연수)^{2}의 꼴이어야 한다.

즉, $3 \times 5 \times 1^2$, $3 \times 5 \times 2^2$, $3 \times 5 \times 3^2$, $\cdots$이므로 두 번째로 작은 자연수는 $3 \times 5 \times 2^2 = 60$

답 ⑤

0064 ① $24 \times 2 = 2^4 \times 3$의 약수의 개수는

$(4+1) \times (1+1) = 10$(개)

② $24 \times 3 = 2^3 \times 3^2$의 약수의 개수는

$(3+1) \times (2+1) = 12$(개)

③ $24 \times 4 = 2^5 \times 3$의 약수의 개수는

$(5+1) \times (1+1) = 12$(개)

④ $24 \times 5 = 2^3 \times 3 \times 5$의 약수의 개수는

$(3+1) \times (1+1) \times (1+1) = 16$(개)

⑤ $24 \times 6 = 2^4 \times 3^2$의 약수의 개수는

$(4+1) \times (2+1) = 15$(개)

답 ④

0065 $2 \times 3 \times \square$의 약수의 개수가 8개이고

$8 = 7+1$ 또는 $8 = (3+1) \times (1+1)$ 또는

$8 = (1+1) \times (1+1) \times (1+1)$

(i) $8 = 7+1$일 때, $\square$ 안에 들어갈 수 있는 자연수는 없다.

(ii) $8=(3+1)\times(1+1)$일 때, $\square$ 안에 들어갈 수 있는 가장 작은 자연수는 $\square=2^2=4$

(iii) $8=(1+1)\times(1+1)\times(1+1)$일 때, $\square$ 안에 들어갈 수 있는 가장 작은 자연수는 $\square=5$

따라서 구하는 수는 4이다.

달 **4**

0066 $120=2^3\times3\times5$이므로

$N(120)=(3+1)\times(1+1)\times(1+1)=16$

$N(120)\times N(x)=64$에서

$16\times N(x)=64$ $\therefore N(x)=4$

즉, 자연수 x의 약수의 개수는 4개이고 x는 a^3 (a는 소수)의 꼴이거나 $a\times b$ (a, b는 서로 다른 소수)의 꼴이다.

(i) x가 a^3 (a는 소수)의 꼴일 때, 가장 작은 자연수 x의 값은 $x=2^3=8$

(ii) x가 $a\times b$ (a, b는 서로 다른 소수)의 꼴일 때, 가장 작은 자연수 x의 값은 $x=2\times3=6$

따라서 구하는 자연수 x의 값은 6이다.

달 **6**

0067 약수의 개수가 6개인 자연수는 a^5 (a는 소수)의 꼴 또는 $a^2\times b$ (a, b는 서로 다른 소수)의 꼴이다.

(i) a^5 (a는 소수)의 꼴일 때, $2^5=32$, $3^5=243$, $\cdots$

(ii) $a^2\times b$ (a, b는 서로 다른 소수)의 꼴일 때,

$2^2\times3=12$, $2^2\times5=20$, $2^2\times7=28$, $2^2\times11=44$,

$2^2\times13=52$, $\cdots$

$3^2\times2=18$, $3^2\times5=45$, $3^2\times7=63$, $\cdots$

$5^2\times2=50$, $5^2\times3=75$, $\cdots$

$7^2\times2=98$, $\cdots$

따라서 (i), (ii)에 의해 1에서 50까지의 자연수 중 약수의 개수가 6개인 자연수는 12, 18, 20, 28, 32, 44, 45, 50의 8개이다.

달 **8개**

중단원 마무리하기

0068 ① $7^2\times7^3=7^5$

② $3\times3\times3\times3\times3=3^5$

④ $3+3+3+3=4\times3$

⑤ $\dfrac{1}{5}\times\dfrac{1}{5}\times\dfrac{1}{5}=\left(\dfrac{1}{5}\right)^3$

달 ③

0069

```
2) 504
2) 252
2) 126
3)  63
3)  21
     7     ∴ 504=2³×3²×7
```

달 ③

0070 ① $30=2\times3\times5$

$\Rightarrow(1+1)\times(1+1)\times(1+1)=8$(개)

② $72=2^3\times3^2\Rightarrow(3+1)\times(2+1)=12$(개)

③ $180=2^2\times3^2\times5\Rightarrow(2+1)\times(2+1)\times(1+1)=18$(개)

④ $(2+1)\times(1+1)\times(1+1)=12$(개)

⑤ $(5+1)\times(1+1)\times(1+1)=24$(개)

달 ⑤

0071 20 미만의 자연수 중에서 합성수는 4, 6, 8, 9, 10, 12, 14, 15, 16, 18의 10개이다.

달 ③

0072 $90=2\times3^2\times5$에서 소인수는 2, 3, 5이므로

$a=2+3+5=10$

$108=2^2\times3^3$이므로 $b=(2+1)\times(3+1)=12$

한 자리의 소수는 2, 3, 5, 7의 4개이므로 $c=4$

$\therefore a+b-c=10+12-4=18$

달 ③

0073 $200=2^3\times5^2$이므로 200의 약수가 아닌 것은 ④ 5^3이다.

달 ④

0074 $729=3^6$이므로 $a=6$

$125=5^3$이므로 $b=3$

$\therefore a+b=6+3=9$

달 **9**

0075 ㄱ. 10 이하의 자연수 중 소수는 2, 3, 5, 7의 4개이다.

ㄴ. $25=5^2$이므로 25의 소인수는 5이다.

ㄷ. $91=7\times13$이므로 소수가 아니다.

따라서 보기에서 옳은 것은 ㄷ, ㄹ의 2개이다.

달 ②

0076 $525=3\times5^2\times7$이고 어떤 자연수의 제곱이 되려면 모든 소인수의 지수가 짝수가 되어야 한다.

따라서 나누어야 하는 가장 작은 자연수는 $3\times7=21$

달 ④

0077 어떤 수의 약수 중 두 번째로 작은 수는 가장 작은 소인수이고, 두 번째로 큰 수는 주어진 수를 가장 작은 소인수로 나눈 수이므로

$a=2$, $b=2 \times 3 \times 5^2=150$

$\therefore a+b=2+150=152$

目 152

0078 ① $8 \times 2=2^3 \times 2=2^4$의 약수의 개수는 $4+1=5$(개)
② $8 \times 3=2^3 \times 3$의 약수의 개수는
$(3+1) \times (1+1)=8$(개)
③ $8 \times 7=2^3 \times 7$의 약수의 개수는
$(3+1) \times (1+1)=8$(개)
④ $8 \times 11=2^3 \times 11$의 약수의 개수는
$(3+1) \times (1+1)=8$(개)
⑤ $8 \times 13=2^3 \times 13$의 약수의 개수는
$(3+1) \times (1+1)=8$(개)

目 ①

0079 (가)에서 $A=3^a \times 5^b$ (a, b는 자연수)의 꼴이고 (나)에서 약수의 개수가 10개이므로
$A=3 \times 5^4$ 또는 $A=3^4 \times 5$
따라서 주어진 조건을 만족하는 가장 작은 자연수 A는 $3^4 \times 5=405$이다.

目 405

0080 $450=2 \times 3^2 \times 5^2$이므로 약수의 개수는
$(1+1) \times (2+1) \times (2+1)=18$(개)

───────────────────── ㉮

$4 \times 3^a \times 7=2^2 \times 3^a \times 7$의 약수의 개수는
$(2+1) \times (a+1) \times (1+1)=6 \times (a+1)$(개)
이므로 $6 \times (a+1)=18$에서

───────────────────── ㉯

$a+1=3$ $\therefore a=2$

───────────────────── ㉰

目 2

단계	채점요소	배점
㉮	450의 약수의 개수 구하기	30%
㉯	450과 $4 \times 3^a \times 7$의 약수의 개수가 같음을 이용하여 식 세우기	40%
㉰	a의 값 구하기	30%

0081 $735=3 \times 5 \times 7^2$이므로

───────────────────── ㉮

$735 \times x=3 \times 5 \times 7^2 \times x=y^2$이 되려면

$x=3 \times 5=15$

───────────────────── ㉯

이때 $y^2=3 \times 5 \times 7^2 \times 3 \times 5=3^2 \times 5^2 \times 7^2=(3 \times 5 \times 7)^2$이므로
$y=3 \times 5 \times 7=105$

───────────────────── ㉰

$\therefore x+y=15+105=120$

───────────────────── ㉱

目 120

단계	채점요소	배점
㉮	735를 소인수분해하기	20%
㉯	x의 값 구하기	30%
㉰	y의 값 구하기	30%
㉱	$x+y$의 값 구하기	20%

0082 $35=5 \times 7$이므로
$f(35)=(1+1) \times (1+1)=4$
$f(35) \times f(x)=36$에서
$4 \times f(x)=36$ $\therefore f(x)=9$
즉, 자연수 x의 약수의 개수는 9개이고 x는 a^8 (a는 소수)의 꼴이거나 $a^2 \times b^2$ (a, b는 서로 다른 소수)의 꼴이다.
(i) x가 a^8 (a는 소수)의 꼴일 때, 가장 작은 자연수 x의 값은
$x=2^8=256$
(ii) x가 $a^2 \times b^2$ (a, b는 서로 다른 소수)의 꼴일 때, 가장 작은 자연수 x의 값은 $x=2^2 \times 3^2=36$
따라서 구하는 자연수 x의 값은 36이다.

目 36

0083 $3^1=3$, $3^2=9$, $3^3=27$, $3^4=81$, $3^5=243$, $\cdots$ 이므로 일의 자리의 숫자는 3, 9, 7, 1의 4개의 숫자가 이 순서로 반복된다.
$7^1=7$, $7^2=49$, $7^3=343$, $7^4=2401$, $7^5=16807$, $\cdots$ 이므로 일의 자리의 숫자는 7, 9, 3, 1의 4개의 숫자가 이 순서로 반복된다.
따라서 3^{26}의 일의 자리의 숫자는 9, 7^5의 일의 자리의 숫자는 7이므로 $3^{26} \times 7^5$의 일의 자리의 숫자는 $9 \times 7=63$의 일의 자리의 숫자인 3이다.

目 ②

02 최대공약수와 최소공배수

0084 답 (1) **1, 2, 3, 6, 9, 18**
(2) **1, 2, 3, 4, 6, 8, 12, 24**
(3) **1, 2, 3, 6**
(4) **6**

0085 답 **1, 3, 5, 15**

0086
$$2\,)\ \underline{24\quad 32}$$
$$2\,)\ \underline{12\quad 16}$$
$$2\,)\ \underline{\ 6\quad\ 8}$$
$$\qquad\ 3\quad\ 4 \qquad \therefore 2\times2\times2=8$$
답 **8**

0087
$$2\,)\ \underline{54\quad 90}$$
$$3\,)\ \underline{27\quad 45}$$
$$3\,)\ \underline{\ 9\quad 15}$$
$$\qquad\ 3\quad\ 5 \qquad \therefore 2\times3\times3=18$$
답 **18**

0088
$$2\,)\ \underline{30\quad 42\quad 66}$$
$$3\,)\ \underline{15\quad 21\quad 33}$$
$$\qquad\ 5\quad\ 7\quad 11 \qquad \therefore 2\times3=6$$
답 **6**

0089
$$2\,)\ \underline{60\quad 84\quad 108}$$
$$2\,)\ \underline{30\quad 42\quad\ 54}$$
$$3\,)\ \underline{15\quad 21\quad\ 27}$$
$$\qquad\ 5\quad\ 7\quad\ 9 \qquad \therefore 2\times2\times3=12$$
답 **12**

0090 답 2×5 **0091** 답 $2^2\times3$

0092 답 $3^2\times5$

0093 두 수의 최대공약수를 각각 구해 보면
① 1   ② 3   ③ 1   ④ 11   ⑤ 2
따라서 두 수가 서로소인 것은 ①, ③이다.
답 ①, ③

0094 답 (1) **4, 8, 12, 16, 20, 24, ⋯**
(2) **6, 12, 18, 24, 30, ⋯**
(3) **12, 24, 36, 48, 60, ⋯**
(4) **12**

0095 답 **40, 80, 120**

0096
$$3\,)\ \underline{9\quad 12}$$
$$\qquad 3\quad\ 4 \qquad \therefore 3\times3\times4=36$$
답 **36**

0097
$$2\,)\ \underline{12\quad 30}$$
$$3\,)\ \underline{\ 6\quad 15}$$
$$\qquad\ 2\quad\ 5 \qquad \therefore 2\times3\times2\times5=60$$
답 **60**

0098
$$3\,)\ \underline{12\quad 15\quad 24}$$
$$2\,)\ \underline{\ 4\quad\ 5\quad\ 8}$$
$$2\,)\ \underline{\ 2\quad\ 5\quad\ 4}$$
$$\qquad\ 1\quad\ 5\quad\ 2$$
$$\therefore 3\times2\times2\times1\times5\times2=120$$
답 **120**

0099
$$3\,)\ \underline{18\quad 30\quad 45}$$
$$2\,)\ \underline{\ 6\quad 10\quad 15}$$
$$3\,)\ \underline{\ 3\quad\ 5\quad 15}$$
$$5\,)\ \underline{\ 1\quad\ 5\quad\ 5}$$
$$\qquad\ 1\quad\ 1\quad\ 1$$
$$\therefore 3\times2\times3\times5\times1\times1\times1=90$$
답 **90**

0100 답 $2^2\times3^2$ **0101** 답 $2^3\times5^3$

0102 답 $2^2\times3\times5^2$ **0103** 답 $2\times3^2\times5^2\times7$

0104 (두 수의 곱)=(최대공약수)×(최소공배수)이므로
$A\times84=28\times168$ $\therefore A=56$
답 **56**

0105 (두 수의 곱)=(최대공약수)×(최소공배수)이므로
$192=(최대공약수)\times48$ $\therefore (최대공약수)=4$
답 **4**

0106 가능한 한 많은 학생들에게 똑같이 나누어 주려면 학생 수는 24와 30의 최대공약수이어야 한다.
따라서 구하는 학생 수는 $2\times3=6$(명)
$$2\,)\ \underline{24\quad 30}$$
$$3\,)\ \underline{12\quad 15}$$
$$\qquad\ 4\quad\ 5$$
답 **6명**

0107 사과 : $24\div6=4$(개), 배 : $30\div6=5$(개)
답 **사과 : 4개, 배 : 5개**

0108 오전 7시 이후 두 유람선이 처음으로 동시에 출발하는 시각은 25와 40의 최소공배수 만큼의 시간이 흐른 뒤이다.
25와 40의 최소공배수는 $5\times5\times8=200$이므로 두 유람선이 오
$$5\,)\ \underline{25\quad 40}$$
$$\qquad\ 5\quad\ 8$$

전 7시 이후에 처음으로 동시에 출발하는 시각은 200분 후, 즉 3
시간 20분 후인 오전 10시 20분이다.

답 **오전 10시 20분**

유형 익히기

0109

$$
\begin{array}{r}
2^3 \times 3^3 \\
2 \times 3^4 \quad \times 7 \\
2^2 \times 3^2 \times 5 \\
\hline
(최대공약수)= \; 2 \times 3^2
\end{array}
$$

공통인 소인수 2의 지수 3, 1, 2 중 가장 작은 것은 1이므로 2^1
공통인 소인수 3의 지수 3, 4, 2 중 가장 작은 것은 2이므로 3^2
$\therefore$ (최대공약수)$=2 \times 3^2$

답 ①

0110
(1)
$$
\begin{array}{r}
2\,)\,\underline{12 \quad 40} \\
2\,)\,\underline{\;6 \quad 20} \\
3 \quad 10 \qquad \therefore (최대공약수)=2 \times 2=4
\end{array}
$$
(2)
$$
\begin{array}{r}
3\,)\,\underline{15 \quad 30 \quad 45} \\
5\,)\,\underline{\;5 \quad 10 \quad 15} \\
1 \quad 2 \quad 3 \qquad \therefore (최대공약수)=3 \times 5=15
\end{array}
$$
(3) (최대공약수)$=3 \times 5=15$

답 (1) **4** (2) **15** (3) **15**

0111

$$
\begin{array}{r}
2^2 \times 3^a \times 5^5 \\
3^4 \times 5^b \times 11 \\
2^3 \times 3^3 \times 5^4 \\
\hline
(최대공약수)= \qquad 3^2 \times 5^3
\end{array}
$$

공통인 소인수 3의 지수 a, 4, 3 중 가장 작은 것이 2이므로 $a=2$
.... ㉮

공통인 소인수 5의 지수 5, b, 4 중 가장 작은 것이 3이므로 $b=3$
.... ㉯

$\therefore a+b=2+3=5$
.... ㉰

답 **5**

단계	채점요소	배점
㉮	a의 값 구하기	40 %
㉯	b의 값 구하기	40 %
㉰	$a+b$의 값 구하기	20 %

0112 ⑤ $99=3^2 \times 11$이므로 $2^4 \times \boxed{3^2 \times 11}$과 $2^3 \times 3^5 \times 11$의 최

대공약수는 $2^3 \times 3^2 \times 11=792$이다.
따라서 □ 안에 들어갈 수 없는 수는 ⑤이다.

답 ⑤

0113 두 수의 최대공약수를 각각 구해 보면
① 2   ② 3   ③ 5   ④ 3   ⑤ 1
따라서 두 수가 서로소인 것은 ⑤이다.

답 ⑤

0114 ㄷ. 9와 16은 서로소이지만 둘 다 소수가 아니다.
따라서 옳은 것은 ㄱ, ㄴ, ㄹ이다.

답 ⑤

0115 $28=2^2 \times 7$이므로 28과 서로소인 자연수는 2와 7을 모
두 소인수로 갖지 않는 수이다.
따라서 20보다 크고 30보다 작은 자연수 중에서 28과 서로소인
자연수는 23, 25, 27, 29의 4개이다.

답 ③

0116 $2^2 \times 3 \times 5$, $2^2 \times 5^2$의 최대공약수는 $2^2 \times 5$이다.
공약수는 최대공약수의 약수이므로 공약수가 아닌 것은 ④이다.

답 ④

0117
$$
\begin{array}{r}
2\,)\,\underline{90 \quad 108 \quad 144} \\
3\,)\,\underline{45 \quad 54 \quad 72} \\
3\,)\,\underline{15 \quad 18 \quad 24} \\
5 \quad 6 \quad 8 \qquad \therefore (최대공약수)=2 \times 3^2
\end{array}
$$
따라서 공약수가 아닌 것은 ②이다.

답 ②

0118 A와 B의 공약수는 최대공약수인 48의 약수 1, 2, 3, 4,
6, 8, 12, 16, 24, 48이다.

답 ⑤

0119 세 수의 최대공약수는 $2^2 \times 3 \times 7$이다. 공약수는 최대공
약수의 약수이므로 구하는 공약수의 개수는
$(2+1) \times (1+1) \times (1+1)=12$(개)

답 ④

0120

$$
\begin{array}{r}
2 \times 3 \qquad \times 7 \\
2^3 \times 3 \times 5 \qquad \times 11 \\
3^2 \times 5 \\
\hline
(최소공배수)= \; 2^3 \times 3^2 \times 5 \times 7 \times 11
\end{array}
$$

답 ④

0121

$$
\begin{array}{r|lll}
2 & 12 & 40 & 60 \\
\hline
2 & 6 & 20 & 30 \\
\hline
3 & 3 & 10 & 15 \\
\hline
5 & 1 & 10 & 5 \\
\hline
& 1 & 2 & 1
\end{array}
$$

∴ (최소공배수)$=2\times2\times3\times5\times1\times2\times1=2^3\times3\times5$

답 ③

0122 두 수의 최소공배수를 각각 구해 보면

① $2^2\times3^2\times7$ ② $2^3\times3\times7$ ③ $2^2\times3\times7$

④ $2^3\times3^2\times7$ ⑤ $2^5\times3^4\times5\times7$

답 ④

0123

$$
\begin{array}{l}
\qquad\qquad 2^3\times3^a\times5 \\
\qquad\quad\, 2^b\times3^2\qquad\times7^3 \\
\hline
(최소공배수)=2^5\times3^3\times5\times7^c
\end{array}
$$

소인수 2의 지수 3, b 중 큰 것이 5이므로 $b=5$

소인수 3의 지수 a, 2 중 큰 것이 3이므로 $a=3$

소인수 7의 지수는 3이므로 $c=3$

∴ $a+b+c=3+5+3=11$

답 11

0124 $2^2\times3$, $2\times3^3\times5$의 최소공배수는 $2^2\times3^3\times5$이다.

공배수는 최소공배수의 배수이므로 공배수가 아닌 것은 ①이다.

답 ①

0125

$$
\begin{array}{l}
\qquad\qquad 2^3\times3 \\
\qquad\qquad 2\times3^2 \\
\qquad\qquad 2^2\times3\times5 \\
\hline
(최소공배수)=2^3\times3^2\times5
\end{array}
$$

최소공배수는 $2^3\times3^2\times5$이고 공배수는 최소공배수의 배수이다.

따라서 ② $2^4\times3\times5$는 $2^3\times3^2\times5$의 배수가 아니므로 공배수가 아니다.

답 ②

0126 공배수는 최소공배수의 배수이므로 100 이하의 자연수 중 18의 배수의 개수를 구한다.

$100\div18=5.5\cdots$ 이므로 5개이다.

답 ②

0127 8, 15, 24의 최소공배수는

$2\times2\times2\times3\times1\times5\times1=120$

$120\times5=600$, $120\times6=720$이므로 700에 가장 가까운 공배수는 720이다.

$$
\begin{array}{r|lll}
2 & 8 & 15 & 24 \\
\hline
2 & 4 & 15 & 12 \\
\hline
2 & 2 & 15 & 6 \\
\hline
3 & 1 & 15 & 3 \\
\hline
& 1 & 5 & 1
\end{array}
$$

답 720

0128

$$
\begin{array}{l}
\qquad\qquad\qquad 2^a\times3^2\times5 \\
\qquad\qquad\qquad 2^3\times3^b \\
\hline
(최대공약수)=2^2\times3^2 \\
(최소공배수)=2^3\times3^a\times5
\end{array}
$$

최대공약수에서 공통인 소인수 2의 지수 a, 3 중 작은 것이 2이므로 $a=2$

최소공배수에서 소인수 3의 지수 2, b 중 크거나 같은 것이 $a=2$이므로 $b=2$

∴ $a+b=2+2=4$

답 ④

0129

$$
\begin{array}{l}
\qquad\qquad\qquad 2^2\times3^3 \\
\qquad\qquad\qquad 2^3\times3^2\times5 \\
\qquad\qquad\qquad 2\times3^3\times5 \\
\hline
(최대공약수)=2\times3^2 \\
(최소공배수)=2^3\times3^3\times5
\end{array}
$$

답 ⑤

0130 최소공배수가 $720=2^4\times3^2\times5$이므로

$$
\begin{array}{l}
\qquad\qquad\qquad 2^2\times3^a \\
\qquad\qquad\qquad 2^b\times3 \\
\qquad\qquad\qquad 2^3\times3\times5^c \\
\hline
(최소공배수)=2^4\times3^2\times5
\end{array}
$$

소인수 2의 지수 2, b, 3 중 가장 큰 것이 4이므로 $b=4$

소인수 3의 지수 a, 1, 1 중 가장 큰 것이 2이므로 $a=2$

소인수 5의 지수는 1이므로 $c=1$

∴ $a+b+c=2+4+1=7$

답 7

0131

$$
\begin{array}{l}
\qquad\qquad\qquad 2^a\times3^2\times5^3 \\
\qquad\qquad\qquad 2^5\times3^b\qquad\times c \\
\hline
(최대공약수)=2^4\times3 \\
(최소공배수)=2^5\times3^2\times5^3\times11
\end{array}
$$

최대공약수에서 공통인 소인수 2의 지수 a, 5 중 작은 것이 4이므로 $a=4$

이고 공통인 소인수 3의 지수 2, b 중 작은 것이 1이므로 $b=1$

최소공배수에서 소인수 11의 지수가 1이므로 $c=11$

∴ $a+b+c=4+1+11=16$

답 16

0132 $12=2^2\times3$, $4200=2^3\times3\times5^2\times7$이므로

·· ㉔

$$
\begin{array}{l}
\qquad\qquad\qquad 2^a\times3\times5^2 \\
\qquad\qquad\qquad 2^3\times3^b\qquad\times c \\
\hline
(최대공약수)=2^2\times3 \\
(최소공배수)=2^3\times3\times5^2\times7
\end{array}
$$

최대공약수에서 공통인 소인수 2의 지수 a, 3 중 작은 것이 2이므로 $a=2$

최소공배수에서 소인수 3의 지수 1, b 중 크거나 같은 것이 1이므로 $b=1$

이고 소인수 7의 지수가 1이므로 $c=7$ .... ❹

$\therefore a-b+c=2-1+7=8$ .... ❺

📋 **8**

단계	채점요소	배점
❷	12, 4200을 소인수분해하기	20%
❹	a, b, c의 값 구하기	각 20%
❺	$a-b+c$의 값 구하기	20%

0133

$$2^3 \times 3^a \quad \times b$$
$$2^c \quad \times d \times 7$$
$$(최대공약수)= 2 \quad\quad \times 7$$
$$(최소공배수)= 2^3 \times 3 \times 5 \times 7$$

최대공약수에서 공통인 소인수 2의 지수 3, c 중 작은 것이 1이므로 $c=1$

이고 공통인 소인수 7의 지수가 1이므로 $b=7$

최소공배수에서 소인수 3의 지수는 1이므로 $a=1$

이고 소인수 5의 지수가 1이므로 $d=5$

$\therefore a \times b \times c \times d = 1 \times 7 \times 1 \times 5 = 35$

📋 **35**

0134 최대공약수가 $2^2 \times 3$이므로

$$2^2 \times 3\ )\ \underline{2^3 \times 3 \times 5 \quad A}$$
$$\quad\quad\quad a \quad\quad b \quad (단, a, b는 서로소)$$

이때 $2^3 \times 3 \times 5 = 2^2 \times 3 \times a$에서 $a=2 \times 5$

최소공배수가 $2^3 \times 3^2 \times 5 \times 7^2$이므로

$$2^2 \times 3 \times a \times b = 2^3 \times 3^2 \times 5 \times 7^2$$

즉, $2^2 \times 3 \times 2 \times 5 \times b = 2^3 \times 3^2 \times 5 \times 7^2$에서 $b=3 \times 7^2$

$\therefore A = (2^2 \times 3) \times b = 2^2 \times 3 \times 3 \times 7^2 = 2^2 \times 3^2 \times 7^2$

따라서 A의 약수의 개수는

$(2+1) \times (2+1) \times (2+1) = 27$(개)

📋 **27개**

다른풀이

(두 수의 곱)=(최대공약수)×(최소공배수)이므로

$2^3 \times 3 \times 5 \times A = (2^2 \times 3) \times (2^3 \times 3^2 \times 5 \times 7^2)$

$\therefore A = 2^2 \times 3^2 \times 7^2$

0135 (두 수의 곱)=(최대공약수)×(최소공배수)이므로

$A \times 18 = 6 \times 198$　$\therefore A=66$

📋 **④**

다른풀이

두 자연수 A, 18을 최대공약수 6으로 나누면 오른쪽과 같고, 최소공배수가 198이므로

$$6\ )\ \underline{A \quad 18}$$
$$\quad\quad a \quad 3$$
$$\quad\quad 서로소$$

$6 \times a \times 3 = 198$　$\therefore a=11$

$\therefore A = 6 \times 11 = 66$

0136 (두 수의 곱)=(최대공약수)×(최소공배수)이므로

$72 \times A = 36 \times 360$　$\therefore A=180$

📋 **180**

0137 (두 수의 곱)=(최대공약수)×(최소공배수)이므로

$480 = (최대공약수) \times 120$　$\therefore (최대공약수)=4$

📋 **②**

0138 (두 수의 곱)=(최대공약수)×(최소공배수)이므로

$540 = 6 \times (최소공배수)$

$\therefore (최소공배수)=90$

$A = 6 \times a$, $B = 6 \times b$ (a, b는 서로소, $a>b$)라 하면 최소공배수가 90이므로

$$6\ )\ \underline{A \quad B}$$
$$\quad\quad a \quad b$$

$6 \times a \times b = 90$　$\therefore a \times b = 15$

(i) $a=5$, $b=3$일 때, $A=6 \times 5=30$, $B=6 \times 3=18$

(ii) $a=15$, $b=1$일 때, $A=6 \times 15=90$, $B=6 \times 1=6$

그런데 A, B는 두 자리의 자연수이므로 $A=30$, $B=18$

$\therefore A+B=30+18=48$

📋 **48**

0139

$$x\ )\ \underline{4 \times x \quad 5 \times x \quad 6 \times x}$$
$$2\ )\ \underline{\quad 4 \quad\quad 5 \quad\quad 6}$$
$$\quad\quad\quad 2 \quad\quad 5 \quad\quad 3$$

$x \times 2 \times 2 \times 5 \times 3 = 180$이므로 $x=3$

📋 **②**

0140

$$x\ )\ \underline{3 \times x \quad 4 \times x \quad 6 \times x}$$
$$2\ )\ \underline{\quad 3 \quad\quad 4 \quad\quad 6}$$
$$3\ )\ \underline{\quad 3 \quad\quad 2 \quad\quad 3}$$
$$\quad\quad\quad 1 \quad\quad 2 \quad\quad 1$$

$x \times 2 \times 3 \times 1 \times 2 \times 1 = 72$이므로 $x=6$

즉, 세 자연수의 최대공약수 x는 6이다.

📋 **③**

0141 세 자연수를 $2 \times x$, $3 \times x$, $8 \times x$라 하면

$$x\ )\ \underline{2 \times x \quad 3 \times x \quad 8 \times x}$$
$$2\ )\ \underline{\quad 2 \quad\quad 3 \quad\quad 8}$$
$$\quad\quad\quad 1 \quad\quad 3 \quad\quad 4$$

$x \times 2 \times 1 \times 3 \times 4 = 144$이므로 $x=6$

따라서 세 자연수는 12, 18, 48이므로 가장 큰 수는 48이다.

📋 **⑤**

0142 세 자연수를 $2 \times x$, $5 \times x$, $6 \times x$라 하면

$$
\begin{array}{r|rrr}
x) & 2 \times x & 5 \times x & 6 \times x \\
\hline
2) & 2 & 5 & 6 \\
\hline
& 1 & 5 & 3
\end{array}
$$

$x \times 2 \times 1 \times 5 \times 3 = 600$이므로 $x = 20$

따라서 세 자연수는 40, 100, 120이므로 그 합은 260이다.

目 260

0143 되도록 많은 학생들에게 똑같이 나누어 주려면 학생 수는 180과 168의 최대공약수이어야 한다.

따라서 구하는 학생 수는

$2 \times 2 \times 3 = 12$(명)

$$
\begin{array}{r|rr}
2) & 180 & 168 \\
2) & 90 & 84 \\
3) & 45 & 42 \\
\hline
& 15 & 14
\end{array}
$$

目 ③

0144 각 보트에 가능한 한 적은 수의 학생들을 태우려면 보트는 최대한 많이 필요하므로 필요한 보트 수는 70과 42의 최대공약수이어야 한다.

따라서 필요한 보트 수는

$2 \times 7 = 14$(대)

이고, 보트 한 대에 태워야 하는 학생 수는

남학생 : $70 \div 14 = 5$(명)

여학생 : $42 \div 14 = 3$(명)

$$
\begin{array}{r|rr}
2) & 70 & 42 \\
7) & 35 & 21 \\
\hline
& 5 & 3
\end{array}
$$

目 보트 수 : 14대, 남학생 수 : 5명, 여학생 수 : 3명

0145 가능한 한 많은 학생들에게 똑같이 나누어 주려면 학생 수는 48, 56, 60의 최대공약수이어야 하므로

$2 \times 2 = 4$(명) $\therefore a = 4$

$$
\begin{array}{r|rrr}
2) & 48 & 56 & 60 \\
2) & 24 & 28 & 30 \\
\hline
& 12 & 14 & 15
\end{array}
$$

.... ㉮

한 학생이 받게 되는 바나나, 오렌지, 사과의 수를 각각 구하면

바나나 : $48 \div 4 = 12$(개) $\therefore b = 12$

오렌지 : $56 \div 4 = 14$(개) $\therefore c = 14$

사과 : $60 \div 4 = 15$(개) $\therefore d = 15$

.... ㉯

$\therefore a + b + c + d = 4 + 12 + 14 + 15 = 45$

.... ㉰

目 45

단계	채점요소	배점
㉮	a의 값 구하기	30 %
㉯	b, c, d의 값 구하기	각 20 %
㉰	$a + b + c + d$의 값 구하기	10 %

0146 (1) 정사각형 모양의 타일의 한 변의 길이는 160과 280의 공약수이어야 하고, 가능한 한 큰 타일이려면 타일의 한 변의 길이는 160과 280의 최대공약수이어야 한다.

160과 280의 최대공약수가

$2 \times 2 \times 2 \times 5 = 40$이므로 타일의 한 변의 길이는 40 cm이다.

$$
\begin{array}{r|rr}
2) & 160 & 280 \\
2) & 80 & 140 \\
2) & 40 & 70 \\
5) & 20 & 35 \\
\hline
& 4 & 7
\end{array}
$$

(2) 가로 : $160 \div 40 = 4$(개)

세로 : $280 \div 40 = 7$(개)

의 타일이 필요하므로 구하는 타일의 개수는

$4 \times 7 = 28$(개)

目 (1) 40 cm (2) 28개

0147 정사각형 모양의 색종이의 한 변의 길이는 60과 48의 공약수이어야 하고, 색종이의 수를 가능한 한 적게 하려면 색종이의 한 변의 길이는 60과 48의 최대공약수이어야 한다.

60과 48의 최대공약수가 $2 \times 2 \times 3 = 12$이므로 색종이의 한 변의 길이이는 12 cm이다.

$$
\begin{array}{r|rr}
2) & 60 & 48 \\
2) & 30 & 24 \\
3) & 15 & 12 \\
\hline
& 5 & 4
\end{array}
$$

가로 : $60 \div 12 = 5$(장)

세로 : $48 \div 12 = 4$(장)

의 색종이가 필요하므로 구하는 색종이의 수는

$5 \times 4 = 20$(장)

目 20장

0148 정육면체 모양의 벽돌의 한 모서리의 길이는 120, 60, 90의 공약수이어야 하고, 벽돌의 크기를 최대로 하려면 벽돌의 한 모서리의 길이는 120, 60, 90의 최대공약수이어야 한다.

120, 60, 90의 최대공약수가 $2 \times 3 \times 5 = 30$이므로 벽돌의 한 모서리의 길이는 30 cm이다.

$$
\begin{array}{r|rrr}
2) & 120 & 60 & 90 \\
3) & 60 & 30 & 45 \\
5) & 20 & 10 & 15 \\
\hline
& 4 & 2 & 3
\end{array}
$$

가로 : $120 \div 30 = 4$(개)

세로 : $60 \div 30 = 2$(개)

높이 : $90 \div 30 = 3$(개)

의 벽돌이 필요하므로 구하는 벽돌의 개수는

$4 \times 2 \times 3 = 24$(개)

目 24개

0149 나무 사이의 간격이 최대가 되게 심으려면 나무 사이의 간격은 120, 160의 최대공약수이어야 한다.

즉, 120, 160의 최대공약수인

$2 \times 2 \times 2 \times 5 = 40$(m)마다 나무를 심으면 된다.

$$
\begin{array}{r|rr}
2) & 120 & 160 \\
2) & 60 & 80 \\
2) & 30 & 40 \\
5) & 15 & 20 \\
\hline
& 3 & 4
\end{array}
$$

가로 : $120 \div 40 + 1 = 4$(그루)

세로 : $160 \div 40 + 1 = 5$(그루)

의 나무가 필요하다. 그런데 네 모퉁이에서 두 번씩 겹치므로 필요한 나무의 수는

$4 \times 2 + 5 \times 2 - 4 = 14$(그루)

目 ④

0150 가능한 한 적은 수의 화분을 일정한 간격으로 놓으려고 하므로 화분 사이의 간격은 420, 270의 최대공약수인 $2 \times 3 \times 5 = 30$(cm)로 하면 된다.

```
2) 420  270
3) 210  135
5)  70   45
     14    9
```

目 ③

0151 기둥의 수를 최소한으로 하려면 기둥 사이의 간격은 108, 90의 최대공약수인 $2 \times 3 \times 3 = 18$(m)로 하면 된다.
가로 : $108 \div 18 + 1 = 7$(개)
세로 : $90 \div 18 + 1 = 6$(개)
의 기둥이 필요하다. 그런데 네 모퉁이에서 두 번씩 겹치므로 필요한 기둥의 수는
$7 \times 2 + 6 \times 2 - 4 = 22$(개)

```
2) 108  90
3)  54  45
3)  18  15
     6    5
```

目 ②

0152 어떤 수로 150을 나누면 6이 남으므로 $150 - 6$, 즉 144를 나누면 나누어떨어진다.
또, 87을 나누면 3이 부족하므로 $87 + 3$, 즉 90을 나누면 나누어떨어진다.
따라서 구하는 수는 144, 90의 최대공약수이므로
$2 \times 3 \times 3 = 18$

```
2) 144  90
3)  72  45
3)  24  15
     8    5
```

目 18

0153 빵은 2개가 남고, 음료수는 3개가 남았으므로 빵 $72 - 2 = 70$(개), 음료수 $108 - 3 = 105$(개)이면 학생들에게 똑같이 나누어 줄 수 있다.
따라서 구하는 학생 수는 70, 105의 최대공약수이므로
$5 \times 7 = 35$(명)

```
5) 70  105
7) 14   21
    2    3
```

目 35명

0154 어떤 수로 $85 + 5$, $33 - 3$, $124 - 4$, 즉 90, 30, 120을 나누면 나누어떨어진다.
따라서 구하는 수는 90, 30, 120의 최대공약수이므로
$2 \times 3 \times 5 = 30$

```
2) 90  30  120
3) 45  15   60
5) 15   5   20
    3    1    4
```

目 30

0155 어떤 수로 $77 - 5$, 48, 즉 72, 48을 나누면 나누어떨어지므로 어떤 자연수가 될 수 있는 수는 72, 48의 공약수 중 나머지 5보다 큰 수이다.
72, 48의 최대공약수는
$2 \times 2 \times 2 \times 3 = 24$
따라서 어떤 자연수는 24의 약수 1, 2, 3, 4, 6, 8, 12, 24 중에서 5보다 큰 수이므로 가장 큰 수는 24, 가장 작은 수는 6이다.

```
2) 72  48
2) 36  24
2) 18  12
3)  9   6
    3    2
```

$\therefore 24 + 6 = 30$

目 30

0156 (1) 가장 작은 정사각형을 만들려고 하므로 만들어진 정사각형의 한 변의 길이는 12와 15의 최소공배수인 $3 \times 4 \times 5 = 60$(cm)이다.
(2) 가로 : $60 \div 12 = 5$(장)
세로 : $60 \div 15 = 4$(장)
의 색종이가 필요하므로 구하는 색종이의 수는
$5 \times 4 = 20$(장)

```
3) 12  15
    4    5
```

目 (1) 60 cm (2) 20장

0157 가장 작은 정육면체를 만들려고 하므로 만들어진 정육면체의 한 모서리의 길이는 6, 8, 3의 최소공배수인 $2 \times 3 \times 1 \times 4 \times 1 = 24$(cm)이다.

```
2) 6  8  3
3) 3  4  3
    1  4  1
```

目 ②

0158 되도록 작은 정육면체를 만들려고 하므로 만들어진 정육면체의 한 모서리의 길이는 24, 30, 18의 최소공배수인 $2 \times 3 \times 4 \times 5 \times 3 = 360$(cm)이다.

```
2) 24  30  18
3) 12  15   9
    4    5   3
```

····· ㉮

가로 : $360 \div 24 = 15$(개)
세로 : $360 \div 30 = 12$(개)
높이 : $360 \div 18 = 20$(개)
의 벽돌이 필요하므로 구하는 벽돌의 개수는
$15 \times 12 \times 20 = 3600$(개)

····· ㉯

目 360 cm, 3600개

단계	채점요소	배점
㉮	정육면체의 한 모서리의 길이 구하기	40%
㉯	필요한 벽돌의 개수 구하기	60%

0159 두 톱니바퀴가 같은 톱니에서 다시 맞물릴 때까지 움직인 톱니의 수는 45와 30의 최소공배수인
$3 \times 5 \times 3 \times 2 = 90$(개)

```
3) 45  30
5) 15  10
    3    2
```

따라서 두 톱니바퀴가 같은 톱니에서 처음으로 다시 맞물리려면 톱니바퀴 B는
$90 \div 30 = 3$(바퀴)
회전해야 한다.

目 ②

0160 두 톱니바퀴가 같은 톱니에서 처음으로 다시 맞물릴 때까지 맞물린 톱니의 수는 16과 24의 최소공배수인

$$2 \times 2 \times 2 \times 2 \times 3 = 48(개)$$

따라서 두 톱니바퀴가 같은 톱니에서 처음으로 다시 맞물릴 때까지 맞물린 톱니바퀴 A의 톱니의 수는 48개이다.

$$
\begin{array}{r|ll}
2) & 16 & 24 \\
2) & 8 & 12 \\
2) & 4 & 6 \\
\hline
 & 2 & 3
\end{array}
$$

🔲 **48개**

0161 두 톱니바퀴가 같은 톱니에서 처음으로 다시 맞물릴 때까지 맞물린 톱니의 수는 75와 60의 최소공배수인

$$3 \times 5 \times 5 \times 4 = 300(개)$$

$$
\begin{array}{r|ll}
3) & 75 & 60 \\
5) & 25 & 20 \\
\hline
 & 5 & 4
\end{array}
$$

─────────────────── ㉮

따라서 두 톱니바퀴가 같은 톱니에서 처음으로 다시 맞물리는 것은

A : 300÷75=4(바퀴)

B : 300÷60=5(바퀴)

회전한 후이다.

─────────────────── ㉯

🔲 **A : 4바퀴, B : 5바퀴**

단계	채점요소	배점
㉮	두 톱니바퀴가 같은 톱니에서 처음으로 다시 맞물릴 때까지 맞물린 톱니의 수 구하기	20%
㉯	A, B의 회전 수 구하기	각 40%

0162 20과 15의 최소공배수는

$$5 \times 4 \times 3 = 60$$

$$
\begin{array}{r|ll}
5) & 20 & 15 \\
\hline
 & 4 & 3
\end{array}
$$

이므로 열차와 버스는 60분마다 동시에 출발한다.

따라서 오전 8시 이후 처음으로 동시에 출발하는 시각은 60분 후, 즉 1시간 후인 오전 9시이다.

🔲 **오전 9시**

0163 14와 30의 최소공배수는

$$2 \times 7 \times 15 = 210$$

$$
\begin{array}{r|ll}
2) & 14 & 30 \\
\hline
 & 7 & 15
\end{array}
$$

이므로 두 차가 처음으로 같이 오는 날은 210일 후이다.

🔲 **210일 후**

0164 20, 25, 10의 최소공배수는

$$5 \times 2 \times 2 \times 5 \times 1 = 100$$

$$
\begin{array}{r|lll}
5) & 20 & 25 & 10 \\
2) & 4 & 5 & 2 \\
\hline
 & 2 & 5 & 1
\end{array}
$$

이므로 두 열차와 전철은 100분마다 동시에 출발한다.

따라서 오전 6시 이후 처음으로 동시에 출발하는 시각은 100분 후, 즉 1시간 40분 후인 오전 7시 40분이다.

🔲 **오전 7시 40분**

0165 45와 60의 최소공배수는

$$3 \times 5 \times 3 \times 4 = 180$$

이므로 형과 동생이 출발 지점에서 처음으로 다시 만날 때까지 걸리는 시간은 180초이다.

$$
\begin{array}{r|ll}
3) & 45 & 60 \\
5) & 15 & 20 \\
\hline
 & 3 & 4
\end{array}
$$

따라서 두 사람이 출발 지점에서 처음으로 다시 만나게 되는 것은

형 : 180÷45=4(바퀴)

동생 : 180÷60=3(바퀴)

를 돈 후이다.

🔲 **형 : 4바퀴, 동생 : 3바퀴**

0166 6으로 나누면 5가 남고, 8로 나누면 7이 남으므로 구하는 자연수를 x라 하면 $x+1$은 6과 8의 공배수이다.

6과 8의 최소공배수는

$$2 \times 3 \times 4 = 24$$

$$
\begin{array}{r|ll}
2) & 6 & 8 \\
\hline
 & 3 & 4
\end{array}
$$

이므로 $x+1$은 24의 배수이다.

즉, $x+1=24, 48, 72, 96, 120, \cdots$이므로

$x=23, 47, 71, 95, 119, \cdots$

따라서 구하는 자연수가 될 수 없는 것은 ③ 73이다.

🔲 **③**

참고

(어떤 자연수)

⇨ 6으로 나누면 5가 남는다. ⎱ 1씩 부족
　8로 나누면 7이 남는다. ⎰

(어떤 자연수)+1 ◄─────

⇨ 6으로 나누면 나누어떨어진다. (6의 배수) ⎱
　8로 나누면 나누어떨어진다. (8의 배수) ⎰

⇨ (6과 8의 공배수)

0167 30, 42 중 어느 수로 나누어도 5가 남으므로 구하는 자연수를 x라 하면 $x-5$는 30과 42의 공배수이다.

30과 42의 최소공배수는

$$2 \times 3 \times 5 \times 7 = 210$$

$$
\begin{array}{r|ll}
2) & 30 & 42 \\
3) & 15 & 21 \\
\hline
 & 5 & 7
\end{array}
$$

이므로 $x-5$는 210의 배수이다.

즉, $x-5=210, 420, \cdots$이므로

$x=215, 425, \cdots$

따라서 가장 작은 세 자리 자연수는 215이다.

🔲 **215**

참고

(어떤 자연수)

⇨ 30으로 나눈 나머지가 5 ⎱ 5씩 남음
　42로 나눈 나머지가 5 ⎰

(어떤 자연수)-5 ◄─────

⇨ 30으로 나누면 나누어떨어진다. (30의 배수) ⎱
　42로 나누면 나누어떨어진다. (42의 배수) ⎰

⇨ (30과 42의 공배수)

0168 4, 8, 10 중 어느 수로 나누어도 2가 남으므로 구하는 자연수를 x라 하면 $x-2$는 4, 8, 10의 공배수이다.

4, 8, 10의 최소공배수는
$2\times2\times1\times2\times5=40$
이므로 $x-2$는 40의 배수이다.

$$\begin{array}{r} 2\,)\underline{\,4\quad 8\quad 10\,} \\ 2\,)\underline{\,2\quad 4\quad 5\,} \\ 1\quad 2\quad 5 \end{array}$$

즉, $x-2=40,\ 80,\ \cdots$이므로
$x=42,\ 82,\ \cdots$
따라서 가장 작은 수는 42이다. 　　　　　🖺 ③

0169 5로 나누면 2가 남고, 8로 나누면 5가 남고, 10으로 나누면 3이 부족하므로 구하는 자연수를 x라 하면 $x+3$은 5, 8, 10의 공배수이다.

5, 8, 10의 최소공배수는
$2\times5\times1\times4\times1=40$
이므로 $x+3$은 40의 배수이다.

$$\begin{array}{r} 2\,)\underline{\,5\quad 8\quad 10\,} \\ 5\,)\underline{\,5\quad 4\quad 5\,} \\ 1\quad 4\quad 1 \end{array}$$

즉, $x+3=40,\ 80,\ 120,\ \cdots,\ 960,\ 1000,\ \cdots$이므로
$x=37,\ 77,\ 117,\ \cdots,\ 957,\ 997,\ \cdots$
따라서 세 자리의 자연수 중 가장 작은 수는 117, 가장 큰 수는 997이므로 두 수의 차는
$997-117=880$ 　　　　　🖺 **880**

0170 구하는 분수를 $\dfrac{B}{A}$라 하면
$\dfrac{15}{14}\times\dfrac{B}{A}=(\text{자연수}),\ \dfrac{25}{49}\times\dfrac{B}{A}=(\text{자연수})$
$\therefore \dfrac{B}{A}=\dfrac{(14,\ 49의\ 최소공배수)}{(15,\ 25의\ 최대공약수)}=\dfrac{98}{5}$
　　　　　🖺 $\dfrac{98}{5}$

0171 구하는 수는 75와 105의 최대공약수이므로 $3\times5=15$이다.

$$\begin{array}{r} 3\,)\underline{\,75\quad 105\,} \\ 5\,)\underline{\,25\quad 35\,} \\ 5\quad 7 \end{array}$$

🖺 **15**

0172 구하는 수는 18과 24의 공배수 중 가장 작은 세 자리의 자연수이다. 18과 24의 최소공배수는 $2\times3\times3\times4=72$이므로 공배수 중 가장 작은 세 자리의 자연수는 144이다.

$$\begin{array}{r} 2\,)\underline{\,18\quad 24\,} \\ 3\,)\underline{\,9\quad 12\,} \\ 3\quad 4 \end{array}$$

🖺 **144**

0173 구하는 분수를 $\dfrac{B}{A}$라 하면
A는 7, 35, 56의 최대공약수이어야 하므로
$A=7$

$$\begin{array}{r} 7\,)\underline{\,7\quad 35\quad 56\,} \\ 1\quad 5\quad 8 \end{array}$$

　　　　　⑦

B는 6, 12, 27의 최소공배수이어야 하므로
$B=3\times2\times1\times2\times9=108$

$$\begin{array}{r} 3\,)\underline{\,6\quad 12\quad 27\,} \\ 2\,)\underline{\,2\quad 4\quad 9\,} \\ 1\quad 2\quad 9 \end{array}$$

　　　　　④

따라서 구하는 분수는 $\dfrac{108}{7}$이다.

　　　　　⑤

🖺 $\dfrac{108}{7}$

단계	채점요소	배점
⑦	구하는 분수의 분모 구하기	40%
④	구하는 분수의 분자 구하기	40%
⑤	구하는 분수 구하기	20%

유형 UP

0174 $15=3\times5$, $30=2\times3\times5$, $150=2\times3\times5^2$
즉, 3×5, $2\times3\times5$, a의 최소공배수가 $2\times3\times5^2$이므로 a는 반드시 5^2을 인수로 가져야 하고 $2\times3\times5^2$의 약수이어야 한다.

$$\begin{array}{r} 3\times5 \\ 2\times3\times5 \\ a= \square \\ \hline (\text{최소공배수})=2\times3\times5^2 \end{array}$$

따라서 a가 될 수 있는 수는 $5^2=25$, $2\times5^2=50$, $3\times5^2=75$, $2\times3\times5^2=150$의 4개이다.

🖺 **4개**

0175 $4=2^2$, $50=2\times5^2$, $600=2^3\times3\times5^2$
즉, 2^2, 2×5^2, a의 최소공배수가 $2^3\times3\times5^2$이므로 a는 반드시 $2^3\times3$을 인수로 가져야 하고 $2^3\times3\times5^2$의 약수이어야 한다.

$$\begin{array}{r} 2^2 \\ 2\quad \times5^2 \\ a= \square \\ \hline (\text{최소공배수})=2^3\times3\times5^2 \end{array}$$

따라서 a가 될 수 있는 수는 $2^3\times3$, $2^3\times3\times5$, $2^3\times3\times5^2$, 즉 24, 120, 600이므로 a의 값의 합은
$24+120+600=744$

🖺 **744**

0176 N을 6으로 나눈 몫을 n이라 하면
$630=6\times(3\times5\times7)$이므로
$n=7,\ 3\times7,\ 5\times7,\ 3\times5\times7$

$$\begin{array}{r} 6\,)\underline{\,18\quad 30\quad N\,} \\ 3\quad 5\quad n \end{array}$$

$N=6\times n$이므로 N의 값은
$6\times7=42$, $6\times3\times7=126$, $6\times5\times7=210$, $6\times3\times5\times7=630$
따라서 N의 값이 될 수 없는 것은 ④이다.

🖺 ④

0177 N을 18로 나눈 몫을 n이라 하면
$$18 \underline{)\ 36\ \ N\ \ 90}$$
$$2\ \ \ n\ \ \ 5$$
$540=18\times(2\times3\times5)$이므로
$n=3,\ 2\times3,\ 3\times5,\ 2\times3\times5$
$N=18\times n$이므로 N의 값은
$18\times3=54,\ 18\times2\times3=108,\ 18\times3\times5=270,$
$18\times2\times3\times5=540$
따라서 가장 큰 수는 540이고, 가장 작은 수는 54이므로 구하는 합은
$540+54=594$

🖩 **594**

0178 최대공약수가 8이고 $A>B$이므로
$$8 \underline{)\ A\ \ B}$$
$$a\ \ \ b$$
$A=8\times a,\ B=8\times b\ (a,\ b$는 서로소, $a>b)$로 놓으면 최소공배수가 280이므로
$8\times a\times b=280$
$\therefore a\times b=35$
(i) $a=35,\ b=1$일 때, $A=8\times35=280,\ B=8\times1=8$
(ii) $a=7,\ b=5$일 때, $A=8\times7=56,\ B=8\times5=40$
(i), (ii)에서 $A+B=96$이어야 하므로 $A=56,\ B=40$
$\therefore A-B=56-40=16$

🖩 ③

0179 최대공약수가 26이고 $A>B$이므로
$$26 \underline{)\ A\ \ B}$$
$$a\ \ \ b$$
$A=26\times a,\ B=26\times b\ (a,\ b$는 서로소, $a>b)$
로 놓으면 최소공배수가 156이므로
$26\times a\times b=156$ $\therefore a\times b=6$
(i) $a=6,\ b=1$일 때, $A=26\times6=156,\ B=26\times1=26$
(ii) $a=3,\ b=2$일 때, $A=26\times3=78,\ B=26\times2=52$
(i), (ii)에서 $A+B$의 값이 될 수 있는 수는
$156+26=182,\ 78+52=130$

🖩 ②, ⑤

0180 최대공약수가 5이고 $A>B$이므로
$$5 \underline{)\ A\ \ B}$$
$$a\ \ \ b$$
$A=5\times a,\ B=5\times b\ (a,\ b$는 서로소, $a>b)$로 놓으면 최소공배수가 120이므로
$5\times a\times b=120$ $\therefore a\times b=24$
(i) $a=24,\ b=1$일 때, $A=5\times24=120,\ B=5\times1=5$
(ii) $a=12,\ b=2$일 때, $A=5\times12=60,\ B=5\times2=10$
(iii) $a=8,\ b=3$일 때, $A=5\times8=40,\ B=5\times3=15$
(iv) $a=6,\ b=4$일 때, $A=5\times6=30,\ B=5\times4=20$
이때 $A-B=25$이어야 하므로 $A=40,\ B=15$
$\therefore A+B=40+15=55$

🖩 **55**

0181 두 수의 최대공약수를 각각 구해 보면
① 2 ② 3 ③ 1 ④ 7 ⑤ 3
따라서 두 수가 서로소인 것은 ③이다.

🖩 ③

0182
$$3^2\times5$$
$$2\times3^2\times5$$
$$3^3\times5^2\times7$$
$$\text{(최대공약수)}=\ \ \ 3^2\times5$$
$$\text{(최소공배수)}=\ 2\times3^3\times5^2\times7$$

🖩 ④

0183 $2^3\times3^2,\ 2^2\times3^3\times7$의 최대공약수는 $2^2\times3^2$이다. 공약수는 최대공약수의 약수이므로 공약수가 아닌 것은 ③이다.

🖩 ③

0184 ① 16과 81의 최대공약수가 1이므로 서로소이다.
② $2^2\times3^4,\ 2\times3^2\times5$의 최대공약수는 2×3^2이므로 $36=2^2\times3^2$은 공약수가 아니다.
③ $2^3\times3^2\times7,\ 2^2\times3\times5^2,\ 2^2\times3^3\times5$의 최대공약수가 $2^2\times3$이므로 공약수의 개수는 $(2+1)\times(1+1)=6$(개)
④ $2\times3^2,\ 2^2\times5$의 최소공배수는 $2^2\times3^2\times5$이므로 $180=2^2\times3^2\times5$는 두 수의 공배수이다.
⑤ 4와 9는 서로소이지만 둘 다 소수가 아니다.

🖩 ②, ⑤

0185 ③ □$=54=2\times3^3$이면 $2^3\times$□$=2^3\times2\times3^3=2^4\times3^3$이므로 $2^4\times3^3,\ 2^2\times3^5\times7$의 최대공약수는 $2^2\times3^3=108$이 된다.

🖩 ③

0186
$$2\times3^a\times5$$
$$3^3\times5^c$$
$$3^b\times5\ \times7^d$$
$$\text{(최대공약수)}=\ \ \ 3^2\times5$$
$$\text{(최소공배수)}=\ 2\times3^4\times5^2\times7$$
최대공약수에서 공통인 소인수 3의 지수 a, 3, b 중 가장 작은 것이 2이므로 a, b 둘 중의 하나는 2이고, 최소공배수에서 소인수 3의 지수 a, 3, b 중 가장 큰 것이 4이므로 a, b 둘 중의 하나는 4이어야 한다.
즉, $a=2,\ b=4$ 또는 $a=4,\ b=2$
또한 최소공배수에서 소인수 5의 지수 1, c, 1 중 가장 큰 것이 2이므로 $c=2$, 소인수 7의 지수가 1이므로 $d=1$이다.
$\therefore a+b+c+d=9$

🖩 **9**

0187 (두 자연수의 곱)=(최대공약수)×(최소공배수)이고
$720=2^4\times3^2\times5$이므로
$2^4\times3^2\times5=$(최대공약수)$\times2^2\times3^2\times5$
$\therefore$ (최대공약수)$=2^2=4$

답 ②

0188 A를 18로 나눈 몫을 a (a는 2와

$$18\,)\ \overline{72\quad108\quad A}$$
$$4\quad\ 6\quad\ a$$

서로소)라 하면 $72=18\times4$, $108=18\times6$
이므로 $A=18\times a$의 꼴이다.
⑤ $144=18\times8$이므로 $a=8$
이때 8은 2와 서로소가 아니므로 A의 값이 될 수 없다.

답 ⑤

다른풀이

세 수의 최대공약수가 18이므로 a는 4, 6과의 공약수가 1뿐이어
야 한다.
즉, 짝수가 아니어야 하므로 $a=1, 3, 5, 7, 9, \cdots$
$\therefore A=18, 54, 90, 126, 162, \cdots$

0189 자연수 A를 $2^m\times3^n$이라 하면

$$A=2^m\times3^n$$
$$2^3\times3$$

(최대공약수)$=2^2\times3$
(최소공배수)$=2^3\times3^2$

최대공약수에서 공통인 소인수 2의 지수 m, 3 중 작은 것이 2이
므로 $m=2$
최소공배수에서 소인수 3의 지수 n, 1 중 큰 것이 2이므로 $n=2$
$\therefore A=2^2\times3^2$

답 ③

0190 ④ $2^2\times3^3$, $2\times3\times5$의 최대공약수는 2×3, 최소공배수
는 $2^2\times3^3\times5$이다.

답 ④

0191 A의 소인수는 2, 3, 5, 7이므로 $A=2^a\times3^b\times5^c\times7^d$이
라 하면

$$2^a\times3^b\times5^c\times7^d$$
$$2\ \times3^2\quad\quad\times7^2$$

(최대공약수)$=2\ \times3\quad\quad\times7^2$
(최소공배수)$=2\ \times3^2\times5\ \times7^3$

최소공배수에서 소인수 2의 지수 a, 1 중 크거나 같은 것이 1이
므로 $a=1$
이고 소인수 5의 지수가 1이므로 $c=1$,
소인수 7의 지수 d, 2 중 큰 것이 3이므로 $d=3$
최대공약수에서 공통인 소인수 3의 지수 b, 2 중 작은 것이 1이
므로 $b=1$
$\therefore A=2\times3\times5\times7^3$

답 ④

0192 n은 110, 220, 275의 공약수이

$$5\,)\ \overline{110\quad220\quad275}$$
$$11\,)\ \overline{22\quad44\quad55}$$
$$2\quad\ 4\quad\ 5$$

다. 즉, 110, 220, 275의 최대공약수인
$5\times11=55$의 약수이다.
55의 약수 중 두 자리의 자연수는 11, 55로 2개이다.

답 2개

0193 (두 수의 곱)=(최대공약수)×(최소공배수)이므로
$n\times15=3\times60$ $\therefore n=12$

답 ①

0194 어떤 수로 $37-5$, $90-2$, 즉 32, 88을

$$2\,)\ \overline{32\quad88}$$
$$2\,)\ \overline{16\quad44}$$
$$2\,)\ \overline{8\quad22}$$
$$4\quad\ 11$$

나누면 나누어떨어진다.
따라서 구하는 수는 32, 88의 최대공약수이므로
$2\times2\times2=8$이다.

답 ②

0195 5로 나누면 2가 남고, 6으로 나누면 3이 남고 7로 나누
면 4가 남으므로 구하는 자연수를 x라 하면 $x+3$은 5, 6, 7의 공
배수이다.
5, 6, 7의 최소공배수는
$5\times6\times7=210$
이므로 $x+3$은 210의 배수이다.
즉, $x+3=210, 420, \cdots$이므로
$x=207, 417, \cdots$
따라서 가장 작은 자연수는 207이다.

답 207

0196 세 자연수를 $2\times x$, $3\times x$, $4\times x$라 하면

$$x\,)\ \overline{2\times x\quad3\times x\quad4\times x}$$
$$2\,)\ \overline{2\quad\ 3\quad\ 4}$$
$$1\quad\ 3\quad\ 2$$

$x\times2\times1\times3\times2=180$이므로 $x=15$
따라서 세 자연수는 30, 45, 60이므로 가장 큰 수는 60이다.

답 ⑤

0197 A와 B의 최대공약수가 28이므로 A와 B의 공약수는
1, 2, 4, 7, 14, 28
B와 C의 최대공약수가 42이므로 B와 C의 공약수는
1, 2, 3, 6, 7, 14, 21, 42
따라서 A, B, C의 공약수가 1, 2, 7, 14이므로 최대공약수는 14
이다.

답 14

0198 최대공약수가 8이고 $A<B$이므로
$A=8\times a$, $B=8\times b$ (a, b는 서로소, $a<b$)라
하면 최소공배수가 32이므로
$8\times a\times b=32$ ∴ $a\times b=4$
$a=1$, $b=4$일 때 $A=8\times1=8$, $B=8\times4=32$
∴ $B-A=32-8=24$

$$
\begin{array}{r|rr}
8) & A & B \\ \hline
 & a & b
\end{array}
$$

답 ③

0199 3, 5, 8 중 어느 수로 나누어도 2가 남으므로 구하는 자
연수를 x라 하면 $x-2$는 3, 5, 8의 공배수이다.
3, 5, 8의 최소공배수는
$3\times5\times8=120$
이므로 $x-2$는 120의 배수이다.
즉, $x-2=120$, 240, …이므로
$x=122$, 242, …
따라서 가장 작은 수는 122이다.

답 **122**

0200 사과는 3개가 부족하고, 복숭아와 방울토마토는 각각 1
개, 2개가 남으므로 사과 $27+3=30$(개),
복숭아 $46-1=45$(개), 방울토마토 $77-2=75$(개)가 있으면
학생들에게 똑같이 나누어 줄 수 있다.
따라서 구하는 학생 수는 30, 45, 75의 최대
공약수이므로 $3\times5=15$(명)이다.

$$
\begin{array}{r|rrr}
3) & 30 & 45 & 75 \\
5) & 10 & 15 & 25 \\ \hline
 & 2 & 3 & 5
\end{array}
$$

답 ④

0201 6과 8의 최소공배수는 $2\times3\times4=24$이므로
기은이와 제헌이는 24일마다 같은 장소에서 봉사활동
을 한다.
따라서 5월 2일 이후 처음으로 함께 봉사활동을 하는 날은 24일
후인 5월 26일이다.

$$
\begin{array}{r|rr}
2) & 6 & 8 \\ \hline
 & 3 & 4
\end{array}
$$

답 ⑤

0202 $1\frac{5}{7}=\frac{12}{7}$, $7\frac{1}{5}=\frac{36}{5}$, $3\frac{3}{4}=\frac{15}{4}$
구하는 분수 $\frac{b}{a}$에서 a는 12, 36, 15의 최대공
약수이어야 하므로 $a=3$
b는 7, 5, 4의 최소공배수이어야 하므로
$b=7\times5\times4=140$
∴ $a+b=3+140=143$

$$
\begin{array}{r|rrr}
3) & 12 & 36 & 15 \\ \hline
 & 4 & 12 & 5
\end{array}
$$

답 **143**

0203 세 톱니바퀴가 같은 톱니에서 처음으
로 다시 맞물릴 때까지 움직인 톱니의 수는
12, 20, 24의 최소공배수인
$2\times2\times3\times1\times5\times2=120$(개)
따라서 세 톱니바퀴가 같은 톱니에서 다시 맞물리려면 A는
$120\div12=10$(바퀴)
회전해야 한다.

$$
\begin{array}{r|rrr}
2) & 12 & 20 & 24 \\
2) & 6 & 10 & 12 \\
3) & 3 & 5 & 6 \\ \hline
 & 1 & 5 & 2
\end{array}
$$

답 **10바퀴**

0204 가능한 한 많은 조로 나누므로 조의 수는
36과 45의 최대공약수이다.
36과 45의 최대공약수는 $3\times3=9$이므로
한 조의 여학생 수는
$36\div9=4$(명) ∴ $a=4$
한 조의 남학생 수는
$45\div9=5$(명) ∴ $b=5$
∴ $a+b=4+5=9$

$$
\begin{array}{r|rr}
3) & 36 & 45 \\
3) & 12 & 15 \\ \hline
 & 4 & 5
\end{array}
$$

답 **9**

0205 A가 켜진 후 다시 켜지는 데 걸리는 시간은
$14+2=16$(초)
B가 켜진 후 다시 켜지는 데 걸리는 시간은 $17+3=20$(초)
C가 켜진 후 다시 켜지는 데 걸리는 시간은 $20+4=24$(초)

─────────────────────── ㉮

16, 20, 24의 최소공배수는
$2\times2\times2\times2\times5\times3=240$
이므로 세 네온사인은 240초마다 동시에 켜진
다.

$$
\begin{array}{r|rrr}
2) & 16 & 20 & 24 \\
2) & 8 & 10 & 12 \\
2) & 4 & 5 & 6 \\ \hline
 & 2 & 5 & 3
\end{array}
$$

─────────────────────── ㉯

따라서 오후 8시 이후에 처음으로 다시 동시에 켜지는 시각은
240초 후, 즉 4분 후인 오후 8시 4분이다.

─────────────────────── ㉰

답 **오후 8시 4분**

단계	채점요소	배점
㉮	A, B, C가 켜진 후 각각 다시 켜지는 데 걸리는 시간 구하기	30%
㉯	세 네온사인이 다시 동시에 켜지는 데 걸리는 시간 구하기	40%
㉰	세 네온사인이 처음으로 다시 동시에 켜지는 시각 구하기	30%

0206 가능한 한 큰 정사각형 모양의 사진을
붙이려고 하므로 사진의 한 변의 길이는 180과
144의 최대공약수인
$2\times2\times3\times3=36$(cm)
∴ $x=36$

$$
\begin{array}{r|rr}
2) & 180 & 144 \\
2) & 90 & 72 \\
3) & 45 & 36 \\
3) & 15 & 12 \\ \hline
 & 5 & 4
\end{array}
$$

─────────────────────── ㉮

가로 : $180\div36=5$(장)
세로 : $144\div36=4$(장)

의 사진이 필요하므로 구하는 사진의 장수는

$5 \times 4 = 20$(장) $\quad \therefore y = 20$

·· ㉯

$\therefore x + y = 36 + 20 = 56$

·· ㉰

目 **56**

단계	채점요소	배점
㉮	x의 값 구하기	40%
㉯	y의 값 구하기	40%
㉰	$x+y$의 값 구하기	20%

0207 (1)
$$
a) \; \begin{array}{ccc} 15 \times a & 18 \times a & 45 \times a \end{array}
$$
$$
3) \; \begin{array}{ccc} 15 & 18 & 45 \end{array}
$$
$$
3) \; \begin{array}{ccc} 5 & 6 & 15 \end{array}
$$
$$
5) \; \begin{array}{ccc} 5 & 2 & 5 \end{array}
$$
$$
\begin{array}{ccc} 1 & 2 & 1 \end{array}
$$

$a \times 3 \times 3 \times 5 \times 1 \times 2 \times 1 = 270 \quad \therefore a = 3$

·· ㉮

(2) 세 자연수의 최대공약수는 $a \times 3 = 3 \times 3 = 9$

·· ㉯

目 (1) **3** (2) **9**

단계	채점요소	배점
㉮	a의 값 구하기	70%
㉯	최대공약수 구하기	30%

0208 (1) 가장 작은 정육면체를 만들려고 하므
로 정육면체의 한 모서리의 길이는 6, 18, 4
의 최소공배수이어야 한다.

$$
2) \; \begin{array}{ccc} 6 & 18 & 4 \end{array}
$$
$$
3) \; \begin{array}{ccc} 3 & 9 & 2 \end{array}
$$
$$
\begin{array}{ccc} 1 & 3 & 2 \end{array}
$$

6, 18, 4의 최소공배수가 $2 \times 3 \times 1 \times 3 \times 2 = 36$
이므로 정육면체의 한 모서리의 길이는 36 cm이다.

·· ㉮

(2) 가로 : $36 \div 6 = 6$(개)

세로 : $36 \div 18 = 2$(개)

높이 : $36 \div 4 = 9$(개)

·· ㉯

의 상자가 필요하므로 구하는 상자의 개수는
$6 \times 2 \times 9 = 108$(개)

·· ㉰

目 (1) **36 cm** (2) **108개**

단계	채점요소	배점
㉮	정육면체의 한 모서리의 길이 구하기	50%
㉯	가로, 세로, 높이에 필요한 상자의 개수 구하기	40%
㉰	필요한 상자의 개수 구하기	10%

0209 $A = 4 \times a$, $B = 4 \times b$
(a, b는 서로소, $a > b$)라 하면
최소공배수가 144이므로

$$
4) \; \begin{array}{cc} A & B \\ a & b \end{array}
$$

$4 \times a \times b = 144$

$\therefore a \times b = 36$

(i) $a = 36$, $b = 1$일 때, $A = 4 \times 36 = 144$, $B = 4 \times 1 = 4$

(ii) $a = 18$, $b = 2$일 때, $A = 4 \times 18 = 72$, $B = 4 \times 2 = 8$

(iii) $a = 12$, $b = 3$일 때, $A = 4 \times 12 = 48$, $B = 4 \times 3 = 12$

(iv) $a = 9$, $b = 4$일 때, $A = 4 \times 9 = 36$, $B = 4 \times 4 = 16$

이때 $A + B = 52$이어야 하므로 $A = 36$, $B = 16$

$\therefore A - B = 36 - 16 = 20$

目 **20**

0210 N을 15로 나눈 몫을 n이라 하면

$$
15) \; \begin{array}{ccc} 30 & N & 75 \\ 2 & n & 5 \end{array}
$$

$450 = 15 \times (2 \times 3 \times 5)$이므로

$n = 3$, 3×2, 3×5, $3 \times 2 \times 5$

$N = 15 \times n$이므로 N의 값은

$15 \times 3 = 45$, $15 \times 3 \times 2 = 90$,

$15 \times 3 \times 5 = 225$, $15 \times 3 \times 2 \times 5 = 450$

目 ③

0211 두 수 A, B의 최대공약수가 6이므로
$A = 6 \times a$, $B = 6 \times b$ (a, b는 서로소, $a < b$)라 하면 두 수의 곱
이 756이므로

$(6 \times a) \times (6 \times b) = 756 \quad \therefore a \times b = 21$

이때 a, b는 서로소이므로

$a = 1$, $b = 21$ 또는 $a = 3$, $b = 7$

(i) $a = 1$, $b = 21$일 때,

$\quad A = 6 \times 1 = 6$, $B = 6 \times 21 = 126$

(ii) $a = 3$, $b = 7$일 때,

$\quad A = 6 \times 3 = 18$, $B = 6 \times 7 = 42$

(i), (ii)에서 A, B가 두 자리의 자연수이므로

$A = 18$, $B = 42$

$\therefore A + B = 18 + 42 = 60$

目 **60**

0212 $28 = 2^2 \times 7$, $35 = 5 \times 7$, $140 = 2^2 \times 5 \times 7$

$2^2 \times 7$, 5×7, A의 최소공배수가 $2^2 \times 5 \times 7$이므로 A는 2, 5, 7
을 소인수로 가질 수 있으며 각 소인수의 지수는 $2^2 \times 5 \times 7$의 소
인수의 지수보다 작거나 같으면 된다.

따라서 A의 값은 1, 2, $2^2 = 4$, 5, 7, $2 \times 5 = 10$, $2 \times 7 = 14$,

$2^2 \times 5 = 20$, $2^2 \times 7 = 28$, $5 \times 7 = 35$, $2 \times 5 \times 7 = 70$,

$2^2 \times 5 \times 7 = 140$

이 중에서 작은 수부터 차례로 4개는 1, 2, 4, 5이므로 구하는 합
은

$1 + 2 + 4 + 5 = 12$

目 **12**

03 정수와 유리수

교과서문제 정복하기

0213 📋 $+7\,℃$, $-10\,℃$ **0214** 📋 -3층, $+40$층

0215 📋 $+700$원, -30원 **0216** 📋 $+2\,\mathrm{kg}$, $-6\,\mathrm{kg}$

0217 📋 $+20\,\%$, $-5\,\%$

0218 📋 $+500\,\mathrm{m}$, $-140\,\mathrm{m}$

0219 📋 $+3$ **0220** 📋 $-\dfrac{1}{2}$

0221 📋 $+1.5$ **0222** 📋 -1

0223 📋 $+2$, 10 **0224** 📋 -5

0225 📋 -5, 0, $+2$, 10

0226 자연수는 $+11$, 6의 2개이다.

📋 2개

0227 음의 정수는 $-\dfrac{6}{3}=-2$의 1개이다.

📋 1개

0228 정수는 $+11$, 0, 6, $-\dfrac{6}{3}$의 4개이다.

📋 4개

0229 자연수가 아닌 정수는 0, $-\dfrac{6}{3}$의 2개이다.

📋 2개

0230 📋 $\mathrm{A}:-6$, $\mathrm{B}:-2$, $\mathrm{C}:1$, $\mathrm{D}:4$

0231 📋 $+2$, $+\dfrac{3}{4}$, $+7.7$

0232 📋 -1.6, $-1\dfrac{2}{3}$, -8

0233 📋 -1.6, $-1\dfrac{2}{3}$, $+\dfrac{3}{4}$, $+7.7$

0234 📋 $\mathrm{A}:-\dfrac{7}{4}$, $\mathrm{B}:-\dfrac{1}{2}$, $\mathrm{C}:\dfrac{1}{4}$, $\mathrm{D}:\dfrac{5}{4}$

0235 📋 2.1 **0236** 📋 2

0237 📋 5.8 **0238** 📋 $\dfrac{5}{14}$

0239 📋 $1\dfrac{4}{5}$ **0240** 📋 3.7

0241 📋 $+5$, -5 **0242** 📋 $+1.3$, -1.3

0243 📋 $+\dfrac{2}{3}$, $-\dfrac{2}{3}$ **0244** 📋 0

0245 📋 0, $\dfrac{1}{2}$, -0.7, 1.3, 4

0246 📋 $>$ **0247** 📋 $<$

0248 📋 $<$ **0249** 📋 $<$

0250 📋 $>$ **0251** 📋 $<$

0252 📋 $<$ **0253** 📋 $>$

0254 📋 $>$ **0255** 📋 $>$

0256 📋 $+2$, $\dfrac{6}{5}$, $-\dfrac{1}{3}$, $-\dfrac{9}{2}$, -4.8

0257 📋 $x\geq-4$ **0258** 📋 $x<1.6$

0259 📋 $-1<x\leq0.8$ **0260** 📋 $-2\leq x<\dfrac{5}{4}$

0261 📋 $x\leq11$ **0262** 📋 $x\geq\dfrac{1}{3}$

0263 📋 $-0.8<x\leq2.5$ **0264** 📋 $x\geq-\dfrac{1}{2}$

0265 📋 $-1<x\leq\dfrac{7}{2}$ **0266** 📋 $-\dfrac{4}{3}\leq x\leq1.9$

0267 📋 -1, 0, 1, 2, 3 **0268** 📋 -1, 0, 1, 2

0269 📋 -2, -1, 0, 1, 2, 3

유형 익히기

0270 ① 지하 : '$-$' $\therefore -2$층

② 지출 : '$-$' $\therefore -3000$원

③ 증가 : '$+$' $\therefore +20\,\%$

④ ~전 : '$-$' $\therefore -3$일

⑤ ~후 : '+'　　∴ +7시간

　　　　　　　　　　　　　　　　　　　답 ④

0271 ① 상승 : '+'　　∴ +20점
② ~후 : '+'　　∴ +10분
③ 감소 : '−'　　∴ −3 t
④ 인상 : '+'　　∴ +5000원
⑤ 영하 : '−'　　∴ −5 ℃

　　　　　　　　　　　　　　　　　　　답 ④

0272 ㄱ. 해저 : '−'　　∴ −200 m
ㅁ. ~전 : '−'　　∴ −10분
따라서 옳은 것은 ㄴ, ㄷ, ㄹ의 3개이다.

　　　　　　　　　　　　　　　　　　답 3개

0273 $-\dfrac{4}{2}=-2$이므로 정수이다.

　　　　　　　　　답 $-5, \; -\dfrac{4}{2}, \; 0, \; 3$

0274 ⑤ $-\dfrac{9}{3}=-3$이므로 정수이다.

　　　　　　　　　　　　　　　　　　답 ②

0275 답 **양의 정수 : $2, \; +\dfrac{6}{2}$, 음의 정수 : $-6, \; -\dfrac{15}{3}$**

0276 음수가 아닌 정수는 $+6, \; 0, \; 2$의 3개이다.　답 3개

0277 ① 정수는 $-1, \; \dfrac{4}{2}, \; 0, \; 6$의 4개이다.
② 유리수는 주어진 모든 수이므로 7개이다.
③ 자연수는 $\dfrac{4}{2}, \; 6$의 2개이다.
④ 음의 유리수는 $-2.5, \; -1, \; -\dfrac{1}{5}$의 3개이다.
⑤ 정수가 아닌 유리수는 $-2.5, \; \dfrac{4}{3}, \; -\dfrac{1}{5}$의 3개이다.

　　　　　　　　　　　　　　　　　　답 ①

0278 ① -1과 0 사이에는 $-\dfrac{1}{2}, \; -\dfrac{1}{3}, \; -\dfrac{1}{4}, \; \cdots$과 같이 무
　　수히 많은 유리수가 있다.
② 양의 정수가 아닌 정수는 0, 음의 정수이다.
④ 유리수는 양의 유리수, 0, 음의 유리수로 이루어져 있다.

　　　　　　　　　　　　　　　　　답 ③, ⑤

0279 양의 유리수 : $6.1, \; \dfrac{2}{5}, \; \dfrac{16}{4}, \; 3$　　∴ $x=4$

　　　　　　　　　　　　　　　　　　　㉮

음의 유리수 : $-5, \; -\dfrac{2}{3}, \; -3.2$　　∴ $y=3$

　　　　　　　　　　　　　　　　　　　㉯

정수가 아닌 유리수 : $6.1, \; -\dfrac{2}{3}, \; \dfrac{2}{5}, \; -3.2$　　∴ $z=4$

　　　　　　　　　　　　　　　　　　　㉰

∴ $x-y+z=4-3+4=5$

　　　　　　　　　　　　　　　　　　　㉱

　　　　　　　　　　　　　　　　　　답 5

단계	채점요소	배점
㉮	x의 값 구하기	30 %
㉯	y의 값 구하기	30 %
㉰	z의 값 구하기	30 %
㉱	$x-y+z$의 값 구하기	10 %

0280 ① A : $-\dfrac{5}{2}=-2.5$　　② B : $-\dfrac{5}{4}$
③ C : $-\dfrac{1}{4}$　　④ D : 1

　　　　　　　　　　　　　　　　　　답 ⑤

0281 ③ C : 0

　　　　　　　　　　　　　　　　　　답 ③

0282 주어진 수를 수직선 위에 나타내면 다음과 같다.

따라서 가장 왼쪽에 있는 수는 -4, 가장 오른쪽에 있는 수는
$+5$이다.

　　　　　　　　　　　　　　　답 $-4, \; +5$

0283 주어진 수를 수직선 위에 나타내면 다음과 같다.

따라서 왼쪽에서 두 번째에 있는 수는 ③이다.

　　　　　　　　　　　　　　　　　　답 ③

0284 A : $-\dfrac{5}{2}$, B : -2, C : $-\dfrac{1}{3}$, D : 0, E : $\dfrac{3}{2}$, F : 2

ㄱ. 양수가 아닌 수는 $-\dfrac{5}{2}, \; -2, \; -\dfrac{1}{3}, \; 0$의 4개이다.

ㄴ. 정수가 아닌 수는 $-\dfrac{5}{2}, \; -\dfrac{1}{3}, \; \dfrac{3}{2}$의 3개이다.

ㄷ. 점 A가 나타내는 수는 $-\dfrac{5}{2}$이다.

ㄹ. 오른쪽에서 세 번째에 있는 수는 0이므로 정수이다.
따라서 옳은 것은 ㄴ, ㄹ, ㅁ이다.

　　　　　　　　　　　　　　　　　　답 ④

0285 $-\dfrac{7}{4}=-1\dfrac{3}{4}$, $\dfrac{5}{3}=1\dfrac{2}{3}$이므로 두 수를 수직선 위에 나타내면 다음과 같다.

㉮

$-\dfrac{7}{4}$에 가장 가까운 정수는 -2이므로 $a=-2$

$\dfrac{5}{3}$에 가장 가까운 정수는 2이므로 $b=2$

㉯

🔲 $a=-2$, $b=2$

단계	채점요소	배점
㉮	$-\dfrac{7}{4}$, $\dfrac{5}{3}$를 수직선 위에 나타내기	70%
㉯	a, b의 값 구하기	30%

0286

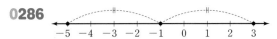

위의 수직선에서 -5와 3을 나타내는 두 점으로부터 같은 거리에 있는 점이 나타내는 수는 -1이다.

🔲 ②

0287 ㈎에서 a를 나타내는 점을 수직선 위에 나타내면 다음과 같다.

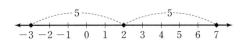

$\therefore a=-3$ 또는 $a=7$

㈏에서 a를 나타내는 점은 0을 나타내는 점의 왼쪽에 있으므로 $a=-3$

🔲 ③

0288 두 수 a, b를 나타내는 두 점 사이의 거리가 14이고 두 점의 한가운데에 있는 점이 나타내는 수가 3이므로 두 수 a, b를 나타내는 두 점은 3으로부터 각각 $14\times\dfrac{1}{2}=7$만큼 떨어져 있다.

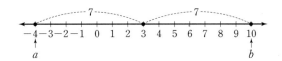

그런데 $b>0$이므로 $a=-4$, $b=10$

🔲 ④

0289 절댓값이 3인 두 수는 3과 -3이므로 수직선 위에 나타내면 오른쪽 그림과 같다.

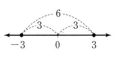

따라서 두 점 사이의 거리는 6이다.

🔲 ③

0290 (1) $|+6|=6$이므로 $a=6$

$\left|-\dfrac{3}{2}\right|=\dfrac{3}{2}$이므로 $b=\dfrac{3}{2}$

$\therefore a+b=6+\dfrac{3}{2}=\dfrac{12}{2}+\dfrac{3}{2}=\dfrac{15}{2}$

(2) a의 절댓값이 $\dfrac{1}{2}$이므로 $a=\dfrac{1}{2}$ 또는 $a=-\dfrac{1}{2}$

b의 절댓값이 $\dfrac{2}{3}$이므로 $b=\dfrac{2}{3}$ 또는 $b=-\dfrac{2}{3}$

따라서 $a+b$의 값 중에서 가장 큰 값은 $a=\dfrac{1}{2}$, $b=\dfrac{2}{3}$일 때이므로 $\dfrac{1}{2}+\dfrac{2}{3}=\dfrac{3}{6}+\dfrac{4}{6}=\dfrac{7}{6}$

🔲 (1) $\dfrac{15}{2}$ (2) $\dfrac{7}{6}$

0291 절댓값이 5인 수는 5 또는 -5이고, 수직선 위에서 0을 나타내는 점의 오른쪽에 있는 수는 5이므로 $a=5$

절댓값이 2인 수는 2 또는 -2이고, 수직선 위에서 0을 나타내는 점의 왼쪽에 있는 수는 -2이므로 $b=-2$

🔲 $a=5$, $b=-2$

0292 a의 절댓값이 x이므로 $x>0$이고 $a=x$ 또는 $a=-x$

b의 절댓값이 3이므로 $b=3$ 또는 $b=-3$

그런데 $a+b$의 값 중에서 가장 큰 값이 8이므로 $x+3=8$ $\therefore x=5$ 🔲 5

0293 $\left|-\dfrac{5}{2}\right|=\dfrac{5}{2}$, $|+3.2|=3.2$, $\left|\dfrac{1}{2}\right|=\dfrac{1}{2}$, $|-3|=3$, $|-5|=5$

(1) 주어진 수를 수직선 위에 나타내었을 때, 절댓값이 작을수록 원점에 가까우므로 원점에 가장 가까운 수는 $\dfrac{1}{2}$이다.

(2) 주어진 수를 수직선 위에 나타내었을 때, 절댓값이 클수록 원점에서 멀리 떨어져 있으므로 원점에서 가장 멀리 떨어져 있는 수는 -5이다.

🔲 (1) $\dfrac{1}{2}$ (2) -5

0294 ④ $a=-3$, $b=-2$이면 $-3<-2$이지만 $|-3|>|-2|$이다.

⑤ $a=-2$이면 $|-2|\ne-2$ 🔲 ④, ⑤

0295 원점에서 거리가 가까운 점이 나타내는 수부터 차례로 번호를 나열하면 ④, ③, ②, ⑤, ①이다.

🔲 ④, ③, ②, ⑤, ①

0296 원점으로부터의 거리가 $\frac{11}{4}$인 수를 수직선 위에 나타내면 다음과 같다.

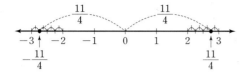

따라서 절댓값이 $\frac{11}{4}$보다 작은 정수는 -2, -1, 0, 1, 2의 5개이다.

🖺 **5개**

0297 주어진 수 중에서 원점으로부터의 거리가 2보다 작은 수는 -1, $\frac{1}{4}$, 0.7, $-\frac{5}{7}$의 4개이다.

🖺 ④

0298 원점으로부터의 거리가 $\frac{17}{5}$인 수를 수직선 위에 나타내면 다음과 같다.

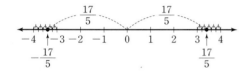

따라서 절댓값이 $\frac{17}{5}$ 이하인 정수는 -3, -2, -1, 0, 1, 2, 3이다.

🖺 -3, -2, -1, 0, 1, 2, 3

0299 주어진 수 중에서 원점으로부터의 거리가 $\frac{13}{6}\left(=2\frac{1}{6}\right)$ 이상인 수는 -4, 3, $+\frac{8}{3}$, $-\frac{9}{2}$의 4개이다.

🖺 **4개**

0300 절댓값이 같고 $a>b$인 두 수 a, b를 나타내는 두 점 사이의 거리가 10이므로 두 수는 원점으로부터의 거리가 각각 $10 \times \frac{1}{2}=5$인 수이다.

$\therefore a=5$, $b=-5$

🖺 ⑤

0301 절댓값이 같고 부호가 반대인 두 수의 차가 14이므로 두 수는 원점으로부터의 거리가 각각 $14 \times \frac{1}{2}=7$인 수이다.

따라서 두 수는 -7, 7이고 두 수 중 큰 수는 7이다.

🖺 **7**

0302 절댓값이 같고 부호가 반대인 두 수를 나타내는 두 점 사이의 거리가 $\frac{16}{3}$이므로 두 수는 원점으로부터의 거리가 각각

$\frac{16}{3} \times \frac{1}{2}=\frac{8}{3}$인 수이다.

따라서 두 수는 $-\frac{8}{3}$, $\frac{8}{3}$이고 이 중 음수는 $-\frac{8}{3}$이다.

🖺 $-\dfrac{8}{3}$

0303 ㈎에서 두 수 a와 b의 절댓값이 같고 ㈏에서 a는 b보다 8만큼 작으므로 $a<0$, $b>0$이다.

⸻⸻⸻⸻⸻⸻⸻⸻⸻⸻⸻ ㉮

㈏에서 a가 b보다 8만큼 작으므로 두 수 a, b를 나타내는 두 점 사이의 거리가 8이다. 즉, 두 수 a, b는 원점으로부터의 거리가 각각 $8 \times \frac{1}{2}=4$인 수이다.

⸻⸻⸻⸻⸻⸻⸻⸻⸻⸻⸻ ㉯

$\therefore a=-4$, $b=4$

⸻⸻⸻⸻⸻⸻⸻⸻⸻⸻⸻ ㉰

🖺 -4

단계	채점요소	배점
㉮	두 수 a, b의 부호 구하기	30%
㉯	두 수의 원점으로부터의 거리 구하기	40%
㉰	a의 값 구하기	30%

0304 ① $-12<-1$

② $-2.5>-3.2$

③ $-\frac{1}{3}=-\frac{5}{15}$, $-\frac{2}{5}=-\frac{6}{15}$이므로 $-\frac{1}{3}>-\frac{2}{5}$

④ $\left|-\frac{5}{3}\right|=\frac{5}{3}=\frac{25}{15}$, $\frac{2}{5}=\frac{6}{15}$이므로 $\left|-\frac{5}{3}\right|>\frac{2}{5}$

⑤ $|-3.1|=3.1$, $\frac{5}{4}=1.25$이므로 $|-3.1|>\frac{5}{4}$

🖺 ④

0305 주어진 수를 작은 수부터 차례로 나열하면

-2, $-\frac{4}{3}$, 0, $\frac{7}{3}$, 4.1, 5

절댓값이 작은 수부터 차례로 나열하면

0, $-\frac{4}{3}$, -2, $\frac{7}{3}$, 4.1, 5

③ 수직선 위에 나타내었을 때, 가장 오른쪽에 있는 수는 5이다.

🖺 ③

0306 주어진 수를 작은 수부터 차례로 나열하면

-3, $-\frac{2}{3}$, $-\frac{1}{4}$, 0, 2

이므로 네 번째에 오는 수는 ③ 0이다.

🖺 ③

0307 주어진 수를 큰 수부터 차례로 나열하면

$|-7|$, 5, $\frac{11}{4}$, $-\frac{10}{5}$, -2.5, -3.3

이므로 다섯 번째에 오는 수는 -2.5이다.

目 -2.5

0308 ①, ②, ③, ④ $<$ ⑤ $>$ 目 ⑤

0309 $\left|-\dfrac{1}{3}\right|=\dfrac{1}{3}$, $|3|=3$, $\left|-\dfrac{3}{5}\right|=\dfrac{3}{5}$, $|-3.5|=3.5$,

$|0.1|=0.1$이다.

따라서 절댓값이 가장 큰 수는 -3.5, 절댓값이 가장 작은 수는 0.1이다.

目 **절댓값이 가장 큰 수 : -3.5**
절댓값이 가장 작은 수 : 0.1

0310 $|-6|=6$, $|2|=2$, $|0|=0$, $|-3.7|=3.7$,

$\left|\dfrac{9}{2}\right|=\dfrac{9}{2}$, $\left|\dfrac{3}{7}\right|=\dfrac{3}{7}$이므로 절댓값이 큰 수부터 차례로 나열하면

-6, $\dfrac{9}{2}$, -3.7, 2, $\dfrac{3}{7}$, 0

따라서 절댓값이 세 번째로 큰 수는 -3.7이다.

目 -3.7

0311 x는 -4보다 작지 않고 $\Rightarrow x \ge -4$
x는 5보다 크지 않다. $\Rightarrow x \le 5$
$\therefore -4 \le x \le 5$ 目 ④

0312 ② x는 -2보다 크지 않다. $\Rightarrow x \le -2$

目 ②

0313 (1) x는 $-\dfrac{2}{3}$ 이상이고 $\Rightarrow x \ge -\dfrac{2}{3}$

x는 $\dfrac{7}{3}$보다 크지 않다. $\Rightarrow x \le \dfrac{7}{3}$

$\therefore -\dfrac{2}{3} \le x \le \dfrac{7}{3}$

(2) a는 $-\dfrac{3}{2}$보다 작지 않고 $\Rightarrow a \ge -\dfrac{3}{2}$

a는 $\dfrac{1}{4}$ 미만이다. $\Rightarrow a < \dfrac{1}{4}$

$\therefore -\dfrac{3}{2} \le a < \dfrac{1}{4}$

目 (1) $-\dfrac{2}{3} \le x \le \dfrac{7}{3}$ (2) $-\dfrac{3}{2} \le a < \dfrac{1}{4}$

0314 수직선 위에 $-\dfrac{7}{3}=-2\dfrac{1}{3}$과 $\dfrac{9}{4}=2\dfrac{1}{4}$을 나타내면 다음과 같다.

따라서 두 수 $-\dfrac{7}{3}$과 $\dfrac{9}{4}$ 사이에 있는 정수는 -2, -1, 0, 1, 2의 5개이다.

目 ④

0315 $-\dfrac{7}{2}=-3.5$이므로 $-3.5 < x \le 4$를 만족시키는 정수 x는 -3, -2, -1, 0, 1, 2, 3, 4의 8개이다.

目 **8개**

0316 $-2\dfrac{2}{5}$와 $1\dfrac{2}{3}$ 사이에 있는 정수는

-2, -1, 0, 1 ··································· ㉮

이 중 절댓값이 가장 큰 정수는 -2이다. ··········· ㉯

目 -2

단계	채점요소	배점
㉮	$-2\dfrac{2}{5}$와 $1\dfrac{2}{3}$ 사이에 있는 정수 구하기	50 %
㉯	절댓값이 가장 큰 정수 구하기	50 %

0317 $\dfrac{1}{3}=\dfrac{5}{15}$, $\dfrac{4}{5}=\dfrac{12}{15}$이므로 $\dfrac{1}{3}$과 $\dfrac{4}{5}$ 사이에 있는 분모가 15인 기약분수는 $\dfrac{7}{15}$, $\dfrac{8}{15}$, $\dfrac{11}{15}$의 3개이다.

目 ③

유형 UP

0318 ㉯에서 $|b|=2$이므로 $b=2$ 또는 $b=-2$
이때 ㉮에서 $b<0$이므로 $b=-2$
㉰에서 $|a|+|b|=5$이므로
$|a|+|-2|=5$, $|a|+2=5$
$\therefore |a|=3$
그런데 ㉮에서 $a>0$이므로 $a=3$

目 $a=3$, $b=-2$

0319 (i) $|a|=0$, $|b|=4$일 때
$a=0$, $b=4$ 또는 $b=-4$
그런데 $a<b$이므로 (a, b)는 $(0, 4)$
(ii) $|a|=1$, $|b|=3$일 때
$a=1$ 또는 $a=-1$, $b=3$ 또는 $b=-3$
그런데 $a<b$이므로 (a, b)는 $(1, 3)$, $(-1, 3)$

(iii) $|a|=2$, $|b|=2$일 때

　　$a=2$ 또는 $a=-2$, $b=2$ 또는 $b=-2$

　　그런데 $a<b$이므로 (a, b)는 $(-2, 2)$

(iv) $|a|=3$, $|b|=1$일 때

　　$a=3$ 또는 $a=-3$, $b=1$ 또는 $b=-1$

　　그런데 $a<b$이므로 (a, b)는 $(-3, 1)$, $(-3, -1)$

(v) $|a|=4$, $|b|=0$일 때

　　$a=4$ 또는 $a=-4$, $b=0$

　　그런데 $a<b$이므로 (a, b)는 $(-4, 0)$

(i)~(v)에서 (a, b)의 개수는 7개이다.

답 ③

0320 두 정수 a, b는 $a>b$이고 부호가 반대이므로

$a>0$, $b<0$

a의 절댓값이 b의 절댓값의 4배이므로 수직선 위에서 원점으로부터 a를 나타내는 점까지의 거리는 원점으로부터 b를 나타내는 점까지의 거리의 4배이다.

또, 수직선 위에서 a, b를 나타내는 두 점 사이의 거리가 10이므로 두 수 a, b를 나타내는 점을 각각 A, B라 하고 수직선 위에 나타내면 다음 그림과 같다.

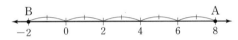

$\therefore a=8$, $b=-2$

답 $a=8$, $b=-2$

0321 (내), (래)에서 b는 -6보다 크고 절댓값은 -6의 절댓값과 같으므로 $b=6$

(내)에서 c는 -6보다 크고, (개), (대)에서 a는 6보다 크고 c보다 -6에 더 가까우므로 $6<a<c$

따라서 세 수 a, b, c를 수직선 위에 나타내면 다음 그림과 같다.

$\therefore b<a<c$

답 $b<a<c$

0322 (개), (대)에서 c는 -4보다 크고 $|c|=|-4|$이므로 $c=4$

(개)에서 a는 -4보다 크고, (내)에서 b는 수직선 위에 나타내었을 때 4보다 오른쪽에 있으므로 $b>4$이고, (래)에서 a는 b보다 -4에서 더 멀리 떨어져 있으므로 $4<b<a$

따라서 a, b, c를 수직선 위에 나타내면 다음 그림과 같다.

$\therefore c<b<a$

답 $c<b<a$

0323 (개), (대)에서 a와 c를 수직선 위에 나타내면 다음 그림과 같다.

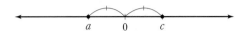

위의 수직선 위에 (내), (래)에 의해 b와 d를 나타내면 다음 그림과 같다.

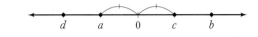

$\therefore d<a<c<b$

답 $d<a<c<b$

중단원 마무리하기

0324 ③ ~전 : '$-$'　　　$\therefore -30$분

답 ③

0325 ② B : $-\dfrac{7}{4}$

답 ②

0326 □ 안의 수는 정수가 아닌 유리수이므로 주어진 수 중에서 들어갈 수 있는 수는 $+\dfrac{5}{3}$, -1.8의 2개이다.

답 2개

0327 x는 7 이하이고 ⇨ $x \leq 7$

x는 $-\dfrac{2}{5}$보다 작지 않다. ⇨ $x \geq -\dfrac{2}{5}$

$\therefore -\dfrac{2}{5} \leq x \leq 7$

답 $-\dfrac{2}{5} \leq x \leq 7$

0328 작은 수부터 차례로 나열하면

-4, $-\dfrac{9}{3}$, -2.7, 3.1, $\dfrac{11}{2}$

이므로 두 번째에 오는 수는 $-\dfrac{9}{3}$이다.

답 $-\dfrac{9}{3}$

0329 $-\dfrac{8}{4}=-2$, $\dfrac{6}{3}=2$이므로

① 자연수는 2, $\dfrac{6}{3}$의 2개이다.

② 양의 유리수는 2, $\dfrac{6}{3}$의 2개이다.

③ 정수는 2, $-\dfrac{8}{4}$, $\dfrac{6}{3}$, 0의 4개이다.

④ 주어진 수는 모두 유리수이므로 유리수는 6개이다.

⑤ 정수가 아닌 유리수는 -4.8, $-\dfrac{15}{2}$의 2개이다.

目 ②, ④

0330 ① $-2>-3$

② $-\dfrac{1}{2}<-\dfrac{1}{5}$

③ $0>-\dfrac{1}{2}$

④ $|-2|=2$이므로 $|-2|>0$

⑤ $|-5|=5$, $|3|=3$이므로 $|-5|>|3|$

目 ⑤

0331 절댓값이 $\dfrac{9}{4}=2.25$ 이하인 정수는 -2, -1, 0, 1, 2의 5개이다.

目 ④

0332 ④ x는 -1보다 작지 않고 $\Rightarrow x\geq-1$

x는 3보다 작다. $\Rightarrow x<3$

$\therefore -1\leq x<3$

目 ④

0333

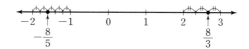

위의 수직선에서 -4와 6을 나타내는 두 점으로부터 같은 거리에 있는 점이 나타내는 수는 1이다.

目 ②

0334 $|3|=3$, $\left|\dfrac{9}{5}\right|=\dfrac{9}{5}=1.8$, $|-2|=2$, $\left|\dfrac{4}{2}\right|=\dfrac{4}{2}=2$,

$|-1.8|=1.8$, $\left|2\dfrac{2}{3}\right|=2\dfrac{2}{3}=2.66\cdots$, $|4|=4$

따라서 절댓값이 $\dfrac{7}{2}=3.5$보다 작은 수는 3, $\dfrac{9}{5}$, -2, $\dfrac{4}{2}$, -1.8,

$2\dfrac{2}{3}$의 6개이다.

目 ⑤

0335 $-\dfrac{9}{2}=-4.5$, $\dfrac{7}{3}=2.33\cdots$이므로 두 수 사이에 있는 정수는 -4, -3, -2, -1, 0, 1, 2의 7개이다.

目 ②

0336 $-\dfrac{8}{5}=-1\dfrac{3}{5}$, $\dfrac{8}{3}=2\dfrac{2}{3}$이므로 두 수를 수직선 위에 나타내면 다음 그림과 같다.

$-\dfrac{8}{5}$보다 작은 수 중에서 가장 큰 정수는 -2이므로 $a=-2$

$\dfrac{8}{3}$보다 큰 수 중에서 가장 작은 정수는 3이므로 $b=3$

目 $a=-2$, $b=3$

0337 $|-9|=9$, $|5|=5$, $\left|-\dfrac{5}{2}\right|=\dfrac{5}{2}$, $|-3|=3$,

$|-6.5|=6.5$, $|0|=0$이므로 절댓값이 큰 수부터 차례로 나열하면 -9, -6.5, 5, -3, $-\dfrac{5}{2}$, 0

따라서 절댓값이 두 번째로 큰 수는 -6.5이다.

目 -6.5

0338 ① 0의 절댓값은 0이므로 절댓값은 0보다 크거나 같다.

② 가장 작은 정수는 알 수 없다.

③ 정수는 모두 유리수이다.

④ $a<0$이면 $|a|=-a$이다.

目 ⑤

0339 ② $|2|=|-2|$이지만 $2\neq-2$이다.

⑤ $a=3$, $b=-5$이면 $3>-5$이지만 $|3|<|-5|$이다.

目 ②, ⑤

0340 $|3|=3$, $|-1.5|=1.5$, $\left|\dfrac{5}{4}\right|=\dfrac{5}{4}=1.25$,

$\left|-\dfrac{7}{2}\right|=\dfrac{7}{2}=3.5$, $\left|\dfrac{4}{3}\right|=\dfrac{4}{3}=1.33\cdots$, $|-2|=2$이다.

원점에서 가장 멀리 떨어진 수는 절댓값이 가장 큰 수이므로

$A=-\dfrac{7}{2}$

원점에 가장 가까운 수는 절댓값이 가장 작은 수이므로

$B=\dfrac{5}{4}$

目 $A=-\dfrac{7}{2}$, $B=\dfrac{5}{4}$

0341 절댓값이 같고 부호가 반대인 두 수를 나타내는 두 점 사이의 거리가 $\dfrac{10}{3}$이므로 두 수는 원점으로부터의 거리가 각각

$\dfrac{10}{3}\times\dfrac{1}{2}=\dfrac{5}{3}$인 수이다.

따라서 두 수는 $-\dfrac{5}{3}$, $\dfrac{5}{3}$이고 이 중 큰 수는 $\dfrac{5}{3}$이다.

目 ④

0342 절댓값이 $\dfrac{2}{3}$ 이상 4 미만인 정수는 절댓값이 1, 2, 3인 정수이다.

따라서 구하는 정수는 -3, -2, -1, 1, 2, 3의 6개이다.

답 ②

0343 ㈎에서 a는 $-3 \le a < 2$인 정수이므로 a의 값은
-3, -2, -1, 0, 1
㈏에서 $|a| > 2$이므로 $a = -3$

답 -3

0344 $-\dfrac{11}{2} \le x < 3$인 유리수 x 중 절댓값이 가장 큰 수는
$\left|-\dfrac{11}{2}\right| = \dfrac{11}{2}$이므로 $a = -\dfrac{11}{2}$

절댓값이 가장 작은 수는 0이므로 $b = 0$

$\therefore |a| - |b| = \left|-\dfrac{11}{2}\right| - |0| = \dfrac{11}{2} - 0 = \dfrac{11}{2}$

답 $\dfrac{11}{2}$

0345 ㈏에서 a, b의 절댓값이 같고, ㈎에서 $a < b$이므로 $a < 0$, $b > 0$이다.
㈐에서 수직선 위에서 두 수를 나타내는 두 점 사이의 거리가 16이므로 두 수는 원점으로부터의 거리가 각각 $16 \times \dfrac{1}{2} = 8$인 수이다.
따라서 $a < 0$, $b > 0$이므로 $a = -8$, $b = 8$

답 $a = -8$, $b = 8$

0346 $-\dfrac{2}{3} = -\dfrac{8}{12}$, $\dfrac{1}{4} = \dfrac{3}{12}$이므로 $-\dfrac{8}{12}$과 $\dfrac{3}{12}$ 사이에 있는 정수가 아닌 유리수 중에서 기약분수로 나타내었을 때 분모가 12인 유리수는 $-\dfrac{7}{12}$, $-\dfrac{5}{12}$, $-\dfrac{1}{12}$, $\dfrac{1}{12}$의 4개이다.

답 **4개**

0347 $\left|\dfrac{n}{4}\right| < 1$이려면 $|n| < 4$이어야 한다.
따라서 구하는 정수 n의 값은 -3, -2, -1, 0, 1, 2, 3

답 -3, -2, -1, 0, 1, 2, 3

0348 $-\dfrac{7}{3} = -2\dfrac{1}{3}$, $\dfrac{13}{4} = 3\dfrac{1}{4}$이므로 $-\dfrac{7}{3}$과 $\dfrac{13}{4}$을 수직선 위에 나타내면 다음 그림과 같다.

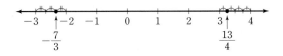

$-\dfrac{7}{3}$에 가장 가까운 정수는 -2이므로 $a = -2$

㈎

$\dfrac{13}{4}$에 가장 가까운 정수는 3이므로 $b = 3$

㈏

따라서 -2보다 크고 3보다 크지 않은 정수는 -1, 0, 1, 2, 3의 5개이다.

㈐

답 **5개**

단계	채점요소	배점
㈎	a의 값 구하기	30%
㈏	b의 값 구하기	30%
㈐	구하는 정수의 개수 구하기	40%

0349 $|a| = 5$이므로 $a = 5$ 또는 $a = -5$

㈎

(ⅰ) $a = 5$일 때, 두 수 a, b를 나타내는 두 점의 한가운데 있는 점이 -1이므로 오른쪽 그림에서
$b = -7$

㈏

(ⅱ) $a = -5$일 때, 두 수 a, b를 나타내는 두 점의 한가운데 있는 점이 -1이므로 오른쪽 그림에서
$b = 3$

㈐

(ⅰ), (ⅱ)에서 구하는 b의 값은 -7, 3이다.

㈑

답 -7, 3

단계	채점요소	배점
㈎	$|a| = 5$에서 a의 값 구하기	30%
㈏	$a = 5$일 때 b의 값 구하기	30%
㈐	$a = -5$일 때 b의 값 구하기	30%
㈑	구하는 b의 값 구하기	10%

0350 두 수 a, b를 나타내는 두 점 사이의 거리가 8이고 두 점의 한가운데 있는 점이 나타내는 수가 -3이므로 두 수는 -3으로부터의 거리가 각각 $8 \times \dfrac{1}{2} = 4$인 수이다.

㈎

이때 $a > b$이므로 a, b를 수직선 위에 나타내면 다음 그림과 같다.

㈏

$\therefore b = -7$

㈐

답 -7

단계	채점요소	배점
㉮	a, b를 나타내는 두 점의 위치 파악하기	40%
㉯	a, b를 수직선 위에 나타내기	40%
㉰	b의 값 구하기	20%

0351 ㈏에서 $|a|=4$이므로 $a=4$ 또는 $a=-4$
이때 ㈎에서 $a<0$이므로 $a=-4$

───────────────────────────────── ㉮

㈐에서 $|a|+|b|=9$이므로
$|-4|+|b|=9$, $4+|b|=9$ ∴ $|b|=5$

───────────────────────────────── ㉯

㈎에서 $b>0$이므로 $b=5$

───────────────────────────────── ㉰

🔲 $a=-4$, $b=5$

단계	채점요소	배점
㉮	a의 값 구하기	40%
㉯	b의 절댓값 구하기	30%
㉰	b의 값 구하기	30%

0352 ㈏에서 $|a|=|b|$이고 ㈐에서 a, b의 절댓값의 합이 10
이므로 a, b의 절댓값은 모두 5이다.
그런데 ㈎에서 $a<b$이므로 $a=-5$, $b=5$

🔲 $a=-5$, $b=5$

0353 ㈐에서 a는 b보다 $\dfrac{12}{5}$만큼 크므로 수직선 위에서 a, b

를 나타내는 두 점 사이의 거리가 $\dfrac{12}{5}$이다.

또, ㈎에서 a의 절댓값은 b의 절댓값의 2배이므로 수직선 위에서
원점으로부터 a를 나타내는 점까지의 거리는 원점으로부터 b를
나타내는 점까지의 거리의 2배이다.

㈏에서 $b<0<a$이므로 두 수 a, b를 나타내는 점을 각각 A, B
라 하고 수직선 위에 나타내면 다음과 같다.

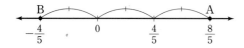

∴ $b=-\dfrac{4}{5}$

🔲 $-\dfrac{4}{5}$

0354 ㈐, ㈑에서 a는 -3보다 크고 절댓값이 -3의 절댓값과
같으므로 $a=3$
㈎에서 c는 6보다 크고, ㈏, ㈐에서 b는 -3보다 크고 c보다 0에
서 멀리 떨어져 있으므로 $6<c<b$
따라서 a, b, c를 수직선 위에 나타내면 다음 그림과 같다.

∴ $a<c<b$

🔲 ②

0355 (i) $|a|=0$, $|b|=5$일 때,
 $a=0$, $b=5$ 또는 $b=-5$
 그런데 $a>b$이므로 (a, b)는 $(0, -5)$
(ii) $|a|=1$, $|b|=4$일 때,
 $a=1$ 또는 $a=-1$, $b=4$ 또는 $b=-4$
 그런데 $a>b$이므로 (a, b)는 $(1, -4)$, $(-1, -4)$
(iii) $|a|=2$, $|b|=3$일 때,
 $a=2$ 또는 $a=-2$, $b=3$ 또는 $b=-3$
 그런데 $a>b$이므로 (a, b)는 $(2, -3)$, $(-2, -3)$
(iv) $|a|=3$, $|b|=2$일 때,
 $a=3$ 또는 $a=-3$, $b=2$ 또는 $b=-2$
 그런데 $a>b$이므로 (a, b)는 $(3, 2)$, $(3, -2)$
(v) $|a|=4$, $|b|=1$일 때,
 $a=4$ 또는 $a=-4$, $b=1$ 또는 $b=-1$
 그런데 $a>b$이므로 (a, b)는 $(4, 1)$, $(4, -1)$
(vi) $|a|=5$, $|b|=0$일 때,
 $a=5$ 또는 $a=-5$, $b=0$
 그런데 $a>b$이므로 (a, b)는 $(5, 0)$
(i)~(vi)에서 (a, b)의 개수는 10개이다.

🔲 10개

04 정수와 유리수의 계산

교과서문제 정복하기

0356 $(+5)+(+4)=+(5+4)=+9$

답 $+9$

0357 $(-2)+(+10)=+(10-2)=+8$

답 $+8$

0358 $\left(+\dfrac{1}{3}\right)+\left(+\dfrac{5}{6}\right)=\left(+\dfrac{2}{6}\right)+\left(+\dfrac{5}{6}\right)$
$=+\left(\dfrac{2}{6}+\dfrac{5}{6}\right)=+\dfrac{7}{6}$

답 $+\dfrac{7}{6}$

0359 $\left(+\dfrac{3}{4}\right)+\left(-\dfrac{1}{3}\right)=\left(+\dfrac{9}{12}\right)+\left(-\dfrac{4}{12}\right)$
$=+\left(\dfrac{9}{12}-\dfrac{4}{12}\right)=+\dfrac{5}{12}$

답 $+\dfrac{5}{12}$

0360 $\left(+\dfrac{1}{2}\right)+\left(-\dfrac{3}{8}\right)=\left(+\dfrac{4}{8}\right)+\left(-\dfrac{3}{8}\right)$
$=+\left(\dfrac{4}{8}-\dfrac{3}{8}\right)=+\dfrac{1}{8}$

답 $+\dfrac{1}{8}$

0361 $(-2)+\left(-\dfrac{2}{5}\right)=\left(-\dfrac{10}{5}\right)+\left(-\dfrac{2}{5}\right)$
$=-\left(\dfrac{10}{5}+\dfrac{2}{5}\right)=-\dfrac{12}{5}$

답 $-\dfrac{12}{5}$

0362 $(+3.3)+(+2.7)=+(3.3+2.7)=+6$

답 $+6$

0363 $(-2.3)+(-2.2)=-(2.3+2.2)=-4.5$

답 -4.5

0364 $(-3)+(+4)+(-7)=\{(-3)+(-7)\}+(+4)$
$=(-10)+(+4)$
$=-6$

답 -6

0365 $\left(-\dfrac{5}{2}\right)+\left(+\dfrac{3}{5}\right)+\left(+\dfrac{1}{15}\right)$
$=\left(-\dfrac{75}{30}\right)+\left(+\dfrac{18}{30}\right)+\left(+\dfrac{2}{30}\right)$
$=\left(-\dfrac{75}{30}\right)+\left\{\left(+\dfrac{18}{30}\right)+\left(+\dfrac{2}{30}\right)\right\}$
$=\left(-\dfrac{75}{30}\right)+\left(+\dfrac{20}{30}\right)$
$=-\dfrac{55}{30}=-\dfrac{11}{6}$

답 $-\dfrac{11}{6}$

0366 $(-4.6)+(+1.4)+(-2.8)$
$=\{(-4.6)+(-2.8)\}+(+1.4)$
$=(-7.4)+(+1.4)=-6$

답 -6

0367 $(+4)-(+7)=(+4)+(-7)=-(7-4)=-3$

답 -3

0368 $(-8)-(+6)=(-8)+(-6)=-(8+6)=-14$

답 -14

0369 $\left(+\dfrac{3}{4}\right)-\left(+\dfrac{3}{2}\right)=\left(+\dfrac{3}{4}\right)+\left(-\dfrac{6}{4}\right)$
$=-\left(\dfrac{6}{4}-\dfrac{3}{4}\right)=-\dfrac{3}{4}$

답 $-\dfrac{3}{4}$

0370 $\left(+\dfrac{1}{6}\right)-\left(-\dfrac{3}{5}\right)=\left(+\dfrac{5}{30}\right)+\left(+\dfrac{18}{30}\right)$
$=+\left(\dfrac{5}{30}+\dfrac{18}{30}\right)=+\dfrac{23}{30}$

답 $+\dfrac{23}{30}$

0371 $\left(-\dfrac{2}{3}\right)-\left(-\dfrac{3}{5}\right)=\left(-\dfrac{10}{15}\right)+\left(+\dfrac{9}{15}\right)$
$=-\left(\dfrac{10}{15}-\dfrac{9}{15}\right)=-\dfrac{1}{15}$

답 $-\dfrac{1}{15}$

0372 $\left(-\dfrac{5}{12}\right)-\left(+\dfrac{1}{6}\right)=\left(-\dfrac{5}{12}\right)+\left(-\dfrac{2}{12}\right)$
$=-\left(\dfrac{5}{12}+\dfrac{2}{12}\right)=-\dfrac{7}{12}$

답 $-\dfrac{7}{12}$

0373

$$(+2.8)-(+5.3)=(+2.8)+(-5.3)$$
$$=-(5.3-2.8)$$
$$=-2.5$$

답 -2.5

0374

$$(-1.5)-(-6.1)=(-1.5)+(+6.1)$$
$$=+(6.1-1.5)$$
$$=+4.6$$

답 $+4.6$

0375

$$(+15)-(-3)-(+8)=(+15)+(+3)+(-8)$$
$$=(+18)+(-8)$$
$$=+10$$

답 $+10$

0376

$$\left(-\frac{1}{2}\right)-\left(+\frac{1}{3}\right)-(-1)$$
$$=\left(-\frac{3}{6}\right)+\left(-\frac{2}{6}\right)+(+1)$$
$$=\left(-\frac{5}{6}\right)+\left(+\frac{6}{6}\right)=+\frac{1}{6}$$

답 $+\frac{1}{6}$

0377

$$(-1.2)-(+7.2)-(-5.4)$$
$$=(-1.2)+(-7.2)+(+5.4)$$
$$=(-8.4)+(+5.4)$$
$$=-3$$

답 -3

0378

$$(-2)-(-10)+(+3)$$
$$=(-2)+(+10)+(+3)$$
$$=(-2)+\{(+10)+(+3)\}$$
$$=(-2)+(+13)=+11$$

답 $+11$

0379

$$\left(-\frac{2}{7}\right)-\left(+\frac{5}{14}\right)+\left(-\frac{3}{2}\right)$$
$$=\left(-\frac{4}{14}\right)+\left(-\frac{5}{14}\right)+\left(-\frac{21}{14}\right)$$
$$=-\frac{30}{14}=-\frac{15}{7}$$

답 $-\frac{15}{7}$

0380

$$(-1.8)+(-5.6)-(-2.4)$$
$$=(-1.8)+(-5.6)+(+2.4)$$
$$=(-7.4)+(+2.4)=-5$$

답 -5

0381

$$\left(-\frac{1}{12}\right)+\left(+\frac{2}{3}\right)-\left(-\frac{10}{9}\right)-\left(+\frac{2}{3}\right)$$
$$=\left(-\frac{1}{12}\right)+\left(+\frac{2}{3}\right)+\left(+\frac{10}{9}\right)+\left(-\frac{2}{3}\right)$$
$$=\left\{\left(-\frac{1}{12}\right)+\left(+\frac{10}{9}\right)\right\}+\left\{\left(+\frac{2}{3}\right)+\left(-\frac{2}{3}\right)\right\}$$
$$=\left\{\left(-\frac{3}{36}\right)+\left(+\frac{40}{36}\right)\right\}+0=+\frac{37}{36}$$

답 $+\frac{37}{36}$

0382

$$\frac{2}{3}-\frac{5}{6}+\frac{1}{12}=\left(+\frac{2}{3}\right)-\left(+\frac{5}{6}\right)+\left(+\frac{1}{12}\right)$$
$$=\left(+\frac{8}{12}\right)+\left(-\frac{10}{12}\right)+\left(+\frac{1}{12}\right)$$
$$=\left\{\left(+\frac{8}{12}\right)+\left(+\frac{1}{12}\right)\right\}+\left(-\frac{10}{12}\right)$$
$$=\left(+\frac{9}{12}\right)+\left(-\frac{10}{12}\right)=-\frac{1}{12}$$

답 $-\frac{1}{12}$

0383

$$-\frac{1}{6}+\frac{2}{3}-\frac{1}{5}=\left(-\frac{1}{6}\right)+\left(+\frac{2}{3}\right)-\left(+\frac{1}{5}\right)$$
$$=\left(-\frac{5}{30}\right)+\left(+\frac{20}{30}\right)+\left(-\frac{6}{30}\right)$$
$$=\left\{\left(-\frac{5}{30}\right)+\left(-\frac{6}{30}\right)\right\}+\left(+\frac{20}{30}\right)$$
$$=\left(-\frac{11}{30}\right)+\left(+\frac{20}{30}\right)$$
$$=+\frac{9}{30}=\frac{3}{10}$$

답 $\frac{3}{10}$

0384

$$2.4-1.3+4.7=(+2.4)-(+1.3)+(+4.7)$$
$$=(+2.4)+(-1.3)+(+4.7)$$
$$=\{(+2.4)+(+4.7)\}+(-1.3)$$
$$=(+7.1)+(-1.3)=5.8$$

답 5.8

0385

$$1.5+2.3-9.3+5.6$$
$$=(+1.5)+(+2.3)-(+9.3)+(+5.6)$$
$$=(+1.5)+(+2.3)+(-9.3)+(+5.6)$$
$$=\{(+1.5)+(+2.3)+(+5.6)\}+(-9.3)$$
$$=(+9.4)+(-9.3)=0.1$$

답 0.1

0386

$$(+2)\times(+8)=+(2\times8)=+16$$

답 $+16$

0387 $(+4) \times (-2) = -(4 \times 2) = -8$

답 -8

0388 $(-8) \times (+5) = -(8 \times 5) = -40$

답 -40

0389 $(-5) \times (-10) = +(5 \times 10) = +50$

답 $+50$

0390 $\left(+\dfrac{1}{3}\right) \times \left(+\dfrac{3}{4}\right) = +\left(\dfrac{1}{3} \times \dfrac{3}{4}\right) = +\dfrac{1}{4}$

답 $+\dfrac{1}{4}$

0391 $\left(+\dfrac{1}{6}\right) \times \left(-\dfrac{8}{3}\right) = -\left(\dfrac{1}{6} \times \dfrac{8}{3}\right) = -\dfrac{4}{9}$

답 $-\dfrac{4}{9}$

0392 $(-12) \times \left(+\dfrac{5}{6}\right) = -\left(12 \times \dfrac{5}{6}\right) = -10$

답 -10

0393 $\left(-\dfrac{2}{5}\right) \times \left(-\dfrac{1}{6}\right) = +\left(\dfrac{2}{5} \times \dfrac{1}{6}\right) = +\dfrac{1}{15}$

답 $+\dfrac{1}{15}$

0394 $\left(+\dfrac{5}{12}\right) \times \left(-\dfrac{3}{2}\right) \times \left(-\dfrac{7}{10}\right) = +\left(\dfrac{5}{12} \times \dfrac{3}{2} \times \dfrac{7}{10}\right)$
$= +\dfrac{7}{16}$

답 $+\dfrac{7}{16}$

0395 $(-3) \times (+2) \times (-5) \times (-4) = -(3 \times 2 \times 5 \times 4)$
$= -120$

답 -120

0396 답 -4 **0397** 답 4

0398 답 $\dfrac{1}{25}$ **0399** 답 $-\dfrac{1}{8}$

0400 $(+10) \div (+5) = +(10 \div 5) = +2$

답 $+2$

0401 $(+24) \div (-6) = -(24 \div 6) = -4$

답 -4

0402 $(-20) \div (+2) = -(20 \div 2) = -10$

답 -10

0403 $(-48) \div (-3) = +(48 \div 3) = +16$

답 $+16$

0404 답 $\dfrac{1}{3}$

0405 $-2.9 = -\dfrac{29}{10}$이므로 역수는 $-\dfrac{10}{29}$이다.

답 $-\dfrac{10}{29}$

0406 답 $-\dfrac{15}{7}$

0407 $1\dfrac{3}{5} = \dfrac{8}{5}$이므로 역수는 $\dfrac{5}{8}$이다.   답 $\dfrac{5}{8}$

0408 $\left(+\dfrac{5}{3}\right) \div \left(+\dfrac{1}{2}\right) = \left(+\dfrac{5}{3}\right) \times (+2) = +\dfrac{10}{3}$

답 $+\dfrac{10}{3}$

0409 $\left(-\dfrac{16}{3}\right) \div \left(+\dfrac{4}{15}\right) = \left(-\dfrac{16}{3}\right) \times \left(+\dfrac{15}{4}\right) = -20$

답 -20

0410 $\left(-\dfrac{3}{10}\right) \div \left(+\dfrac{3}{2}\right) = \left(-\dfrac{3}{10}\right) \times \left(+\dfrac{2}{3}\right) = -\dfrac{1}{5}$

답 $-\dfrac{1}{5}$

0411 $\left(-\dfrac{1}{3}\right) \div \left(-\dfrac{6}{5}\right) = \left(-\dfrac{1}{3}\right) \times \left(-\dfrac{5}{6}\right) = +\dfrac{5}{18}$

답 $+\dfrac{5}{18}$

0412 $(+8) \div (-2.5) = (+8) \div \left(-\dfrac{5}{2}\right)$
$= (+8) \times \left(-\dfrac{2}{5}\right) = -\dfrac{16}{5}$

답 $-\dfrac{16}{5}$

0413 $(-3) \div (-1.5) = (-3) \div \left(-\dfrac{3}{2}\right)$
$= (-3) \times \left(-\dfrac{2}{3}\right) = +2$

답 $+2$

0414 $(+2) \div \left(-\dfrac{10}{3}\right) \times (+4)$

$= (+2) \times \left(-\dfrac{3}{10}\right) \times (+4)$

$= -\dfrac{12}{5}$ 　　　　　　　　　　　답 $-\dfrac{12}{5}$

0415 $(+4) \times \left(-\dfrac{3}{5}\right) \div \left(+\dfrac{5}{12}\right)$

$= (+4) \times \left(-\dfrac{3}{5}\right) \times \left(+\dfrac{12}{5}\right) = -\dfrac{144}{25}$ 　　답 $-\dfrac{144}{25}$

0416 답 ㉢, ㉣, ㉡, ㉠

0417 $9 - (-2)^3 \div 1.6 = 9 - (-8) \div \dfrac{16}{10} = 9 - (-8) \times \dfrac{10}{16}$

$= 9 - (-5) = 9 + 5 = 14$ 　　　　　답 14

0418 $\dfrac{1}{3} + \left(-\dfrac{2}{3}\right)^2 \times \dfrac{6}{5} = \dfrac{1}{3} + \dfrac{4}{9} \times \dfrac{6}{5} = \dfrac{1}{3} + \dfrac{8}{15}$

$= \dfrac{5}{15} + \dfrac{8}{15} = \dfrac{13}{15}$ 　　　답 $\dfrac{13}{15}$

유형 익히기

0419 ① $\left(-\dfrac{1}{6}\right) + \left(-\dfrac{1}{3}\right) = \left(-\dfrac{1}{6}\right) + \left(-\dfrac{2}{6}\right)$

$= -\left(\dfrac{1}{6} + \dfrac{2}{6}\right)$

$= -\dfrac{3}{6} = -\dfrac{1}{2}$

② $\left(+\dfrac{4}{5}\right) + \left(-\dfrac{1}{5}\right) = +\left(\dfrac{4}{5} - \dfrac{1}{5}\right) = \dfrac{3}{5}$

③ $(+0.5) + \left(-\dfrac{1}{2}\right) = \left(+\dfrac{1}{2}\right) + \left(-\dfrac{1}{2}\right) = 0$

④ $\left(-\dfrac{3}{7}\right) + \left(+\dfrac{2}{7}\right) = -\left(\dfrac{3}{7} - \dfrac{2}{7}\right) = -\dfrac{1}{7}$

⑤ $(-6.3) + (+1.2) = -(6.3 - 1.2) = -5.1$ 　　　답 ③

0420 0을 나타내는 점에서 오른쪽으로 4칸 움직였으므로 $+4$, 다시 왼쪽으로 9칸 움직였으므로 -9를 더한 것이다.

$\therefore (+4) + (-9) = -5$ 　　　　　답 ②

0421 ① $(-8) + (-6) = -(8+6) = -14$

② $(-25) + (+13) = -(25-13) = -12$

③ $(+0.5) + (-6.5) = -(6.5-0.5) = -6$

④ $\left(+\dfrac{3}{5}\right) + \left(+\dfrac{5}{6}\right) = \left(+\dfrac{18}{30}\right) + \left(+\dfrac{25}{30}\right)$

$= +\left(\dfrac{18}{30} + \dfrac{25}{30}\right) = \dfrac{43}{30}$

⑤ $\left(-\dfrac{1}{12}\right) + \left(+\dfrac{1}{3}\right) = \left(-\dfrac{1}{12}\right) + \left(+\dfrac{4}{12}\right)$

$= +\left(\dfrac{4}{12} - \dfrac{1}{12}\right)$

$= \dfrac{3}{12} = \dfrac{1}{4}$ 　　　　　　　　　답 ⑤

0422 답 ㉠ 덧셈의 교환법칙 　㉡ 덧셈의 결합법칙

0423 $\left(+\dfrac{3}{5}\right) + \left(-\dfrac{2}{3}\right) + \left(-\dfrac{4}{5}\right)$

$= \left(+\dfrac{3}{5}\right) + \left(-\dfrac{4}{5}\right) + \left(-\dfrac{2}{3}\right)$ 　덧셈의 교환법칙 … ㉮

$= \left\{\left(+\dfrac{3}{5}\right) + \left(-\dfrac{4}{5}\right)\right\} + \left(-\dfrac{2}{3}\right)$ 　덧셈의 결합법칙 … ㉯

$= \left(-\dfrac{1}{5}\right) + \left(-\dfrac{2}{3}\right)$

$= \left(-\dfrac{3}{15}\right) + \left(-\dfrac{10}{15}\right)$

$= -\dfrac{13}{15}$ 　　　　　　　　　　　… ㉰

답 $-\dfrac{13}{15}$

단계	채점요소	배점
㉮	덧셈의 교환법칙 이용하기	40%
㉯	덧셈의 결합법칙 이용하기	40%
㉰	주어진 식 계산하기	20%

0424 답 ㉠ 교환 　㉡ 결합 　㉢ -11 　㉣ -8

0425 ① $\left(+\dfrac{4}{3}\right) - (+1) = \left(+\dfrac{4}{3}\right) + (-1) = \dfrac{1}{3}$

② $\left(+\dfrac{2}{3}\right) - \left(-\dfrac{7}{6}\right) = \left(+\dfrac{4}{6}\right) + \left(+\dfrac{7}{6}\right) = \dfrac{11}{6}$

③ $\left(-\dfrac{4}{5}\right) - \left(-\dfrac{4}{5}\right) = \left(-\dfrac{4}{5}\right) + \left(+\dfrac{4}{5}\right) = 0$

④ $\left(-\dfrac{5}{6}\right) - \left(+\dfrac{4}{3}\right) = \left(-\dfrac{5}{6}\right) + \left(-\dfrac{8}{6}\right) = -\dfrac{13}{6}$

⑤ $(-3.8) - (-1.9) = (-3.8) + (+1.9) = -1.9$ 　　答 ②

0426 0을 나타내는 점에서 오른쪽으로 3칸 움직였으므로 +3, 다시 왼쪽으로 7칸 움직였으므로 +7을 빼거나 −7을 더한 것이다.

$\therefore (+3)-(+7)=-4$ 또는 $(+3)+(-7)=-4$

답 ②, ⑤

0427 절댓값이 가장 큰 수는 $-\dfrac{10}{3}$이므로

$a=-\dfrac{10}{3}$

㉮

절댓값이 가장 작은 수는 $-\dfrac{3}{2}$이므로 $b=-\dfrac{3}{2}$

㉯

$\therefore a-b=\left(-\dfrac{10}{3}\right)-\left(-\dfrac{3}{2}\right)=\left(-\dfrac{20}{6}\right)+\left(+\dfrac{9}{6}\right)=-\dfrac{11}{6}$

㉰

답 $-\dfrac{11}{6}$

단계	채점요소	배점
㉮	a의 값 구하기	30%
㉯	b의 값 구하기	30%
㉰	$a-b$의 값 구하기	40%

0428 $(-4)-(-7)+(+5)-(+3)$
$=(-4)+(+7)+(+5)+(-3)$
$=\{(-4)+(-3)\}+\{(+7)+(+5)\}$
$=(-7)+(+12)=5$

답 **5**

0429 (1) $(+6)+(-5)-(-3)$
 $=(+6)+(-5)+(+3)$
 $=\{(+6)+(+3)\}+(-5)$
 $=(+9)+(-5)=4$
(2) $(-1)-(+6)+(+7)=(-1)+(-6)+(+7)$
  $=\{(-1)+(-6)\}+(+7)$
  $=(-7)+(+7)=0$

답 (1) **4** (2) **0**

0430 $(+6)-(-6)+(-5)-(-9)$
$=(+6)+(+6)+(-5)+(+9)$
$=\{(+6)+(+6)+(+9)\}+(-5)$
$=(+21)+(-5)=16$

답 ①

0431 $(+5)+(-4)-(+16)-(-12)$
$=(+5)+(-4)+(-16)+(+12)$
$=\{(+5)+(+12)\}+\{(-4)+(-16)\}$
$=(+17)+(-20)=-3$

답 -3

0432 ① $(-4.6)+(+5.4)-(-4.2)$
  $=(-4.6)+(+5.4)+(+4.2)$
  $=(-4.6)+\{(+5.4)+(+4.2)\}$
  $=(-4.6)+(+9.6)=5$
② $\left(-\dfrac{7}{9}\right)+\left(+\dfrac{5}{6}\right)-\left(-\dfrac{1}{2}\right)$
  $=\left(-\dfrac{14}{18}\right)+\left(+\dfrac{15}{18}\right)+\left(+\dfrac{9}{18}\right)$
  $=\left(-\dfrac{14}{18}\right)+\left\{\left(+\dfrac{15}{18}\right)+\left(+\dfrac{9}{18}\right)\right\}$
  $=\left(-\dfrac{14}{18}\right)+\left(+\dfrac{24}{18}\right)$
  $=+\dfrac{10}{18}=\dfrac{5}{9}$
③ $\left(-\dfrac{3}{4}\right)+(+1)-\left(+\dfrac{1}{4}\right)=\left(-\dfrac{3}{4}\right)+(+1)+\left(-\dfrac{1}{4}\right)$
  $=\left\{\left(-\dfrac{3}{4}\right)+\left(-\dfrac{1}{4}\right)\right\}+(+1)$
  $=(-1)+(+1)=0$
④ $\left(+\dfrac{3}{2}\right)-\left(+\dfrac{2}{5}\right)+\left(-\dfrac{3}{5}\right)$
  $=\left(+\dfrac{15}{10}\right)+\left(-\dfrac{4}{10}\right)+\left(-\dfrac{6}{10}\right)$
  $=\left(+\dfrac{15}{10}\right)+\left\{\left(-\dfrac{4}{10}\right)+\left(-\dfrac{6}{10}\right)\right\}$
  $=\left(+\dfrac{15}{10}\right)+\left(-\dfrac{10}{10}\right)$
  $=+\dfrac{5}{10}=\dfrac{1}{2}$
⑤ $\left(+\dfrac{2}{3}\right)+\left(-\dfrac{1}{2}\right)+\left(-\dfrac{1}{3}\right)-\left(-\dfrac{5}{6}\right)$
  $=\left(+\dfrac{4}{6}\right)+\left(-\dfrac{3}{6}\right)+\left(-\dfrac{2}{6}\right)+\left(+\dfrac{5}{6}\right)$
  $=\left\{\left(+\dfrac{4}{6}\right)+\left(+\dfrac{5}{6}\right)\right\}+\left\{\left(-\dfrac{3}{6}\right)+\left(-\dfrac{2}{6}\right)\right\}$
  $=\left(+\dfrac{9}{6}\right)+\left(-\dfrac{5}{6}\right)=+\dfrac{4}{6}=\dfrac{2}{3}$

답 ⑤

0433 ① $\left(-\dfrac{5}{3}\right)-\left(-\dfrac{1}{6}\right)+\left(+\dfrac{3}{2}\right)$
  $=\left(-\dfrac{10}{6}\right)+\left(+\dfrac{1}{6}\right)+\left(+\dfrac{9}{6}\right)$
  $=\left(-\dfrac{10}{6}\right)+\left\{\left(+\dfrac{1}{6}\right)+\left(+\dfrac{9}{6}\right)\right\}$
  $=\left(-\dfrac{10}{6}\right)+\left(+\dfrac{10}{6}\right)=0$

② $\left(+\dfrac{1}{2}\right)-\left(-\dfrac{3}{8}\right)+\left(-\dfrac{1}{4}\right)=\left(+\dfrac{4}{8}\right)+\left(+\dfrac{3}{8}\right)+\left(-\dfrac{2}{8}\right)$

$\qquad\qquad\qquad\qquad\qquad =\left(+\dfrac{7}{8}\right)+\left(-\dfrac{2}{8}\right)=\dfrac{5}{8}$

③ $(-1.3)-(+4.2)+(+0.7)$

$\quad =(-1.3)+(-4.2)+(+0.7)$

$\quad =(-5.5)+(+0.7)=-4.8$

④ $\left(-\dfrac{3}{5}\right)-\left(-\dfrac{1}{3}\right)+\left(-\dfrac{11}{15}\right)$

$\quad =\left(-\dfrac{9}{15}\right)+\left(+\dfrac{5}{15}\right)+\left(-\dfrac{11}{15}\right)$

$\quad =\left\{\left(-\dfrac{9}{15}\right)+\left(-\dfrac{11}{15}\right)\right\}+\left(+\dfrac{5}{15}\right)$

$\quad =\left(-\dfrac{20}{15}\right)+\left(+\dfrac{5}{15}\right)=-\dfrac{15}{15}=-1$

⑤ $\left(+\dfrac{1}{4}\right)+(-0.5)-(+0.75)$

$\quad =\left(+\dfrac{1}{4}\right)+\{(-0.5)+(-0.75)\}$

$\quad =\left(+\dfrac{1}{4}\right)+(-1.25)=\left(+\dfrac{1}{4}\right)+\left(-\dfrac{5}{4}\right)=-1$

冒 ④

0434 (1) $\left(-\dfrac{2}{3}\right)-\left(-\dfrac{3}{2}\right)+\left(-\dfrac{1}{3}\right)$

$\quad =\left(-\dfrac{4}{6}\right)+\left(+\dfrac{9}{6}\right)+\left(-\dfrac{2}{6}\right)$

$\quad =\left\{\left(-\dfrac{4}{6}\right)+\left(-\dfrac{2}{6}\right)\right\}+\left(+\dfrac{9}{6}\right)$

$\quad =\left(-\dfrac{6}{6}\right)+\left(+\dfrac{9}{6}\right)=+\dfrac{3}{6}=\dfrac{1}{2}$

(2) $\left(-\dfrac{3}{2}\right)+(+4)+\left(-\dfrac{5}{2}\right)-\left(-\dfrac{5}{4}\right)-\left(+\dfrac{3}{8}\right)$

$\quad =\left(-\dfrac{12}{8}\right)+\left(+\dfrac{32}{8}\right)+\left(-\dfrac{20}{8}\right)+\left(+\dfrac{10}{8}\right)+\left(-\dfrac{3}{8}\right)$

$\quad =\left\{\left(-\dfrac{12}{8}\right)+\left(-\dfrac{20}{8}\right)+\left(-\dfrac{3}{8}\right)\right\}+\left\{\left(+\dfrac{32}{8}\right)+\left(+\dfrac{10}{8}\right)\right\}$

$\quad =\left(-\dfrac{35}{8}\right)+\left(+\dfrac{42}{8}\right)=\dfrac{7}{8}$ 冒 (1) $\dfrac{1}{2}$ (2) $\dfrac{7}{8}$

0435 ① $2-5+\dfrac{1}{2}=(+2)-(+5)+\left(+\dfrac{1}{2}\right)$

$\qquad\qquad\quad =(+2)+(-5)+\left(+\dfrac{1}{2}\right)$

$\qquad\qquad\quad =(-3)+\left(+\dfrac{1}{2}\right)=-\dfrac{5}{2}$

② $-\dfrac{1}{3}+6+\dfrac{5}{3}=\left(-\dfrac{1}{3}\right)+(+6)+\left(+\dfrac{5}{3}\right)$

$\qquad\qquad\quad =\left(-\dfrac{1}{3}\right)+\left(+\dfrac{18}{3}\right)+\left(+\dfrac{5}{3}\right)$

$\qquad\qquad\quad =\left(-\dfrac{1}{3}\right)+\left\{\left(+\dfrac{18}{3}\right)+\left(+\dfrac{5}{3}\right)\right\}$

$\qquad\qquad\quad =\left(-\dfrac{1}{3}\right)+\left(+\dfrac{23}{3}\right)=\dfrac{22}{3}$

③ $10.5-9+2.5=(+10.5)-(+9)+(+2.5)$

$\qquad\qquad\quad =\{(+10.5)+(+2.5)\}+(-9)$

$\qquad\qquad\quad =(+13)+(-9)=4$

④ $-\dfrac{5}{2}-\dfrac{5}{6}+\dfrac{4}{3}=\left(-\dfrac{5}{2}\right)-\left(+\dfrac{5}{6}\right)+\left(+\dfrac{4}{3}\right)$

$\qquad\qquad\quad =\left(-\dfrac{15}{6}\right)+\left(-\dfrac{5}{6}\right)+\left(+\dfrac{8}{6}\right)$

$\qquad\qquad\quad =\left(-\dfrac{20}{6}\right)+\left(+\dfrac{8}{6}\right)$

$\qquad\qquad\quad =-\dfrac{12}{6}=-2$

⑤ $2+\dfrac{7}{8}-\dfrac{1}{4}=(+2)+\left(+\dfrac{7}{8}\right)-\left(+\dfrac{1}{4}\right)$

$\qquad\qquad\quad =\left(+\dfrac{16}{8}\right)+\left(+\dfrac{7}{8}\right)+\left(-\dfrac{2}{8}\right)$

$\qquad\qquad\quad =\left(+\dfrac{23}{8}\right)+\left(-\dfrac{2}{8}\right)=\dfrac{21}{8}$

따라서 계산 결과가 가장 큰 것은 ②이다.

冒 ②

0436 (1) $9-5-7-6+3$

$\quad =(+9)-(+5)-(+7)-(+6)+(+3)$

$\quad =(+9)+(-5)+(-7)+(-6)+(+3)$

$\quad =\{(+9)+(+3)\}+\{(-5)+(-7)+(-6)\}$

$\quad =(+12)+(-18)=-6$

(2) $-4+9-4+2-6$

$\quad =(-4)+(+9)-(+4)+(+2)-(+6)$

$\quad =(-4)+(+9)+(-4)+(+2)+(-6)$

$\quad =\{(-4)+(-4)+(-6)\}+\{(+9)+(+2)\}$

$\quad =(-14)+(+11)$

$\quad =-3$

(3) $\dfrac{2}{3}-\dfrac{3}{5}+\dfrac{7}{15}=\left(+\dfrac{2}{3}\right)-\left(+\dfrac{3}{5}\right)+\left(+\dfrac{7}{15}\right)$

$\qquad\qquad\quad =\left(+\dfrac{10}{15}\right)+\left(-\dfrac{9}{15}\right)+\left(+\dfrac{7}{15}\right)$

$\qquad\qquad\quad =\left\{\left(+\dfrac{10}{15}\right)+\left(+\dfrac{7}{15}\right)\right\}+\left(-\dfrac{9}{15}\right)$

$\qquad\qquad\quad =\left(+\dfrac{17}{15}\right)+\left(-\dfrac{9}{15}\right)=\dfrac{8}{15}$

(4) $\dfrac{1}{4}-2-\dfrac{3}{2}-\dfrac{1}{3}$

$\quad =\left(+\dfrac{1}{4}\right)-(+2)-\left(+\dfrac{3}{2}\right)-\left(+\dfrac{1}{3}\right)$

$\quad =\left(+\dfrac{3}{12}\right)+\left(-\dfrac{24}{12}\right)+\left(-\dfrac{18}{12}\right)+\left(-\dfrac{4}{12}\right)$

$\quad =\left(+\dfrac{3}{12}\right)+\left\{\left(-\dfrac{24}{12}\right)+\left(-\dfrac{18}{12}\right)+\left(-\dfrac{4}{12}\right)\right\}$

$\quad =\left(+\dfrac{3}{12}\right)+\left(-\dfrac{46}{12}\right)=-\dfrac{43}{12}$

冒 (1) -6 (2) -3 (3) $\dfrac{8}{15}$ (4) $-\dfrac{43}{12}$

0437 $-15+16+7-35-3+5$

$=(-15)+(+16)+(+7)-(+35)-(+3)+(+5)$

$=(-15)+(+16)+(+7)+(-35)+(-3)+(+5)$

$=\{(-15)+(-35)+(-3)\}+\{(+16)+(+7)+(+5)\}$

$=(-53)+(+28)=-25$

답 ②

0438 $\frac{1}{2}-\frac{3}{4}-2-\frac{1}{4}+1$

$=\left(+\frac{1}{2}\right)-\left(+\frac{3}{4}\right)-(+2)-\left(+\frac{1}{4}\right)+(+1)$

$=\left(+\frac{2}{4}\right)+\left(-\frac{3}{4}\right)+\left(-\frac{8}{4}\right)+\left(-\frac{1}{4}\right)+\left(+\frac{4}{4}\right)$

$=\left\{\left(+\frac{2}{4}\right)+\left(+\frac{4}{4}\right)\right\}+\left\{\left(-\frac{3}{4}\right)+\left(-\frac{8}{4}\right)+\left(-\frac{1}{4}\right)\right\}$

$=\left(+\frac{6}{4}\right)+\left(-\frac{12}{4}\right)$

$=-\frac{6}{4}=-\frac{3}{2}$

답 $-\dfrac{3}{2}$

0439 $a=6+(-3)=3,\ b=\frac{1}{3}-\frac{1}{2}=\frac{2}{6}-\frac{3}{6}=-\frac{1}{6}$

$\therefore a-b=3-\left(-\frac{1}{6}\right)=\frac{18}{6}+\frac{1}{6}=\frac{19}{6}$

답 $\dfrac{19}{6}$

0440 $a=(-1)+6=5,$

$b=(-10)-(-4)=(-10)+4=-6$

$\therefore a+b=5+(-6)=-1$

답 ②

0441 ① $\left(-\frac{1}{2}\right)+3=\left(-\frac{1}{2}\right)+\frac{6}{2}=\frac{5}{2}$

② $(-3)-\left(-\frac{11}{4}\right)=\left(-\frac{12}{4}\right)+\frac{11}{4}=-\frac{1}{4}$

③ $6-\left(-\frac{4}{3}\right)=\frac{18}{3}+\frac{4}{3}=\frac{22}{3}$

④ $\frac{6}{5}-|-4|=\frac{6}{5}-4=\frac{6}{5}-\frac{20}{5}=-\frac{14}{5}$

⑤ $\left|-\frac{5}{3}\right|+\left|-\frac{7}{2}\right|=\frac{5}{3}+\frac{7}{2}=\frac{10}{6}+\frac{21}{6}=\frac{31}{6}$

따라서 가장 큰 수는 ③이다.

답 ③

0442 $a=\frac{2}{3}-\left(-\frac{1}{2}\right)=\frac{2}{3}+\frac{1}{2}=\frac{4}{6}+\frac{3}{6}=\frac{7}{6}$

⑦

$b=\left(-\frac{3}{4}\right)+\frac{4}{3}=\left(-\frac{9}{12}\right)+\frac{16}{12}=\frac{7}{12}$

⑨

$\therefore b-a=\frac{7}{12}-\frac{7}{6}=\frac{7}{12}-\frac{14}{12}=-\frac{7}{12}$

⑪

답 $-\dfrac{7}{12}$

단계	채점요소	배점
⑦	a의 값 구하기	40%
⑨	b의 값 구하기	40%
⑪	$b-a$의 값 구하기	20%

0443 $a-\left(-\frac{1}{2}\right)=\frac{2}{5}$에서

$a=\frac{2}{5}+\left(-\frac{1}{2}\right)=\frac{4}{10}+\left(-\frac{5}{10}\right)=-\frac{1}{10}$

또, $b+\left(-\frac{3}{4}\right)=-2$에서

$b=-2-\left(-\frac{3}{4}\right)=\left(-\frac{8}{4}\right)+\left(+\frac{3}{4}\right)=-\frac{5}{4}$

$\therefore a+b=\left(-\frac{1}{10}\right)+\left(-\frac{5}{4}\right)$

$=\left(-\frac{2}{20}\right)+\left(-\frac{25}{20}\right)=-\frac{27}{20}$

답 $-\dfrac{27}{20}$

0444 (1) $\square-\left(+\frac{7}{12}\right)=\frac{2}{3}$에서

$\square=\frac{2}{3}+\left(+\frac{7}{12}\right)=\frac{8}{12}+\left(+\frac{7}{12}\right)$

$=+\frac{15}{12}=\frac{5}{4}$

(2) $\left(-\frac{5}{4}\right)-\square=-3$에서

$\square=\left(-\frac{5}{4}\right)-(-3)=\left(-\frac{5}{4}\right)+\left(+\frac{12}{4}\right)$

$=\frac{7}{4}$

답 (1) $\dfrac{5}{4}$ (2) $\dfrac{7}{4}$

0445 $A+(-5)=-2$에서

$A=(-2)-(-5)=(-2)+5=3$

또, $\left(+\frac{7}{6}\right)-B=4$에서

$B=\left(+\frac{7}{6}\right)-4=\left(+\frac{7}{6}\right)-\left(+\frac{24}{6}\right)$

$=\left(+\frac{7}{6}\right)+\left(-\frac{24}{6}\right)=-\frac{17}{6}$

$\therefore A-B=3-\left(-\frac{17}{6}\right)=3+\frac{17}{6}$

$=\frac{18}{6}+\frac{17}{6}=\frac{35}{6}$

답 ⑤

0446 a의 절댓값이 $\dfrac{5}{6}$이므로 $a=\dfrac{5}{6}$ 또는 $a=-\dfrac{5}{6}$

b의 절댓값이 $\dfrac{2}{3}$이므로 $b=\dfrac{2}{3}$ 또는 $b=-\dfrac{2}{3}$

(i) $a=\dfrac{5}{6}$, $b=\dfrac{2}{3}$일 때

$a+b=\dfrac{5}{6}+\dfrac{2}{3}=\dfrac{5}{6}+\dfrac{4}{6}=\dfrac{9}{6}=\dfrac{3}{2}$

(ii) $a=\dfrac{5}{6}$, $b=-\dfrac{2}{3}$일 때

$a+b=\dfrac{5}{6}+\left(-\dfrac{2}{3}\right)=\dfrac{5}{6}+\left(-\dfrac{4}{6}\right)=\dfrac{1}{6}$

(iii) $a=-\dfrac{5}{6}$, $b=\dfrac{2}{3}$일 때

$a+b=\left(-\dfrac{5}{6}\right)+\dfrac{2}{3}=\left(-\dfrac{5}{6}\right)+\dfrac{4}{6}=-\dfrac{1}{6}$

(iv) $a=-\dfrac{5}{6}$, $b=-\dfrac{2}{3}$일 때

$a+b=\left(-\dfrac{5}{6}\right)+\left(-\dfrac{2}{3}\right)=\left(-\dfrac{5}{6}\right)+\left(-\dfrac{4}{6}\right)=-\dfrac{9}{6}=-\dfrac{3}{2}$

(i)~(iv)에서 $a+b$의 값 중 가장 작은 값은 $-\dfrac{3}{2}$이다.

$\qquad\qquad\qquad\qquad\qquad\qquad\qquad\qquad$ 답 $-\dfrac{3}{2}$

0447 a의 절댓값이 2이므로 $a=2$ 또는 $a=-2$

b의 절댓값이 7이므로 $b=7$ 또는 $b=-7$

$a+b$의 값 중에서 가장 큰 값은 a의 값이 양수, b의 값이 양수일 때이다.

따라서 $a+b$의 값 중 가장 큰 값은 $2+7=9$ $\qquad$ 답 ④

0448 $|a|=3$에서 $a=3$ 또는 $a=-3$

$|b|=6$에서 $b=6$ 또는 $b=-6$

$a-b$의 값 중에서 가장 큰 값은 a의 값이 양수, b의 값이 음수일 때이다.

따라서 $a-b$의 값 중 가장 큰 값은 $a-b=3-(-6)=9$

$\qquad\qquad\qquad\qquad\qquad\qquad\qquad\qquad$ 답 ⑤

0449 $|a|=\dfrac{3}{2}$에서 $a=\dfrac{3}{2}$ 또는 $a=-\dfrac{3}{2}$

$|b|=\dfrac{2}{3}$에서 $b=\dfrac{2}{3}$ 또는 $b=-\dfrac{2}{3}$

$\qquad\qquad\qquad\qquad\qquad\qquad\qquad\qquad\qquad$ ㉮

$a-b$의 값 중에서 가장 큰 값은 a의 값이 양수, b의 값이 음수일 때이므로 $M=\dfrac{3}{2}-\left(-\dfrac{2}{3}\right)=\dfrac{9}{6}+\dfrac{4}{6}=\dfrac{13}{6}$

$\qquad\qquad\qquad\qquad\qquad\qquad\qquad\qquad\qquad$ ㉯

$a-b$의 값 중에서 가장 작은 값은 a의 값이 음수, b의 값이 양수일 때이므로 $m=\left(-\dfrac{3}{2}\right)-\dfrac{2}{3}=\left(-\dfrac{9}{6}\right)-\dfrac{4}{6}=-\dfrac{13}{6}$

$\qquad\qquad\qquad\qquad\qquad\qquad\qquad\qquad\qquad$ ㉰

$\therefore M-m=\dfrac{13}{6}-\left(-\dfrac{13}{6}\right)=\dfrac{13}{6}+\dfrac{13}{6}=\dfrac{26}{6}=\dfrac{13}{3}$

$\qquad\qquad\qquad\qquad\qquad\qquad\qquad\qquad\qquad$ ㉱

$\qquad\qquad\qquad\qquad\qquad\qquad\qquad\qquad$ 답 $\dfrac{13}{3}$

단계	채점요소	배점
㉮	a, b의 값 구하기	30%
㉯	M의 값 구하기	30%
㉰	m의 값 구하기	30%
㉱	$M-m$의 값 구하기	10%

0450 밑변에 있는 네 수의 합이

$(-5)+10+(-7)+9=7$

이므로 한 변에 놓인 네 수의 합은 7이어야 한다.

$A+(-4)+6+9=7$에서 $A+11=7$ $\quad\therefore A=-4$

$A+8+B+(-5)=7$에서

$(-4)+8+B+(-5)=7$, $B+(-1)=7$ $\quad\therefore B=8$

$\therefore A-B=(-4)-8=-12$

$\qquad\qquad\qquad\qquad\qquad\qquad\qquad\qquad$ 답 -12

0451 가로에 있는 세 수의 합은 $0+1+(-4)=-3$이므로

$2+a+(-4)=-3$에서 $a-2=-3$ $\quad\therefore a=-1$

$b+a+0=-3$에서 $b+(-1)+0=-3$

$b+(-1)=-3$ $\quad\therefore b=-2$

$\qquad\qquad\qquad\qquad\qquad\qquad\qquad$ 답 $a=-1$, $b=-2$

0452 마주 보는 두 면에 적힌 두 수의 합이 $-\dfrac{1}{4}$이므로

$a+(-2)=-\dfrac{1}{4}$에서

$a=-\dfrac{1}{4}-(-2)=-\dfrac{1}{4}+\dfrac{8}{4}=\dfrac{7}{4}$

$b+\left(-\dfrac{1}{3}\right)=-\dfrac{1}{4}$에서

$b=-\dfrac{1}{4}-\left(-\dfrac{1}{3}\right)=-\dfrac{3}{12}+\dfrac{4}{12}=\dfrac{1}{12}$

$\dfrac{1}{2}+c=-\dfrac{1}{4}$에서

$c=-\dfrac{1}{4}-\dfrac{1}{2}=-\dfrac{1}{4}-\dfrac{2}{4}=-\dfrac{3}{4}$

$\therefore a+b-c=\dfrac{7}{4}+\dfrac{1}{12}-\left(-\dfrac{3}{4}\right)=\dfrac{21}{12}+\dfrac{1}{12}+\dfrac{9}{12}=\dfrac{31}{12}$

$\qquad\qquad\qquad\qquad\qquad\qquad\qquad\qquad$ 답 ②

0453 ① $\left(+\dfrac{5}{7}\right)\times\left(-\dfrac{14}{15}\right)=-\left(\dfrac{5}{7}\times\dfrac{14}{15}\right)=-\dfrac{2}{3}$

③ $\left(-\dfrac{1}{2}\right)\times\left(-\dfrac{2}{3}\right)\times\left(+\dfrac{3}{4}\right)=+\left(\dfrac{1}{2}\times\dfrac{2}{3}\times\dfrac{3}{4}\right)=+\dfrac{1}{4}$

④ $(+15)\times\left(-\dfrac{3}{5}\right)\times\left(+\dfrac{2}{3}\right)=-\left(15\times\dfrac{3}{5}\times\dfrac{2}{3}\right)=-6$

$⑤ \left(-\dfrac{5}{6}\right) \times \left(-\dfrac{3}{10}\right) \times \left(+\dfrac{2}{7}\right) = +\left(\dfrac{5}{6} \times \dfrac{3}{10} \times \dfrac{2}{7}\right) = +\dfrac{1}{14}$

目 ④

0454 ㄱ. $\left(-\dfrac{5}{6}\right) \times \left(+\dfrac{1}{2}\right) \times \left(+\dfrac{3}{5}\right) = -\left(\dfrac{5}{6} \times \dfrac{1}{2} \times \dfrac{3}{5}\right)$

$= -\dfrac{1}{4}$

ㄴ. $\left(-\dfrac{9}{4}\right) \times (-0.2) \times \left(-\dfrac{8}{3}\right) = -\left(\dfrac{9}{4} \times \dfrac{1}{5} \times \dfrac{8}{3}\right) = -\dfrac{6}{5}$

ㄷ. $\left(-\dfrac{3}{4}\right) \times (-10) \times \left(+\dfrac{4}{5}\right) \times \left(-\dfrac{1}{15}\right)$

$= -\left(\dfrac{3}{4} \times 10 \times \dfrac{4}{5} \times \dfrac{1}{15}\right) = -\dfrac{2}{5}$

따라서 계산 결과가 옳은 것은 ㄷ이다.

目 ㄷ

0455 $A = \left(+\dfrac{2}{3}\right) \times \left(-\dfrac{15}{4}\right) = -\left(\dfrac{2}{3} \times \dfrac{15}{4}\right) = -\dfrac{5}{2}$

$B = (-1.5) \times \dfrac{4}{3} \times \left(-\dfrac{3}{2}\right) = +\left(\dfrac{3}{2} \times \dfrac{4}{3} \times \dfrac{3}{2}\right) = +3$

$\therefore A \times B = \left(-\dfrac{5}{2}\right) \times 3 = -\dfrac{15}{2}$

目 $-\dfrac{15}{2}$

0456 곱해진 음수의 개수가 12개로 짝수 개이므로

$\left(-\dfrac{1}{3}\right) \times \left(-\dfrac{3}{5}\right) \times \left(-\dfrac{5}{7}\right) \times \cdots \times \left(-\dfrac{23}{25}\right)$

$= +\left(\dfrac{1}{3} \times \dfrac{3}{5} \times \dfrac{5}{7} \times \cdots \times \dfrac{23}{25}\right) = \dfrac{1}{25}$

目 $\dfrac{1}{25}$

0457 주어진 네 유리수 중 서로 다른 세 수를 뽑아 곱한 값이 가장 작은 값이 되려면 곱한 값이 음수가 되어야 하므로 음수만 3 개를 뽑아 곱해야 한다.

$\therefore \left(-\dfrac{7}{3}\right) \times \left(-\dfrac{6}{7}\right) \times (-4) = -\left(\dfrac{7}{3} \times \dfrac{6}{7} \times 4\right) = -8$

目 ②

0458 주어진 네 유리수 중 서로 다른 세 수를 뽑아 곱한 값이 가장 큰 값이 되려면 곱한 값이 양수가 되어야 하므로 음수 2개, 양수 1개를 뽑아야 하고, 곱해지는 세 수의 절댓값의 곱이 가장 커야 한다.

이때 양수는 $\dfrac{1}{2}$이고, 음수 $-\dfrac{3}{2}$, -3, $-\dfrac{3}{7}$ 중에서 절댓값이 큰 두 수가 $-\dfrac{3}{2}$, -3이므로 구하는 값은

$\left(-\dfrac{3}{2}\right) \times (-3) \times \dfrac{1}{2} = +\left(\dfrac{3}{2} \times 3 \times \dfrac{1}{2}\right) = \dfrac{9}{4}$

目 ⑤

0459 주어진 네 유리수 중 서로 다른 세 수를 뽑아 곱한 값이 가장 큰 값이 되려면 곱한 값이 양수가 되어야 하므로 음수 2개, 양수 1개를 뽑아야 하고, 곱해지는 세 수의 절댓값의 곱이 가장 커야 한다.

이때 양수 $\dfrac{2}{3}$, $\dfrac{3}{4}$ 중에서 절댓값이 큰 수는 $\dfrac{3}{4}$이고, 음수는 $-\dfrac{1}{2}$, -3이므로 가장 큰 값은

$\left(-\dfrac{1}{2}\right) \times (-3) \times \dfrac{3}{4} = +\left(\dfrac{1}{2} \times 3 \times \dfrac{3}{4}\right) = \dfrac{9}{8}$

························· ㉮

또, 주어진 네 유리수 중 서로 다른 세 수를 뽑아 곱한 값이 가장 작은 값이 되려면 곱한 값이 음수가 되어야 하므로 음수 1개, 양수 2개를 뽑아야 하고, 곱해지는 세 수의 절댓값의 곱이 가장 커야 한다.

이때 양수는 $\dfrac{2}{3}$, $\dfrac{3}{4}$이고, 음수 $-\dfrac{1}{2}$, -3 중에서 절댓값이 큰 수는 -3이므로 가장 작은 값은

$(-3) \times \dfrac{2}{3} \times \dfrac{3}{4} = -\left(3 \times \dfrac{2}{3} \times \dfrac{3}{4}\right) = -\dfrac{3}{2}$

························· ㉯

따라서 구하는 값은

$\dfrac{9}{8} - \left(-\dfrac{3}{2}\right) = \dfrac{9}{8} + \dfrac{3}{2} = \dfrac{9}{8} + \dfrac{12}{8} = \dfrac{21}{8}$

························· ㉰

目 $\dfrac{21}{8}$

단계	채점요소	배점
㉮	가장 큰 값 구하기	40%
㉯	가장 작은 값 구하기	40%
㉰	가장 큰 값과 가장 작은 값의 차 구하기	20%

0460 目 ㉠ **곱셈의 교환법칙** ㉡ **곱셈의 결합법칙**

0461 目 ④

0462 $\left(-\dfrac{1}{2}\right)^3 = -\dfrac{1}{8}$, $-\left(-\dfrac{1}{2}\right)^2 = -\dfrac{1}{4}$,

$\left(-\dfrac{1}{2}\right)^2 = \dfrac{1}{4}$, $-\left(-\dfrac{1}{2}\right)^3 = -\left(-\dfrac{1}{8}\right) = \dfrac{1}{8}$

따라서 가장 큰 수는 $\left(-\dfrac{1}{2}\right)^2$이고, 가장 작은 수는 $-\dfrac{1}{2}$이므로 그 합은

$\left(-\dfrac{1}{2}\right)^2 + \left(-\dfrac{1}{2}\right) = \dfrac{1}{4} + \left(-\dfrac{1}{2}\right) = \dfrac{1}{4} + \left(-\dfrac{2}{4}\right) = -\dfrac{1}{4}$

目 $-\dfrac{1}{4}$

0463 ① $(-2)^3 + 5 = (-8) + 5 = -3$

② $6 - 3^2 = 6 - 9 = -3$

③ $-3^2-(-2)^2+6=-9-4+6$
$$=-7$$
④ $3-(-4^2)=3-(-16)$
$$=3+16=19$$
⑤ $-(-3)^3+(-2)^2-(-5)=-(-27)+(+4)+(+5)$
$$=27+4+5=36$$

답 ③

0464 ① $\left(-\dfrac{1}{3}\right)^3=-\dfrac{1}{27}$

② $\left(-\dfrac{1}{2}\right)^3\times16=\left(-\dfrac{1}{8}\right)\times16=-2$

③ $\left(-\dfrac{2}{3}\right)^2\times\left(-\dfrac{3}{2}\right)^3=\dfrac{4}{9}\times\left(-\dfrac{27}{8}\right)=-\dfrac{3}{2}$

④ $\left(-\dfrac{1}{4}\right)^2\times(-0.5)^2=\dfrac{1}{16}\times\left(-\dfrac{1}{2}\right)^2$
$$=\dfrac{1}{16}\times\dfrac{1}{4}$$
$$=\dfrac{1}{64}$$

⑤ $\left(-\dfrac{1}{2}\right)\times3^2\times(-6)=\left(-\dfrac{1}{2}\right)\times9\times(-6)$
$$=+\left(\dfrac{1}{2}\times9\times6\right)=27$$

답 ③

0465 (1) $(-2)^2\times\left(-\dfrac{3}{2}\right)^3\times\left(-\dfrac{1}{3}\right)^2$
$$=4\times\left(-\dfrac{27}{8}\right)\times\dfrac{1}{9}$$
$$=-\left(4\times\dfrac{27}{8}\times\dfrac{1}{9}\right)=-\dfrac{3}{2}$$

(2) $(-3)^3\times\left(-\dfrac{5}{2}\right)^2\times\left(\dfrac{2}{5}\right)^2=(-27)\times\dfrac{25}{4}\times\dfrac{4}{25}$
$$=-\left(27\times\dfrac{25}{4}\times\dfrac{4}{25}\right)$$
$$=-27$$

답 (1) $-\dfrac{3}{2}$ (2) -27

0466 $(-1)+(-1)^2+(-1)^3+(-1)^4+\cdots+(-1)^{999}$
$$+(-1)^{1000}$$
$=\underbrace{(-1)+(+1)}_{0}+\underbrace{(-1)+(+1)}_{0}+\cdots+\underbrace{(-1)+(+1)}_{0}$
$=\underbrace{0+0+\cdots+0}_{500개}=0$

답 ③

0467 $-1^{102}-(-1)^{101}+(-1)^{99}=-1-(-1)+(-1)$
$$=-1+1-1=-1$$

답 ③

0468 n이 홀수이므로 $n+2$도 홀수이다.
$\therefore\ -1^n+(-1)^{n+2}-(-1)^n=-1+(-1)-(-1)$
$$=-1-1+1=-1$$

답 ②

0469 n이 짝수이므로 $n+1$, $2\times n+1$은 홀수이다. ················· ㉮

$\therefore\ (-1)^n-(-1)^{n+1}-(-1)^{2\times n+1}=1-(-1)-(-1)$
$$=1+1+1=3$$
································ ㉯

답 **3**

단계	채점요소	배점
㉮	$n+1$, $2\times n+1$이 홀수인지 짝수인지 알기	50%
㉯	주어진 식 계산하기	50%

0470 (1) $a\times(b-c)=a\times b-a\times c$
$$=(-3)-(-15)$$
$$=(-3)+15=12$$

(2) $a\times(b+c)=a\times b+a\times c=-7$에서
$\quad a\times b=10$이므로 $10+a\times c=-7$
$\quad \therefore\ a\times c=-17$

답 (1) **12** (2) **-17**

0471 $(-2)\times(-7)+3\times(-2)+(-2)\times(-4)$ ⟩㉠
$=(-2)\times(-7)+(-2)\times3+(-2)\times(-4)$ ⟩㉡
$=(-2)\times\{(-7)+3+(-4)\}$ ⟩㉢
$=(-2)\times\{3+(-7)+(-4)\}$ ⟩㉣
$=(-2)\times\{3+(-11)\}$
$=(-2)\times(-8)=16$
⇨ ㉠ : 곱셈의 교환법칙
㉡ : 분배법칙
㉢ : 덧셈의 교환법칙
㉣ : 덧셈의 결합법칙

답 ⑤

0472 (2) $78\times(-3.7)+22\times(-3.7)$
$$=(78+22)\times(-3.7)$$
$$=100\times(-3.7)=-370$$

답 (1) ㉠ **0.75** ㉡ **125** ㉢ **100** ㉣ **75**
(2) **-370**

0473 $a-b=3$이므로
$a\times c-b\times c=(a-b)\times c=3\times c=27$
$\therefore\ c=9$

답 ④

0474 $31 \times (-0.4) + 29 \times (-0.4) = (31+29) \times (-0.4)$
$$= 60 \times (-0.4) = -24$$
이므로 $a=60$, $b=-24$

─────────────────────────────────── ㉮

$\therefore a+b = 60 + (-24) = 36$

─────────────────────────────────── ㉯

目 **36**

단계	채점요소	배점
㉮	a, b의 값 구하기	80%
㉯	$a+b$의 값 구하기	20%

0475 $a = 0.12 \times 9.17 + 0.12 \times 10.83$
$$= 0.12 \times (9.17 + 10.83) = 0.12 \times 20 = 2.4$$
따라서 구하는 자연수는 1, 2이다.

目 **1, 2**

0476 $\dfrac{41 \times 3825 - 41 \times 1125}{27}$

$= \dfrac{41 \times 3825 + 41 \times (-1125)}{27}$

$= \dfrac{41 \times \{3825 + (-1125)\}}{27} = \dfrac{41 \times 2700}{27}$

$= 41 \times 100 = 4100$

目 **4100**

0477 두 수의 곱이 1이 아닌 것을 찾는다.

② $\dfrac{1}{10} \times 0.1 = \dfrac{1}{10} \times \dfrac{1}{10} = \dfrac{1}{100}$

目 ②

0478 (1) $\dfrac{5}{3}$의 역수는 $\dfrac{3}{5}$이므로 $a = \dfrac{3}{5}$

$-1\dfrac{3}{5} = -\dfrac{8}{5}$의 역수는 $-\dfrac{5}{8}$이므로 $b = -\dfrac{5}{8}$

$\therefore a \times b = \dfrac{3}{5} \times \left(-\dfrac{5}{8}\right) = -\dfrac{3}{8}$

(2) $-5 = -\dfrac{5}{1}$의 역수는 $-\dfrac{1}{5}$이므로 $a = -\dfrac{1}{5}$

$0.01 = \dfrac{1}{100}$의 역수는 100이므로 $b=100$

$\therefore a \times b = \left(-\dfrac{1}{5}\right) \times 100 = -20$

目 (1) $-\dfrac{3}{8}$ (2) -20

0479 ① $(-36) \div (+9) = -(36 \div 9) = -4$

② $(+18) \div (-3) = -(18 \div 3) = -6$

④ $(-20) \div (-4) = +(20 \div 4) = +5$

⑤ $(-21) \div (+7) = -(21 \div 7) = -3$

目 ④

0480 $(+60) \div (-2) = -(60 \div 2) = -30$

① $(-20) \div (+5) = -(20 \div 5) = -4$

② $(-84) \div (-7) = +(84 \div 7) = +12$

③ $(-90) \div (+3) = -(90 \div 3) = -30$

④ $(+54) \div (-6) = -(54 \div 6) = -9$

⑤ $(+30) \div (-10) = -(30 \div 10) = -3$

目 ③

0481 ① $(-27) \div \left(+\dfrac{3}{2}\right) = (-27) \times \left(+\dfrac{2}{3}\right) = -18$

② $\left(-\dfrac{3}{8}\right) \div \left(+\dfrac{1}{4}\right) = \left(-\dfrac{3}{8}\right) \times (+4) = -\dfrac{3}{2}$

④ $\left(-\dfrac{3}{5}\right) \div \left(-\dfrac{9}{25}\right) = \left(-\dfrac{3}{5}\right) \times \left(-\dfrac{25}{9}\right) = \dfrac{5}{3}$

⑤ $(+4.2) \div (+0.6) = \left(+\dfrac{21}{5}\right) \div \left(+\dfrac{3}{5}\right)$

$\qquad\qquad = \left(+\dfrac{21}{5}\right) \times \left(+\dfrac{5}{3}\right) = 7$

目 ④

0482 ① $(-12) \div \left(+\dfrac{3}{5}\right) = (-12) \times \left(+\dfrac{5}{3}\right) = -20$

② $\left(+\dfrac{5}{6}\right) \div \left(-\dfrac{4}{3}\right) = \left(+\dfrac{5}{6}\right) \times \left(-\dfrac{3}{4}\right) = -\dfrac{5}{8}$

③ $\left(+\dfrac{2}{5}\right) \div \left(+\dfrac{2}{3}\right) = \left(+\dfrac{2}{5}\right) \times \left(+\dfrac{3}{2}\right) = \dfrac{3}{5}$

④ $\left(-\dfrac{2}{5}\right) \div \left(+\dfrac{8}{9}\right) = \left(-\dfrac{2}{5}\right) \times \left(+\dfrac{9}{8}\right) = -\dfrac{9}{20}$

⑤ $\left(-\dfrac{2}{3}\right) \div \left(-\dfrac{2}{9}\right) = \left(-\dfrac{2}{3}\right) \times \left(-\dfrac{9}{2}\right) = 3$

따라서 계산 결과가 가장 작은 것은 ①이다.

目 ①

0483 $A = \left(-\dfrac{9}{14}\right) \div \left(+\dfrac{3}{7}\right) = \left(-\dfrac{9}{14}\right) \times \left(+\dfrac{7}{3}\right) = -\dfrac{3}{2}$

$B = (-12) \div \left(+\dfrac{9}{4}\right) = (-12) \times \left(+\dfrac{4}{9}\right) = -\dfrac{16}{3}$

$\therefore A \div B = \left(-\dfrac{3}{2}\right) \div \left(-\dfrac{16}{3}\right) = \left(-\dfrac{3}{2}\right) \times \left(-\dfrac{3}{16}\right) = \dfrac{9}{32}$

目 $\dfrac{9}{32}$

0484 $a = \left(-\dfrac{8}{3}\right) + 2 = \left(-\dfrac{8}{3}\right) + \dfrac{6}{3} = -\dfrac{2}{3}$

─────────────────────────────────── ㉮

$b = \left(-\dfrac{3}{4}\right) - \left(-\dfrac{2}{3}\right) = \left(-\dfrac{9}{12}\right) + \dfrac{8}{12} = -\dfrac{1}{12}$

─────────────────────────────────── ㉯

$\therefore a \div b = \left(-\dfrac{2}{3}\right) \div \left(-\dfrac{1}{12}\right) = \left(-\dfrac{2}{3}\right) \times (-12) = 8$

─────────────────────────────────── ㉰

目 **8**

단계	채점요소	배점
㉮	a의 값 구하기	30%
㉯	b의 값 구하기	30%
㉰	$a \div b$의 값 구하기	40%

0485 ① $(-3)^2 \times (+4) \times \left(-\dfrac{1}{2}\right)^3$

$= (+9) \times (+4) \times \left(-\dfrac{1}{8}\right) = -\left(9 \times 4 \times \dfrac{1}{8}\right) = -\dfrac{9}{2}$

② $(+2) \times \left(-\dfrac{1}{10}\right) \div \left(-\dfrac{1}{5}\right)^2 = (+2) \times \left(-\dfrac{1}{10}\right) \div \left(+\dfrac{1}{25}\right)$

$\qquad = (+2) \times \left(-\dfrac{1}{10}\right) \times (+25)$

$\qquad = -\left(2 \times \dfrac{1}{10} \times 25\right)$

$\qquad = -5$

③ $\left(+\dfrac{5}{6}\right) \div \left(-\dfrac{3}{4}\right) \times \left(+\dfrac{1}{2}\right) = \left(+\dfrac{5}{6}\right) \times \left(-\dfrac{4}{3}\right) \times \left(+\dfrac{1}{2}\right)$

$\qquad = -\left(\dfrac{5}{6} \times \dfrac{4}{3} \times \dfrac{1}{2}\right)$

$\qquad = -\dfrac{5}{9}$

④ $\left(-\dfrac{9}{4}\right) \div \left(-\dfrac{1}{16}\right) \div (-3^3) = \left(-\dfrac{9}{4}\right) \div \left(-\dfrac{1}{16}\right) \div (-27)$

$\qquad = \left(-\dfrac{9}{4}\right) \times (-16) \times \left(-\dfrac{1}{27}\right)$

$\qquad = -\left(\dfrac{9}{4} \times 16 \times \dfrac{1}{27}\right)$

$\qquad = -\dfrac{4}{3}$

⑤ $\left(-\dfrac{1}{2}\right)^2 \times (+6) \div (+24) = \left(+\dfrac{1}{4}\right) \times (+6) \times \left(+\dfrac{1}{24}\right)$

$\qquad = +\left(\dfrac{1}{4} \times 6 \times \dfrac{1}{24}\right) = \dfrac{1}{16}$

目 ④

0486 $A = \left(-\dfrac{8}{5}\right) \div \dfrac{4}{5} \div \left(-\dfrac{4}{9}\right) = \left(-\dfrac{8}{5}\right) \times \dfrac{5}{4} \times \left(-\dfrac{9}{4}\right)$

$\qquad = +\left(\dfrac{8}{5} \times \dfrac{5}{4} \times \dfrac{9}{4}\right) = \dfrac{9}{2}$

$B = (-2)^3 \times \dfrac{4}{3} \div \left(-\dfrac{2}{3}\right)^2 = (-8) \times \dfrac{4}{3} \div \left(+\dfrac{4}{9}\right)$

$\qquad = (-8) \times \dfrac{4}{3} \times \left(+\dfrac{9}{4}\right) = -\left(8 \times \dfrac{4}{3} \times \dfrac{9}{4}\right)$

$\qquad = -24$

$\therefore A \times B = \dfrac{9}{2} \times (-24) = -108$

目 -108

0487 ① $(-1)^{1004} \times \left(-\dfrac{1}{2}\right)^3 \div \dfrac{3}{4} = 1 \times \left(-\dfrac{1}{8}\right) \times \dfrac{4}{3}$

$\qquad = -\left(1 \times \dfrac{1}{8} \times \dfrac{4}{3}\right) = -\dfrac{1}{6}$

② $(-2)^3 \times \left(-\dfrac{1}{6}\right)^2 \div \left(-\dfrac{2}{3}\right)^2 = (-8) \times \left(+\dfrac{1}{36}\right) \div \left(+\dfrac{4}{9}\right)$

$\qquad = (-8) \times \left(+\dfrac{1}{36}\right) \times \left(+\dfrac{9}{4}\right)$

$\qquad = -\left(8 \times \dfrac{1}{36} \times \dfrac{9}{4}\right)$

$\qquad = -\dfrac{1}{2}$

③ $\left(-\dfrac{3}{4}\right) \div \left(+\dfrac{5}{2}\right) \div \left(+\dfrac{3}{8}\right) = \left(-\dfrac{3}{4}\right) \times \left(+\dfrac{2}{5}\right) \times \left(+\dfrac{8}{3}\right)$

$\qquad = -\left(\dfrac{3}{4} \times \dfrac{2}{5} \times \dfrac{8}{3}\right) = -\dfrac{4}{5}$

④ $\left(-\dfrac{10}{3}\right) \times (-5) \times \left(-\dfrac{6}{5}\right) \div \dfrac{2}{15}$

$\qquad = \left(-\dfrac{10}{3}\right) \times (-5) \times \left(-\dfrac{6}{5}\right) \times \dfrac{15}{2}$

$\qquad = -\left(\dfrac{10}{3} \times 5 \times \dfrac{6}{5} \times \dfrac{15}{2}\right) = -150$

⑤ $\left(-\dfrac{4}{15}\right) \div \dfrac{3}{25} \times \left(\dfrac{3}{2}\right)^2 \div (-10)$

$\qquad = \left(-\dfrac{4}{15}\right) \times \dfrac{25}{3} \times \dfrac{9}{4} \times \left(-\dfrac{1}{10}\right)$

$\qquad = +\left(\dfrac{4}{15} \times \dfrac{25}{3} \times \dfrac{9}{4} \times \dfrac{1}{10}\right) = \dfrac{1}{2}$

目 ⑤

0488 $\dfrac{1}{6} \times \left[220 - \left\{3 + \left(\dfrac{1}{4} - \dfrac{1}{6}\right) \times 12\right\}\right]$

$= \dfrac{1}{6} \times \left[220 - \left\{3 + \left(\dfrac{3}{12} - \dfrac{2}{12}\right) \times 12\right\}\right]$

$= \dfrac{1}{6} \times \left\{220 - \left(3 + \dfrac{1}{12} \times 12\right)\right\}$

$= \dfrac{1}{6} \times \{220 - (3 + 1)\}$

$= \dfrac{1}{6} \times (220 - 4) = \dfrac{1}{6} \times 216 = 36$

目 ③

0489 目 ㉺, ㉣, ㉢, ㉡, ㉠

0490 (1) $-1 - \{-2 - (3 - 4) \times (-2)^2 - 5\}$

$\quad = -1 - \{-2 - (-1) \times 4 - 5\}$

$\quad = -1 - \{-2 - (-4) - 5\}$

$\quad = -1 - (-2 + 4 - 5)$

$\quad = -1 - (-3) = -1 + 3 = 2$

(2) $\left(-\dfrac{3}{4}\right) \div \left(-\dfrac{1}{2}\right)^2 - (-2)^3 \times \dfrac{5}{4}$

$\quad = \left(-\dfrac{3}{4}\right) \div \dfrac{1}{4} - (-8) \times \dfrac{5}{4}$

$\quad = \left(-\dfrac{3}{4}\right) \times 4 - (-8) \times \dfrac{5}{4}$

$\quad = -3 - (-10) = -3 + 10 = 7$

目 (1) **2** (2) **7**

0491 $(-1)^3 \times \left\{ \left(-\dfrac{3}{2}\right)^2 \div \left(\dfrac{7}{4}-\dfrac{9}{4}\right)-1 \right\}+1$

$=(-1) \times \left\{ \dfrac{9}{4} \div \left(-\dfrac{1}{2}\right)-1 \right\}+1$

$=(-1) \times \left\{ \dfrac{9}{4} \times (-2)-1 \right\}+1$

$=(-1) \times \left(-\dfrac{9}{2}-1\right)+1$

$=(-1) \times \left(-\dfrac{11}{2}\right)+1$

$=\dfrac{11}{2}+1=\dfrac{13}{2}$ 답 ④

0492 ① $\dfrac{1}{2}+\left(-\dfrac{1}{2}\right)^2 \div \left(\dfrac{5}{6}-\dfrac{4}{3}\right)-2$

$=\dfrac{1}{2}+\dfrac{1}{4} \div \left(\dfrac{5}{6}-\dfrac{8}{6}\right)-2=\dfrac{1}{2}+\dfrac{1}{4} \div \left(-\dfrac{1}{2}\right)-2$

$=\dfrac{1}{2}+\dfrac{1}{4} \times (-2)-2$

$=\dfrac{1}{2}-\dfrac{1}{2}-2=-2$

② $\left(-\dfrac{1}{4}\right)^2 \times 8-3 \div \left(\dfrac{2}{3}+\dfrac{5}{6}\right)=\dfrac{1}{16} \times 8-3 \div \left(\dfrac{4}{6}+\dfrac{5}{6}\right)$

$=\dfrac{1}{2}-3 \div \dfrac{3}{2}=\dfrac{1}{2}-3 \times \dfrac{2}{3}$

$=\dfrac{1}{2}-2=-\dfrac{3}{2}$

③ $-\dfrac{3}{4}-\left\{-\dfrac{1}{5}-\left(-\dfrac{3}{4}+\dfrac{1}{2}\right)\right\}$

$=-\dfrac{3}{4}-\left\{-\dfrac{1}{5}-\left(-\dfrac{3}{4}+\dfrac{2}{4}\right)\right\}=-\dfrac{3}{4}-\left(-\dfrac{1}{5}+\dfrac{1}{4}\right)$

$=-\dfrac{3}{4}-\left(-\dfrac{4}{20}+\dfrac{5}{20}\right)=-\dfrac{3}{4}-\dfrac{1}{20}$

$=-\dfrac{15}{20}-\dfrac{1}{20}=-\dfrac{4}{5}$

④ $-4+\left\{1-\left(-\dfrac{1}{2}\right) \times \dfrac{1}{3}\right\} \div \dfrac{7}{6}=-4+\left\{1-\left(-\dfrac{1}{6}\right)\right\} \div \dfrac{7}{6}$

$=-4+\dfrac{7}{6} \times \dfrac{6}{7}$

$=-4+1=-3$

⑤ $\left(-\dfrac{3}{4}\right) \div \left\{\dfrac{4}{3} \times \left(-\dfrac{3}{5}\right)\right\} \times \dfrac{16}{5}=\left(-\dfrac{3}{4}\right) \div \left(-\dfrac{4}{5}\right) \times \dfrac{16}{5}$

$=\left(-\dfrac{3}{4}\right) \times \left(-\dfrac{5}{4}\right) \times \dfrac{16}{5}$

$=3$

따라서 계산 결과가 가장 큰 것은 ⑤이다.

답 ⑤

0493 $32-4 \times \left[5-\left\{\left(-\dfrac{3}{2}\right)^3-\left(\dfrac{7}{4}-\dfrac{3}{2}\right)\right\}\right]$

$=32-4 \times \left[5-\left\{\left(-\dfrac{27}{8}\right)-\left(\dfrac{7}{4}-\dfrac{6}{4}\right)\right\}\right]$
    ⑦

$=32-4 \times \left[5-\left\{\left(-\dfrac{27}{8}\right)-\dfrac{1}{4}\right\}\right]$
    ④

$=32-4 \times \left\{5-\left(-\dfrac{29}{8}\right)\right\}$
    ⑭

$=32-4 \times \dfrac{69}{8}$
    ⑭

$=32-\dfrac{69}{2}=-\dfrac{5}{2}$
    ⑭

답 $-\dfrac{5}{2}$

단계	채점요소	배점
⑦	거듭제곱 계산하기	10%
④	( ) 풀기	20%
⑭	{ } 풀기	30%
⑭	〔 〕 풀기	20%
⑭	주어진 식 계산하기	20%

0494 ① $\left(-\dfrac{3}{7}\right) \times \square=1$에서

$\square=1 \div \left(-\dfrac{3}{7}\right)=1 \times \left(-\dfrac{7}{3}\right)=-\dfrac{7}{3}$

② $\left(+\dfrac{5}{3}\right) \div \square=10$에서 $\square=\left(+\dfrac{5}{3}\right) \div 10=\dfrac{5}{3} \times \dfrac{1}{10}=\dfrac{1}{6}$

③ $\square \times (-2)^5=32$에서 $\square \times (-32)=32$

$\therefore \square=32 \div (-32)=-1$

④ $\square \div (-2)^3=3$에서 $\square \div (-8)=3$

$\therefore \square=3 \times (-8)=-24$

⑤ $8 \div \square=\dfrac{1}{8}$에서 $\square=8 \div \dfrac{1}{8}=8 \times 8=64$

답 ④

0495 $a \times (-2)=4$에서

$a=4 \div (-2)=4 \times \left(-\dfrac{1}{2}\right)=-2$

$b \div \left(-\dfrac{3}{4}\right)=-2$에서

$b=(-2) \times \left(-\dfrac{3}{4}\right)=\dfrac{3}{2}$

$\therefore b \div a=\dfrac{3}{2} \div (-2)=\dfrac{3}{2} \times \left(-\dfrac{1}{2}\right)=-\dfrac{3}{4}$

답 $-\dfrac{3}{4}$

0496 (1) $\dfrac{10}{3} \div \left(-\dfrac{5}{2}\right) \times \square=-\dfrac{2}{3}$에서

$\dfrac{10}{3} \times \left(-\dfrac{2}{5}\right) \times \square=-\dfrac{2}{3}$, $\left(-\dfrac{4}{3}\right) \times \square=-\dfrac{2}{3}$

$$\therefore \square = \left(-\frac{2}{3}\right) \div \left(-\frac{4}{3}\right) = \left(-\frac{2}{3}\right) \times \left(-\frac{3}{4}\right) = \frac{1}{2}$$

(2) $\left(-\frac{3}{4}\right) \div \square \times \left(-\frac{2}{3}\right) = \frac{2}{5}$ 에서

$$\left(-\frac{3}{4}\right) \times \frac{1}{\square} \times \left(-\frac{2}{3}\right) = \frac{2}{5}, \ \frac{1}{2} \times \frac{1}{\square} = \frac{2}{5}$$

$$\frac{1}{\square} = \frac{2}{5} \div \frac{1}{2} = \frac{2}{5} \times 2 = \frac{4}{5} \qquad \therefore \square = \frac{5}{4}$$

(3) $\left(-\frac{1}{2}\right)^3 \times \square = (-3)^2 \div \frac{18}{5}$ 에서

$$\left(-\frac{1}{8}\right) \times \square = 9 \times \frac{5}{18}, \ \left(-\frac{1}{8}\right) \times \square = \frac{5}{2}$$

$$\therefore \square = \frac{5}{2} \div \left(-\frac{1}{8}\right) = \frac{5}{2} \times (-8) = -20$$

답 (1) $\frac{1}{2}$ (2) $\frac{5}{4}$ (3) -20

0497 어떤 유리수를 $\square$라 하면 $\square + \left(-\frac{2}{3}\right) = \frac{2}{3}$

$$\therefore \square = \frac{2}{3} - \left(-\frac{2}{3}\right) = \frac{2}{3} + \frac{2}{3} = \frac{4}{3}$$

따라서 바르게 계산하면

$$\frac{4}{3} - \left(-\frac{2}{3}\right) = \frac{4}{3} + \frac{2}{3} = \frac{6}{3} = 2$$

답 2

0498 어떤 유리수를 $\square$라 하면 $\square - \frac{1}{5} = -\frac{1}{4}$

$$\therefore \square = -\frac{1}{4} + \frac{1}{5} = -\frac{5}{20} + \frac{4}{20} = -\frac{1}{20}$$

따라서 바르게 계산하면

$$-\frac{1}{20} + \frac{1}{5} = -\frac{1}{20} + \frac{4}{20} = \frac{3}{20}$$

답 $\frac{3}{20}$

0499 어떤 유리수를 $\square$라 하면 $\square \times \left(-\frac{1}{2}\right) = \frac{6}{5}$

$$\therefore \square = \frac{6}{5} \div \left(-\frac{1}{2}\right) = \frac{6}{5} \times (-2) = -\frac{12}{5}$$

따라서 바르게 계산하면

$$\left(-\frac{12}{5}\right) \div \left(-\frac{1}{2}\right) = \left(-\frac{12}{5}\right) \times (-2) = \frac{24}{5}$$

답 $\frac{24}{5}$

0500 (1) 어떤 유리수를 $\square$라 하면

$$\square \div \left(-\frac{3}{4}\right) = -\frac{2}{5}$$

$$\therefore \square = \left(-\frac{2}{5}\right) \times \left(-\frac{3}{4}\right) = \frac{3}{10}$$

·· ㉮

(2) 바르게 계산하면 $\frac{3}{10} \times \left(-\frac{3}{4}\right) = -\frac{9}{40}$

·· ㉯

답 (1) $\frac{3}{10}$ (2) $-\frac{9}{40}$

단계	채점요소	배점
㉮	어떤 유리수 구하기	60%
㉯	바르게 계산한 답 구하기	40%

0501 $a \times b < 0$에서 a, b의 부호는 다르다.
그런데 $a - b > 0$에서 $a > b$이므로 $a > 0$, $b < 0$
이때 $a \div c < 0$에서 a, c의 부호는 다르므로 $c < 0$
$$\therefore a > 0, \ b < 0, \ c < 0$$

답 ④

0502 $a \times b < 0$에서 a, b의 부호는 다르고 $a < b$이므로
$a < 0$, $b > 0$
① $a - b \Rightarrow (음수) - (양수) = (음수)$ $\quad \therefore a - b < 0$
② $b - a \Rightarrow (양수) - (음수) = (양수)$ $\quad \therefore b - a > 0$
③ $a \div b \Rightarrow (음수) \div (양수) = (음수)$ $\quad \therefore a \div b < 0$
④ $b \div a \Rightarrow (양수) \div (음수) = (음수)$ $\quad \therefore b \div a < 0$
⑤ $-a \Rightarrow (-1) \times (음수) = (양수)$ $\quad \therefore -a > 0$

답 ②

0503 $a \times b < 0$에서 a, b의 부호는 다르다.
그런데 $a - b < 0$에서 $a < b$이므로 $a < 0$, $b > 0$
이때 $b \div c > 0$에서 b, c의 부호는 같으므로 $c > 0$
$$\therefore a < 0, \ b > 0, \ c > 0$$

답 ③

0504 $b \div c < 0$에서 b, c의 부호는 다르다.
그런데 $b < c$이므로 $b < 0$, $c > 0$
이때 $a \times b > 0$에서 a, b의 부호는 같으므로 $a < 0$
$$\therefore a < 0, \ b < 0, \ c > 0$$

답 $a < 0, \ b < 0, \ c > 0$

0505 $-1 < a < 0$이므로 $a = -\frac{1}{2}$이라 하면

① $-a = -\left(-\frac{1}{2}\right) = \frac{1}{2}$

② $-a^2 = -\left(-\frac{1}{2}\right)^2 = -\frac{1}{4}$

③ $-a^3 = -\left(-\frac{1}{2}\right)^3 = -\left(-\frac{1}{8}\right) = \frac{1}{8}$

④ $-\frac{1}{a} = -(1 \div a) = -\left\{1 \div \left(-\frac{1}{2}\right)\right\} = -\{1 \times (-2)\}$
$\qquad = -(-2) = 2$

⑤ $-\dfrac{1}{a^2}=-(1\div a^2)=-\left(1\div\dfrac{1}{4}\right)=-(1\times4)=-4$

$\qquad\qquad\qquad\qquad\qquad\qquad\qquad\qquad$ 目 ④

0506 $-\dfrac{1}{2}<a<0$이므로 $a=-\dfrac{1}{4}$이라 하면

① $\dfrac{1}{a^2}=1\div a^2=1\div\left(-\dfrac{1}{4}\right)^2=1\div\dfrac{1}{16}=1\times16=16$

② $\dfrac{1}{a}=1\div a=1\div\left(-\dfrac{1}{4}\right)=1\times(-4)=-4$

③ $a=-\dfrac{1}{4}$

④ $a^2=\left(-\dfrac{1}{4}\right)^2=\dfrac{1}{16}$

⑤ $a^3=\left(-\dfrac{1}{4}\right)^3=-\dfrac{1}{64}$

$\qquad\qquad\qquad\qquad\qquad\qquad\qquad\qquad$ 目 ②

0507 $a<-1$이므로 $a=-2$라 하면

① $a=-2$

② $-a=-(-2)=2$

③ $a^2=(-2)^2=4$

④ $-a^2=-(-2)^2=-4$

⑤ $\dfrac{1}{a}=1\div a=1\div(-2)=1\times\left(-\dfrac{1}{2}\right)=-\dfrac{1}{2}$

$\qquad\qquad\qquad\qquad\qquad\qquad\qquad\qquad$ 目 ④

0508 $0<a<1$이므로 $a=\dfrac{1}{2}$이라 하면

① $-a^2=-\left(\dfrac{1}{2}\right)^2=-\dfrac{1}{4}$

② $(-a)^2=\left(-\dfrac{1}{2}\right)^2=\dfrac{1}{4}$

③ $\dfrac{1}{a}=1\div a=1\div\dfrac{1}{2}=1\times2=2$

④ $\dfrac{1}{a}=2$이므로 $-\dfrac{1}{a}=-2$

⑤ $\dfrac{1}{a}=2$이므로 $\left(\dfrac{1}{a}\right)^2=2^2=4$

$\qquad\qquad\qquad\qquad\qquad\qquad\qquad\qquad$ 目 ⑤

유형 UP

0509 5번의 가위바위보를 하여 지혜는 3번 이겼으므로 2번 졌고, 정아는 2번 이기고 3번 졌다.
지혜의 점수는
$3\times3+2\times(-1)=9+(-2)=7$(점)
정아의 점수는

$2\times3+3\times(-1)=6+(-3)=3$(점)
따라서 지혜의 점수와 정아의 점수의 차는
$7-3=4$(점)

$\qquad\qquad\qquad\qquad\qquad\qquad\qquad\qquad$ 目 **4점**

0510 승범이는 4문제를 맞히고 2문제를 틀렸으므로 얻은 점수는
$4\times5+2\times(-3)=20+(-6)=14$(점)
따라서 승범이의 점수는
$50+14=64$(점)

$\qquad\qquad\qquad\qquad\qquad\qquad\qquad\qquad$ 目 **64점**

0511 A, B 두 사람이 얻은 점수를 각각 구하면
(A의 점수)$=(-3)+4\times2-1+2\times2$
$\qquad\qquad\quad=(-3)+8-1+4=8$(점)
(B의 점수)$=(-5)-3+2\times2+6\times2$
$\qquad\qquad\quad=(-5)-3+4+12=8$(점)
따라서 A, B의 점수가 같다.

$\qquad\qquad\qquad\qquad\qquad\qquad\qquad\qquad$ 目 ③

0512 (1) $\dfrac{5}{3}-\left(-\dfrac{1}{6}\right)=\dfrac{10}{6}+\dfrac{1}{6}=\dfrac{11}{6}$

(2) $\dfrac{11}{6}\times\dfrac{3}{3+2}=\dfrac{11}{6}\times\dfrac{3}{5}=\dfrac{11}{10}$

(3) $\left(-\dfrac{1}{6}\right)+\dfrac{11}{10}=\left(-\dfrac{5}{30}\right)+\dfrac{33}{30}=\dfrac{28}{30}=\dfrac{14}{15}$

$\qquad\qquad$ 目 (1) $\dfrac{11}{6}$ (2) $\dfrac{11}{10}$ (3) $\dfrac{14}{15}$

0513 두 점 A, B 사이의 거리는
$1-\left(-\dfrac{1}{4}\right)=1+\dfrac{1}{4}=\dfrac{5}{4}$

두 점 A, C 사이의 거리는 $\dfrac{5}{4}\times\dfrac{1}{1+2}=\dfrac{5}{4}\times\dfrac{1}{3}=\dfrac{5}{12}$

따라서 점 C가 나타내는 수는
$\left(-\dfrac{1}{4}\right)+\dfrac{5}{12}=\left(-\dfrac{3}{12}\right)+\dfrac{5}{12}=\dfrac{2}{12}=\dfrac{1}{6}$

$\qquad\qquad\qquad\qquad\qquad\qquad\qquad\qquad$ 目 $\dfrac{1}{6}$

0514 두 점 A, B 사이의 거리는
$2-\left(-\dfrac{5}{2}\right)=\dfrac{4}{2}+\dfrac{5}{2}=\dfrac{9}{2}$

$\qquad\qquad\qquad\qquad\qquad\qquad\qquad\qquad\qquad$ ㉮

두 점 A, C 사이의 거리는
$\dfrac{9}{2}\times\dfrac{2}{2+3}=\dfrac{9}{2}\times\dfrac{2}{5}=\dfrac{9}{5}$

$\qquad\qquad\qquad\qquad\qquad\qquad\qquad\qquad\qquad$ ㉯

따라서 점 C가 나타내는 수는

$$\left(-\frac{5}{2}\right)+\frac{9}{5}=\left(-\frac{25}{10}\right)+\frac{18}{10}=-\frac{7}{10}$$

··· ㉣

답 $-\dfrac{7}{10}$

단계	채점요소	배점
㉮	두 점 A, B 사이의 거리 구하기	30 %
㉯	두 점 A, C 사이의 거리 구하기	30 %
㉢	점 C가 나타내는 수 구하기	40 %

중단원 마무리하기

0515 ① $(-1)^3=-1$ ② $|-3|=3$
④ $(-2)^2=4$ ⑤ $-3^2=-9$
따라서 작은 수부터 차례로 나열하면 ⑤, ①, ③, ②, ④이므로 네 번째에 오는 수는 ②이다.   답 ②

0516 ① $-\dfrac{3}{4}+\dfrac{11}{20}-\dfrac{3}{10}=-\dfrac{15}{20}+\dfrac{11}{20}-\dfrac{6}{20}$
$$=-\dfrac{10}{20}=-\dfrac{1}{2}$$
② $-4-7-8+4=-15$
③ $(-1)^4\times27\div(-3-6)=(+1)\times27\div(-9)$
$$=27\div(-9)=-3$$
④ $(-4.3)-(+4)+(+9)-(-4.3)=-4.3-4+9+4.3$
$$=5$$
⑤ $\left(+\dfrac{2}{5}\right)-(+2.1)-(-3)=\dfrac{2}{5}-2.1+3$
$$=\dfrac{4}{10}-\dfrac{21}{10}+\dfrac{30}{10}=\dfrac{13}{10}=1.3$$
답 ④

0517 답 ㉠ 분배법칙   ㉡ 덧셈의 교환법칙
㉢ 덧셈의 결합법칙

0518 $A=\left(-\dfrac{1}{2}\right)^2\times(-3^2)\times\left(+\dfrac{4}{3}\right)$
$$=\dfrac{1}{4}\times(-9)\times\left(+\dfrac{4}{3}\right)$$
$$=-\left(\dfrac{1}{4}\times9\times\dfrac{4}{3}\right)=-3$$
이때 $A\times B=1$에서 B는 A의 역수이므로 $B=-\dfrac{1}{3}$

답 $-\dfrac{1}{3}$

0519 ① $(-5)+(-2)-(-9)-(+11)$
$$=-5-2+9-11=-9$$
② $\left(-\dfrac{5}{6}\right)+\left(-\dfrac{1}{3}\right)-(-3)-\left(+\dfrac{3}{4}\right)$
$$=-\dfrac{5}{6}-\dfrac{1}{3}+3-\dfrac{3}{4}$$
$$=-\dfrac{10}{12}-\dfrac{4}{12}+\dfrac{36}{12}-\dfrac{9}{12}=\dfrac{13}{12}$$
③ $\dfrac{1}{4}\div\left(-\dfrac{1}{2}\right)\div(-2)^2=\dfrac{1}{4}\div\left(-\dfrac{1}{2}\right)\div4$
$$=\dfrac{1}{4}\times(-2)\times\dfrac{1}{4}$$
$$=-\left(\dfrac{1}{4}\times2\times\dfrac{1}{4}\right)=-\dfrac{1}{8}$$
④ $(+3)\times(-27)\div\left(-\dfrac{9}{2}\right)\times(-2)$
$$=(+3)\times(-27)\times\left(-\dfrac{2}{9}\right)\times(-2)$$
$$=-\left(3\times27\times\dfrac{2}{9}\times2\right)=-36$$
⑤ $\left(-\dfrac{1}{2}\right)^2\times(-2)^3-\dfrac{1}{2}\div\left(-\dfrac{1}{2}\right)^3$
$$=\dfrac{1}{4}\times(-8)-\dfrac{1}{2}\div\left(-\dfrac{1}{8}\right)$$
$$=(-2)-\dfrac{1}{2}\times(-8)=(-2)-(-4)$$
$$=(-2)+4=2$$
따라서 계산 결과가 가장 작은 것은 ④이다.
답 ④

0520 $-\dfrac{1}{9}$의 역수는 -9이므로 $x=-9$
$2\dfrac{1}{3}=\dfrac{7}{3}$의 역수는 $\dfrac{3}{7}$이므로 $y=\dfrac{3}{7}$
$\therefore (6-x)\div y=\{6-(-9)\}\div\dfrac{3}{7}=15\times\dfrac{7}{3}=35$

답 35

0521 $A=\left(-\dfrac{5}{6}\right)\div(-2)^2\times\dfrac{27}{10}=\left(-\dfrac{5}{6}\right)\div4\times\dfrac{27}{10}$
$$=\left(-\dfrac{5}{6}\right)\times\dfrac{1}{4}\times\dfrac{27}{10}=-\left(\dfrac{5}{6}\times\dfrac{1}{4}\times\dfrac{27}{10}\right)$$
$$=-\dfrac{9}{16}$$
$B=\dfrac{3}{4}\div\left(-\dfrac{15}{8}\right)\times(-1)^3\div\dfrac{2}{3}$
$$=\dfrac{3}{4}\times\left(-\dfrac{8}{15}\right)\times(-1)\times\dfrac{3}{2}$$
$$=+\left(\dfrac{3}{4}\times\dfrac{8}{15}\times1\times\dfrac{3}{2}\right)=\dfrac{3}{5}$$
$\therefore A+B=\left(-\dfrac{9}{16}\right)+\dfrac{3}{5}=\left(-\dfrac{45}{80}\right)+\dfrac{48}{80}=\dfrac{3}{80}$

답 $\dfrac{3}{80}$

0522 $a \times (b+c) = a \times b + a \times c = -15$에서

$a \times b = 6$이므로 $6 + a \times c = -15$

$\therefore a \times c = -15 - 6 = -21$

답 ②

0523 어떤 유리수를 □라 하면

$\square \div \left(-\frac{9}{7}\right) = \frac{10}{3}$에서 $\square = \frac{10}{3} \times \left(-\frac{9}{7}\right) = -\frac{30}{7}$

따라서 바르게 계산한 답은

$\left(-\frac{30}{7}\right) \times \left(-\frac{9}{7}\right) = \frac{270}{49}$

답 $\dfrac{270}{49}$

0524 (1) $\left\{-(-3)^3 + 5\right\} \div \left(-\frac{8}{3}\right) \times \frac{1}{2}$

$= \left\{-(-27) + 5\right\} \div \left(-\frac{8}{3}\right) \times \frac{1}{2}$

$= 32 \times \left(-\frac{3}{8}\right) \times \frac{1}{2} = -\left(32 \times \frac{3}{8} \times \frac{1}{2}\right) = -6$

(2) $(-1)^{1001} - (-1)^{97} \div (-1)^{60}$

$= (-1) - (-1) \div (+1)$

$= (-1) - (-1) = (-1) + 1 = 0$

답 (1) -6 (2) 0

0525 $\frac{1}{4} - \left[\frac{2}{3} - \left\{(-8) - \frac{1}{7} \div \left(-\frac{2}{7}\right)\right\} \times \frac{1}{3}\right]$

$= \frac{1}{4} - \left[\frac{2}{3} - \left\{(-8) - \frac{1}{7} \times \left(-\frac{7}{2}\right)\right\} \times \frac{1}{3}\right]$

$= \frac{1}{4} - \left[\frac{2}{3} - \left\{(-8) - \left(-\frac{1}{2}\right)\right\} \times \frac{1}{3}\right]$

$= \frac{1}{4} - \left\{\frac{2}{3} - \left(-\frac{15}{2}\right) \times \frac{1}{3}\right\}$

$= \frac{1}{4} - \left\{\frac{2}{3} - \left(-\frac{5}{2}\right)\right\}$

$= \frac{1}{4} - \left(\frac{4}{6} + \frac{15}{6}\right)$

$= \frac{1}{4} - \frac{19}{6} = \frac{3}{12} - \frac{38}{12} = -\frac{35}{12}$

답 ㉣, ㉢, ㉤, ㉡, ㉠, $-\dfrac{35}{12}$

0526 마주보는 면에 절댓값이 같고 부호가 다른 수가 놓여 있어야 하므로

$A = \frac{5}{6}, B = 4, C = -3.8$

$\therefore A + B + C = \frac{5}{6} + 4 + (-3.8) = \frac{5}{6} + 0.2$

$= \frac{5}{6} + \frac{1}{5} = \frac{25}{30} + \frac{6}{30} = \frac{31}{30}$

답 $\dfrac{31}{30}$

0527 $1 - \left[(-1)^3 - \left\{-2 + \frac{3}{4} \times \left(1 - \frac{1}{3}\right)\right\} \div \frac{1}{2}\right]$

$= 1 - \left\{-1 - \left(-2 + \frac{3}{4} \times \frac{2}{3}\right) \div \frac{1}{2}\right\}$

$= 1 - \left\{-1 - \left(-2 + \frac{1}{2}\right) \div \frac{1}{2}\right\}$

$= 1 - \left\{-1 - \left(-\frac{3}{2}\right) \times 2\right\}$

$= 1 - \left\{-1 - (-3)\right\}$

$= 1 - 2 = -1$

답 ③

0528 각 도시의 일교차는 다음과 같다.

A : $-2.6 - (-8.8) = -2.6 + 8.8 = 6.2(℃)$

B : $-1.5 - (-6) = -1.5 + 6 = 4.5(℃)$

C : $0 - (-3.2) = 0 + (+3.2) = 3.2(℃)$

D : $3.7 - (-4.5) = 3.7 + 4.5 = 8.2(℃)$

E : $2.8 - (-1.9) = 2.8 + 1.9 = 4.7(℃)$

따라서 일교차가 가장 큰 도시는 D이다.

답 D

0529 마주 보는 면에 있는 두 수의 곱이 1이므로 마주 보는 면에 있는 두 수는 서로 역수이다.

$-\frac{2}{3}$의 역수는 $-\frac{3}{2}$, $\frac{1}{4}$의 역수는 4, -9의 역수는 $-\frac{1}{9}$이므로 구하는 곱은

$\left(-\frac{3}{2}\right) \times 4 \times \left(-\frac{1}{9}\right) = +\left(\frac{3}{2} \times 4 \times \frac{1}{9}\right) = \frac{2}{3}$

답 $\dfrac{2}{3}$

0530 $\frac{b}{a} < 0$에서 a, b의 부호는 다르다.

그런데 $a - b < 0$에서 $a < b$이므로 $a < 0$, $b > 0$

이때 $a \times c > 0$에서 a, c의 부호는 같으므로 $c < 0$

$\therefore a < 0$, $b > 0$, $c < 0$

답 ④

0531 세로에 놓인 네 수의 합은 $0 + 5 + 3 + (-3) = 5$

따라서 가로, 세로에 놓인 네 수의 합은 모두 5이어야 하므로

$7 + 6 + c + 0 = 5$에서 $13 + c = 5$ $\quad \therefore c = -8$

$7 + (-2) + b + (-4) = 5$에서 $1 + b = 5$ $\quad \therefore b = 4$

$(-4) + 5 + a + (-3) = 5$에서 $-2 + a = 5$ $\quad \therefore a = 7$

$\therefore a - b - c = 7 - 4 - (-8) = 7 - 4 + 8 = 11$

답 11

0532 n이 홀수일 때, $n + 1$, $n \times 2$는 짝수이고 $n + 2$는 홀수이다.

$$\therefore (-1)^{n+1}-(-1)^{n+2}+(-1)^{n\times 2}=(+1)-(-1)+(+1)$$
$$=1+1+1=3$$

目 3

0533 $\left(-\dfrac{2}{3}\right)^2 \times \square \div \left(-\dfrac{4}{27}\right)=\dfrac{1}{2}$에서

$\dfrac{4}{9}\times\square=\dfrac{1}{2}\times\left(-\dfrac{4}{27}\right),\ \dfrac{4}{9}\times\square=-\dfrac{2}{27}$

$\therefore \square=\left(-\dfrac{2}{27}\right)\div\dfrac{4}{9}=\left(-\dfrac{2}{27}\right)\times\dfrac{9}{4}=-\dfrac{1}{6}$

目 $-\dfrac{1}{6}$

0534 $-\dfrac{1}{2}<a<-\dfrac{1}{4}$이므로 $a=-\dfrac{1}{3}$이라 하면

① $a=-\dfrac{1}{3}$

② $a^2=\left(-\dfrac{1}{3}\right)^2=\dfrac{1}{9}$

③ $a^2=\dfrac{1}{9}$이므로 $\dfrac{1}{a^2}=1\div a^2=1\div\dfrac{1}{9}=1\times 9=9$

④ $|a|=\left|-\dfrac{1}{3}\right|=\dfrac{1}{3}$

⑤ $a^3=\left(-\dfrac{1}{3}\right)^3=-\dfrac{1}{27}$이므로 $|a^3|=\left|-\dfrac{1}{27}\right|=\dfrac{1}{27}$

따라서 가장 큰 수는 ③이다.

目 ③

0535 두 점 A, B 사이의 거리는

$\dfrac{5}{2}-\left(-\dfrac{5}{3}\right)=\dfrac{15}{6}+\dfrac{10}{6}=\dfrac{25}{6}$

두 점 A, C 사이의 거리는

$\dfrac{25}{6}\times\dfrac{3}{5}=\dfrac{5}{2}$

따라서 점 C가 나타내는 수는

$-\dfrac{5}{3}+\dfrac{5}{2}=-\dfrac{10}{6}+\dfrac{15}{6}=\dfrac{5}{6}$

目 $\dfrac{5}{6}$

0536 수직선 위에서 $a<0,\ b>0$이고 $|b|>|a|$이므로

① $a+b>0$ ② $a-b<0$ ③ $|a|-|b|<0$

④ $a\times b<0$ ⑤ $a\div b<0$

따라서 부호가 나머지 넷과 다른 하나는 ①이다.

目 ①

0537 $\dfrac{1}{2-\dfrac{1}{2-\dfrac{1}{2}}}=\dfrac{1}{2-\dfrac{1}{\frac{3}{2}}}=\dfrac{1}{2-\dfrac{2}{3}}=\dfrac{1}{\frac{4}{3}}=\dfrac{3}{4}$

目 $\dfrac{3}{4}$

0538 $a=\left(-4\dfrac{1}{2}\right)-(-1)=\left(-\dfrac{9}{2}\right)+1=-\dfrac{7}{2}$

㉮

$b=3+\left(-\dfrac{1}{3}\right)=\dfrac{9}{3}-\dfrac{1}{3}=\dfrac{8}{3}$

㉯

따라서 $-\dfrac{7}{2}<x<\dfrac{8}{3}$을 만족시키는 정수 x는 $-3,\ -2,\ -1,\ 0,\ 1,\ 2$의 6개이다.

㉰

目 6개

단계	채점요소	배점
㉮	a의 값 구하기	40%
㉯	b의 값 구하기	40%
㉰	정수 x의 개수 구하기	20%

0539 ⑺ $-\dfrac{a}{9}$의 역수는 $-\dfrac{9}{a}$이므로

$-\dfrac{9}{a}=\dfrac{3}{5}$에서 $(-9)\div a=\dfrac{3}{5}$

$\therefore a=(-9)\div\dfrac{3}{5}=(-9)\times\dfrac{5}{3}=-15$

㉮

⑻ $\dfrac{3}{b}$의 역수는 $\dfrac{b}{3}$이므로

$\dfrac{b}{3}=-\dfrac{4}{3}$에서 $b\div 3=-\dfrac{4}{3}$

$\therefore b=\left(-\dfrac{4}{3}\right)\times 3=-4$

㉯

$\therefore b-a=(-4)-(-15)$
$=(-4)+15=11$

㉰

目 11

단계	채점요소	배점
㉮	a의 값 구하기	40%
㉯	b의 값 구하기	40%
㉰	$b-a$의 값 구하기	20%

0540 ⑴ a의 절댓값이 $\dfrac{1}{3}$이므로 $a=\dfrac{1}{3}$ 또는 $a=-\dfrac{1}{3}$, b의 절댓값이 $\dfrac{3}{4}$이므로 $b=\dfrac{3}{4}$ 또는 $b=-\dfrac{3}{4}$

㉮

⑵ $a-b$의 값 중 가장 큰 값은 a의 값이 양수, b의 값이 음수일 때이므로

$M=\dfrac{1}{3}-\left(-\dfrac{3}{4}\right)=\dfrac{4}{12}+\dfrac{9}{12}=\dfrac{13}{12}$

㉯

$a-b$의 값 중 가장 작은 값은 a의 값이 음수, b의 값이 양수일 때이므로

$$m=\left(-\frac{1}{3}\right)-\frac{3}{4}=\left(-\frac{4}{12}\right)-\frac{9}{12}=-\frac{13}{12}$$

──────────────────────── ㉲

(3) $M-m=\frac{13}{12}-\left(-\frac{13}{12}\right)=\frac{13}{12}+\frac{13}{12}=\frac{26}{12}=\frac{13}{6}$

──────────────────────── ㉱

目 (1) $a=\frac{1}{3}$ 또는 $a=-\frac{1}{3}$, $b=\frac{3}{4}$ 또는 $b=-\frac{3}{4}$

(2) $M=\frac{13}{12}$, $m=-\frac{13}{12}$ (3) $\frac{13}{6}$

단계	채점요소	배점
㉮	a, b의 값 구하기	10%
㉯	M의 값 구하기	40%
㉰	m의 값 구하기	40%
㉱	$M-m$의 값 구하기	10%

0541 주어진 네 유리수 중 서로 다른 세 수를 뽑아 곱한 값이 가장 큰 값이 되려면 곱한 값이 양수가 되어야 하므로 음수 2개, 양수 1개를 뽑아야 하고, 곱해지는 세 수의 절댓값의 곱이 가장 커야 한다.

이때 양수는 $\frac{7}{4}$이고, 음수 $-\frac{2}{3}$, $-\frac{1}{2}$, -6 중에서 절댓값이 큰

두 수는 $-\frac{2}{3}$, -6이므로 가장 큰 값은

$$\left(-\frac{2}{3}\right)\times(-6)\times\frac{7}{4}=+\left(\frac{2}{3}\times6\times\frac{7}{4}\right)=7$$

──────────────────────── ㉮

또, 주어진 네 유리수 중 서로 다른 세 수를 뽑아 곱한 값이 가장 작은 값이 되려면 곱한 값이 음수가 되어야 한다. 즉, 음수 3개를 모두 곱하면 되므로 가장 작은 값은

$$\left(-\frac{2}{3}\right)\times\left(-\frac{1}{2}\right)\times(-6)=-\left(\frac{2}{3}\times\frac{1}{2}\times6\right)=-2$$

──────────────────────── ㉯

따라서 구하는 값은
$$7-(-2)=7+2=9$$

──────────────────────── ㉰

目 9

단계	채점요소	배점
㉮	가장 큰 값 구하기	40%
㉯	가장 작은 값 구하기	40%
㉰	가장 큰 값과 가장 작은 값의 차 구하기	20%

0542 $\frac{1}{5\times6}+\frac{1}{6\times7}+\cdots+\frac{1}{9\times10}$

$=\left(\frac{1}{5}-\frac{1}{6}\right)+\left(\frac{1}{6}-\frac{1}{7}\right)+\cdots+\left(\frac{1}{9}-\frac{1}{10}\right)$

$=\frac{1}{5}-\frac{1}{10}=\frac{2}{10}-\frac{1}{10}=\frac{1}{10}$

目 $\frac{1}{10}$

0543 $a\times b\times c\times d>0$, $a\times c\times d<0$에서 $b<0$이고 $a<b$이므로 $a<0$

$a<0$, $a\times c\times d<0$에서 $c\times d>0$이므로 c, d의 부호는 같다.

이때 $c+d<0$이므로 $c<0$, $d<0$

$\therefore a<0$, $b<0$, $c<0$, $d<0$

目 $a<0$, $b<0$, $c<0$, $d<0$

0544 $a\times b<0$에서 a, b의 부호는 다르다.

그런데 $a-b<0$에서 $a<b$이므로 $a<0$, $b>0$

① $a<0$, $-b<0$이므로 $a-b<0$

② $a<0$, $b>0$이고 $|a|<|b|$이므로 $a+b>0$

③ $-a>0$, $b>0$이므로 $-a+b>0$

④ $b>0$, $-|a|<0$이고 $|a|<|b|$이므로 $b-|a|>0$

⑤ $-a>0$, $-b<0$이고 $|a|<|b|$이므로 $-a-b<0$

目 ③

0545 $[3, 8]=5$이므로 $[[3, 8], [10, a]]=4$에서
$[10, a]=1$ 또는 $[10, a]=9$

(ⅰ) $[10, a]=1$일 때,
 $a=11$ 또는 $a=9$

(ⅱ) $[10, a]=9$일 때,
 $a=19$ 또는 $a=1$

(ⅰ), (ⅱ)에서 $x=19$, $y=1$이므로
$[x, y]=[19, 1]=18$

目 18

교과서문제 정복하기

0546 답 $-5ab$　　　　**0547** 답 $4a^3b$

0548 답 $-a+2b$　　　**0549** 답 $4a(x+y)$

0550 답 $\dfrac{4}{a}$　　　　　**0551** 답 $a-\dfrac{b}{2}$

0552 답 $\dfrac{a+b}{4}$　　　　**0553** 답 $\dfrac{3}{x+y}$

0554 $a\times b\div 2=a\times b\times\dfrac{1}{2}=\dfrac{ab}{2}$

답 $\dfrac{ab}{2}$

0555 $(-4)\div a\times b=(-4)\times\dfrac{1}{a}\times b=-\dfrac{4b}{a}$　답 $-\dfrac{4b}{a}$

0556 $x\times 3-y\div z=x\times 3-y\times\dfrac{1}{z}=3x-\dfrac{y}{z}$　답 $3x-\dfrac{y}{z}$

0557 $3\div(4+y)\times x=3\times\dfrac{1}{4+y}\times x=\dfrac{3x}{4+y}$　답 $\dfrac{3x}{4+y}$

0558 답 $3\times a\times b\times c$　　**0559** 답 $x\times y\times y$

0560 답 $0.1\times a\times(x-y)$

0561 답 $(-1)\times x\times x\times y\times y\times z$

0562 답 $1\div a$　　　**0563** 답 $(a-b)\div 3$

0564 답 $4\div(x+y)$　　**0565** 답 $(x-y)\div 2$

0566 답 $7y$원　　　**0567** 답 $10a+b$

0568 답 $60x$ km

0569 $x\times\dfrac{3}{10}=\dfrac{3x}{10}$(원)　답 $\dfrac{3x}{10}$ 원

0570 $1000\times\dfrac{x}{100}=10x$(원)　답 $10x$ 원

0571 $\dfrac{a}{100}\times b=\dfrac{ab}{100}$(g)　답 $\dfrac{ab}{100}$ g

0572 $2a+5=2\times(-2)+5=-4+5=1$　答 1

0573 $\dfrac{a}{2}-1=\dfrac{1}{2}\times(-2)-1=-1-1=-2$　答 -2

0574 $-a+4=-(-2)+4=2+4=6$　答 6

0575 $\dfrac{6}{a}+7=6\div a+7=6\div(-2)+7$

$=6\times\left(-\dfrac{1}{2}\right)+7=-3+7=4$

答 4

0576 $-2a^2=-2\times(-2)^2=-2\times 4=-8$

答 -8

0577 $4+a^3=4+(-2)^3=4+(-8)=-4$

答 -4

0578 $\dfrac{2}{a}-2=2\div a-2=2\div\dfrac{1}{2}-2$

$=2\times 2-2=4-2=2$

答 2

0579 $2a-b=2\times 5-(-6)=10+6=16$

答 16

0580 $3a-b^2=3\times 3-(-2)^2=9-4=5$

答 5

0581 $\dfrac{6y}{x}-xy=\dfrac{6\times(-5)}{3}-3\times(-5)$

$=-10-(-15)=-10+15=5$

答 5

0582 답 (1) 항 : $\dfrac{1}{4}x$, 1, 상수항 : 1

(2) 항 : x, $-3y$, 5, 상수항 : 5

(3) 항 : x^2, $2x$, -3, 상수항 : -3

(4) 항 : $-x^2$, $2y$, 3, 상수항 : 3

0583 답 (1) x의 계수 : 3, 다항식의 차수 : 1

(2) b의 계수 : $\dfrac{1}{4}$, 다항식의 차수 : 1

(3) x^2의 계수 : $\dfrac{1}{2}$, x의 계수 : 1, 다항식의 차수 : 2

(4) a^3의 계수 : 5, a^2의 계수 : -4, 다항식의 차수 : 3

0584 답 ○

0585 $\dfrac{1}{x}$과 같이 분모에 문자가 있는 식은 다항식이 아니다.

답 ×

0586 다항식의 차수가 2이므로 일차식이 아니다.

답 ×

0587 답 ○　　　**0588** 답 ×

0589 답 ○　　　**0590** 답 $6x$

0591 답 $8a$　　　**0592** 답 $\dfrac{5}{2}a$

0593 $15a \div (-3) = 15a \times \left(-\dfrac{1}{3}\right) = -5a$

답 $-5a$

0594 $14y \div \dfrac{7}{5} = 14y \times \dfrac{5}{7} = 10y$

답 $10y$

0595 $(-2x) \div \left(-\dfrac{1}{6}\right) = (-2x) \times (-6) = 12x$

답 $12x$

0596 $3(2x-4) = 3 \times 2x + 3 \times (-4) = 6x - 12$

답 $6x-12$

0597 $-(-2y+3) = (-1) \times (-2y) + (-1) \times 3$
$= 2y - 3$

답 $2y-3$

0598 $\dfrac{2}{3}(6x-9) = \dfrac{2}{3} \times 6x + \dfrac{2}{3} \times (-9) = 4x - 6$

답 $4x-6$

0599 $(a-3) \div \dfrac{1}{3} = (a-3) \times 3 = a \times 3 + (-3) \times 3$
$= 3a - 9$

답 $3a-9$

0600 $2x - 9x = (2-9)x = -7x$　　　답 $-7x$

0601 $-7y - y = (-7-1)y = -8y$

답 $-8y$

0602 $-\dfrac{1}{2}a + \dfrac{1}{3}a = \left(-\dfrac{1}{2} + \dfrac{1}{3}\right)a$
$= -\dfrac{1}{6}a$

답 $-\dfrac{1}{6}a$

0603 $\dfrac{1}{2}b - \dfrac{5}{3}b = \left(\dfrac{1}{2} - \dfrac{5}{3}\right)b = -\dfrac{7}{6}b$

답 $-\dfrac{7}{6}b$

0604 $5x + 3x - 2x = (5+3-2)x = 6x$

답 $6x$

0605 $2y - 7y + 4y = (2-7+4)y = -y$

답 $-y$

0606 $-11x + 5 + 3x + 7 = -11x + 3x + 5 + 7$
$= (-11+3)x + (5+7)$
$= -8x + 12$

답 $-8x+12$

0607 $\dfrac{3}{2}y + 1 + \dfrac{1}{2}y - \dfrac{2}{3} = \dfrac{3}{2}y + \dfrac{1}{2}y + 1 - \dfrac{2}{3}$
$= \left(\dfrac{3}{2} + \dfrac{1}{2}\right)y + \left(1 - \dfrac{2}{3}\right)$
$= 2y + \dfrac{1}{3}$

답 $2y+\dfrac{1}{3}$

0608 $4(x+2) + 2(-2x+3) = 4x + 8 - 4x + 6$
$= 4x - 4x + 8 + 6$
$= 14$

답 14

0609 $-(2x+5) + 2(3x-1) = -2x - 5 + 6x - 2$
$= -2x + 6x - 5 - 2$
$= 4x - 7$

답 $4x-7$

0610 $3(-10x+8) - (-15x+7) = -30x + 24 + 15x - 7$
$= -30x + 15x + 24 - 7$
$= -15x + 17$

답 $-15x+17$

0611 $\dfrac{2}{3}(6x-3) - \dfrac{1}{2}(2-4x) = 4x - 2 - 1 + 2x$
$= 4x + 2x - 2 - 1$
$= 6x - 3$

답 $6x-3$

0612 ③ $0.1 \div a \times b = \dfrac{1}{10} \times \dfrac{1}{a} \times b = \dfrac{b}{10a}$

⑤ $a \div \dfrac{1}{b} \div \dfrac{1}{c} = a \times b \times c = abc$

目 ③, ⑤

0613 ① $(a+b) \div 5 = \dfrac{a+b}{5}$

② $a \div (3 \times b \div c) = a \div \dfrac{3b}{c} = a \times \dfrac{c}{3b} = \dfrac{ac}{3b}$

③ $x \times x \times x \div y \div (-1) = x \times x \times x \times \dfrac{1}{y} \times (-1) = -\dfrac{x^3}{y}$

④ $x + y \times z \div 6 = x + y \times z \times \dfrac{1}{6} = x + \dfrac{yz}{6}$

⑤ $a \div \dfrac{2}{3}b + a \div 7 \times c = a \times \dfrac{3}{2b} + a \times \dfrac{1}{7} \times c = \dfrac{3a}{2b} + \dfrac{ac}{7}$

目 ③, ⑤

0614 $a \div b \div c = a \times \dfrac{1}{b} \times \dfrac{1}{c} = \dfrac{a}{bc}$

① $a \div (b \div c) = a \div \left(b \times \dfrac{1}{c}\right) = a \div \dfrac{b}{c} = a \times \dfrac{c}{b} = \dfrac{ac}{b}$

② $a \div b \times c = a \times \dfrac{1}{b} \times c = \dfrac{ac}{b}$

③ $a \times b \div c = a \times b \times \dfrac{1}{c} = \dfrac{ab}{c}$

④ $a \div (b \times c) = a \div bc = a \times \dfrac{1}{bc} = \dfrac{a}{bc}$

⑤ $a \times b \times c = abc$

目 ④

0615 ① $x\% = \dfrac{x}{100}$이므로 5000원의 $x\%$는

$5000 \times \dfrac{x}{100} = 50x$(원)

② a할$= \dfrac{a}{10}$이므로 1000원의 a할은 $1000 \times \dfrac{a}{10} = 100a$(원)

③ $a \times 100 + b \times 10 + c \times 1 = 100a + 10b + c$

④ 지불해야 할 금액은 $300 \times x = 300x$(원)이므로 거스름돈은 $(2000 - 300x)$원이다.

⑤ 10자루에 a원인 연필 한 자루의 가격은

$a \div 10 = \dfrac{a}{10}$(원)

目 ④

0616 ① 1시간은 60분이므로 a시간 b분은

$60 \times a + b = 60a + b$(분)

② $a\% = \dfrac{a}{100}$이므로 800 kg의 $a\%$는

$800 \times \dfrac{a}{100} = 8a$(kg)

③ a할$= \dfrac{a}{10}$이므로 100원의 a할은

$100 \times \dfrac{a}{10} = 10a$(원)

④ 1 m는 100 cm이므로 a m b cm는

$100 \times a + b = 100a + b$(cm)

⑤ 1분은 60초이므로 3분 x초는

$60 \times 3 + x = 180 + x$(초)

目 ③

0617 (1) (지불한 금액) = (정가) - (할인 금액)

$= 20000 - 20000 \times \dfrac{a}{100}$

$= 20000 - 200a$(원)

(2) 연필 2자루에 a원이므로 연필 한 자루에 $\dfrac{a}{2}$원이다.

공책 4권에 b원이므로 공책 한 권에 $\dfrac{b}{4}$원이다.

따라서 연필 3자루와 공책 5권을 샀을 때, 지불한 금액은

$\dfrac{a}{2} \times 3 + \dfrac{b}{4} \times 5 = \dfrac{3}{2}a + \dfrac{5}{4}b$(원)

目 (1) $(20000 - 200a)$원 (2) $\left(\dfrac{3}{2}a + \dfrac{5}{4}b\right)$원

0618 ① (삼각형의 넓이) $= \dfrac{1}{2} \times 4 \times x = 2x$(cm²)

② (정사각형의 넓이) $= a \times a = a^2$(cm²)

③ (정삼각형의 둘레의 길이) $= x \times 3 = 3x$(cm)

④ (직사각형의 둘레의 길이)

$= 2(a + 3b) = 2a + 6b$(cm)

⑤ (평행사변형의 넓이) $= x \times y = xy$(cm²)

目 ④

0619 (사다리꼴의 넓이) $= \dfrac{1}{2} \times (a + b) \times h$

$= \dfrac{1}{2}(a + b)h$

目 $\dfrac{1}{2}(a + b)h$

0620 (1) (색칠한 부분의 넓이)

$=$ (삼각형 A의 넓이) + (삼각형 B의 넓이)

$= \dfrac{1}{2} \times a \times 4 + \dfrac{1}{2} \times b \times 5$

$= 2a + \dfrac{5}{2}b$

(2) (색칠한 부분의 넓이)

　= (삼각형의 넓이) + (직사각형의 넓이)

　$= \dfrac{1}{2} \times a \times 2 + a \times b$

　$= a + ab$

답 (1) $2a + \dfrac{5}{2}b$　(2) $a + ab$

0621 (거리) = (속력) × (시간)이므로 a시간 동안 시속 60 km로 간 거리는 $60 \times a = 60a(\text{km})$

따라서 남은 거리는 $(150 - 60a)\text{km}$이다.　답 ②

0622 (소금의 양) = $\dfrac{(\text{소금물의 농도})}{100} \times (\text{소금물의 양})$

　　　　　$= \dfrac{a}{100} \times 3000 = 30a(\text{g})$

답 $30a$ g

0623 (시간) = $\dfrac{(\text{거리})}{(\text{속력})}$이므로 a km의 거리를 시속 80 km로

갈 때 걸린 시간은 $\dfrac{a}{80}$시간이고, 40분은 $\dfrac{40}{60} = \dfrac{2}{3}$(시간)이므로

전체 걸린 시간은 $\left(\dfrac{a}{80} + \dfrac{2}{3}\right)$시간

답 $\left(\dfrac{a}{80} + \dfrac{2}{3}\right)$시간

0624 (1) (소금의 양) = $\dfrac{(\text{소금물의 농도})}{100} \times (\text{소금물의 양})$이므로

a %의 소금물 200 g에 녹아 있는 소금의 양은

$\dfrac{a}{100} \times 200 = 2a(\text{g})$

또, b %의 소금물 300g에 녹아 있는 소금의 양은

$\dfrac{b}{100} \times 300 = 3b(\text{g})$

따라서 새로 만든 소금물에 녹아 있는 소금의 양은 $(2a + 3b)\text{g}$　㉮

(2) (소금물의 농도) = $\dfrac{(\text{소금의 양})}{(\text{소금물의 양})} \times 100(\%)$이므로

새로 만든 소금물의 농도는

$\dfrac{2a + 3b}{200 + 300} \times 100 = \dfrac{2a + 3b}{500} \times 100$

　　　　　$= \dfrac{2a + 3b}{5} = \dfrac{2}{5}a + \dfrac{3}{5}b(\%)$　㉯

답 (1) $(2a + 3b)\text{g}$　(2) $\left(\dfrac{2}{5}a + \dfrac{3}{5}b\right)\%$

단계	채점요소	배점
㉮	새로 만든 소금물에 녹아 있는 소금의 양 구하기	50 %
㉯	새로 만든 소금물의 농도 구하기	50 %

0625 ① $3x + 4y = 3 \times (-2) + 4 \times 4 = -6 + 16 = 10$

② $-x^2y = -(-2)^2 \times 4 = -4 \times 4 = -16$

③ $-x + 2y = -(-2) + 2 \times 4 = 2 + 8 = 10$

④ $-\dfrac{5y}{x} = -\dfrac{5 \times 4}{-2} = -(-10) = 10$

⑤ $-\dfrac{x^2 + y^2}{x} = -\dfrac{(-2)^2 + 4^2}{-2} = -\dfrac{20}{-2} = -(-10) = 10$

따라서 식의 값이 나머지 넷과 다른 하나는 ②이다.　답 ②

0626 ① $a^2 = (-3)^2 = 9$

② $\dfrac{1}{a^2} = 1 \div a^2 = 1 \div (-3)^2 = 1 \div 9 = 1 \times \dfrac{1}{9} = \dfrac{1}{9}$

③ $-\dfrac{1}{a^2} = -\dfrac{1}{9}$

④ $-a^2 = -(-3)^2 = -9$

⑤ $a^3 = (-3)^3 = -27$

따라서 식의 값이 가장 작은 것은 ⑤이다.　답 ⑤

0627 $\dfrac{y}{x} - \dfrac{xy + z}{z} = \dfrac{3}{-2} - \dfrac{(-2) \times 3 + (-4)}{-4}$

　　　　　　　　$= -\dfrac{3}{2} - \dfrac{-10}{-4}$

　　　　　　　　$= -\dfrac{3}{2} - \dfrac{5}{2} = -4$　답 -4

0628 (1) $-x^3 - 4x^2 \div \left(-\dfrac{2}{3}y\right)^2$

$= -3^3 - 4 \times 3^2 \div \left\{\left(-\dfrac{2}{3}\right) \times (-2)\right\}^2$

$= -27 - 4 \times 9 \div \left(\dfrac{4}{3}\right)^2$

$= -27 - 4 \times 9 \div \dfrac{16}{9}$

$= -27 - 4 \times 9 \times \dfrac{9}{16}$

$= -27 - \dfrac{81}{4} = -\dfrac{189}{4}$

(2) $\left|3x^2 + \dfrac{1}{2}y^3\right| - \left|\dfrac{xy}{3} - \dfrac{1}{x + y}\right|$

$= \left|3 \times 3^2 + \dfrac{1}{2} \times (-2)^3\right| - \left|\dfrac{3 \times (-2)}{3} - \dfrac{1}{3 + (-2)}\right|$

$= |27 - 4| - |-2 - 1|$

$= 23 - 3$

$= 20$

답 (1) $-\dfrac{189}{4}$　(2) 20

0629 $\dfrac{3}{x} - \dfrac{4}{y} = 3 \div x - 4 \div y = 3 \div \dfrac{1}{3} - 4 \div \left(-\dfrac{1}{4}\right)$

　　　　　$= 3 \times 3 - 4 \times (-4) = 9 + 16 = 25$

답 25

0630 ① $-x=-\left(-\dfrac{1}{4}\right)=\dfrac{1}{4}$

② $\dfrac{1}{x}=1\div x=1\div\left(-\dfrac{1}{4}\right)=1\times(-4)=-4$

③ $\dfrac{2}{x}=2\div x=2\div\left(-\dfrac{1}{4}\right)=2\times(-4)=-8$

④ $-x^2=-\left(-\dfrac{1}{4}\right)^2=-\dfrac{1}{16}$

⑤ $x^2=\left(-\dfrac{1}{4}\right)^2=\dfrac{1}{16}$

따라서 식의 값이 가장 큰 것은 ①이다.   🗐 ①

0631 $\dfrac{2}{a}-\dfrac{3}{b}-\dfrac{8}{c}=2\div a-3\div b-8\div c$

$\qquad=2\div\dfrac{1}{2}-3\div\left(-\dfrac{1}{3}\right)-8\div\dfrac{1}{4}$

$\qquad=2\times2-3\times(-3)-8\times4$

$\qquad=4+9-32=-19$

    🗐 ③

0632 $\dfrac{ab+bc+ca}{abc}$

$=\left\{\left(-\dfrac{3}{2}\right)\times\dfrac{1}{4}+\dfrac{1}{4}\times\left(-\dfrac{1}{6}\right)+\left(-\dfrac{1}{6}\right)\times\left(-\dfrac{3}{2}\right)\right\}$

$\quad\div\left\{\left(-\dfrac{3}{2}\right)\times\dfrac{1}{4}\times\left(-\dfrac{1}{6}\right)\right\}$

$=\left(-\dfrac{3}{8}-\dfrac{1}{24}+\dfrac{1}{4}\right)\div\dfrac{1}{16}$

$=\left(-\dfrac{9}{24}-\dfrac{1}{24}+\dfrac{6}{24}\right)\div\dfrac{1}{16}$

$=\left(-\dfrac{1}{6}\right)\div\dfrac{1}{16}=\left(-\dfrac{1}{6}\right)\times16=-\dfrac{8}{3}$

    🗐 $-\dfrac{8}{3}$

0633 $x=15$이므로

$\dfrac{9}{5}x+32=\dfrac{9}{5}\times15+32=27+32=59(℉)$

    🗐 **59 ℉**

0634 $331+0.6x$에 $x=0$을 대입하면 0 ℃일 때의 소리의 속력은 $331+0.6\times0=331(\text{m/s})$

$x=20$을 대입하면 20 ℃일 때의 소리의 속력은
$331+0.6\times20=343(\text{m/s})$

따라서 20 ℃에서의 소리의 속력은 0 ℃에서의 소리의 속력보다
$343-331=12(\text{m/s})$ 더 빠르다.

    🗐 ②

0635 (1) (사다리꼴의 넓이)

$=\dfrac{1}{2}\times\{(\text{윗변의 길이})+(\text{아랫변의 길이})\}\times(\text{높이})$

$\therefore S=\dfrac{1}{2}\times(a+b)\times c=\dfrac{(a+b)c}{2}$

    ········· ㉮

(2) $S=\dfrac{(a+b)c}{2}$에 $a=8$, $b=5$, $c=6$을 대입하면

$S=\dfrac{(8+5)\times6}{2}=39$

    ········· ㉯

    🗐 (1) $S=\dfrac{(a+b)c}{2}$ (2) **39**

단계	채점요소	배점
㉮	S를 a, b, c를 사용한 식으로 나타내기	60%
㉯	$a=8$, $b=5$, $c=6$일 때의 S의 값 구하기	40%

0636 (1) (직육면체의 부피)

$=(\text{가로의 길이})\times(\text{세로의 길이})\times(\text{높이})$

$\therefore V=a\times b\times c=abc$

(2) $V=abc$에 $a=4$, $b=3$, $c=2$를 대입하면
$V=4\times3\times2=24$

    🗐 (1) $V=abc$ (2) **24**

0637 다항식 중에서 하나의 항으로만 이루어진 식을 찾는다.

① 분모에 문자가 있는 식은 다항식이 아니므로 단항식이 아니다.

    🗐 ②

0638 ④ y의 계수는 $-\dfrac{1}{2}$이다.

    🗐 ④

0639 ① $\dfrac{7}{x}$은 분모에 문자 x가 있으므로 다항식이 아니다.

② $\dfrac{x}{5}+2$에서 x의 계수는 $\dfrac{1}{5}$이다.

③ $xy+z$에서 항은 xy, z의 2개이다.

⑤ $2x^2-3x+6$에서 x의 계수는 -3, 상수항은 6이므로 그 곱은 $(-3)\times6=-18$이다.

    🗐 ④

0640 $-x^2+\dfrac{4}{5}x-\dfrac{1}{5}$에서

x의 계수는 $\dfrac{4}{5}$이므로 $A=\dfrac{4}{5}$

상수항은 $-\dfrac{1}{5}$이므로 $B=-\dfrac{1}{5}$

다항식의 차수는 2이므로 $C=2$

$\therefore A+B+C=\dfrac{4}{5}-\dfrac{1}{5}+2=\dfrac{3}{5}+2=\dfrac{13}{5}$

    🗐 $\dfrac{13}{5}$

0641 ① 다항식의 차수가 2이므로 일차식이 아니다.
② 분모에 문자가 있는 식은 다항식이 아니므로 일차식이 아니다.
⑤ $0 \times x - 6 = -6$으로 상수항뿐이므로 일차식이 아니다.

冒 ③, ④

0642 ㄴ. 다항식의 차수가 2이므로 일차식이 아니다.
ㅂ. 분모에 문자가 있는 식은 다항식이 아니므로 일차식이 아니다.
따라서 일차식인 것은 ㄱ, ㄷ, ㄹ, ㅁ이다. **冒 ⑤**

0643 ㄱ, ㄹ. 분모에 문자가 있는 식은 다항식이 아니므로 일차식이 아니다.
ㄴ. $0 \times x^2 + 2x - \dfrac{1}{3} = 2x - \dfrac{1}{3}$이므로 일차식이다.
ㄷ. $\dfrac{x}{4} + \dfrac{y}{2} - 1$에서 $\dfrac{x}{4}$와 $\dfrac{y}{2}$의 차수가 모두 1이므로 일차식이다.
따라서 일차식인 것은 ㄴ, ㄷ, ㅁ, ㅂ의 4개이다.

冒 4개

0644 ① $3 \times (-6x) = -18x$
② $(-15x) \div (-3) = (-15x) \times \left(-\dfrac{1}{3}\right) = 5x$
③ $-3(2x-4) = (-3) \times 2x + (-3) \times (-4) = -6x + 12$
④ $(-8x+4) \div (-2) = (-8x+4) \times \left(-\dfrac{1}{2}\right)$
$= (-8x) \times \left(-\dfrac{1}{2}\right) + 4 \times \left(-\dfrac{1}{2}\right)$
$= 4x - 2$
⑤ $(4x-6) \times \dfrac{3}{2} = 4x \times \dfrac{3}{2} + (-6) \times \dfrac{3}{2} = 6x - 9$ **冒 ③**

0645 (1) $\dfrac{4}{3}\left(6x - \dfrac{1}{2}\right) = \dfrac{4}{3} \times 6x + \dfrac{4}{3} \times \left(-\dfrac{1}{2}\right) = 8x - \dfrac{2}{3}$
(2) $(-1) \times (4x-3) = (-1) \times 4x + (-1) \times (-3)$
$= -4x + 3$
(3) $(5x+10) \div \dfrac{5}{6} = (5x+10) \times \dfrac{6}{5}$
$= 5x \times \dfrac{6}{5} + 10 \times \dfrac{6}{5} = 6x + 12$
(4) $(3x-6) \div \left(-\dfrac{3}{5}\right) = (3x-6) \times \left(-\dfrac{5}{3}\right)$
$= 3x \times \left(-\dfrac{5}{3}\right) + (-6) \times \left(-\dfrac{5}{3}\right)$
$= -5x + 10$

冒 (1) $8x - \dfrac{2}{3}$ (2) $-4x+3$
(3) $6x+12$ (4) $-5x+10$

0646 $-5(2x-1) = -10x + 5$
① $(2x+1) \times 5 = 10x + 5$

② $(-2x+1) \div \left(-\dfrac{1}{5}\right) = (-2x+1) \times (-5) = 10x - 5$
③ $(2x-1) \div \dfrac{1}{5} = (2x-1) \times 5 = 10x - 5$
④ $(-2x+1) \div \dfrac{1}{5} = (-2x+1) \times 5 = -10x + 5$
⑤ $(-2x+1) \times (-5) = 10x - 5$

冒 ④

0647 ① a, b는 차수는 1로 같지만 문자가 다르므로 동류항이 아니다.
② $ab = a \times b$, $b^2 = b \times b$이므로 동류항이 아니다.
③ x와 $-4x$는 문자가 같고 차수도 1로 각각 같으므로 동류항이다.
④ x^2과 $2x$는 문자는 같지만 차수가 2, 1로 다르므로 동류항이 아니다.
⑤ $-3x^2$과 $5y^2$은 차수는 2로 같지만 문자가 x, y로 다르므로 동류항이 아니다.

冒 ③

0648 $-2x$와 문자와 차수가 각각 같은 항을 찾는다.

冒 ④

0649 $2y$와 동류항인 것은 $-4y$, $-\dfrac{y}{3}$, y의 3개이다.

冒 ③

0650 ①, ②, ③ 문자는 a로 같지만 차수가 1, 2로 다르므로 동류항이 아니다.
⑤ 차수는 1로 같지만 문자가 a, b로 다르므로 동류항이 아니다.

冒 ④

0651 $\dfrac{2}{3}(6x-3) - \dfrac{1}{4}(-4x+12) = 4x - 2 + x - 3$
$= 5x - 5$
따라서 $a=5$, $b=-5$이므로 $a+b = 5 + (-5) = 0$

冒 0

0652 ① $(3x-2) + (2x+3) = 3x - 2 + 2x + 3 = 5x + 1$
② $2(6x-5) - 3(-2x+4) = 12x - 10 + 6x - 12 = 18x - 22$
③ $-(5x-2) - (4x+3) = -5x + 2 - 4x - 3 = -9x - 1$
④ $\dfrac{1}{3}(3x+6) + (x-4) = x + 2 + x - 4 = 2x - 2$
⑤ $\dfrac{1}{2}(4x-2) - \dfrac{3}{4}(4x+8) = 2x - 1 - 3x - 6 = -x - 7$

冒 ⑤

0653 $\frac{3}{4}(8x-4)-\frac{1}{3}(3x+9)=6x-3-x-3$

.... ㉮

$\qquad\qquad\qquad\qquad =5x-6$

.... ㉯

따라서 $a=5$, $b=-6$이므로

.... ㉰

$ab=5\times(-6)=-30$

.... ㉱

답 -30

단계	채점요소	배점
㉮	분배법칙을 이용하여 괄호 풀기	40%
㉯	동류항끼리 모아서 계산하기	40%
㉰	a, b의 값 구하기	10%
㉱	ab의 값 구하기	10%

0654 $(8x-6)\div\frac{2}{3}-\frac{3}{4}(20x+12)$

$=(8x-6)\times\frac{3}{2}-\frac{3}{4}(20x+12)$

$=12x-9-15x-9$

$=-3x-18$

따라서 $a=-3$, $b=-18$이므로

$a-b=-3-(-18)=15$

답 15

0655 $2x-[3x+4\{2x-(3x-1)\}]$

$=2x-\{3x+4(2x-3x+1)\}$

$=2x-\{3x+4(-x+1)\}$

$=2x-(3x-4x+4)$

$=2x-(-x+4)$

$=2x+x-4=3x-4$

답 ④

0656 $(2x-5)-\left\{\frac{1}{3}(9x-15)-2\right\}$

$=(2x-5)-(3x-5-2)$

$=2x-5-(3x-7)$

$=2x-5-3x+7$

$=-x+2$

따라서 $a=-1$, $b=2$이므로

$2a+b=2\times(-1)+2=0$

답 0

0657 $-4x-[5y-3x-\{-2x-4(x-3y)\}]$

$=-4x-\{5y-3x-(-2x-4x+12y)\}$

$=-4x-\{5y-3x-(-6x+12y)\}$

$=-4x-(5y-3x+6x-12y)$

$=-4x-(3x-7y)$

$=-4x-3x+7y$

$=-7x+7y$

답 ③

0658 $-5x+[8-2\{4x-(3-7x)\}+1]+6x$

$=-5x+\{8-2(4x-3+7x)+1\}+6x$

$=-5x+\{8-2(11x-3)+1\}+6x$

$=-5x+(8-22x+6+1)+6x$

$=-5x+(-22x+15)+6x$

$=-21x+15$

답 $-21x+15$

0659 $\frac{2x+1}{4}-\frac{3x-4}{3}=\frac{3(2x+1)-4(3x-4)}{12}$

$\qquad\qquad\qquad =\frac{6x+3-12x+16}{12}$

$\qquad\qquad\qquad =\frac{-6x+19}{12}$

$\qquad\qquad\qquad =-\frac{1}{2}x+\frac{19}{12}$

따라서 x의 계수는 $-\frac{1}{2}$, 상수항은 $\frac{19}{12}$이므로 구하는 합은

$-\frac{1}{2}+\frac{19}{12}=-\frac{6}{12}+\frac{19}{12}=\frac{13}{12}$

답 $\frac{13}{12}$

0660 $\frac{3x-4}{2}-\frac{2x-1}{3}+x+1$

$=\frac{3(3x-4)-2(2x-1)+6(x+1)}{6}$

$=\frac{9x-12-4x+2+6x+6}{6}$

$=\frac{11x-4}{6}$

답 ②

0661 $\frac{3x-y}{2}-\frac{2x-5y}{3}-\frac{2x+3y}{5}$

$=\frac{15(3x-y)-10(2x-5y)-6(2x+3y)}{30}$

$=\frac{45x-15y-20x+50y-12x-18y}{30}$

$=\frac{13x+17y}{30}=\frac{13}{30}x+\frac{17}{30}y$

답 $\frac{13}{30}x+\frac{17}{30}y$

0662 $6x-\dfrac{5}{3}+\dfrac{x-4}{2}-\dfrac{3x+1}{3}$

$=\dfrac{36x-10+3(x-4)-2(3x+1)}{6}$

$=\dfrac{36x-10+3x-12-6x-2}{6}$

$=\dfrac{33x-24}{6}=\dfrac{11}{2}x-4$

따라서 $a=\dfrac{11}{2}$, $b=4$이므로

$2(a+b)=2\left(\dfrac{11}{2}+4\right)=11+8=19$ 답 **19**

0663 $6x-ax+4=(6-a)x+4$

주어진 다항식이 x에 대한 일차식이 되려면

$6-a\neq0$ ∴ $a\neq6$ 답 ⑤

0664 $2x^2-5x+4-ax^2+x-1=(2-a)x^2-4x+3$

주어진 다항식이 x에 대한 일차식이 되려면

$2-a=0$ ∴ $a=2$ 답 ④

0665 $-4x^2+x-a+bx^2-6x+3$

$=(-4+b)x^2-5x-a+3$ ·········· ㉮

주어진 다항식이 x에 대한 일차식이 되려면

$-4+b=0$ ∴ $b=4$

상수항이 5이므로

$-a+3=5$ ∴ $a=-2$ ·········· ㉯

∴ $a-b=(-2)-4=-6$ ·········· ㉰

답 -6

단계	채점요소	배점
㉮	주어진 식 간단히 하기	30%
㉯	a, b의 값 구하기	60%
㉰	$a-b$의 값 구하기	10%

0666 $2x^2-ax+1-bx^2+5x=(2-b)x^2+(-a+5)x+1$

주어진 다항식이 x에 대한 일차식이 되려면

$2-b=0$에서 $b=2$

$-a+5\neq0$에서 $a\neq5$ 답 ④

0667 $-A-3B+3(A+2B)=-A-3B+3A+6B$

$\qquad\qquad\qquad\qquad =2A+3B$

$\qquad\qquad\qquad\qquad =2(3x-2)+3(-x+4)$

$=6x-4-3x+12$

$=3x+8$ 답 ④

0668 $3A-8B=3\left(x-\dfrac{1}{3}y\right)-8\left(\dfrac{3}{4}x-\dfrac{1}{8}y\right)$

$\qquad\qquad =3x-y-6x+y$

$\qquad\qquad =-3x$ 답 ②

0669 $A-4B+2(-3B-A)$

$=A-4B-6B-2A$

$=-A-10B$ ·········· ㉮

$=-\{-3(x-1)\}-10\left(\dfrac{x+1}{2}-1\right)$

$=-(-3x+3)-5(x+1)+10$

$=3x-3-5x-5+10$

$=-2x+2$ ·········· ㉯

따라서 $a=-2$, $b=2$이므로 ·········· ㉰

$a-b=(-2)-2=-4$ ·········· ㉱

답 -4

단계	채점요소	배점
㉮	주어진 식 간단히 하기	30%
㉯	문자에 일차식을 대입하여 간단히 하기	50%
㉰	a, b의 값 구하기	10%
㉱	$a-b$의 값 구하기	10%

0670 $A=\dfrac{x-2}{3}+\dfrac{x-1}{2}=\dfrac{2(x-2)+3(x-1)}{6}$

$\qquad =\dfrac{2x-4+3x-3}{6}=\dfrac{5x-7}{6}$

$B=\dfrac{10x+5}{2}\div\dfrac{5}{2}=\left(5x+\dfrac{5}{2}\right)\times\dfrac{2}{5}=2x+1$

∴ $2A+\{6A-2(A+2B)-1\}$

$=2A+(6A-2A-4B-1)$

$=2A+(4A-4B-1)=6A-4B-1$

$=6\times\dfrac{5x-7}{6}-4(2x+1)-1$

$=5x-7-8x-4-1=-3x-12$

답 $-3x-12$

0671 $3(2x+1)-\boxed{}=4x+5$에서

$\boxed{}=3(2x+1)-(4x+5)$

$\qquad =6x+3-4x-5=2x-2$ 답 ③

0672 $\dfrac{3}{4}(x-12)-\boxed{}=-2x+5$에서

$\boxed{}=\dfrac{3}{4}(x-12)-(-2x+5)$

$\phantom{\boxed{}}=\dfrac{3}{4}x-9+2x-5$

$\phantom{\boxed{}}=\dfrac{11}{4}x-14$

답 $\dfrac{11}{4}x-14$

0673 어떤 다항식을 $\boxed{}$라 하면

$\boxed{}-(6x-3y)=-4x-8y$

$\therefore \boxed{}=-4x-8y+(6x-3y)$

$\phantom{\therefore \boxed{}}=-4x-8y+6x-3y$

$\phantom{\therefore \boxed{}}=2x-11y$

답 $2x-11y$

0674 ㈎에서 $A\times3=12x-9$

$\therefore A=(12x-9)\div3=4x-3$ ············· ㉮

㈏에서 $(-6x+5)-B=-7x+3$

$\therefore B=(-6x+5)-(-7x+3)$

$=-6x+5+7x-3=x+2$ ············· ㉯

$\therefore A-B=(4x-3)-(x+2)$

$=4x-3-x-2$

$=3x-5$ ············· ㉰

답 $3x-5$

단계	채점요소	배점
㉮	A 구하기	40%
㉯	B 구하기	40%
㉰	$A-B$를 간단히 하기	20%

0675 어떤 다항식을 $\boxed{}$라 하면

$\boxed{}+(5x-2)=3x-7$

$\therefore \boxed{}=3x-7-(5x-2)$

$\phantom{\therefore \boxed{}}=3x-7-5x+2=-2x-5$

따라서 바르게 계산한 식은

$-2x-5-(5x-2)=-2x-5-5x+2$

$=-7x-3$

답 ①

0676 어떤 다항식을 $\boxed{}$라 하면

$\boxed{}-(6x+2)=-3x-8$

$\therefore \boxed{}=-3x-8+(6x+2)$

$\phantom{\therefore \boxed{}}=-3x-8+6x+2=3x-6$

따라서 바르게 계산한 식은

$3x-6+(6x+2)=3x-6+6x+2$

$=9x-4$

답 $9x-4$

0677 $A+(-2x-5)=-5x+3$이므로

$A=-5x+3-(-2x-5)$

$=-5x+3+2x+5=-3x+8$

$\therefore B=-3x+8-(-2x-5)$

$=-3x+8+2x+5=-x+13$

$\therefore A-3B=-3x+8-3(-x+13)$

$=-3x+8+3x-39=-31$

답 -31

0678 (1) 어떤 다항식을 $\boxed{}$라 하면

$3x-2y+4-\boxed{}=-x+2y-6$

$\therefore -\boxed{}=3x-2y+4-(-x+2y-6)$

$\phantom{\therefore -\boxed{}}=3x-2y+4+x-2y+6$

$\phantom{\therefore -\boxed{}}=4x-4y+10$ ············· ㉮

(2) 바르게 계산한 식은

$3x-2y+4+(4x-4y+10)$

$=3x-2y+4+4x-4y+10$

$=7x-6y+14$ ············· ㉯

답 (1) $4x-4y+10$ (2) $7x-6y+14$

단계	채점요소	배점
㉮	어떤 다항식 구하기	60%
㉯	바르게 계산한 식 구하기	40%

유형 UP

0679

(색칠한 부분의 넓이)

=(큰 직사각형의 넓이)−(작은 직사각형의 넓이)

$$= (4x-2) \times 6 - \{(4x-2)-(6-x)\} \times 3$$
$$= (4x-2) \times 6 - (4x-2-6+x) \times 3$$
$$= (4x-2) \times 6 - (5x-8) \times 3$$
$$= 24x-12-15x+24$$
$$= 9x+12(\text{cm}^2)$$

目 ③

0680 $(\text{사다리꼴의 넓이}) = \dfrac{1}{2} \times \{x+(x+6)\} \times 10$
$$= 5 \times (2x+6)$$
$$= 10x+30$$

$(\text{삼각형의 넓이}) = \dfrac{1}{2} \times (x+6) \times 4$
$$= 2 \times (x+6)$$
$$= 2x+12$$

$\therefore (\text{색칠한 부분의 넓이}) = (\text{사다리꼴의 넓이}) - (\text{삼각형의 넓이})$
$$= (10x+30) - (2x+12)$$
$$= 10x+30-2x-12$$
$$= 8x+18$$

目 $8x+18$

0681 오른쪽 그림과 같이 네 개의 직사각형의 가로의 길이의 합은 $4(40-x)$m이고 세로의 길이의 합은 $4(30-x)$m이다.
따라서 길을 제외한 땅의 둘레의 길이는
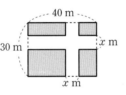
$$4(40-x)+4(30-x)$$
$$= 160-4x+120-4x$$
$$= 280-8x(\text{m})$$

目 ③

0682 n이 홀수일 때, $n+1$은 짝수이므로
$$(-1)^n=-1, \ (-1)^{n+1}=1$$
$$\therefore (-1)^n(5x+2)-(-1)^{n+1}(5x-2)$$
$$= -(5x+2)-(5x-2)$$
$$= -5x-2-5x+2$$
$$= -10x$$

目 $-10x$

0683 n이 자연수일 때, $2n+1$은 홀수, $2n$은 짝수이므로
$$(-1)^{2n+1}=-1, \ (-1)^{2n}=1$$
$$\therefore (-1)^{2n+1}(3x-4)-(-1)^{2n}(3x+4)$$
$$= -(3x-4)-(3x+4)$$
$$= -3x+4-3x-4$$
$$= -6x$$

目 $-6x$

0684 $3(6x+4)-\dfrac{1}{3}(6x+15)=18x+12-2x-5$
$$= 16x+7$$
이므로 $m=16, \ n=7$
$$\therefore (-1)^m(4a-2b)+(-1)^n(2a-4b)$$
$$= (-1)^{16}(4a-2b)+(-1)^7(2a-4b)$$
$$= 4a-2b-(2a-4b)$$
$$= 4a-2b-2a+4b$$
$$= 2a+2b$$

目 $2a+2b$

0685 n이 자연수일 때, $2n$은 짝수, $2n+1$은 홀수이므로
$$(-1)^{2n}=1, \ (-1)^{2n+1}=-1$$
$$\therefore (-1)^{2n} \times \dfrac{x+1}{3}+(-1)^{2n+1} \times \dfrac{3x-1}{2}$$
$$= 1 \times \dfrac{x+1}{3}+(-1) \times \dfrac{3x-1}{2}$$
$$= \dfrac{x+1}{3}-\dfrac{3x-1}{2}$$
$$= \dfrac{2(x+1)-3(3x-1)}{6}$$
$$= \dfrac{2x+2-9x+3}{6}$$
$$= \dfrac{-7x+5}{6}=-\dfrac{7}{6}x+\dfrac{5}{6}$$
따라서 x의 계수는 $-\dfrac{7}{6}$, 상수항은 $\dfrac{5}{6}$이므로
$$a=-\dfrac{7}{6}, \ b=\dfrac{5}{6} \qquad \therefore a-b=\left(-\dfrac{7}{6}\right)-\dfrac{5}{6}=-2$$

目 -2

중단원 마무리하기 -

0686 ② x^2의 계수는 $-\dfrac{1}{2}$이다.

目 ②

0687 ㄴ. 상수항은 일차식이 아니다.
ㄷ. 분모에 문자가 있는 식은 다항식이 아니므로 일차식이 아니다.
ㄹ, ㅂ. 다항식의 차수가 2이므로 일차식이 아니다.
따라서 일차식인 것은 ㄱ, ㅁ이다.

目 ②

0688 ② $a \div (b \div c)=a \div \dfrac{b}{c}=a \times \dfrac{c}{b}=\dfrac{ac}{b}$

③ $x+y \div 3=x+y \times \dfrac{1}{3}=x+\dfrac{y}{3}$

④ $a \times a \times b \times (-1) = -a^2 b$

따라서 옳지 않은 것은 ③, ④이다.

🖪 ③, ④

0689 $-\dfrac{1}{2}x$와 동류항인 것은 $0.3x$의 1개이다.

🖪 ①

0690 ③ (직사각형의 둘레의 길이)

$= 2 \times \{($가로의 길이$) + ($세로의 길이$)\}$

$= 2(a+b) = 2a + 2b \,(\text{cm})$

⑤ $3 \times 10 + b \times 1 = 30 + b$

🖪 ③, ⑤

0691 ① $(8x - 12) \div \left(-\dfrac{4}{5}\right) = (8x - 12) \times \left(-\dfrac{5}{4}\right)$

$\qquad\qquad = -10x + 15$

② $-(x-6) \div \dfrac{1}{5} = (-x + 6) \times 5 = -5x + 30$

③ $3(2x-1) - \dfrac{1}{4}(4x-8) = 6x - 3 - x + 2 = 5x - 1$

④ $-\dfrac{1}{4}(4x-12) + \dfrac{1}{3}(9x+6) = -x + 3 + 3x + 2 = 2x + 5$

⑤ $\dfrac{3}{4}\left(16x - \dfrac{8}{3}\right) - 14\left(\dfrac{1}{2}x - \dfrac{3}{7}\right) = 12x - 2 - 7x + 6 = 5x + 4$

🖪 ②, ⑤

0692 $-\left(\dfrac{1}{3}a - \dfrac{1}{2}\right) + \left(\dfrac{3}{4}a - \dfrac{2}{5}\right)$

$= -\dfrac{1}{3}a + \dfrac{1}{2} + \dfrac{3}{4}a - \dfrac{2}{5}$

$= -\dfrac{4}{12}a + \dfrac{9}{12}a + \dfrac{5}{10} - \dfrac{4}{10}$

$= \dfrac{5}{12}a + \dfrac{1}{10}$

🖪 ③

0693 ① $4x - 2 = 4 \times \left(-\dfrac{1}{2}\right) - 2 = -2 - 2 = -4$

② $4x^2 = 4 \times \left(-\dfrac{1}{2}\right)^2 = 4 \times \dfrac{1}{4} = 1$

③ $-x^3 = -\left(-\dfrac{1}{2}\right)^3 = -\left(-\dfrac{1}{8}\right) = \dfrac{1}{8}$

④ $\dfrac{3}{x} = 3 \div x = 3 \div \left(-\dfrac{1}{2}\right) = 3 \times (-2) = -6$

⑤ $-\dfrac{2}{3}x = \left(-\dfrac{2}{3}\right) \times \left(-\dfrac{1}{2}\right) = \dfrac{1}{3}$

따라서 식의 값이 가장 큰 것은 ②이다.

🖪 ②

0694 (1) $4(3x-5) - (15x+9) \div \left(-\dfrac{3}{2}\right)$

$\quad = 4(3x-5) - (15x+9) \times \left(-\dfrac{2}{3}\right)$

$= 12x - 20 - (-10x - 6)$

$= 12x - 20 + 10x + 6$

$= 22x - 14$

따라서 $a = 22$, $b = -14$이므로

$a + b = 22 + (-14) = 8$

(2) $\dfrac{2-x}{3} + \dfrac{5x+2}{6} - \dfrac{3x+5}{2}$

$= \dfrac{2(2-x) + (5x+2) - 3(3x+5)}{6}$

$= \dfrac{4 - 2x + 5x + 2 - 9x - 15}{6}$

$= \dfrac{-6x - 9}{6}$

$= -x - \dfrac{3}{2}$

따라서 $a = -1$, $b = -\dfrac{3}{2}$이므로

$a - b = (-1) - \left(-\dfrac{3}{2}\right) = (-1) + \dfrac{3}{2} = \dfrac{1}{2}$

🖪 (1) 8 (2) $\dfrac{1}{2}$

0695 $\dfrac{x}{y} - 16xy = x \div y - 16 \times x \times y$

$= \dfrac{1}{4} \div \left(-\dfrac{7}{4}\right) - 16 \times \dfrac{1}{4} \times \left(-\dfrac{7}{4}\right)$

$= \dfrac{1}{4} \times \left(-\dfrac{4}{7}\right) - 16 \times \dfrac{1}{4} \times \left(-\dfrac{7}{4}\right)$

$= \left(-\dfrac{1}{7}\right) + 7 = \dfrac{48}{7}$

🖪 $\dfrac{48}{7}$

0696 $\dfrac{-2x+3}{6} - \boxed{} = \dfrac{x-5}{2}$에서

$\boxed{} = \dfrac{-2x+3}{6} - \dfrac{x-5}{2} = \dfrac{-2x+3-3(x-5)}{6}$

$= \dfrac{-2x+3-3x+15}{6} = \dfrac{-5x+18}{6}$

🖪 ④

0697 $ax^2 - 3x + 1 + 2x^2 + 4x - 5 = (a+2)x^2 + x - 4$

주어진 다항식이 x에 대한 일차식이 되려면

$a + 2 = 0 \qquad \therefore a = -2$

🖪 ①

0698 $3A - 2(A+B) - B = 3A - 2A - 2B - B$

$\qquad\qquad\qquad\qquad\quad = A - 3B$

$= \left(2x - \dfrac{1}{2}\right) - 3 \times \dfrac{-x+5}{3}$

$= 2x - \dfrac{1}{2} - (-x + 5)$

$= 2x - \dfrac{1}{2} + x - 5 = 3x - \dfrac{11}{2}$

🖪 $3x - \dfrac{11}{2}$

0699 x의 계수가 -2, 상수항이 6인 x에 대한 일차식은 $-2x+6$이다.

이 일차식에 $x=1$을 대입하면

$a=(-2)\times 1+6=-2+6=4$

$x=-1$을 대입하면

$b=(-2)\times(-1)+6=2+6=8$

$\therefore a-b=4-8=-4$

답 -4

0700 $3x-[10y-4x-\{2x-(-x+y)\}]$

$=3x-\{10y-4x-(2x+x-y)\}$

$=3x-\{10y-4x-(3x-y)\}$

$=3x-(10y-4x-3x+y)$

$=3x-(-7x+11y)$

$=3x+7x-11y$

$=10x-11y$

답 ④

0701 $-x^{101}-(-y)^3\times(-x^{50})\div\left(-\dfrac{y}{x}\right)^2$

$=-(-1)^{101}-(-3)^3\times\{-(-1)^{50}\}\div\left(-\dfrac{3}{-1}\right)^2$

$=-(-1)-(-27)\times(-1)\div 9$

$=1-(-27)\times(-1)\times\dfrac{1}{9}$

$=1-3=-2$

답 -2

0702 (1) 한 모서리의 길이가 a인 정육면체의 겉넓이는 한 변의 길이가 a인 정사각형 6개의 넓이의 합과 같으므로

$S=(a\times a)\times 6=6a^2$

(2) $S=6a^2$에 $a=4$를 대입하면 $S=6\times 4^2=96$

답 (1) $S=6a^2$ (2) 96

0703 이 학급의 학생 수는 $20+15=35$(명)

남학생의 총점은 $20\times x=20x$(점)

여학생의 총점은 $15\times y=15y$(점)

$\therefore$ (전체 평균)$=\dfrac{20x+15y}{35}=\dfrac{4x+3y}{7}$(점)

답 $\dfrac{4x+3y}{7}$점

0704 가로에 놓인 세 식의 합은

$(-3x-3)+(x-1)+(5x+1)$

$=-3x-3+x-1+5x+1$

$=3x-3$

따라서 세로에 놓인 세 식의 합이 $3x-3$이어야 하므로

$B+(5x+1)+(-4)=3x-3$

$B+(5x-3)=3x-3$

$\therefore B=3x-3-(5x-3)=3x-3-5x+3=-2x$

또, 대각선에 놓인 세 식의 합이 $3x-3$이어야 하므로

$A+(x-1)+B=3x-3$

$A+(x-1)-2x=3x-3$, $A+(-x-1)=3x-3$

$\therefore A=3x-3-(-x-1)=3x-3+x+1=4x-2$

$\therefore A-B=4x-2-(-2x)$

$\qquad =4x-2+2x$

$\qquad =6x-2$

답 $6x-2$

0705 $(2x-4)+(4x+5)=6x+1$이므로 오른쪽 그림은 $B+C=A$의 규칙이 있다.

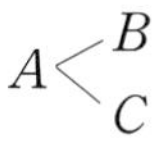

$A{<}^{B}_{C}$

$\boxed{\text{(가)}}+(-3x-2)=-x+3$에서

$\boxed{\text{(가)}}=-x+3-(-3x-2)$

$\qquad =-x+3+3x+2=2x+5$

$(3x-4)+\boxed{\text{(나)}}=\boxed{\text{(가)}}$에서

$(3x-4)+\boxed{\text{(나)}}=2x+5$

$\therefore \boxed{\text{(나)}}=2x+5-(3x-4)$

$\qquad =2x+5-3x+4=-x+9$

$\boxed{\text{(다)}}+(-6x+1)=-3x-2$에서

$\boxed{\text{(다)}}=-3x-2-(-6x+1)$

$\qquad =-3x-2+6x-1=3x-3$

답 (가) $2x+5$ (나) $-x+9$ (다) $3x-3$

0706 작은 직사각형의 가로의 길이는 $15-(5+3)=7$,

세로의 길이는 $15-(x+3x)=15-4x$이므로

(작은 직사각형의 넓이)$=7(15-4x)$

(큰 정사각형의 넓이)$=15\times 15=225$

$\therefore$ (색칠한 부분의 넓이)

$=$(큰 정사각형의 넓이)$-$(작은 직사각형의 넓이)

$=225-7(15-4x)$

$=225-105+28x$

$=28x+120$

답 $28x+120$

0707 $a\,\%$의 소금물 $100\,\text{g}$에 녹아 있는 소금의 양은

$\dfrac{a}{100}\times 100=a(\text{g})$

$b\,\%$의 소금물 $200\,\text{g}$에 녹아 있는 소금의 양은

$\dfrac{b}{100}\times 200=2b(\text{g})$

이므로 새로 만든 소금물에 녹아 있는 소금의 양은 $(a+2b)\text{g}$

따라서 새로 만든 소금물의 농도는

$$\frac{a+2b}{100+200} \times 100 = \frac{a+2b}{3}(\%)$$

답 ④

0708 $(36x-24) \div 6 - (20x-6) \div \frac{2}{3}$

$= (36x-24) \times \frac{1}{6} - (20x-6) \times \frac{3}{2}$

$= 6x-4-(30x-9) = 6x-4-30x+9$

$= -24x+5$

$\therefore a = -24$

㉮

$\left(\frac{2}{5}y-9\right) \div \frac{3}{4} + \frac{7}{2} = \left(\frac{2}{5}y-9\right) \times \frac{4}{3} + \frac{7}{2}$

$\qquad\qquad = \frac{8}{15}y - 12 + \frac{7}{2}$

$\qquad\qquad = \frac{8}{15}y - \frac{17}{2}$

$\therefore b = -\frac{17}{2}$

㉯

$\therefore ab = (-24) \times \left(-\frac{17}{2}\right) = 204$

㉰

답 204

단계	채점요소	배점
㉮	a의 값 구하기	40%
㉯	b의 값 구하기	40%
㉰	ab의 값 구하기	20%

0709 (1) 어떤 다항식을 ⬜ 라 하면

$⬜ - \left(\frac{1}{3}x+5\right) = \frac{3}{2}x-6$

$\therefore ⬜ = \frac{3}{2}x-6+\left(\frac{1}{3}x+5\right)$

$\qquad = \frac{3}{2}x-6+\frac{1}{3}x+5$

$\qquad = \frac{11}{6}x-1$

㉮

(2) 바르게 계산한 식은

$\frac{11}{6}x-1+\frac{1}{3}x+5 = \frac{13}{6}x+4$

㉯

(3) $a = \frac{13}{6}$, $b = 4$이므로

$b-a = 4 - \frac{13}{6} = \frac{11}{6}$

㉰

답 (1) $\frac{11}{6}x-1$ (2) $\frac{13}{6}x+4$ (3) $\frac{11}{6}$

단계	채점요소	배점
㉮	어떤 다항식 구하기	50%
㉯	바르게 계산한 식 구하기	40%
㉰	$b-a$의 값 구하기	10%

0710 ㈎에서 $A+(3x-7) = x-6$

$\therefore A = x-6-(3x-7)$

$\qquad = x-6-3x+7$

$\qquad = -2x+1$

㉮

㈏에서 $B-(2x+1) = 3x-4$

$\therefore B = 3x-4+(2x+1)$

$\qquad = 3x-4+2x+1$

$\qquad = 5x-3$

㉯

$\therefore A+B = (-2x+1)+(5x-3)$

$\qquad\quad = -2x+1+5x-3$

$\qquad\quad = 3x-2$

㉰

답 $3x-2$

단계	채점요소	배점
㉮	A 구하기	40%
㉯	B 구하기	40%
㉰	$A+B$를 간단히 하기	20%

0711 원가가 a원인 물건에 30%의 이익을 붙이면 정가는

$a+a \times \frac{30}{100} = a+\frac{3}{10}a = \frac{13}{10}a(원)$

㉮

이므로 20% 할인하여 판매한 가격은

$\frac{13}{10}a - \frac{13}{10}a \times \frac{20}{100} = \frac{13}{10}a - \frac{13}{50}a$

$\qquad\qquad = \frac{65}{50}a - \frac{13}{50}a = \frac{52}{50}a = \frac{26}{25}a(원)$

㉯

답 $\frac{26}{25}a$원

단계	채점요소	배점
㉮	30%의 이익을 붙여 매긴 정가 구하기	50%
㉯	20% 할인한 판매 가격 구하기	50%

0712 정삼각형이 1개씩 늘어날 때마다 성냥개비가 2개씩 늘어난다.

정삼각형의 개수(개)	사용한 성냥개비의 개수(개)
1	3
2	3+2
3	3+2+2
⋮	⋮
x	$\underbrace{3+2+\cdots+2}_{(x-1)개}$

따라서 정삼각형 x개를 만들 때, 사용한 성냥개비의 개수는
$3+2(x-1)=3+2x-2=2x+1$(개)

🖪 (2x+1)개

0713 $\dfrac{bc-2ac-3ab}{abc}$

$=\left\{\dfrac{2}{3}\times\left(-\dfrac{3}{4}\right)-2\times\dfrac{1}{2}\times\left(-\dfrac{3}{4}\right)-3\times\dfrac{1}{2}\times\dfrac{2}{3}\right\}$

$\quad\div\left\{\dfrac{1}{2}\times\dfrac{2}{3}\times\left(-\dfrac{3}{4}\right)\right\}$

$=\left(-\dfrac{1}{2}+\dfrac{3}{4}-1\right)\div\left(-\dfrac{1}{4}\right)$

$=\left(-\dfrac{2}{4}+\dfrac{3}{4}-\dfrac{4}{4}\right)\div\left(-\dfrac{1}{4}\right)$

$=\left(-\dfrac{3}{4}\right)\times(-4)=3$

🖪 3

0714 n이 자연수일 때, $2n-1$은 홀수이고, $2n$은 짝수이므로
$(-1)^{2n-1}=-1,\ (-1)^{2n}=1$

$\therefore\ \dfrac{-x+1}{2}-\left\{(-1)^{2n-1}\times\dfrac{2x-5}{3}-(-1)^{2n}\times\dfrac{5x+3}{4}\right\}$

$=\dfrac{-x+1}{2}-\left(-\dfrac{2x-5}{3}-\dfrac{5x+3}{4}\right)$

$=\dfrac{-x+1}{2}+\dfrac{2x-5}{3}+\dfrac{5x+3}{4}$

$=\dfrac{6(-x+1)+4(2x-5)+3(5x+3)}{12}$

$=\dfrac{-6x+6+8x-20+15x+9}{12}$

$=\dfrac{17x-5}{12}=\dfrac{17}{12}x-\dfrac{5}{12}$

🖪 $\dfrac{17}{12}x-\dfrac{5}{12}$

0715 (1) 직사각형의 세로의 길이는

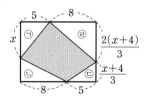

$\dfrac{2(x+4)}{3}+\dfrac{x+4}{3}$

$=\dfrac{2x+8+x+4}{3}$

$=\dfrac{3x+12}{3}=x+4$

따라서 직사각형의 넓이는
$(5+8)\times(x+4)=13x+52$

또, 네 직각삼각형 ㉠, ㉡, ㉢, ㉣의 넓이의 합은

$\dfrac{1}{2}\left[5\times x+8\times\{(x+4)-x\}+5\times\dfrac{x+4}{3}+8\times\dfrac{2(x+4)}{3}\right]$

$=\dfrac{1}{2}\left(5x+32+\dfrac{5x+20}{3}+\dfrac{16x+64}{3}\right)$

$=\dfrac{1}{2}\left(5x+32+\dfrac{21x+84}{3}\right)$

$=\dfrac{1}{2}(5x+32+7x+28)$

$=\dfrac{1}{2}(12x+60)=6x+30$

$\therefore$ (색칠한 부분의 넓이)

$\quad=$(직사각형의 넓이)$-$(㉠, ㉡, ㉢, ㉣의 넓이의 합)

$\quad=(13x+52)-(6x+30)$

$\quad=13x+52-6x-30$

$\quad=7x+22$

(2) $7x+22$에 $x=6$을 대입하면 $7\times6+22=64$

🖪 (1) $7x+22$ (2) 64

06 일차방정식의 풀이

교과서문제 정복하기 --------

0716 답 ㄱ, ㄷ, ㄹ

0717 답 $2x+3=10$

0718 답 $3(4-x)=-9$

0719 답 $3x=15$

0720 ② $x+3x=4x$에서 좌변을 정리하면 $x+3x=4x$, 즉 (좌변)=(우변)이므로 x에 어떤 수를 대입하여도 등식이 성립한다. ∴ 항등식
⑤ $2(x+2)=2x+4$에서 좌변을 정리하면 $2(x+2)=2x+4$, 즉 (좌변)=(우변)이므로 x에 어떤 수를 대입하여도 등식이 성립한다. ∴ 항등식 답 ②, ⑤

0721 각 방정식에 $x=1$을 대입하여 등식이 성립하는 것을 찾는다.
① $1-1\neq-1$ ② $2\times1+4=6$ ③ $4\times1-2\neq4$
④ $1+3\neq3$ ⑤ $3\times1-7\neq5$
따라서 해가 $x=1$인 방정식은 ②이다. 답 ②

0722 $x+1=4$의 양변에서 1을 빼면
$x+1-1=4-1$ ∴ $x=3$
답 $x=3$

0723 $x-2=5$의 양변에 2를 더하면
$x-2+2=5+2$ ∴ $x=7$ 답 $x=7$

0724 $\dfrac{x}{4}=3$의 양변에 4를 곱하면
$\dfrac{x}{4}\times4=3\times4$ ∴ $x=12$ 답 $x=12$

0725 $6x=24$의 양변을 6으로 나누면
$6x\div6=24\div6$ ∴ $x=4$ 답 $x=4$

0726 $\dfrac{x}{3}+1=7$의 양변에서 1을 빼면
$\dfrac{x}{3}+1-1=7-1$, $\dfrac{x}{3}=6$
$\dfrac{x}{3}=6$의 양변에 3을 곱하면
$\dfrac{x}{3}\times3=6\times3$ ∴ $x=18$
답 $x=18$

0727 $\dfrac{3}{2}x-4=2$의 양변에 4를 더하면
$\dfrac{3}{2}x-4+4=2+4$, $\dfrac{3}{2}x=6$
$\dfrac{3}{2}x=6$의 양변에 $\dfrac{2}{3}$를 곱하면 $\dfrac{3}{2}x\times\dfrac{2}{3}=6\times\dfrac{2}{3}$
∴ $x=4$
답 $x=4$

0728 답 $x=1+1$

0729 답 $2x+3x=5$

0730 답 $2x=3-6$

0731 답 $-4x-x=7$

0732 ②, ③ 등식이 아니므로 일차방정식이 아니다.
④, ⑤ 우변의 모든 항을 좌변으로 이항하여 정리하였을 때, (x에 대한 일차식)=0의 꼴이 아니므로 일차방정식이 아니다.
답 ①

0733 $2x=4-10$, $2x=-6$ ∴ $x=-3$
답 $x=-3$

0734 $3x-x=2$, $2x=2$ ∴ $x=1$
답 $x=1$

0735 $5x-3x=6+2$, $2x=8$ ∴ $x=4$
답 $x=4$

0736 $x+4x=-10-5$, $5x=-15$ ∴ $x=-3$
답 $x=-3$

0737 $5x-5=27-3x$, $5x+3x=27+5$
$8x=32$ ∴ $x=4$
답 $x=4$

0738 $5-6x-2=15-3x$, $-6x+3x=15-3$
$-3x=12$ ∴ $x=-4$
답 $x=-4$

0739 양변에 10을 곱하면 $7x+24=3x-16$
$7x-3x=-16-24$, $4x=-40$ ∴ $x=-10$
답 $x=-10$

0740 양변에 100을 곱하면 $12x-30=8x-30$
$12x-8x=-30+30$, $4x=0$ ∴ $x=0$
답 $x=0$

0741 양변에 분모 2, 3의 최소공배수인 6을 곱하면
$3(x-3)-2(2x-1)=0$, $3x-9-4x+2=0$
$-x=7$ $\therefore x=-7$

답 $x=-7$

0742 양변에 분모 2, 4, 3의 최소공배수인 12를 곱하면
$18-3(1-x)=16\left(x+\dfrac{1}{4}\right)$, $18-3+3x=16x+4$

$3x-16x=4-15$, $-13x=-11$ $\therefore x=\dfrac{11}{13}$

답 $x=\dfrac{11}{13}$

유형 익히기

0743 ①, ④ 다항식은 등식이 아니다.
②, ③ 부등호를 사용한 식은 등식이 아니다.

답 ⑤

0744 ③ $5x=32$

답 ③

0745 (1) 어떤 수 x를 6배한 수보다 3만큼 작은 수는 $6x-3$,
x의 2배는 $2x$ $\therefore 6x-3=2x$
(2) x명의 학생들에게 귤을 5개씩 나누어 주면 2개가 남으므로 귤의 개수는 $(5x+2)$개
귤을 6개씩 나누어 주면 3개가 부족하므로 귤의 개수는 $(6x-3)$개
$\therefore 5x+2=6x-3$

답 (1) $6x-3=2x$ (2) $5x+2=6x-3$

0746 각 방정식에 $x=2$를 대입하여 등식이 성립하지 않는 것을 찾는다.
① $2\times2=4$ ② $3\times2+2=8$ ③ $5\times2-2=8$
④ $2\times(2+1)\neq4$ ⑤ $-(2-3)=1$
따라서 해가 $x=2$가 아닌 것은 ④이다.

답 ④

0747 각 방정식에 $x=-1$을 대입하여 등식이 성립하는 것을 찾는다.
① $4\times(-1)-1\neq3\times(-1)$
② $2\times(-1)-5\neq-(-1)+4$
③ $2\times(-1-1)\neq-3$

④ $2-\{4+(-1)\}=-1$

⑤ $\dfrac{-1}{2}+1\neq1$

따라서 해가 $x=-1$인 것은 ④이다.

답 ④

0748 [ ] 안의 수를 주어진 방정식의 x의 값에 대입하여 등식이 성립하지 않는 것을 찾는다.
① $2\times1-3=-1$ ② $6\times3=2\times3+12$
③ $3\times(4+2)=5\times4-2$ ④ $\left(-\dfrac{2}{3}\right)\times\left(-\dfrac{3}{2}\right)=1$
⑤ $\dfrac{3}{4}\times2\neq\dfrac{1}{2}$

답 ⑤

0749 절댓값이 3인 수는 3, -3이므로 $x=3$, -3
주어진 방정식에 $x=3$을 대입하면
$3-2\times(3\times3+5)\neq5$
$x=-3$을 대입하면
$-3-2\times\{3\times(-3)+5\}=5$
따라서 주어진 방정식의 해는 $x=-3$이다.

답 $x=-3$

0750 x의 값에 관계없이 항상 참인 등식은 항등식이다.
① $2x=4$에서 $x=2$일 때만 등식이 성립하므로 방정식이다.
② $x-2=2-x$에서 $x=2$일 때만 등식이 성립하므로 방정식이다.
③ $2x+4=8x+1$에서 $x=\dfrac{1}{2}$일 때만 등식이 성립하므로 방정식이다.
④ $2(x-2)=2x-4$에서 좌변을 정리하면 $2(x-2)=2x-4$, 즉 (좌변)=(우변)이므로 x에 어떤 수를 대입하여도 등식이 성립한다. $\therefore$ 항등식
⑤ $-3(x+2)=3(x-3)$에서 $x=\dfrac{1}{2}$일 때만 등식이 성립하므로 방정식이다.

답 ④

0751 ①, ④ 다항식이므로 등식이 아니다. 따라서 방정식이 아니다.
② $x+5=3$에서 $x=-2$일 때만 등식이 성립하므로 방정식이다.
③ 부등호를 사용한 식이므로 등식이 아니다. 따라서 방정식이 아니다.
⑤ $2x+7=2(x+3)+1$에서 우변을 정리하면 $2(x+3)+1=2x+7$, 즉 (좌변)=(우변)이므로 x에 어떤 수를 대입하여도 등식이 성립한다. $\therefore$ 항등식

답 ②

0752 ㄱ. $2x-1=x$에서 $x=1$일 때만 등식이 성립하므로 방정식이다.

ㄴ. $x+x=2x$에서 좌변을 정리하면 $x+x=2x$,
즉 (좌변)=(우변)이므로 x에 어떤 수를 대입하여도 등식이
성립한다.   ∴ 항등식

ㄷ. $3x=0$에서 $x=0$일 때만 등식이 성립하므로 방정식이다.

ㄹ. $12-3x=x+12$에서 $x=0$일 때만 등식이 성립하므로 방정
식이다.

ㅁ. $5x+2-3x=2x+2$에서 좌변을 정리하면
$5x+2-3x=2x+2$, 즉 (좌변)=(우변)이므로 x에 어떤 수
를 대입하여도 등식이 성립한다.   ∴ 항등식

ㅂ. $2(x+1)=2x+2$에서 좌변을 정리하면 $2(x+1)=2x+2$,
즉 (좌변)=(우변)이므로 x에 어떤 수를 대입하여도 등식이
성립한다.   ∴ 항등식

国 (1) ㄱ, ㄷ, ㄹ (2) ㄴ, ㅁ, ㅂ

0753 $5x-3=a+b(1-x)$에서 우변을 정리하면
$a+b(1-x)=-bx+a+b$
따라서 $5x-3=-bx+a+b$가 x에 대한 항등식이므로
$5=-b$에서 $b=-5$, $-3=a+b$에서 $a=2$
∴ $ab=2\times(-5)=-10$ 国 ⑤

0754 $ax+3=2x-b$가 x에 대한 항등식이므로
$a=2$, $3=-b$에서 $b=-3$
∴ $ab=2\times(-3)=-6$ 国 ①

0755 $3(x-1)=-2x+\boxed{}$에서 좌변을 정리하면
$3x-3=-2x+\boxed{}$
이 식이 x의 값에 관계없이 항상 성립하므로, 즉 x에 대한 항등
식이므로
$\boxed{}=3x-3-(-2x)=5x-3$
国 ④

0756 $4x+3=a(1+2x)+b$에서 우변을 정리하면
$a(1+2x)+b=2ax+a+b$
··· ㉮

따라서 $4x+3=2ax+a+b$가 x에 대한 항등식이므로
$4=2a$에서 $a=2$, $3=a+b$에서 $b=1$
··· ㉯

∴ $a-b=2-1=1$
··· ㉰

国 1

단계	채점요소	배점
㉮	우변 정리하기	30%
㉯	a, b의 값 구하기	60%
㉰	$a-b$의 값 구하기	10%

0757 ① $3a=6b$의 양변을 3으로 나누면 $a=2b$
② $a=2b$의 양변에 1을 더하면 $a+1=2b+1$
③ $-a=b$의 양변에 -1을 곱하면 $a=-b$
이 식의 양변에 2를 더하면 $a+2=-b+2$
④ $\dfrac{3}{2}a=\dfrac{b}{4}$의 양변에 4를 곱하면 $6a=b$
⑤ $a=3b$의 양변에 -2를 곱하면 $-2a=-6b$
이 식의 양변에 3을 더하면 $-2a+3=-6b+3$
国 ②, ⑤

0758 ③ $c\neq0$일 때만 성립한다.
国 ③

0759 ㄱ. $3(a-1)=9b$의 양변을 3으로 나누면 $a-1=3b$
ㄴ. $2a=3b$의 양변을 6으로 나누면 $\dfrac{a}{3}=\dfrac{b}{2}$
ㄷ. $-a=b$의 양변에 -1을 곱하면 $a=-b$
$a=-b$의 양변에 5를 더하면 $a+5=-b+5$
ㄹ. $5a+3=5b+3$의 양변에서 3을 빼면 $5a=5b$
$5a=5b$의 양변을 5로 나누면 $a=b$
따라서 옳은 것은 ㄱ, ㄹ이다.   国 ㄱ, ㄹ

0760 ㉠ 등식의 양변에 3을 곱한다.
㉡ 등식의 양변에 3을 더한다.
㉢ 등식의 양변을 2로 나눈다.   国 ㉢

0761 ㈎ 등식의 양변에 2를 곱한다. ⇨ ㄷ
㈏ 등식의 양변에서 3을 뺀다. ⇨ ㄴ
国 ㈎ ㄷ ㈏ ㄴ

0762 $2x+5=1$의 양변에 -5를 더하면
$2x+5+(-5)=1+(-5)$, $2x=-4$이므로 $c=-5$
国 -5

0763 $\dfrac{1}{3}x-2=\dfrac{5}{3}-x$의 양변에 3을 곱하면
$\left(\dfrac{1}{3}x-2\right)\times3=\left(\dfrac{5}{3}-x\right)\times3$, $x-6=5-3x$
$x-6=5-3x$의 양변에 $3x$를 더하면
$x-6+3x=5-3x+3x$, $4x-6=5$
$4x-6=5$의 양변에 6을 더하면
$4x-6+6=5+6$, $4x=11$
$4x=11$의 양변을 4로 나누면
$\dfrac{4x}{4}=\dfrac{11}{4}$ ∴ $x=\dfrac{11}{4}$
国 $x=\dfrac{11}{4}$

0764 ① -5를 우변으로 이항하면 $3x=7+5$

② $-3x$를 좌변으로 이항하면 $4x+3x=6$

③ -1을 우변으로, $4x$를 좌변으로 이항하면 $5x-4x=7+1$

④ 1을 우변으로, x를 좌변으로 이항하면 $2x-x=-4-1$

⑤ 2를 우변으로, $-x$를 좌변으로 이항하면 $4x+x=-3-2$

🖹 ③

0765 $3x+5=11$에서 5를 우변으로 이항하면 $3x=11-5$이므로 양변에 -5를 더하거나 양변에서 5를 뺀 것과 같다.

🖹 ①, ⑤

0766 ① -4를 우변으로 이항하면 $6x=2+4$ $\quad \therefore 6x=6$

② $-x$를 좌변으로 이항하면 $2x+x=5$ $\quad \therefore 3x=5$

③ x를 좌변으로 이항하면 $-3x-x=7$ $\quad \therefore -4x=7$

④ 3을 우변으로 이항하면 $4x=7-3$ $\quad \therefore 4x=4$

⑤ 1을 우변으로, $-x$를 좌변으로 이항하면
$5x+x=6-1$ $\quad \therefore 6x=5$

🖹 ④

0767 $3x+1=2x-6$에서 1을 우변으로, $2x$를 좌변으로 이항하면

$3x-2x=-6-1$

⋯⋯⋯⋯⋯⋯⋯⋯⋯⋯⋯⋯⋯⋯⋯⋯⋯ ㉮

$\therefore x=-7$

⋯⋯⋯⋯⋯⋯⋯⋯⋯⋯⋯⋯⋯⋯⋯⋯⋯ ㉯

따라서 $a=1$, $b=-7$이므로
$a+b=1+(-7)=-6$

⋯⋯⋯⋯⋯⋯⋯⋯⋯⋯⋯⋯⋯⋯⋯⋯⋯ ㉰

🖹 -6

단계	채점요소	배점
㉮	이항하기	50%
㉯	$ax=b$의 꼴로 정리하기	20%
㉰	$a+b$의 값 구하기	30%

0768 ㄱ. $3x-1=x+5$에서 $3x-1-x-5=0$
즉, $2x-6=0$이므로 일차방정식이다.

ㄴ. $5x-15=15-5x$에서 $5x-15-15+5x=0$
즉, $10x-30=0$이므로 일차방정식이다.

ㄷ. 우변을 정리하면 $2(x+2)=2x+4$, 즉 (좌변)=(우변)이므로 항등식이다.

ㄹ. $x^2+3=x$에서 $x^2+3-x=0$, 즉 (일차식)$=0$의 꼴이 아니므로 일차방정식이 아니다.

ㅁ. $0 \times x^2+x=-1$에서 $x+1=0$이므로 일차방정식이다.

따라서 일차방정식인 것은 ㄱ, ㄴ, ㅁ이다. 🖹 ㄱ, ㄴ, ㅁ

0769 ① $x=0$은 일차방정식이다.

② $x+1=3x-5$에서 $x+1-3x+5=0$
즉, $-2x+6=0$이므로 일차방정식이다.

③ $x-5=x-5$이므로 항등식이다.

④ $x^2+x=x^2-2$에서 $x^2+x-x^2+2=0$
즉, $x+2=0$이므로 일차방정식이다.

⑤ $2x+2=2-2x$에서 $2x+2-2+2x=0$
즉, $4x=0$이므로 일차방정식이다.

🖹 ③

0770 ① $x+2=x^2$에서 $x+2-x^2=0$
즉, (일차식)$=0$의 꼴이 아니므로 일차방정식이 아니다.

② $\dfrac{x}{3}+1$이므로 일차식이다.

③ $2(x+1)>15$이므로 부등호를 사용한 식이다.

④ $\dfrac{x}{2}+5=\dfrac{x}{2}+5$이므로 항등식이다.

⑤ $4x+3=11$에서 $4x+3-11=0$
즉, $4x-8=0$이므로 일차방정식이다.

🖹 ⑤

0771 $3x-2=5-ax$에서 $3x-2-5+ax=0$
$(3+a)x-7=0$

⋯⋯⋯⋯⋯⋯⋯⋯⋯⋯⋯⋯⋯⋯⋯⋯⋯ ㉮

위 등식이 r에 대한 일차방정식이 되려면 (x에 대한 일차식)$=0$의 꼴이어야 하므로
$3+a \neq 0$ $\quad \therefore a \neq -3$

⋯⋯⋯⋯⋯⋯⋯⋯⋯⋯⋯⋯⋯⋯⋯⋯⋯ ㉯

🖹 $a \neq -3$

단계	채점요소	배점
㉮	주어진 식에서 우변의 모든 항을 좌변으로 이항하여 정리하기	40%
㉯	a의 조건 구하기	60%

0772 괄호를 풀면 $5x-x-2=3-8+2x$
$4x-2=-5+2x$, $4x-2x=-5+2$
$2x=-3$ $\quad \therefore x=-\dfrac{3}{2}$

🖹 ③

0773 $3(x-1)=x+5$에서 괄호를 풀면 $3x-3=x+5$
$3x-x=5+3$, $2x=8$ $\quad \therefore x=4$

① $x+1=4$에서 $x=4-1$ $\quad \therefore x=3$

② $2x-5=4$에서 $2x=4+5$, $2x=9$ $\quad \therefore x=\dfrac{9}{2}$

③ $5x-4=3(x+2)$에서 괄호를 풀면 $5x-4=3x+6$
$5x-3x=6+4$, $2x=10$ $\quad \therefore x=5$

④ $\frac{1}{2}(x-2)=1$에서 괄호를 풀면 $\frac{1}{2}x-1=1$

$\frac{1}{2}x=1+1$, $\frac{1}{2}x=2$ ∴ $x=4$

⑤ $x-1=2x+3$에서 $x-2x=3+1$, $-x=4$ ∴ $x=-4$

답 ④

0774 $-3(5+x)=-(4x-3)$에서 $-15-3x=-4x+3$

$-3x+4x=3+15$ ∴ $x=18$

∴ $a=18$

또, $-(2x-6)=5-(-x+1)$에서 $-2x+6=5+x-1$

$-2x-x=5-1-6$, $-3x=-2$ ∴ $x=\frac{2}{3}$

∴ $b=\frac{2}{3}$

∴ $ab=18\times\frac{2}{3}=12$

답 **12**

0775 $2\{5x-(3-2x)\}+x-6=18$에서

$2(5x-3+2x)+x-6=18$, $2(7x-3)+x-6=18$

$14x-6+x-6=18$, $15x=18+6+6$

$15x=30$ ∴ $x=2$

답 $x=2$

0776 양변에 100을 곱하면 $50x-5=300(0.2x+0.15)$

$50x-5=60x+45$, $50x-60x=45+5$

$-10x=50$ ∴ $x=-5$

답 ①

0777 (1) 양변에 10을 곱하면 $4x-7=6x-11$

$4x-6x=-11+7$, $-2x=-4$ ∴ $x=2$

(2) 양변에 100을 곱하면 $30x-1=20(x+2)+4$

$30x-1=20x+40+4$, $30x-20x=40+4+1$

$10x=45$ ∴ $x=\frac{9}{2}$

답 (1) $x=2$ (2) $x=\frac{9}{2}$

0778 양변에 2, 6, 3의 최소공배수인 6을 곱하면

$3(x-3)-(2x-5)=10-6x$

$3x-9-2x+5=10-6x$, $3x-2x+6x=10+9-5$

$7x=14$ ∴ $x=2$

답 $x=2$

0779 양변에 6, 9의 최소공배수인 18을 곱하면

$3(x+5)-36=2(6-4x)$

$3x+15-36=12-8x$, $3x+8x=12-15+36$

$11x=33$ ∴ $x=3$

답 ④

0780 $\frac{2}{5}x-\frac{6-x}{4}=\frac{3}{10}x-\frac{9}{20}$의 양변에 5, 4, 10, 20의 최소공배수인 20을 곱하면

$8x-5(6-x)=6x-9$, $8x-30+5x=6x-9$

$8x+5x-6x=-9+30$, $7x=21$ ∴ $x=3$

답 ⑤

0781 $\frac{3}{10}(x+1)-\frac{2x-5}{4}=\frac{7}{10}x+2$의 양변에 10, 4의 최소공배수인 20을 곱하면

$6(x+1)-5(2x-5)=14x+40$

$6x+6-10x+25=14x+40$, $6x-10x-14x=40-6-25$

$-18x=9$ ∴ $x=-\frac{1}{2}$

답 ②

0782 $\frac{1}{2}-\frac{2-x}{3}=\frac{1}{4}x$의 양변에 2, 3, 4의 최소공배수인 12를 곱하면

$6-4(2-x)=3x$, $6-8+4x=3x$

$4x-3x=-6+8$ ∴ $x=2$

∴ $a=2$

·· ㉮

$\frac{3(x-1)}{2}=\frac{3}{4}(x+1)+\frac{2(x-1)}{3}$의 양변에 2, 4, 3의 최소공배수인 12를 곱하면

$18(x-1)=9(x+1)+8(x-1)$, $18x-18=9x+9+8x-8$

$18x-9x-8x=9-8+18$ ∴ $x=19$

∴ $b=19$

·· ㉯

∴ $a+b=2+19=21$

·· ㉰

답 **21**

단계	채점요소	배점
㉮	a의 값 구하기	40%
㉯	b의 값 구하기	50%
㉰	$a+b$의 값 구하기	10%

0783 $\frac{1}{7}(x-2):3=(0.3x+1):7$에서

$\frac{1}{7}(x-2)\times7=3(0.3x+1)$, $x-2=0.9x+3$

양변에 10을 곱하면 $10x-20=9x+30$ ∴ $x=50$

답 ⑤

0784 $(x+3):2=(3x-2):5$에서

$5(x+3)=2(3x-2)$, $5x+15=6x-4$

$-x=-19$ ∴ $x=19$

답 **19**

0785 $(3x+6):(2x-3)=4:\dfrac{1}{3}$에서

$\dfrac{1}{3}(3x+6)=4(2x-3)$, $x+2=8x-12$

$-7x=-14$ $\therefore x=2$　　　　　　　답 **2**

0786 $(0.5x+2):5=\dfrac{3}{5}(x-8):3$에서

$3(0.5x+2)=5\times\dfrac{3}{5}(x-8)$, $1.5x+6=3x-24$

양변에 10을 곱하면 $15x+60=30x-240$

$-15x=-300$ $\therefore x=20$　　　　　　답 **20**

0787 $x=3$을 $6-\dfrac{x+a}{2}=a+5x$에 대입하면

$6-\dfrac{3+a}{2}=a+15$

양변에 2를 곱하면 $12-(3+a)=2a+30$

$12-3-a=2a+30$, $-3a=21$ $\therefore a=-7$

　　　　　　　　　　　　　　　　답 ②

0788 $x=-\dfrac{2}{3}$를 $3x-a=2x+\dfrac{1}{3}$에 대입하면

$3\times\left(-\dfrac{2}{3}\right)-a=2\times\left(-\dfrac{2}{3}\right)+\dfrac{1}{3}$, $-2-a=-\dfrac{4}{3}+\dfrac{1}{3}$

$-a=1$ $\therefore a=-1$

　　　　　　　　　　　　　　　　답 **-1**

0789 $x=-1$을 $\dfrac{a(x+3)}{3}-\dfrac{2-ax}{4}=\dfrac{1}{6}$에 대입하면

$\dfrac{a(-1+3)}{3}-\dfrac{2-a\times(-1)}{4}=\dfrac{1}{6}$, $\dfrac{2a}{3}-\dfrac{2+a}{4}=\dfrac{1}{6}$

양변에 3, 4, 6의 최소공배수인 12를 곱하면

$8a-3(2+a)=2$, $8a-6-3a=2$

$5a=8$ $\therefore a=\dfrac{8}{5}$

　　　　　　　　　　　　　　　答 $\dfrac{8}{5}$

0790 $x=2$를 $a(x-1)=5$에 대입하면

$a(2-1)=5$ $\therefore a=5$　　　　　　　　㉮

$a=5$를 $3x-a(x+3)=1$에 대입하면

$3x-5(x+3)=1$, $3x-5x-15=1$

$-2x=16$ $\therefore x=-8$　　　　　　　　㉯

　　　　　　　　　　　　　　　答 $x=-8$

단계	채점요소	배점
㉮	a의 값 구하기	40%
㉯	일차방정식 $3x-a(x+3)=1$의 해 구하기	60%

0791 $0.4x-1.2=0.1x-0.9$의 양변에 10을 곱하면

$4x-12=x-9$, $3x=3$

$\therefore x=1$

해가 같으므로 $x=1$을 $\dfrac{x-5}{6}=\dfrac{2x+a}{8}-1$에 대입하면

$\dfrac{1-5}{6}=\dfrac{2\times1+a}{8}-1$, $-\dfrac{2}{3}=\dfrac{2+a}{8}-1$

양변에 3, 8의 최소공배수인 24를 곱하면

$-16=3(2+a)-24$, $-16=6+3a-24$

$-3a=-2$ $\therefore a=\dfrac{2}{3}$

　　　　　　　　　　　　　　　答 $\dfrac{2}{3}$

0792 $\dfrac{x}{4}-1=\dfrac{2(x+1)}{3}$의 양변에 12를 곱하면

$3x-12=8(x+1)$, $3x-12=8x+8$

$-5x=20$ $\therefore x=-4$

해가 같으므로 $x=-4$를 $2x+5=a$에 대입하면

$2\times(-4)+5=a$

$\therefore a=-3$

　　　　　　　　　　　　　　　答 **-3**

0793 $2(0.6-0.1x)=0.2(2x+3)$의 양변에 10을 곱하면

$20(0.6-0.1x)=2(2x+3)$

$12-2x=4x+6$, $-6x=-6$

$\therefore x=1$

해가 같으므로 $x=1$을 $\dfrac{ax-4}{5}=2$에 대입하면

$\dfrac{a-4}{5}=2$, $a-4=10$

$\therefore a=14$

　　　　　　　　　　　　　　　답 ③

0794 $0.3(x+1)-1.6=\dfrac{x-3}{5}$의 양변에 10을 곱하면

$3(x+1)-16=2(x-3)$, $3x+3-16=2x-6$

$3x-2x=-6-3+16$ $\therefore x=7$　　　　　　㉮

$(x+a):2=4(x-3):4$에 $x=7$을 대입하면

$(7+a):2=4\times(7-3):4$, $(7+a):2=16:4$

$4(7+a)=32$, $28+4a=32$

$4a=4$ $\therefore a=1$　　　　　　　　　　　㉯

　　　　　　　　　　　　　　　答 **1**

단계	채점요소	배점
㉮	주어진 일차방정식의 해 구하기	40%
㉯	a의 값 구하기	60%

0795 $ax-5=2(x-b)+1$에서 $ax-5=2x-2b+1$

$(a-2)x=-2b+6$

해가 무수히 많으므로

$a-2=0$, $-2b+6=0$ ∴ $a=2$, $b=3$

∴ $a+b=2+3=5$

답 ⑤

0796 $5x-a=bx+3$에서 $(5-b)x=3+a$

해가 없으므로

$5-b=0$에서 $b=5$, $3+a\neq0$에서 $a\neq-3$

답 ③

0797 $(a+6)x=1-ax$에서 $ax+6x=1-ax$

$2ax+6x=1$, $(2a+6)x=1$

위 등식을 만족시키는 x의 값이 존재하지 않으므로

$2a+6=0$, $2a=-6$

∴ $a=-3$

답 -3

0798 $(a-3)x-1=5$에서 $(a-3)x=6$

해가 없으므로

$a-3=0$ ∴ $a=3$

$bx+a=c-2$에서 $bx=-a+c-2$

해가 무수히 많으므로

$b=0$, $-a+c-2=0$에서 $-3+c-2=0$ ∴ $c=5$

∴ $a+b+c=3+0+5=8$

답 ⑤

0799 $6x+a=4x+7$에서 $2x=7-a$ ∴ $x=\dfrac{7-a}{2}$

$\dfrac{7-a}{2}$가 자연수이어야 하므로 $7-a$가 2의 배수이어야 한다.

$7-a=2$일 때, $a=5$

$7-a=4$일 때, $a=3$

$7-a=6$일 때, $a=1$

$7-a=8$일 때, $a=-1$

    ⋮

따라서 구하는 자연수 a의 값은 1, 3, 5이다.

답 1, 3, 5

0800 $2(7-2x)=a$에서 $14-4x=a$

$-4x=a-14$ ∴ $x=\dfrac{14-a}{4}$

$\dfrac{14-a}{4}$가 양의 정수가 되려면 $14-a$가 4의 배수가 되어야 한다.

$14-a=4$일 때, $a=10$

$14-a=8$일 때, $a=6$

$14-a=12$일 때, $a=2$

$14-a=16$일 때, $a=-2$

    ⋮

따라서 자연수 a의 값은 2, 6, 10이므로 구하는 합은

$2+6+10=18$

답 18

0801 $3(2x+1)=ax-6$에서 $6x+3=ax-6$

$(6-a)x=-9$ ∴ $x=-\dfrac{9}{6-a}$

$-\dfrac{9}{6-a}$가 음의 정수이어야 하므로 $6-a$는 9의 약수이어야 한다.

$6-a=1$일 때, $a=5$

$6-a=3$일 때, $a=3$

$6-a=9$일 때, $a=-3$

따라서 정수 a의 값의 합은 $5+3+(-3)=5$이다.

답 5

0802 $5(9-2x)=a$에서 $45-10x=a$

$-10x=a-45$ ∴ $x=\dfrac{45-a}{10}$

$\dfrac{45-a}{10}$가 자연수가 되려면 $45-a$가 10의 배수가 되어야 한다.

$45-a=10$일 때, $a=35$

$45-a=20$일 때, $a=25$

$45-a=30$일 때, $a=15$

$45-a=40$일 때, $a=5$

$45-a=50$일 때, $a=-5$

    ⋮

따라서 구하는 자연수 a의 값은 5, 15, 25, 35이다.

답 5, 15, 25, 35

중단원 마무리하기

0803 x의 값에 관계없이 항상 참인 등식은 항등식이다.

①, ②, ③ 방정식

④ 항상 거짓이 되는 등식

답 ⑤

0804 ㉠ 등식의 양변에 3을 곱한다.

㉡ 등식의 양변에 $3x$를 더한다.

㉢ 등식의 양변에 6을 더한다.

㉣ 등식의 양변을 4로 나눈다.

目 ㉣

0805 (i) $\dfrac{4}{3}x=-8$의 양변에 $\dfrac{3}{4}$을 곱하면

$\dfrac{4}{3}x \times \dfrac{3}{4} = (-8) \times \dfrac{3}{4}$ ∴ $x=-6$

(ii) $\dfrac{4}{3}x=-8$의 양변을 $\dfrac{4}{3}$로 나누면

$\dfrac{4}{3}x \div \dfrac{4}{3} = (-8) \div \dfrac{4}{3}$ ∴ $x=-6$

(i), (ii)에서 이용할 수 있는 등식의 성질은 ㄷ, ㄹ이다.

目 ㄷ, ㄹ

0806 $\dfrac{x-2}{3}=\dfrac{1}{4}(x-3)-2$의 양변에 3, 4의 최소공배수인

12를 곱하면

$4(x-2)=3(x-3)-24$

$4x-8=3x-9-24$ ∴ $x=-25$

目 $x=-25$

0807 $0.3(x-2)=0.4(x+2)-1.5$의 양변에 10을 곱하면

$3(x-2)=4(x+2)-15$, $3x-6=4x+8-15$

$-x=-1$ ∴ $x=1$

① $4(x+1)=3x-5$에서 $4x+4=3x-5$ ∴ $x=-9$

② $0.5x+1=0.3(x-4)$의 양변에 10을 곱하면

$5x+10=3(x-4)$, $5x+10=3x-12$

$2x=-22$ ∴ $x=-11$

③ $\dfrac{1}{2}x+3=\dfrac{3}{2}+2x$의 양변에 2를 곱하면

$x+6=3+4x$, $-3x=-3$ ∴ $x=1$

④ $0.2x-1.6=0.4(x-3)$의 양변에 10을 곱하면

$2x-16=4(x-3)$, $2x-16=4x-12$

$-2x=4$ ∴ $x=-2$

⑤ $2\{x-3(x+1)+2\}=1-3x$에서

$2(x-3x-3+2)=1-3x$, $2(-2x-1)=1-3x$

$-4x-2=1-3x$, $-x=3$ ∴ $x=-3$

目 ③

0808 ① $2a=6b$의 양변을 2로 나누면 $a=3b$

② $\dfrac{a}{2}=\dfrac{b}{3}$의 양변에 6을 곱하면 $3a=2b$

③ $a=3b$의 양변에 1을 더하면 $a+1=3b+1$

④ $a-b=x-y$의 양변에서 x를 빼면 $a-b-x=-y$

이 식의 양변에 b를 더하면 $a-x=b-y$

⑤ $c=0$일 때는 성립하지 않는다.

目 ④

0809 $\dfrac{3}{4}x+1=\dfrac{1}{2}x+\dfrac{1}{4}$의 양변에 4, 2의 최소공배수인 4를

곱하면 $3x+4=2x+1$ ∴ $x=-3$

∴ $a=-3$

$0.3(x+2)+0.2=0.8(x-4)$의 양변에 10을 곱하면

$3(x+2)+2=8(x-4)$, $3x+6+2=8x-32$

$-5x=-40$ ∴ $x=8$

∴ $b=8$

∴ $a+b=(-3)+8=5$

目 5

0810 $0.2(x-3)=0.4(x+3)-1$의 양변에 10을 곱하면

$2(x-3)=4(x+3)-10$, $2x-6=4x+12-10$

$-2x=8$ ∴ $x=-4$

해가 같으므로 $x=-4$를 $ax+4=2x+8$에 대입하면

$-4a+4=-8+8$

$-4a=-4$ ∴ $a=1$

目 1

0811 $1:(x+1)=3:2(2x+1)$에서 $2(2x+1)=3(x+1)$

$4x+2=3x+3$ ∴ $x=1$

따라서 방정식 $\dfrac{a(x-6)}{4}-\dfrac{x-2a}{3}=5$의 해는 $x=2$이므로

$x=2$를 대입하면

$\dfrac{a(2-6)}{4}-\dfrac{2-2a}{3}=5$, $-a-\dfrac{2-2a}{3}=5$

양변에 3을 곱하면 $-3a-2+2a=15$

$-a=17$ ∴ $a=-17$

目 -17

0812 $3x-3=6x-7$의 좌변의 x항의 계수 3을 a로 잘못 보

았다고 하면

$ax-3=6x-7$ ······ ㉠

㉠의 해가 $x=-2$이므로 $x=-2$를 대입하면

$-2a-3=-12-7$

$-2a=-16$

∴ $a=8$

따라서 3을 8로 잘못 보았다.

目 ③

0813 $5-x=\dfrac{x-1}{3}$의 양변에 3을 곱하면

$15-3x=x-1$

$-4x=-16$ $\quad\therefore x=4$

또, $\dfrac{x+a}{4}=2(x-2a)+\dfrac{9}{4}$의 양변에 4를 곱하면

$x+a=8(x-2a)+9$

$x+a=8x-16a+9,\ -7x=-17a+9$

$\therefore x=\dfrac{17a-9}{7}$

두 일차방정식의 해의 비가 $2:3$이므로

$4:\dfrac{17a-9}{7}=2:3$

$4\times3=2\times\dfrac{17a-9}{7},\ 12=\dfrac{34a-18}{7}$

$84=34a-18,\ -34a=-102$

$\therefore a=3$

目 3

0814 $ax+3=4x-2$에서 $(a-4)x=-5$

해가 없으므로

$a-4=0$ $\quad\therefore a=4$

또, $(b-2)x-5=x+c$에서 $(b-3)x=c+5$

해가 무수히 많으므로

$b-3=0$에서 $b=3$, $c+5=0$에서 $c=-5$

$\therefore a+b+c=4+3+(-5)=2$

目 2

0815 $5-3(a+2)x=2b+9x+1$에서

$(-3a-6)x+5=9x+2b+1$

이 식이 x의 값에 관계없이 항상 성립하므로, 즉 x에 대한 항등식이므로

$-3a-6=9$에서 $-3a=15$ $\quad\therefore a=-5$

$5=2b+1$에서 $-2b=-4$ $\quad\therefore b=2$

⸺⸺⸺⸺⸺⸺⸺⸺⸺⸺⸺⸺⸺⸺⸺ ㉮

$\therefore a+b=(-5)+2=-3$

⸺⸺⸺⸺⸺⸺⸺⸺⸺⸺⸺⸺⸺⸺⸺ ㉯

目 -3

단계	채점요소	배점
㉮	a, b의 값 구하기	각 40%
㉯	$a+b$의 값 구하기	20%

0816 $\left(\dfrac{x}{3}-1\right):4=\dfrac{x+3}{4}:6$에서

$6\left(\dfrac{x}{3}-1\right)=x+3,\ 2x-6=x+3$

$\therefore x=9$

⸺⸺⸺⸺⸺⸺⸺⸺⸺⸺⸺⸺⸺⸺⸺ ㉮

$\dfrac{x-a}{2}-\dfrac{2x-1}{4}=-2$에 $x=9$를 대입하면

$\dfrac{9-a}{2}-\dfrac{17}{4}=-2$

양변에 2, 4의 최소공배수인 4를 곱하면

$2(9-a)-17=-8,\ 18-2a-17=-8$

$-2a=-9$ $\quad\therefore a=\dfrac{9}{2}$

⸺⸺⸺⸺⸺⸺⸺⸺⸺⸺⸺⸺⸺⸺⸺ ㉯

$x-b=-9$에 $x=9$를 대입하면

$9-b=-9$ $\quad\therefore b=18$

⸺⸺⸺⸺⸺⸺⸺⸺⸺⸺⸺⸺⸺⸺⸺ ㉰

$\therefore ab=\dfrac{9}{2}\times18=81$

⸺⸺⸺⸺⸺⸺⸺⸺⸺⸺⸺⸺⸺⸺⸺ ㉱

目 81

단계	채점요소	배점
㉮	비례식을 만족시키는 x의 값 구하기	40%
㉯	a의 값 구하기	30%
㉰	b의 값 구하기	20%
㉱	ab의 값 구하기	10%

0817 $0.4\left(x-\dfrac{1}{5}\right)=-0.5\left(x+\dfrac{9}{5}a\right)+1.72$의 양변에 100을 곱하면

$40\left(x-\dfrac{1}{5}\right)=-50\left(x+\dfrac{9}{5}a\right)+172$

$40x-8=-50x-90a+172$

$90x=-90a+180$ $\quad\therefore x=-a+2$

$-a+2$가 음의 정수이어야 하므로 자연수 a는 3, 4, 5, 6, 7, $\cdots$

이어야 한다.

따라서 a의 값이 될 수 없는 것은 ① 2이다.

目 ①

0818 $x-\dfrac{1}{4}(x+3a)=-3$의 양변에 4를 곱하면

$4x-(x+3a)=-12,\ 4x-x-3a=-12$

$3x=3a-12$ $\quad\therefore x=a-4$

이때 $a-4$가 음의 정수이어야 하므로 자연수 a는 1, 2, 3이어야 한다.

目 1, 2, 3

07 일차방정식의 활용

교과서문제 정복하기

0819 $4(x+8)=5x$, $4x+32=5x$
$4x-5x=-32$, $-x=-32$ $\therefore x=32$

답 $4(x+8)=5x$, $x=32$

0820 $3(x-7)=2(x+2)$, $3x-21=2x+4$
$3x-2x=4+21$ $\therefore x=25$

답 $3(x-7)=2(x+2)$, $x=25$

0821 사과를 x개 샀으므로 귤은 $(20-x)$개 샀다.
$500x+100(20-x)=3600$, $500x+2000-100x=3600$
$400x=1600$ $\therefore x=4$

답 $500x+100(20-x)=3600$, $x=4$

0822 (직사각형의 둘레의 길이)
$=2\{($가로의 길이$)+($세로의 길이$)\}$
이므로 $2(6+x)=30$, $12+2x=30$
$2x=18$ $\therefore x=9$

답 $2(6+x)=30$, $x=9$

0823 (시간)$=\dfrac{(거리)}{(속력)}$이므로

(갈 때 걸린 시간)$=\boxed{\dfrac{x}{2}}$(시간), (올 때 걸린 시간)$=\boxed{\dfrac{x}{3}}$(시간)

방정식을 세우면 $\boxed{\dfrac{x}{2}}+\boxed{\dfrac{x}{3}}=5$

답 $\dfrac{x}{2}$, $\dfrac{x}{3}$, $\dfrac{x}{2}$, $\dfrac{x}{3}$

0824 $\dfrac{x}{2}+\dfrac{x}{3}=5$에서 양변에 6을 곱하면
$3x+2x=30$, $5x=30$
$\therefore x=6$

답 6

0825 따라서 두 지점 A, B 사이의 거리는 $\boxed{6}$ km이다.

답 6

0826 등산로의 길이를 x km라 하면
(올라갈 때 걸린 시간)$+$(내려올 때 걸린 시간)$=3$시간 30분
이므로
$\dfrac{x}{3}+\dfrac{x}{4}=3\dfrac{30}{60}$, $\dfrac{x}{3}+\dfrac{x}{4}=\dfrac{7}{2}$

양변에 12를 곱하면 $4x+3x=42$
$7x=42$ $\therefore x=6$
따라서 등산로의 길이는 6 km이다.

답 6 km

0827 8 %의 소금물 200 g에서 x g의 물을 증발시켰으므로
10 %의 소금물의 양은 $\boxed{200-x}$ g이 된다.

(소금의 양)$=\dfrac{(소금물의 농도)}{100}\times$(소금물의 양)이므로

10 %의 소금물에 들어 있는 소금의 양은 $\boxed{\dfrac{10}{100}\times(200-x)}$이다.

방정식을 세우면

$\dfrac{8}{100}\times200=\boxed{\dfrac{10}{100}\times(200-x)}$

답 $200-x$, $\dfrac{10}{100}\times(200-x)$, $\dfrac{10}{100}\times(200-x)$

0828 $\dfrac{8}{100}\times200=\dfrac{10}{100}\times(200-x)$에서
양변에 100을 곱하면 $1600=2000-10x$
$10x=400$ $\therefore x=40$

답 40

0829 따라서 $\boxed{40}$ g의 물을 증발시키면 10 %의 소금물이 된다.

답 40

0830 더 넣은 물의 양을 x g이라 하면 5 %의 소금물의 양은 $(500+x)$ g이다.

물을 넣기 전이나 물을 넣은 후의 소금의 양은 변하지 않으므로
$\dfrac{8}{100}\times500=\dfrac{5}{100}\times(500+x)$

양변에 100을 곱하면 $4000=2500+5x$
$-5x=-1500$ $\therefore x=300$
따라서 300 g의 물을 넣으면 된다.

답 300 g

유형 익히기

0831 어떤 수를 x라 하면
$2(x-4)=\dfrac{1}{3}x+2$

$6(x-4)=x+6$, $6x-24=x+6$
$5x=30$ $\qquad \therefore x=6$
따라서 어떤 수는 6이다.

目 6

0832 작은 수를 x라 하면 큰 수는 $x+8$이므로
$x+8=5x-4$
$-4x=-12$ $\qquad \therefore x=3$
따라서 작은 수는 3이다.

目 3

0833 큰 수를 x라 하면 작은 수는 $38-x$이다.
큰 수를 작은 수로 나누었을 때 몫은 3이고 나머지는 2이므로
$x=(38-x)\times 3+2$, $x=114-3x+2$
$4x=116$ $\qquad \therefore x=29$
따라서 큰 수는 29이다.

目 29

0834 (1) 어떤 수를 x라 하면
$2x+5=(5x+2)-6$

----------------- ㉮ -----------------

$-3x=-9$ $\qquad \therefore x=3$
따라서 어떤 수는 3이다.

----------------- ㉯ -----------------

(2) 어떤 수가 3이므로 처음 구하려고 했던 수는
$3\times 5+2=17$

----------------- ㉰ -----------------

目 (1) 3 (2) 17

단계	채점요소	배점
㉮	방정식 세우기	40%
㉯	어떤 수 구하기	30%
㉰	처음 구하려고 했던 수 구하기	30%

0835 연속하는 세 짝수를 $x-2$, x, $x+2$라 하면
$(x-2)+x+(x+2)=114$, $3x=114$ $\qquad \therefore x=38$
따라서 연속하는 세 짝수는 36, 38, 40이므로 가장 작은 수는 36이다.

目 ③

0836 연속하는 세 홀수를 $x-2$, x, $x+2$라 하면
$(x-2)+x+(x+2)=75$
$3x=75$ $\qquad \therefore x=25$
따라서 연속하는 세 홀수는 23, 25, 27이므로 가장 큰 수는 27이다.

目 27

0837 연속하는 세 자연수를 $x-1$, x, $x+1$이라 하면
$4x=(x-1)+(x+1)+30$
$4x=2x+30$, $2x=30$ $\qquad \therefore x=15$
따라서 연속하는 세 자연수는 14, 15, 16이므로 세 자연수의 합은
$14+15+16=45$

目 ②

0838 연속하는 세 짝수를 $x-2$, x, $x+2$라 하면
$3(x+2)=2\{(x-2)+x\}+4$

----------------- ㉮ -----------------

$3x+6=4x-4+4$
$-x=-6$ $\qquad \therefore x=6$

----------------- ㉯ -----------------

따라서 세 짝수는 4, 6, 8이다.

----------------- ㉰ -----------------

目 4, 6, 8

단계	채점요소	배점
㉮	방정식 세우기	40%
㉯	방정식 풀기	40%
㉰	세 짝수 구하기	20%

0839 처음 자연수의 십의 자리의 숫자를 x라 하면
처음 자연수는 $x\times 10+3\times 1=10x+3$,
바꾼 자연수는 $3\times 10+x\times 1=30+x$이므로
$30+x=10x+3+9$, $-9x=-18$ $\qquad \therefore x=2$
따라서 처음 자연수는 23이다.

目 23

0840 십의 자리의 숫자를 x라 하면 일의 자리의 숫자가 3이므로 이 자연수는 $x\times 10+3\times 1=10x+3$이고, 각 자리의 숫자의 합은 $x+3$이므로
$10x+3=7(x+3)-3$
$10x+3=7x+21-3$, $3x=15$ $\qquad \therefore x=5$
따라서 구하는 자연수는 53이다.

目 ④

0841 십의 자리의 숫자를 x라 하면 일의 자리의 숫자는 $x+2$이므로 구하는 자연수는 $x\times 10+(x+2)\times 1=11x+2$이다. 각 자리의 숫자의 합은 $2x+2$이므로
$11x+2=3(2x+2)+16$
$11x+2=6x+6+16$, $5x=20$ $\qquad \therefore x=4$
따라서 구하는 자연수는 46이다.

目 46

0842 처음 자연수의 십의 자리의 숫자를 x라 하면 일의 자리의 숫자는 $12-x$이고

처음 자연수는 $x \times 10 + (12-x) \times 1 = 10x + (12-x)$,

바꾼 자연수는 $(12-x) \times 10 + x \times 1 = 10(12-x) + x$

이므로

❷

$10(12-x) + x = 10x + (12-x) + 18$

❹

$120 - 10x + x = 10x + 12 - x + 18$

$-18x = -90$ ∴ $x = 5$

❻

따라서 처음 자연수는 57이다.

❷

目 **57**

단계	채점요소	배점
❷	처음 자연수와 바꾼 자연수를 미지수 x를 사용하여 나타내기	30%
❹	방정식 세우기	30%
❻	방정식 풀기	30%
❷	처음 자연수 구하기	10%

0843 현재 아들의 나이를 x세라 하면 아버지의 나이는 $(58-x)$세이므로

$58 - x + 10 = 2(x+10)$, $68 - x = 2x + 20$

$-3x = -48$ ∴ $x = 16$

따라서 현재 아들의 나이는 16세이다.

目 **16세**

0844 현재 아버지의 나이를 x세라 하면 아들의 나이는 $(x-24)$세이므로

$x + 5 = 2(x-24+5) + 4$, $x + 5 = 2(x-19) + 4$

$x + 5 = 2x - 34$ ∴ $x = 39$

따라서 현재 아버지의 나이는 39세이다.

目 **39세**

0845 x개월 후의 형의 예금액은 $(30000 + 500x)$원이고,

x개월 후의 동생의 예금액은 $(15000 + 3000x)$원이므로

$15000 + 3000x = 3(30000 + 500x)$

$15000 + 3000x = 90000 + 1500x$

$1500x = 75000$ ∴ $x = 50$

따라서 50개월 후이다.

目 **50개월 후**

0846 10개월 후의 언니의 예금액은

$74000 + 5000 \times 10 = 124000$(원)

동생의 예금액은 $(32000 + 10x)$원이므로

$124000 = 2(32000 + 10x)$

❷

$124000 = 64000 + 20x$

$-20x = -60000$ ∴ $x = 3000$

❹

目 **3000**

단계	채점요소	배점
❷	방정식 세우기	60%
❹	x의 값 구하기	40%

0847 과자를 x개 샀다고 하면 아이스크림은 $(10-x)$개 샀으므로

$700x + 500(10-x) = 7000 - 800$

$700x + 5000 - 500x = 6200$, $200x = 1200$ ∴ $x = 6$

따라서 과자는 6개를 샀다.

目 **6개**

0848 농장에 개가 x마리 있다고 하면 닭은 $(12-x)$마리 있다.

이때 개의 다리의 수의 합이 $4x$개, 닭의 다리의 수의 합이 $2(12-x)$개이므로

$4x + 2(12-x) = 36$

$4x + 24 - 2x = 36$

$2x = 12$ ∴ $x = 6$

따라서 개는 6마리이다.

目 **6마리**

0849 공책 한 권의 가격을 x원이라 하면

철수는 $(3000 - 2x)$원, 영희는 $(2000 - x - 300)$원이 남으므로

$3000 - 2x = 2000 - x - 300$, $-x = -1300$ ∴ $x = 1300$

따라서 공책 한 권의 가격은 1300원이다.

目 **1300원**

0850 장미를 x송이 샀다고 하면 백합은 $(15-x)$송이 샀으므로

$500x + 700(15-x) + 1500 = 10000$

$500x + 10500 - 700x + 1500 = 10000$

$-200x = -2000$ ∴ $x = 10$

따라서 장미는 10송이, 백합은 5송이 샀다.

目 **장미 : 10송이, 백합 : 5송이**

0851 처음 정사각형의 넓이는 $12 \times 12 = 144(\text{cm}^2)$이고,

새로 만든 직사각형의 넓이는

$(12+4) \times (12-x) = 16(12-x)(\text{cm}^2)$이므로

$16(12-x) = 144 - 32$

$192-16x=112, \ -16x=-80 \qquad \therefore x=5$

답 **5**

0852 처음 사다리꼴의 넓이가

$\frac{1}{2}\times(3+7)\times6=30(\text{cm}^2)$이므로

$\frac{1}{2}\times(3+7+x)\times6=30+6, \ 3(10+x)=36$

$30+3x=36, \ 3x=6 \qquad \therefore x=2$

답 **2**

0853 직사각형의 세로의 길이를 x m라 하면 가로의 길이는 $(3x-2)$m이다.

이때 직사각형의 둘레의 길이가 44 m이므로

$2\{x+(3x-2)\}=44$

$2(4x-2)=44, \ 8x-4=44$

$8x=48 \qquad \therefore x=6$

따라서 가로의 길이는 $3\times6-2=16(\text{m})$

답 **16 m**

0854 (도로를 만들기 전 땅의 넓이)$=20\times15=300(\text{m}^2)$

(도로의 넓이)$=20\times2+x\times15-x\times2=13x+40(\text{m}^2)$

(도로를 만들기 전 땅의 넓이)$-$(도로의 넓이)$=221(\text{m}^2)$이므로

$300-(13x+40)=221, \ 300-13x-40=221$

$-13x=-39 \qquad \therefore x=3$

답 **3**

다른풀이

오른쪽 그림과 같이 직선 도로를 가장자리로 이동시키면 직선 도로를 제외한 땅은 가로의 길이가 $(20-x)$m, 세로의 길이가 13 m인 직사각형 모양이므로

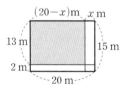

$(20-x)\times13=221 \qquad \therefore x=3$

0855 학생 수를 x명이라 하면

한 학생에게 5개씩 나누어 주면 3개가 남으므로 귤의 개수는 $(5x+3)$개 $\qquad$ ...... ㉠

한 학생에게 6개씩 나누어 주면 13개가 부족하므로 귤의 개수는 $(6x-13)$개 $\qquad$ ...... ㉡

나누어 주는 방법에 관계없이 귤의 개수는 같으므로 ㉠=㉡에서

$5x+3=6x-13, \ -x=-16 \qquad \therefore x=16$

따라서 학생 수는 16명이고 귤의 개수는

$5x+3=5\times16+3=83(\text{개})$

답 **학생 수 : 16명, 귤의 개수 : 83개**

0856 아이스크림 한 개의 가격을 x원이라 하면

아이스크림 6개를 사면 1400원이 남으므로 가지고 있는 돈은 $(6x+1400)$원 $\qquad$ ...... ㉠

아이스크림 9개를 사면 400원이 부족하므로 가지고 있는 돈은 $(9x-400)$원 $\qquad$ ...... ㉡

이때 ㉠=㉡이므로

$6x+1400=9x-400, \ -3x=-1800 \qquad \therefore x=600$

따라서 아이스크림 한 개의 가격은 600원이다.

답 **④**

0857 오늘 모임에 참여한 사람 수를 x명이라 하면

한 사람에게 7개씩 나누어 주면 4개가 모자라므로 기념품의 개수는 $(7x-4)$개 $\qquad$ ...... ㉠

한 사람에게 6개씩 나누어 주면 3개가 남으므로 기념품의 개수는 $(6x+3)$개 $\qquad$ ...... ㉡

나누어 주는 방법에 관계없이 기념품의 개수는 같으므로 ㉠=㉡에서

$7x-4=6x+3 \qquad \therefore x=7$

따라서 기념품의 개수는

$7x-4=7\times7-4=45(\text{개})$

답 **③**

0858 작년의 남학생 수를 x명이라 하면

작년의 여학생 수는 $(1600-x)$명이므로

올해의 남학생 수는 $x+\frac{5}{100}x=\frac{105}{100}x(\text{명})$

올해의 여학생 수는

$(1600-x)-\frac{3}{100}(1600-x)=\frac{97}{100}(1600-x)(\text{명})$

올해의 학생 수는 전체적으로 16명이 증가하였으므로

$\frac{105}{100}x+\frac{97}{100}(1600-x)=1600+16$

$105x+97(1600-x)=161600$

$105x+155200-97x=161600$

$8x=6400 \qquad \therefore x=800$

따라서 올해의 남학생 수는

$\frac{105}{100}\times800=840(\text{명})$

답 **840명**

다른풀이

증가한 양과 감소한 양을 이용하여 방정식을 세운다.

작년의 남학생 수를 x명이라 하면

(남학생 수 5 % 증가)$+$(여학생 수 3 % 감소)$=16$

이므로

$x\times\frac{5}{100}-(1600-x)\times\frac{3}{100}=16 \qquad \therefore x=800$

0859 작년의 회원 수를 x명이라 하면

$x+\dfrac{5}{100}\times x=1302$

$100x+5x=130200,\ 105x=130200$

$\therefore x=1240$

따라서 작년의 회원 수는 1240명이다.

目 1240명

0860 작년의 여학생 수를 x명이라 하면

작년의 남학생 수는 $(400-x)$명이므로

올해의 여학생 수는 x명

올해의 남학생 수는

$(400-x)+\dfrac{10}{100}(400-x)=\dfrac{110}{100}(400-x)$(명)

올해의 학생 수는 전체적으로 6 % 증가하였으므로

$x+\dfrac{110}{100}(400-x)=400+400\times\dfrac{6}{100}$

$100x+44000-110x=40000+2400$

$-10x=-1600\qquad\therefore x=160$

따라서 작년의 여학생 수는 160명이다.

目 160명

0861 작년의 여학생 수를 x명이라 하면

작년의 남학생 수는 $(560-x)$명이므로

올해의 여학생 수는 $x+\dfrac{10}{100}x=\dfrac{110}{100}x$(명)

올해의 남학생 수는 $(560-x)-4=556-x$(명)

올해의 학생 수는 전체적으로 5 % 증가하였으므로

$\dfrac{110}{100}x+(556-x)=560+560\times\dfrac{5}{100}$

$110x+55600-100x=56000+2800$

$10x=3200\qquad\therefore x=320$

따라서 올해의 여학생 수는

$\dfrac{110}{100}\times320=352$(명)

目 352명

다른풀이

증가한 양과 감소한 양을 이용하여 방정식을 세운다.

작년의 여학생 수를 x명이라 하면

(여학생 수 10 % 증가)+(남학생 수 4명 감소)

$=$(전체적으로 5 % 증가)

이므로 $\dfrac{10}{100}\times x-4=\dfrac{5}{100}\times560\qquad\therefore x=320$

0862 읽은 책의 전체 쪽수를 x쪽이라 하면

$\dfrac{1}{4}x+\dfrac{1}{2}x+30=x$

$x+2x+120=4x,\ -x=-120$

$\therefore x=120$

따라서 책의 전체 쪽수는 120쪽이다.

目 ②

0863 여행한 총 시간을 x시간이라 하면

$\dfrac{1}{4}x+\dfrac{1}{5}x+8+\dfrac{1}{3}x+5=x$

$15x+12x+480+20x+300=60x$

$-13x=-780\qquad\therefore x=60$

따라서 여행한 총 시간은 60시간이다.

目 60시간

0864 피타고라스의 제자의 수를 x명이라 하면

$\dfrac{1}{2}x+\dfrac{1}{4}x+\dfrac{1}{7}x+3=x$

$14x+7x+4x+84=28x$

$-3x=-84\qquad\therefore x=28$

따라서 피타고라스의 제자는 28명이다.

目 28명

0865 올라간 거리를 $x\,\mathrm{km}$라 하면

(올라갈 때 걸린 시간)+(내려올 때 걸린 시간)$=$3시간 20분

이므로

$\dfrac{x}{3}+\dfrac{x}{2}=3\dfrac{20}{60},\ \dfrac{x}{3}+\dfrac{x}{2}=\dfrac{10}{3}$

$2x+3x=20$

$5x=20\qquad\therefore x=4$

따라서 내려올 때 걸린 시간은 $\dfrac{4}{2}=2$(시간)

目 ③

0866 두 지점 A, B 사이의 거리를 $x\,\mathrm{km}$라 하면

(갈 때 걸린 시간)+(올 때 걸린 시간)$=$54분$=\dfrac{54}{60}$시간

이므로 $\dfrac{x}{5}+\dfrac{x}{4}=\dfrac{54}{60},\ \dfrac{x}{5}+\dfrac{x}{4}=\dfrac{9}{10}$

$4x+5x=18,\ 9x=18\qquad\therefore x=2$

따라서 두 지점 A, B 사이의 거리는 2 km이다.

目 2 km

0867 시속 80 km로 간 거리를 $x\,\mathrm{km}$라 하면 시속 100 km로 간 거리는 $(70-x)\,\mathrm{km}$이다.

온천까지 가는 데 모두 48분$\left(=\dfrac{48}{60}$시간$\right)$이 걸렸으므로

$\dfrac{x}{80}+\dfrac{70-x}{100}=\dfrac{48}{60},\ \dfrac{x}{80}+\dfrac{70-x}{100}=\dfrac{4}{5}$

$5x+4(70-x)=320$

$5x+280-4x=320$ $\therefore x=40$

따라서 시속 80 km로 간 거리는 40 km이다.

答 ③

0868 갈 때의 거리를 x km라 하면 돌아올 때의 거리는 $(x+30)$ km이다.

(가는 데 걸린 시간)+(돌아오는 데 걸린 시간)=4시간

이므로 $\dfrac{x}{80}+\dfrac{x+30}{60}=4$

⎯⎯⎯⎯⎯⎯⎯⎯⎯⎯⎯⎯⎯⎯⎯⎯⎯⎯ ㉮

$3x+4(x+30)=960$, $3x+4x+120=960$

$7x=840$ $\therefore x=120$

⎯⎯⎯⎯⎯⎯⎯⎯⎯⎯⎯⎯⎯⎯⎯⎯⎯⎯ ㉯

따라서 갈 때의 거리는 120 km, 돌아올 때의 거리는 $120+30=150$ (km)이므로 돌아오는 데 걸린 시간은

$\dfrac{150}{60}$시간$=2\dfrac{30}{60}$시간$=2$시간 30분

⎯⎯⎯⎯⎯⎯⎯⎯⎯⎯⎯⎯⎯⎯⎯⎯⎯⎯ ㉰

答 **2시간 30분**

단계	채점요소	배점
㉮	방정식 세우기	40 %
㉯	방정식 풀기	30 %
㉰	돌아오는 데 걸린 시간 구하기	30 %

0869 두 지점 A, B 사이의 거리를 x km라 하면

(시속 60 km로 왕복하는 데 걸린 시간)

$-$(시속 70 km로 왕복하는 데 걸린 시간)$=5$분$=\dfrac{5}{60}$시간

이므로

$\dfrac{2x}{60}-\dfrac{2x}{70}=\dfrac{5}{60}$

$14x-12x=35$

$2x=35$ $\therefore x=17.5$

따라서 두 지점 A, B 사이의 거리는 17.5 km이다.

答 ①

0870 두 지점 A, B 사이의 거리를 x km라 하면

(시속 15 km로 가는 데 걸린 시간)

$-$(시속 40 km로 가는 데 걸린 시간)$=1$시간 30분

이므로 $\dfrac{x}{15}-\dfrac{x}{40}=1\dfrac{30}{60}$, $\dfrac{x}{15}-\dfrac{x}{40}=\dfrac{3}{2}$

⎯⎯⎯⎯⎯⎯⎯⎯⎯⎯⎯⎯⎯⎯⎯⎯⎯⎯ ㉮

$8x-3x=180$, $5x=180$

$\therefore x=36$

⎯⎯⎯⎯⎯⎯⎯⎯⎯⎯⎯⎯⎯⎯⎯⎯⎯⎯ ㉯

따라서 두 지점 A, B 사이의 거리는 36 km이다.

⎯⎯⎯⎯⎯⎯⎯⎯⎯⎯⎯⎯⎯⎯⎯⎯⎯⎯ ㉰

答 **36 km**

단계	채점요소	배점
㉮	방정식 세우기	50 %
㉯	방정식 풀기	40 %
㉰	두 지점 A, B 사이의 거리 구하기	10 %

0871 집에서 극장까지의 거리를 x km라 하면

(시속 5 km로 갈 때 걸린 시간)

$-$(시속 7 km로 갈 때 걸린 시간)$=20$분$=\dfrac{20}{60}$시간

이므로 $\dfrac{x}{5}-\dfrac{x}{7}=\dfrac{20}{60}$, $\dfrac{x}{5}-\dfrac{x}{7}=\dfrac{1}{3}$

$21x-15x=35$

$6x=35$ $\therefore x=\dfrac{35}{6}$

따라서 집에서 극장까지의 거리는 $\dfrac{35}{6}$ km이다.

答 ③

0872 형이 출발한 지 x분 후에 동생을 만난다고 하면

(형이 자전거를 타고 간 거리)=(동생이 걸은 거리)

이므로 $250x=100(x+6)$, $250x=100x+600$

$150x=600$

$\therefore x=4$

따라서 형은 출발한 지 4분 후에 동생을 만나게 된다.

答 ③

0873 아빠가 출발한 지 x시간 후에 엄마가 아빠를 만난다고 하면

(아빠가 오토바이를 타고 간 거리)=(엄마가 차를 타고 간 거리)

이므로

$60x=80\left(x-\dfrac{15}{60}\right)$, $60x=80x-20$

$-20x=-20$ $\therefore x=1$

따라서 아빠가 출발한지 1시간 후에 엄마가 아빠를 만난다.

答 **1시간 후**

0874 늦게 출발한 차가 목적지에 도착할 때까지 걸린 시간을 x시간이라 하면

(먼저 출발한 차가 달린 거리)=(늦게 출발한 차가 달린 거리)

이므로

$60\left(x+\dfrac{20}{60}\right)=70x$, $60x+20=70x$

$-10x=-20$ $\therefore x=2$

따라서 늦게 출발한 차가 목적지에 도착할 때까지 2시간이 걸렸

으므로 출발지에서 목적지까지의 거리는

$70 \times 2 = 140 \, (\text{km})$　　　　　　　　　　　답 ④

0875　A, B 두 사람이 출발한 지 x분 후에 처음으로 만난다고 하면

(A가 걸은 거리)+(B가 걸은 거리)$=3000 \, (\text{m})$

이므로 $80x + 70x = 3000$

$150x = 3000$　　　$\therefore x = 20$

따라서 A, B 두 사람은 출발한 지 20분 후에 처음으로 만나게 된다.

답 **20분 후**

0876　(1) 두 사람이 출발한 지 x분 후에 만난다고 하면

(하늘이가 걸은 거리)+(수영이가 걸은 거리)$=1400 \, (\text{m})$

이므로 $80x + 60x = 1400$

$140x = 1400$　　　$\therefore x = 10$

따라서 두 사람은 출발한 지 10분 후에 만나게 된다.

⑰

(2) 두 사람이 만날 때까지 하늘이가 걸은 거리는

$80 \times 10 = 800 \, (\text{m})$이므로 두 사람이 만나는 지점은 하늘이네 집에서 800 m만큼 떨어진 곳이다.

⑭

답 (1) **10분 후**　(2) **800 m**

단계	채점요소	배점
⑰	두 사람이 출발한 지 몇 분 후에 만나게 되는지 구하기	60 %
⑭	만나는 지점은 하늘이네 집에서 얼마만큼 떨어진 곳인지 구하기	40 %

0877　형과 동생이 출발한 지 x분 후에 처음으로 만난다고 하면

(형이 x분 동안 걷는 거리)−(동생이 x분 동안 걷는 거리)

$=1100 \, (\text{m})$

이므로 $60x - 50x = 1100$

$10x = 1100$　　　$\therefore x = 110$

따라서 형과 동생은 출발한 지 110분 후에 처음으로 만난다.

답 **110분 후**

0878　넣은 물의 양을 x g이라 하면

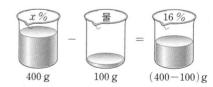

물을 넣기 전이나 물을 넣은 후의 소금의 양은 변하지 않으므로

$\dfrac{10}{100} \times 200 = \dfrac{8}{100} \times (200 + x)$

$2000 = 1600 + 8x$

$-8x = -400$　　　$\therefore x = 50$

따라서 50 g의 물을 넣어야 한다.

답 ④

0879　x g의 물을 증발시킨다고 하면 물을 증발시키기 전이나 물을 증발시킨 후의 소금의 양은 변하지 않으므로

$\dfrac{8}{100} \times 250 = \dfrac{10}{100} \times (250 - x)$

⑰

$2000 = 2500 - 10x$

$10x = 500$　　　$\therefore x = 50$

⑭

따라서 50 g의 물을 증발시켜야 한다.

⑭

답 **50 g**

단계	채점요소	배점
⑰	방정식 세우기	40 %
⑭	방정식 풀기	40 %
⑭	증발시키는 물의 양 구하기	20 %

0880　처음 소금물의 농도를 x %라 하면

물을 넣기 전이나 물을 넣은 후의 소금의 양은 변하지 않으므로

$\dfrac{x}{100} \times 240 = \dfrac{12}{100} (240 + 60)$

$240x = 3600$　　　$\therefore x = 15$

따라서 처음 소금물의 농도는 15 %이다.

답 ②

0881　처음 설탕물의 농도를 x %라 하면

물을 증발시키기 전이나 물을 증발시킨 후의 설탕의 양은 변하지 않으므로

$\dfrac{x}{100} \times 400 = \dfrac{16}{100} (400 - 100)$

$4x = 48$　　　$\therefore x = 12$

따라서 처음 설탕물의 농도는 12 %이다.

답 **12 %**

0882 20 %의 소금물의 양을 x g이라 하면

$$\frac{20}{100} \times x + 100 = \frac{30}{100} \times (x+100)$$

$20x + 10000 = 30x + 3000$

$-10x = -7000$ $\therefore x = 700$

따라서 처음 20 %의 소금물의 양은 700 g이다.   🔁 ③

0883 더 넣어야 하는 소금의 양을 x g이라 하면

$$\frac{10}{100} \times 200 + x = \frac{20}{100} \times (200+x)$$

$2000 + 100x = 4000 + 20x$

$80x = 2000$ $\therefore x = 25$

따라서 25 g의 소금을 더 넣어야 한다.

🔁 **25 g**

0884 x g의 소금을 더 넣는다고 하면 5 %의 소금물의 양은 $(500+290+x)$g이다.

섞기 전 소금의 양의 합과 섞은 후 소금물에 들어 있는 소금의 양은 같으므로

$$\frac{6}{100} \times 500 + x = \frac{5}{100} \times (500+290+x)$$

$3000 + 100x = 2500 + 1450 + 5x$

$95x = 950$ $\therefore x = 10$

따라서 더 넣어야 하는 소금의 양은 10 g이다.

🔁 **10 g**

0885 처음 소금물의 농도를 x %라 하면 나중 소금물의 농도는 $2x$ %이고 나중 소금물의 양은 $200+70+30=300$(g)이다.

섞기 전 소금의 양의 합과 섞은 후 소금물에 들어 있는 소금의 양은 같으므로

$$\frac{x}{100} \times 200 + 30 = \frac{2x}{100} \times 300$$

$200x + 3000 = 600x$

$-400x = -3000$ $\therefore x = 7.5$

따라서 처음의 소금물의 농도는 7.5 %이다.

🔁 **7.5 %**

0886 20 %의 소금물을 x g 섞는다고 하면

섞기 전 두 소금물에 들어 있는 소금의 양의 합과 섞은 후 소금물에 들어 있는 소금의 양은 같으므로

$$\frac{10}{100} \times 100 + \frac{20}{100} \times x = \frac{12}{100} \times (100+x)$$

$1000 + 20x = 1200 + 12x$

$8x = 200$ $\therefore x = 25$

따라서 20 %의 소금물은 25 g을 섞어야 한다.

🔁 ②

0887 13 %의 소금물의 양은 $200+100=300$(g)이다.

섞기 전 두 소금물에 들어 있는 소금의 양의 합과 섞은 후 소금물에 들어 있는 소금의 양은 같으므로

$$\frac{11}{100} \times 200 + \frac{x}{100} \times 100 = \frac{13}{100} \times 300$$

$22 + x = 39$ $\therefore x = 17$

🔁 **17**

0888 3 %의 소금물을 x g 섞는다고 하면
8 %의 소금물의 양은 $(100-x)$g이다.
섞기 전 두 소금물에 들어 있는 소금의 양의 합과 섞은 후 소금물에 들어 있는 소금의 양은 같으므로

$$\frac{3}{100} \times x + \frac{8}{100} \times (100-x) = \frac{6}{100} \times 100$$

⋯⋯⋯⋯⋯⋯⋯⋯⋯⋯⋯⋯⋯⋯ ㉮

$3x + 800 - 8x = 600$

$-5x = -200$ $\therefore x = 40$

⋯⋯⋯⋯⋯⋯⋯⋯⋯⋯⋯⋯⋯⋯ ㉯

따라서 3 %의 소금물은 40 g을 섞어야 한다.

.... 🔵

🔵 40 g

단계	채점요소	배점
㉮	방정식 세우기	50 %
㉯	방정식 풀기	40 %
㉰	3 %의 소금물의 양 구하기	10 %

0889 더 넣은 물의 양을 x g이라 하면 8 %의 소금물의 양은 $240-120-x=120-x$(g)이다.

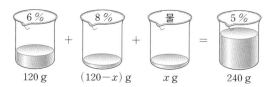

섞기 전 소금의 양의 합과 섞은 후 소금물에 들어 있는 소금의 양은 같으므로

$$\frac{6}{100}\times 120+\frac{8}{100}\times (120-x)=\frac{5}{100}\times 240$$

$$720+960-8x=1200$$

$$-8x=-480 \qquad \therefore x=60$$

따라서 더 넣은 물의 양은 60 g이다.

🔵 60 g

유형 UP

0890 선풍기의 원가를 x원이라 하면

원가의 20 %의 이익은 $x\times\frac{20}{100}=\frac{1}{5}x$(원)이므로 정가는

$x+\frac{1}{5}x=\frac{6}{5}x$(원)이고, 정가에서 5000원을 할인한 판매 가격은

$\left(\frac{6}{5}x-5000\right)$원이다.

(이익)=(판매 가격)-(원가)이므로

$$3000=\left(\frac{6}{5}x-5000\right)-x$$

$$15000=6x-25000-5x$$

$$-x=-40000 \qquad \therefore x=40000$$

따라서 선풍기의 원가는 40000원이다.

🔵 40000원

0891 물건의 원가를 x원이라 하면

원가의 50 %의 이익은 $x\times\frac{50}{100}=\frac{1}{2}x$(원)이므로 정가는

$x+\frac{1}{2}x=\frac{3}{2}x$(원)이고, 정가에서 400원을 할인한 판매 가격은

$\left(\frac{3}{2}x-400\right)$원이다.

(이익)=(판매 가격)-(원가)이므로

$$800=\left(\frac{3}{2}x-400\right)-x$$

$$1600=3x-800-2x$$

$$-x=-2400 \qquad \therefore x=2400$$

따라서 물건의 원가는 2400원이다.

🔵 2400원

0892 상품의 정가를 x원이라 하면

정가의 20 %를 할인한 판매 가격은 $\left(x-x\times\frac{20}{100}\right)=\frac{4}{5}x$(원)

이고, (이익)=(판매 가격)-(원가)이므로

$$\frac{15}{100}\times 8000=\frac{4}{5}x-8000$$

$$120000=80x-800000$$

$$-80x=-920000 \qquad \therefore x=11500$$

따라서 상품의 정가는 11500원이다.

🔵 11500원

0893 원가를 a원이라 하면

원가의 x할의 이익은 $a\times\frac{x}{10}$(원)이므로 정가는

$a+a\times\frac{x}{10}=a\left(1+\frac{x}{10}\right)$(원)이다.

또한, 판매 가격은 정가에서 20 % 할인하였으므로

(판매 가격)$=a\left(1+\frac{x}{10}\right)-a\left(1+\frac{x}{10}\right)\times\frac{20}{100}=\frac{4}{5}a\left(1+\frac{x}{10}\right)$(원)

이때 원가의 20 %의 이익이 생겼으므로

$$\frac{4}{5}a\left(1+\frac{x}{10}\right)-a=a\times\frac{20}{100}$$

양변을 a로 나누면 $\frac{4}{5}\left(1+\frac{x}{10}\right)-1=\frac{1}{5}$

$$\frac{4}{5}+\frac{2}{25}x-1=\frac{1}{5}$$

$$20+2x-25=5,\ 2x=10 \qquad \therefore x=5$$

🔵 5

0894 전체 일의 양을 1이라 하면 형과 동생이 하루 동안 하는 일의 양은 각각 $\frac{1}{12}$, $\frac{1}{20}$이다.

형과 동생이 x일 동안 함께 일을 했다고 하면

$$\frac{1}{20}\times 4+\left(\frac{1}{12}+\frac{1}{20}\right)\times x=1,\ \frac{1}{5}+\frac{8}{60}x=1$$

$$12+8x=60$$

$$8x=48 \qquad \therefore x=6$$

따라서 형과 동생은 6일 동안 함께 일을 하였다.

🔵 6일

0895 전체 일의 양을 1이라 하면 승범이와 은모가 하루 동안 하는 일의 양은 각각 $\frac{1}{10}$, $\frac{1}{20}$이다.

승범이가 x일 동안 일을 했다고 하면

$\frac{1}{10} \times x + \frac{1}{20} \times (x+5) = 1$

$2x + x + 5 = 20$

$3x = 15$ $\therefore x = 5$

따라서 승범이는 5일 동안 일을 하였다.

🗒 5일

0896 전체 일의 양을 1이라 하면 태진이와 창민이가 하루 동안 하는 일의 양은 각각 $\frac{1}{20}$, $\frac{1}{30}$이다.

둘이 함께 x일 동안 일을 했다고 하면

$\left(\frac{1}{20} + \frac{1}{30}\right) \times x + \frac{1}{20} \times 10 = 1$, $\frac{5}{60}x + \frac{1}{2} = 1$

$5x + 30 = 60$

$5x = 30$ $\therefore x = 6$

따라서 둘이 함께 6일 동안 일을 했으므로 일을 완성하는 데 걸린 기간은 총 $6 + 10 = 16$(일)

🗒 16일

0897 물통에 가득 찬 물의 양을 1이라 하면 A, B호스는 한 시간 동안 각각 $\frac{1}{3}$, $\frac{1}{4}$만큼의 물을 채우고, C호스는 한 시간 동안 $\frac{1}{6}$만큼의 물을 빼낸다.

물통에 물을 가득 채우는 데 x시간이 걸린다고 하면

$\frac{1}{3}x + \frac{1}{4}x - \frac{1}{6}x = 1$, $4x + 3x - 2x = 12$

$5x = 12$ $\therefore x = \frac{12}{5}$

따라서 물통에 물을 가득 채우는 데 걸리는 시간은

$\frac{12}{5}$(시간) $= 2\frac{2}{5}$(시간) $= 2$시간 24분

🗒 2시간 24분

0898 긴 의자의 개수를 x개라 하면 한 의자에 5명씩 앉을 때의 학생 수는 $(5x+4)$명 ······ ㉠

한 의자에 6명씩 앉으면 6명이 모두 앉게 되는 의자는 $(x-1)$개이므로 학생 수는 $\{6(x-1)+2\}$명 ······ ㉡

이때 ㉠=㉡이므로

$5x + 4 = 6(x-1) + 2$

$5x + 4 = 6x - 4$, $-x = -8$ $\therefore x = 8$

따라서 긴 의자의 개수는 8개이고, 학생 수는

$5 \times 8 + 4 = 44$(명)

🗒 긴 의자의 개수 : 8개, 학생 수 : 44명

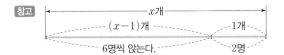
x개 / $(x-1)$개 / 1개 / 6명씩 앉는다. / 2명

0899 긴 의자의 개수를 x개라 하면 한 의자에 6명씩 앉을 때의 학생 수는 $(6x+3)$명 ······ ㉠

한 의자에 7명씩 앉으면 7명이 모두 앉게 되는 의자는 $(x-2)$개이므로 학생 수는 $\{7(x-2)+2\}$명 ······ ㉡

이때 ㉠=㉡이므로

$6x + 3 = 7(x-2) + 2$

㉮

$6x + 3 = 7x - 12$, $-x = -15$

$\therefore x = 15$

㉯

따라서 긴 의자의 개수는 15개이고, 학생 수는

$6 \times 15 + 3 = 93$(명)

㉰

🗒 긴 의자의 개수 : 15개, 학생 수 : 93명

단계	채점요소	배점
㉮	방정식 세우기	50%
㉯	방정식 풀기	30%
㉰	긴 의자의 개수, 학생 수 구하기	20%

참고
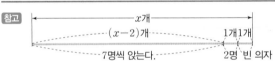
x개 / $(x-2)$개 / 1개 1개 / 7명씩 앉는다. / 2명 빈 의자

0900 보트의 수를 x척이라 하면

한 보트에 5명씩 탈 때의 학생 수는 $(5x+1)$명 ······ ㉠

한 보트에 7명씩 타면 7명이 모두 타는 보트는 $(x-2)$척이므로 학생 수는 $\{7(x-2)+1\}$명 ······ ㉡

이때 ㉠=㉡이므로

$5x + 1 = 7(x-2) + 1$

$5x + 1 = 7x - 13$, $-2x = -14$

$\therefore x = 7$

따라서 보트의 수가 7척이므로 학생 수는

$5 \times 7 + 1 = 36$(명)

🗒 36명

0901 텐트의 수를 x개라 하면

한 텐트에 3명씩 자면 9명이 남으므로 학생 수는 $(3x+9)$명 ······ ㉠

한 텐트에 4명씩 자면 4명이 모두 자는 텐트는 $(x-26)$개이므로 학생 수는 $\{4(x-26)+3\}$명 ······ ㉡

이때 ㉠=㉡이므로 $3x+9 = 4(x-26)+3$

$3x+9=4x-101, \ -x=-110$

$\therefore x=110$

따라서 텐트의 수는 110개이고, 학생 수는

$3 \times 110+9=339$(명)

답 텐트의 수 : 110개, 학생 수 : 339명

참고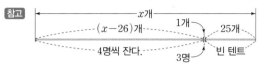

0902 열차의 길이를 x m라 하면 1300 m의 터널을 완전히 통과할 때의 열차의 속력은 초속 $\dfrac{1300+x}{40}$ m이고, 400 m의 다리를 완전히 통과할 때의 열차의 속력은 초속 $\dfrac{400+x}{15}$ m이다.

이때 열차의 속력은 일정하므로

$\dfrac{1300+x}{40}=\dfrac{400+x}{15}$

$3(1300+x)=8(400+x)$

$3900+3x=3200+8x, \ -5x=-700 \quad \therefore x=140$

따라서 열차의 길이는 140 m이다.

답 140 m

0903 기차의 길이를 x m라 하면 1600 m인 다리를 완전히 통과하는 데 40초가 걸리므로

$\dfrac{1600+x}{45}=40 \quad \leftarrow \dfrac{(거리)}{(속력)}=(시간)$

$1600+x=1800 \quad \therefore x=200$

따라서 기차의 길이는 200 m이다.

답 ④

0904 기차의 속력을 초속 x m라 하면 960 m의 터널을 완전히 통과하는 데 30초가 걸리므로

$x \times 30=960+240 \quad \leftarrow (속력) \times (시간)=(거리)$

$30x=1200 \quad \therefore x=40$

따라서 기차의 속력이 초속 40 m이고, 기차가 터널을 통과하느라 보이지 않는 동안 달린 거리는

$(터널의 길이)-(기차의 길이)=960-240=720(m)$

이므로 기차는 $\dfrac{720}{40}=18$(초) 동안 보이지 않았다.

답 ③

중단원 마무리하기

0905 처음 자연수의 십의 자리의 숫자를 x라 하면

처음 자연수는 $x \times 10+8 \times 1=10x+8$,

바꾼 자연수는 $8 \times 10+x \times 1=80+x$이므로

$80+x=2(10x+8)+7$

$80+x=20x+16+7$

$-19x=-57 \quad \therefore x=3$

따라서 처음 수는 38이다.

답 38

0906 x일 후에 우찬이가 가지고 있는 돈은 $(50000-1000x)$원, x일 후에 세진이가 가지고 있는 돈은 $(31000-1000x)$원이므로

$50000-1000x=2(31000-1000x)$

$50000-1000x=62000-2000x$

$1000x=12000 \quad \therefore x=12$

따라서 우찬이가 가지고 있는 돈이 세진이가 가지고 있는 돈의 2배가 되는 것은 12일 후이다.

답 12일 후

0907 직사각형의 세로의 길이를 x cm라 하면 가로의 길이는 $2x$ cm이다.

이때 직사각형의 둘레의 길이가 120 cm이므로

$2(2x+x)=120, \ 6x=120$

$\therefore x=20$

따라서 직사각형의 가로의 길이는 $2 \times 20=40$(cm)이다.

답 40 cm

0908 아버지가 출발한 지 x시간 후에 아버지가 어머니를 만난다고 하면

$(어머니가 간 거리)=(아버지가 간 거리)$

이므로 $70\left(x+\dfrac{9}{60}\right)=100x$

$70x+\dfrac{63}{6}=100x, \ 420x+63=600x$

$-180x=-63 \quad \therefore x=\dfrac{7}{20}$

따라서 아버지가 집에서 출발한 지 $\dfrac{7}{20}$시간, 즉 21분 후에 어머니를 만난다.

답 ③

0909 ⊞ 모양으로 선택할 때 가운데 수를 x라 하면 나머지 4개의 숫자는 오른쪽 그림과 같으므로

	$x-7$	
$x-1$	x	$x+1$
	$x+7$	

$(x-7)+(x-1)+x+(x+1)+(x+7)=115$

$5x=115 \quad \therefore x=23$

따라서 가운데 수는 23이다.

답 23

0910 (길을 내기 전 잔디밭의 넓이)$=30\times25=750(\text{m}^2)$

(길의 넓이)$=30\times x+6\times25-6\times x=24x+150(\text{m}^2)$

(길을 내기 전 잔디밭의 넓이)$-$(길의 넓이)$=480(\text{m}^2)$

이므로 $750-(24x+150)=480$

$750-24x-150=480,\ -24x=-120$ ∴ $x=5$

답 **5**

다른풀이

오른쪽 그림과 같이 길을 가장자리로 이동시키면 길을 제외한 잔디밭은 가로의 길이가 $(30-6)\text{m}$, 세로의 길이가 $(25-x)\text{m}$인 직사각형 모양이므로

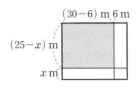

$(30-6)(25-x)=480,\ 24(25-x)=480$

$25-x=20$ ∴ $x=5$

0911 두 사람이 출발한 지 x초 후에 처음으로 만난다고 하면

(현정이가 x초 동안 달린 거리)$-$(성현이가 x초 동안 달린 거리)

$=480(\text{m})$

이므로 $10x-7x=480$

$3x=480$ ∴ $x=160$

즉, 160초 후에 처음으로 만나므로 160초마다 한 번씩 만난다.

따라서 16분$=960$초이므로 16분 동안 총 $\dfrac{960}{160}=6($번$)$ 만나게 된다.

답 **6번**

0912 작년의 남학생 수를 x명이라 하면 작년의 여학생 수는 $(650-x)$명이므로

올해의 남학생 수는 $x+\dfrac{8}{100}x=\dfrac{108}{100}x$(명)

올해의 여학생 수는 $(650-x)-2=648-x$(명)

올해의 학생 수는 전체적으로 $4\,\%$ 증가하였으므로

$\dfrac{108}{100}x+(648-x)=650+650\times\dfrac{4}{100}$

$108x+64800-100x=65000+2600$

$8x=2800$ ∴ $x=350$

따라서 올해의 남학생 수는

$\dfrac{108}{100}\times350=378($명$)$

답 **378명**

0913 긴 의자의 개수를 x개라 하면

한 의자에 4명씩 앉을 때의 학생 수는 $(4x+5)$명 ┄┄ ㉠

한 의자에 5명씩 앉으면 5명이 모두 앉게 되는 의자는 $(x-4)$개 이므로 학생 수는 $\{5(x-4)+4\}$명 ┄┄ ㉡

이때 ㉠=㉡이므로

$4x+5=5(x-4)+4$

$4x+5=5x-16,\ -x=-21$ ∴ $x=21$

따라서 긴 의자의 개수는 21개이므로 학생 수는

$4\times21+5=89($명$)$

답 **⑤**

참고

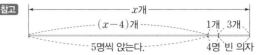

0914 전체 일의 양을 1이라 하면 A와 B가 하루 동안 하는 일의 양은 각각 $\dfrac{1}{8}$, $\dfrac{1}{16}$이다.

둘이 함께 x일 동안 일을 했다고 하면

$\dfrac{1}{8}\times2+\left(\dfrac{1}{8}+\dfrac{1}{16}\right)\times x=1$

$\dfrac{1}{4}+\dfrac{3}{16}x=1,\ 4+3x=16$

$3x=12$ ∴ $x=4$

따라서 A가 일한 기간은 $2+4=6($일$)$

답 **6일**

0915 남자 합격자 수 : $160\times\dfrac{5}{5+3}=100($명$)$

여자 합격자 수 : $160\times\dfrac{3}{5+3}=60($명$)$

남자 지원자 수를 $4x$명이라 하면 여자 지원자 수는 $3x$명이므로

남자 불합격자 수 : $(4x-100)$명

여자 불합격자 수 : $(3x-60)$명

불합격자의 남녀의 비는 $1:1$이므로

$4x-100=3x-60$ ∴ $x=40$

따라서 입학 지원자의 수는

$7x=7\times40=280($명$)$

답 **280명**

0916 (1) 물건의 원가를 x원이라 하면

원가의 $40\,\%$의 이익은 $x\times\dfrac{40}{100}=\dfrac{2}{5}x($원$)$이므로 정가는

$x+\dfrac{2}{5}x=\dfrac{7}{5}x($원$)$이고, 정가에서 1600원을 할인한 판매 가격은 $\left(\dfrac{7}{5}x-1600\right)$원이다.

(이익)$=$(판매 가격)$-$(원가)이므로

$1400=\left(\dfrac{7}{5}x-1600\right)-x$

$7000=7x-8000-5x$

$-2x=-15000$ ∴ $x=7500$

따라서 물건의 원가는 7500원이다.

(2) 물건의 정가는 $\dfrac{7}{5}\times7500=10500($원$)$

답 (1) **7500원** (2) **10500원**

0917 4%의 소금물의 양은 $360-(300-x+x)=60(\mathrm{g})$이다.
소금의 양은 변함이 없으므로

$$\frac{8}{100}\times300-\frac{8}{100}\times x+\frac{4}{100}\times60=\frac{6}{100}\times360$$

......⑦

$$2400-8x+240=2160$$
$$-8x=-480 \qquad \therefore x=60$$

......④

目 60

단계	채점요소	배점
⑦	방정식 세우기	70%
④	x의 값 구하기	30%

0918 열차가 시속 $60\,\mathrm{km}$로 달린 거리를 $x\,\mathrm{km}$라 하면
(시속 $60\,\mathrm{km}$로 달린 시간)+(시속 $40\,\mathrm{km}$로 달린 시간)
=(예상 소요 시간)+8분
이므로

$$\frac{x}{60}+\frac{42-x}{40}=\frac{42}{60}+\frac{8}{60}$$

......⑦

$$2x+3(42-x)=84+16$$
$$2x+126-3x=100$$
$$-x=-26 \qquad \therefore x=26$$

......④

따라서 시속 $60\,\mathrm{km}$로 달린 거리는 $26\,\mathrm{km}$이다.

......⑤

目 26 km

단계	채점요소	배점
⑦	방정식 세우기	50%
④	방정식 풀기	40%
⑤	시속 $60\,\mathrm{km}$로 달린 거리 구하기	10%

0919 (i) A그릇의 소금물 $50\,\mathrm{g}$을 B그릇에 넣고 섞은 후의 B
그릇의 소금물의 농도를 $a\%$라 하면

$$\frac{30}{100}\times200+\frac{20}{100}\times50=\frac{a}{100}\times250$$

$$6000+1000=250a,\ -250a=-7000$$

$$\therefore a=28$$

따라서 섞은 후의 B그릇의 소금물의 농도는 28%이다.

(ii) 섞은 후의 B그릇의 소금물 $50\,\mathrm{g}$을 A그릇에 넣고 섞은 후의
A그릇의 소금물의 농도를 $b\%$라 하면

$$\frac{20}{100}\times250+\frac{28}{100}\times50=\frac{b}{100}\times300$$

$$5000+1400=300b,\ -300b=-6400$$

$$\therefore b=\frac{64}{3}$$

따라서 A그릇의 소금물의 농도는 $\dfrac{64}{3}\%$이다.

目 $\dfrac{64}{3}$ %

0920 분침은 1분에 $360°\div60=6°$씩 움직이고,
시침은 1시간에 $360°\div12=30°$씩 움직이므로
시침은 1분에 $30°\div60=0.5°$씩 움직인다.

(1) 5시 x분에 시침과 분침이 일치한다고 하면
x분 동안 분침과 시침이 움직인 각도는 각각 $6x°$, $0.5x°$이므로

$$150+0.5x=6x,\ 300+x=12x$$

$$-11x=-300 \qquad \therefore x=\frac{300}{11}=27\frac{3}{11}$$

따라서 5시 $27\dfrac{3}{11}$분에 시침과 분침이 일치한다.

(2) 9시 x분에 시침과 분침이 서로 반대 방향으로 일직선을 이룬
다고 하면 x분 동안 분침과 시침이 움직인 각도는 각각 $6x°$,
$0.5x°$이므로

$$(270+0.5x)-6x=180,\ 270-5.5x=180$$

$$2700-55x=1800,\ -55x=-900$$

$$\therefore x=\frac{900}{55}=\frac{180}{11}=16\frac{4}{11}$$

따라서 9시 $16\dfrac{4}{11}$분에 시침과 분침이 서로 반대 방향으로 일
직선을 이룬다.

目 (1) 5시 $27\dfrac{3}{11}$분 (2) 9시 $16\dfrac{4}{11}$분

08 좌표와 그래프

교과서문제 정복하기

0921 탭 $A(-5)$, $B\left(-\dfrac{5}{2}\right)$, $C\left(\dfrac{3}{2}\right)$, $D(4)$

0922 탭

수직선 위 -5부터 5까지, D는 -4, C는 -1, A는 2, B는 3과 4 사이

0923 탭 $A(3, 2)$, $B(-3, -1)$, $C(-2, 3)$, $D(1, -2)$

0924 탭

0925 탭 $A(5, -2)$ **0926** 탭 $B(-4, 0)$

0927 탭 $C(0, 3)$ **0928** 탭 $O(0, 0)$

0929 탭 제 2 사분면 **0930** 탭 제 4 사분면

0931 탭 제 1 사분면 **0932** 탭 제 3 사분면

0933

점의 위치	제 1 사분면	제 2 사분면	제 3 사분면	제 4 사분면
x좌표	$+$	$-$	$-$	$+$
y좌표	$+$	$+$	$-$	$-$

탭 풀이 참조

0934 탭 $(3, 2)$ **0935** 탭 $(-3, -2)$

0936 탭 $(-3, 2)$

0937 (1) 집에서 공연장까지의 거리가 $2\,km$이므로 공연장에 도착한 시간은 집에서 출발한 지 40분 후이다.

(2) 집에서 공연장까지의 거리가 $2\,km$이므로 집에서 출발하여 공연장까지 다녀오는 데 걸린 시간은 110분이다.

(3) 공연장에 머물렀던 시간은 그래프에서 수평인 부분이다. 따라서 공연장에 머문 시간은 40분 후부터 90분 후까지이므로 $90-40=50$(분) 동안이다.

탭 (1) **40분 후** (2) **110분** (3) **50분**

유형 익히기

0938 ③ $C(2, 0)$

탭 ③

0939 탭 $A(-3, 2)$, $B(1, -1)$, $C(-4, 0)$, $D(2, 3)$

0940 두 순서쌍이 서로 같으므로
$3a-6=a-2$에서 $2a=4$ $\therefore a=2$
$-b+4=-2b+1$에서 $b=-3$
$\therefore a-b=2-(-3)=5$

탭 **5**

0941 (점 A의 x좌표)$=$(점 D의 x좌표)$=3$
(점 A의 y좌표)$=$(점 B의 y좌표)$=4$
$\therefore A(3, 4)$
(점 C의 x좌표)$=$(점 B의 x좌표)$=-1$
(점 C의 y좌표)$=$(점 D의 y좌표)$=-2$
$\therefore C(-1, -2)$

탭 $A(3, 4)$, $C(-1, -2)$

0942 x축 위에 있으므로 y좌표가 0이고, x좌표가 $-\dfrac{2}{3}$이므로 $\left(-\dfrac{2}{3}, 0\right)$이다.

탭 ①

0943 y축 위에 있으므로 x좌표가 0이고, y좌표가 -7이므로 $(0, -7)$이다.

탭 ②

0944 점 $(a+3, a-2)$는 x축 위의 점이므로 y좌표가 0이다.
$a-2=0$ $\therefore a=2$

⋯⋯⋯ ㉮

점 $(b-5, 2-b)$는 y축 위의 점이므로 x좌표가 0이다.
$b-5=0$ $\therefore b=5$

⋯⋯⋯ ㉯

$\therefore a+b=2+5=7$

⋯⋯⋯ ㉰

탭 **7**

단계	채점요소	배점
㉮	a의 값 구하기	40 %
㉯	b의 값 구하기	40 %
㉰	$a+b$의 값 구하기	20 %

0945 점 (a, b)가 y축 위에 있으므로 x좌표가 0이다.

$\therefore a=0$

이때 점 (a, b)는 원점이 아니므로 $b\neq0$이다.

답 ③

0946 세 점 A, B, C를 꼭짓점으로 하는 삼각형 ABC를 그리면 오른쪽 그림과 같다.

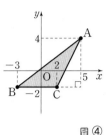

$\therefore$ (삼각형 ABC의 넓이)

$=\dfrac{1}{2}\times5\times6=15$

답 ④

0947 네 점 A, B, C, D를 꼭짓점으로 하는 사각형 ABCD를 그리면 오른쪽 그림과 같다.

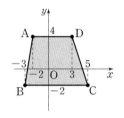

$\therefore$ (사각형 ABCD의 넓이)

$=\dfrac{1}{2}\times(5+8)\times6=39$

답 39

0948 세 점 A, B, C를 꼭짓점으로 하는 삼각형 ABC를 그리면 오른쪽 그림과 같다.

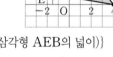

$\therefore$ (삼각형 ABC의 넓이)

$=$(사각형 DEBC의 넓이)

$-\{$(삼각형 ACD의 넓이)$+$(삼각형 AEB의 넓이)$\}$

$=\dfrac{1}{2}\times(3+6)\times4-\left(\dfrac{1}{2}\times3\times3+\dfrac{1}{2}\times6\times1\right)$

$=18-\left(\dfrac{9}{2}+3\right)=\dfrac{21}{2}$

답 $\dfrac{21}{2}$

0949 세 점 A, B, C를 꼭짓점으로 하는 삼각형 ABC를 그리면 오른쪽 그림과 같다.

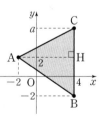

선분 BC를 밑변으로 하면

(밑변의 길이)$=a-(-2)$

$\qquad\qquad\quad=a+2$

점 A에서 선분 BC에 수선을 그어 선분 BC와 만나는 점을 H라 하면

(높이)$=\overline{\text{AH}}=4-(-2)=6$ ⟶ ㉮

따라서 삼각형 ABC의 넓이가 21이므로

$\dfrac{1}{2}\times(a+2)\times6=21$ ⟶ ㉯

$a+2=7$ $\qquad\therefore a=5$ ⟶ ㉰

답 5

단계	채점요소	배점
㉮	삼각형의 밑변의 길이와 높이 구하기	50%
㉯	넓이를 이용하여 식 세우기	40%
㉰	양수 a의 값 구하기	10%

0950 ③ 점 $(2, -5)$는 제4사분면 위의 점이다.

④ 점 $(-1, 3)$은 제2사분면 위의 점이고, 점 $(3, -1)$은 제4사분면 위의 점이다.

답 ③, ④

0951 ① 제4사분면 위의 점

② y축 위의 점이므로 어느 사분면에도 속하지 않는다.

③ 제1사분면 위의 점

⑤ 제3사분면 위의 점

답 ④

0952 주어진 점이 속하는 사분면은 다음과 같다.

① 제1사분면 ② 제3사분면 ④ 제2사분면

⑤ x축 위의 점이므로 어느 사분면에도 속하지 않는다.

답 ③

0953 점 (x, y)가 제3사분면 위의 점이면 $x<0$, $y<0$이므로 ㄱ, ㄹ의 2개이다.

답 2개

다른풀이

주어진 점이 속하는 사분면은 다음과 같다.

ㄱ. 제3사분면 ㄴ. 제4사분면

ㄷ. 제1사분면 ㄹ. 제3사분면

ㅁ. 제4사분면 ㅂ. 제2사분면

따라서 제3사분면 위의 점은 ㄱ, ㄹ의 2개이다.

0954 점 $(-b, a)$가 제4사분면 위의 점이므로

$-b>0$, $a<0$에서 $a<0$, $b<0$

이때 $ab>0$이므로 $-ab<0$이고, $a+b<0$이다.

따라서 점 $(-ab, a+b)$는 제3사분면 위의 점이다.

답 ③

0955 점 (x, y)가 제3사분면 위의 점이므로 $x<0$, $y<0$

① $xy>0$ ② $x+y<0$

③ $\dfrac{y}{x}>0$ ④ $-x+y$의 부호는 알 수 없다.

⑤ $-x>0$, $-y>0$이므로 $-x-y>0$

답 ①, ⑤

0956 점 $(-a, b)$가 제 2 사분면 위의 점이므로
$-a<0, b>0$에서 $a>0, b>0$

① $ab>0, a>0$이므로 점 (ab, a)는 제 1 사분면 위의 점이다.

② $ab>0, -b<0$이므로 점 $(ab, -b)$는 제 4 사분면 위의 점이다.

③ $-b<0, \dfrac{a}{b}>0$이므로 점 $\left(-b, \dfrac{a}{b}\right)$는 제 2 사분면 위의 점이다.

④ $\dfrac{b}{a}>0, ab>0$이므로 점 $\left(\dfrac{b}{a}, ab\right)$는 제 1 사분면 위의 점이다.

⑤ $-a-b<0, -b<0$이므로 점 $(-a-b, -b)$는 제 3 사분면 위의 점이다.

答 ⑤

0957 (1) 시간 x에 따른 집으로부터의 거리 y가 일정하게 감소하다가 변화없이 유지되다가 다시 일정하게 감소한다.

(2) 시간 x에 따른 집으로부터의 거리 y가 일정하게 증가한다.

(3) 시간 x에 따른 집으로부터의 거리 y가 일정하게 증가하다가 변화없이 유지되다가 다시 일정하게 감소한다.

(4) 시간 x에 따른 집으로부터의 거리 y가 일정하다.

따라서 각 그래프에 알맞은 상황을 찾으면 (1) ㄷ (2) ㄴ (3) ㄹ (4) ㄱ이다.

答 (1) ㄷ (2) ㄴ (3) ㄹ (4) ㄱ

0958 시간 x에 따른 자전거의 속력 y는 일정하므로 그래프의 모양은 수평이다.

答 ㄴ

0959 (1) 그릇의 모양이 폭이 좁고 일정한 부분과 폭이 넓고 일정한 부분으로 나누어진다.

따라서 시간당 일정한 양의 물을 채우면 물의 높이가 빠르고 일정하게 증가하다가 느리고 일정하게 증가하므로 그래프로 나타내면 오른쪽 그림과 같다.

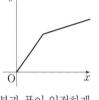

(2) 그릇의 모양이 폭이 일정하게 감소하는 부분과 폭이 일정하게 증가하는 부분으로 나누어진다.

따라서 시간당 일정한 양의 물을 채우면 물의 높이가 느리게 증가하다가 점점 빠르게 증가하고 다시 빠르게 증가하다가 점점 느리게 증가하므로 그래프로 나타내면 오른쪽 그림과 같다.

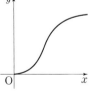

答 (1) ㄱ (2) ㄴ

[참고]
어떤 빈 용기에 시간당 일정한 양의 물을 넣을 때, 용기의 모양에 따라 경과 시간 x에 따른 물의 높이 y 사이의 관계를 그래프로 나타내면 다음과 같다.

용기의 모양			
물의 높이	일정하게 증가	처음에는 느리게 증가하다가 점점 빠르게 증가	처음에는 빠르게 증가하다가 점점 느리게 증가
그래프 모양			

0960 향에 불을 붙이면 향의 길이는 일정하게 줄어들므로 시간 x와 향의 길이 y 사이의 관계를 나타내는 그래프는 오른쪽 그림과 같이 처음에 오른쪽 아래로 향하다가 불을 껐을 때는 수평을 이루다가 다시 향의 길이가 처음 길이의 $\dfrac{1}{3}$이 될 때까지 오른쪽 아래로 향하게 된다.

따라서 상황에 알맞은 그래프는 ④이다.

答 ④

0961 (1) 그래프에서 자전거의 속력이 가장 빠를 때의 속력은 초속 $10\,\mathrm{m}$이다.

(2) 자전거의 속력이 일정한 때는 그래프에서 수평인 부분이므로 15초 후부터 120초 후까지 모두 $120-15=105$(초)이다.

(3) 정지한 경우는 속력이 0이고 150초 후에 속력이 0이므로 정지할 때까지 걸린 시간은 150초이다.

答 (1) **초속 10 m** (2) **105초** (3) **150초**

0962 (1) 그래프가 오른쪽 아래로 향하기 시작한 때가 속력이 감소하기 시작한 때이므로 자동차의 속력이 첫 번째로 감소하기 시작한 때는 출발한 지 5분 후이고, 두 번째로 감소하기 시작한 때는 출발한 지 12분 후이다.

...... ㉮

(2) 자동차의 속력이 일정하게 유지된 시간은 그래프에서 수평인 부분이다. 따라서 2분 후부터 5분 후까지와 11분 후부터 12분 후까지 모두 $3+1=4$(분) 동안이다.

...... ㉯

答 (1) **12분 후** (2) **4분**

단계	채점요소	배점
㉮	자동차의 속력이 두 번째로 감소하기 시작한 때는 출발한 지 몇 분 후인지 구하기	40 %
㉯	집에서 출발하여 주말농장에 도착할 때까지 자동차의 속력이 일정하게 유지된 시간 구하기	60 %

0963 (1) 지효가 오전 10시에 출발했으므로 출발한 지 3시간 후
는 13시(오후 1시)이고, 이때 집으로부터의 거리는 10 km이
다.

(2) 가로 눈금 한 개가 30분을 나타내므로 가로 눈금 2개가 수평
인 부분을 찾으면 지효가 1시간 동안의 휴식을 시작한 시각은
13시(오후 1시)이다.

(3) 지효가 집으로 돌아가기 시작한 시각은 그래프가 오른쪽 아래
로 향하기 시작한 시각이므로 15시(오후 3시)이다.

🖺 (1) 10 km (2) 13시(오후 1시) (3) 15시(오후 3시)

0964 ㄱ. 은정이네 집에서 학교까지의 거리가 2000 m이므로
집에서 출발하여 학교까지 가는 데 걸린 시간은 20분이다.

ㄴ. 은정이가 멈춰있기 시작한 때는 집에서 출발한 지 2분 후, 9
분 후, 13분 후이므로 세 번째로 멈춰있기 시작한 때는 집에
서 출발한 지 13분 후이다.

ㄷ. 은정이가 멈춰 있었던 시간은 그래프의 모양이 수평이므로
그래프에서 2분 후부터 4분 후까지, 9분 후부터 10분 후까
지, 13분 후부터 14분 후까지 모두 2+1+1=4(분) 동안이
다.

따라서 옳은 것은 ㄱ이다.

🖺 ㄱ

0965 ㄱ. 1세 때 예인이가 태희보다 키가 크다.

ㄴ. 태희와 예인이의 키가 같았을 때는 두 그래프가 만나는 경우
이므로 3번 있었다.

ㄷ. 1세부터 12세까지 태희는 100 cm, 예인이는 약 85 cm 컸으
므로 태희가 예인이보다 키가 많이 컸다.

따라서 옳은 것은 ㄴ, ㄷ이다.

🖺 ④

0966 출발점에서 반환점까지의 거리가 1000 m이므로 출발점
에서 반환점까지 가는 데 걸린 시간은 9분, 반환점에서 출발점까
지 오는 데 걸린 시간은 15−9=6(분)이다.

∴ $a=9$, $b=6$

··· ㉮

출발점에서 반환점까지 1회 왕복하는 데 걸린 시간은 15분이다.

∴ $c=15$

··· ㉯

∴ $a-b+c=9-6+15=18$

··· ㉰

🖺 18

단계	채점요소	배점
㉮	a, b의 값 구하기	60 %
㉯	c의 값 구하기	30 %
㉰	$a-b+c$의 값 구하기	10 %

0967 $ab<0$에서 a와 b의 부호가 다르고, $a>b$이므로
$a>0$, $b<0$

따라서 $\dfrac{a}{b}<0$, $b<0$이므로 점 $\left(\dfrac{a}{b},\ b\right)$는 제3사분면 위의 점이
다.

🖺 ③

0968 $ab>0$에서 a와 b의 부호가 같고, $a+b<0$이므로
$a<0$, $b<0$

따라서 $a<0$, $-b>0$이므로 점 $(a,\ -b)$는 제2사분면 위의 점이
다.

🖺 ②

0969 $xy<0$에서 x와 y의 부호가 다르고 $x-y<0$에서 $x<y$
이므로 $x<0$, $y>0$

① $x<0$, $y>0$이므로 점 $(x,\ y)$는 제2사분면 위의 점이다.

② $xy<0$, $-x>0$이므로 점 $(xy,\ -x)$는 제2사분면 위의 점이
다.

③ $x-y<0$, $xy^2<0$이므로 점 $(x-y,\ xy^2)$은 제3사분면 위의
점이다.

④ $x^2>0$, $y^2>0$이므로 점 $(x^2,\ y^2)$은 제1사분면 위의 점이다.

⑤ $-\dfrac{x}{y}>0$, $\dfrac{y}{x}<0$이므로 점 $\left(-\dfrac{x}{y},\ \dfrac{y}{x}\right)$는 제4사분면 위의
점이다.

🖺 ⑤

0970 두 점 $(a+2,\ 6)$, $(-2,\ b-4)$가 x축에 대하여 대칭이
므로 y좌표의 부호만 바뀐다.

즉, $a+2=-2$에서 $a=-4$

$6=-(b-4)$에서 $b=-2$

∴ $a+b=(-4)+(-2)=-6$

🖺 ①

0971 점 $(6,\ -2)$와 원점에 대하여 대칭인 점의 좌표는 x, y
좌표의 부호가 모두 바뀌므로 $(-6,\ 2)$ ∴ $a=-6$, $b=2$

∴ $3a-2b=3\times(-6)-2\times2$
$=-18-4=-22$

🖺 ①

0972 점 $(a,\ -5)$와 y축에 대하여 대칭인 점의 좌표는 x좌표
의 부호만 바뀌므로 $(-a,\ -5)$

··· ㉮

이때 점 $(-a, -5)$가 점 $(3, b)$와 같으므로
$-a=3$, $-5=b$ ∴ $a=-3$, $b=-5$

━━━━━━━━━━━━━━━━━━━━━━━━━━━ ❹

∴ $a+b=(-3)+(-5)=-8$

━━━━━━━━━━━━━━━━━━━━━━━━━━━ ❺

🖹 -8

단계	채점요소	배점
㉮	점 $(a, -5)$와 y축에 대하여 대칭인 점의 좌표 구하기	40 %
㉯	a, b의 값 구하기	40 %
㉰	$a+b$의 값 구하기	20 %

0973 점 $A(2, -4)$와 x축에 대하여 대칭인 점의 좌표는 y좌표의 부호만 바뀐다. ∴ $B(2, 4)$
점 $A(2, -4)$와 원점에 대하여 대칭인 점의 좌표는 x, y좌표의 부호가 모두 바뀐다. ∴ $C(-2, 4)$
세 점 A, B, C를 꼭짓점으로 하는 삼각형 ABC를 그리면 오른쪽 그림과 같다.
∴ (삼각형 ABC의 넓이)

$=\dfrac{1}{2}\times 4\times 8=16$

🖹 16

중단원 마무리하기

0974 ③ $C(3, -2)$

🖹 ③

0975 ① 점 $(0, -3)$은 y축 위의 점이다.
② 점 $(2, 0)$은 x축 위의 점이다.
③ 점 $(6, -4)$는 제 4 사분면 위의 점이다.
④ 점 $(-1, 3)$과 x축에 대하여 대칭인 점의 좌표는 y좌표의 부호만 바뀌므로 $(-1, -3)$이다.

🖹 ⑤

0976 점 $(-2, a)$가 제 3 사분면 위의 점이므로 $a<0$
따라서 a의 값이 될 수 없는 것은 ④, ⑤이다.

🖹 ④, ⑤

0977 점 $(a, -b)$가 제 2 사분면 위의 점이므로
$a<0$, $-b>0$에서 $a<0$, $b<0$
따라서 $ab>0$, $a+b<0$이므로 점 $(ab, a+b)$는 제 4 사분면 위

의 점이다.

🖹 제 4 사분면

0978 y축에 대하여 대칭이므로 x좌표의 부호만 바뀐다.
즉, $3a+2=-(1-2a)$에서 $3a+2=-1+2a$
∴ $a=-3$

$4b+2=b-3$에서 $3b=-5$ ∴ $b=-\dfrac{5}{3}$

∴ $ab=(-3)\times\left(-\dfrac{5}{3}\right)=5$

🖹 5

0979 오른쪽 그림에서 삼각형 ABC의 넓이가 12이어야 하므로

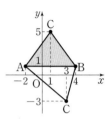

$\dfrac{1}{2}\times 6\times(높이)=12$ ∴ $(높이)=4$

따라서 주어진 점의 좌표 중 삼각형 ABC의 높이가 4가 되도록 하는 점 C의 좌표는 ① $(1, 5)$, ⑤ $(3, -3)$이다.

🖹 ①, ⑤

0980 네 점 A, B, C, D를 꼭짓점으로 하는 사각형 ABCD를 그리면 오른쪽 그림과 같다.
이때 사각형 ABCD는 평행사변형이다.

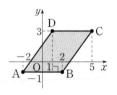

∴ (사각형 ABCD의 넓이)
$=4\times 4=16$

🖹 16

0981 $xy<0$에서 x와 y의 부호는 다르고 $x-y>0$, 즉 $x>y$이므로 $x>0$, $y<0$
따라서 $-x<0$, $y<0$이므로 점 $(-x, y)$는 제 3 사분면 위의 점이다.
주어진 점이 속하는 사분면은 다음과 같다.
① 제 1 사분면 ② x축 위의 점 ③ 제 3 사분면
④ 제 2 사분면 ⑤ 제 4 사분면

🖹 ③

0982 ㄱ. 그래프에서 버스의 속력이 가장 빠를 때의 속력은 시속 80 km이다.
ㄴ. 버스는 5분 후에서 6분 후까지와 10분 후부터 11분 후까지 모두 $1+1=2$(분) 동안 정지해 있었다.
ㄷ. 버스의 속력이 첫 번째로 감소하기 시작한 때는 출발한 지 4분 후이고, 두 번째로 감소하기 시작한 때는 출발한 지 9분 후이다.
ㄹ. 현우가 도서관에 가기 위해 버스를 탄 시간은 모두 16분이다.

따라서 옳은 것은 ㄱ, ㄷ, ㄹ이다.

답 ㄱ, ㄷ, ㄹ

0983 그래프에서 가로 눈금 한 개는 5초, 세로 눈금 한 개는 5 m를 나타내므로 방패연은 25초 후에 높이가 0 m가 되고, 25초 후부터 다시 높아져 45초 후일 때 높이가 45 m로 가장 높게 된다.

따라서 방패연이 지면에 닿았다가 다시 떠오른 시간은 25초 후이고, 방패연이 가장 높게 날 때의 높이가 45 m이므로

$a=25$, $b=45$

$\therefore a+b=25+45=70$

답 **70**

0984 점 $\left(-3a, \dfrac{1}{2}a-3\right)$이 x축 위의 점이므로 y좌표가 0이다.

즉, $\dfrac{1}{2}a-3=0$에서 $a=6$

━━━━━━━━━━━━━━━━━ ㉮

점 $(5b-15, -2b+8)$이 y축 위의 점이므로 x좌표가 0이다.

즉, $5b-15=0$에서 $b=3$

━━━━━━━━━━━━━━━━━ ㉯

$\therefore \dfrac{b}{a}=\dfrac{3}{6}=\dfrac{1}{2}$

━━━━━━━━━━━━━━━━━ ㉰

답 $\dfrac{1}{2}$

단계	채점요소	배점
㉮	a의 값 구하기	40 %
㉯	b의 값 구하기	40 %
㉰	$\dfrac{b}{a}$의 값 구하기	20 %

0985 점 $(a-b, ab)$가 제 3 사분면 위의 점이므로

$a-b<0$, $ab<0$

━━━━━━━━━━━━━━━━━ ㉮

$ab<0$에서 a와 b의 부호가 다르고

$a-b<0$에서 $a<b$이므로 $a<0$, $b>0$

━━━━━━━━━━━━━━━━━ ㉯

따라서 $-b<0$, $-ab>0$이므로 점 $(-b, -ab)$는 제 2 사분면 위의 점이다.

━━━━━━━━━━━━━━━━━ ㉰

답 **제 2 사분면**

단계	채점요소	배점
㉮	제 3 사분면 위의 점의 x, y좌표의 부호 구하기	20 %
㉯	a, b의 부호 구하기	50 %
㉰	점 $(-b, -ab)$가 속하는 사분면 구하기	30 %

0986 점 $(-4, 3)$과 y축에 대하여 대칭인 점의 좌표는 x좌표의 부호만 바뀐다.　　 $\therefore$ A$(4, 3)$

세 점 A, B, C를 꼭짓점으로 하는 삼각형 ABC를 그리면 오른쪽 그림과 같다.

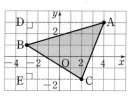

$\therefore$ (삼각형 ABC의 넓이)

$=$(사각형 ADEC의 넓이)

$\quad-\{$(삼각형 ADB의 넓이)$+$(삼각형 BEC의 넓이)$\}$

$=\dfrac{1}{2}\times(7+5)\times5-\left(\dfrac{1}{2}\times7\times2+\dfrac{1}{2}\times5\times3\right)$

$=30-\left(7+\dfrac{15}{2}\right)=\dfrac{31}{2}$

답 $\dfrac{31}{2}$

0987 점 P(a, b)가 제 4 사분면 위의 점이므로

$a>0$, $b<0$

이때 $|a|<|b|$에서 b의 절댓값이 a의 절댓값보다 크다.

따라서 $a+b<0$, $a-b>0$이므로 점 Q$(a+b, a-b)$는 제 2 사분면 위의 점이다.

답 **제 2 사분면**

참고

$a=3$, $b=-5$라 하면 $|3|<|-5|$이고

$a+b=3+(-5)=-2<0$

$a-b=3-(-5)=8>0$

09 정비례와 반비례

교과서문제 정복하기

0988 답

x	1	2	3	4	…
y	1000	2000	3000	4000	…

0989 답 $y=1000x$

0990 답 (1) ○ (2) × (3) ○ (4) ○ (5) ×

0991 y가 x에 정비례하므로 $y=ax\,(a\neq0)$에 $x=5$, $y=15$를 대입하면 $15=5a$에서 $a=3$　∴ $y=3x$

답 $y=3x$

0992 y가 x에 정비례하므로 $y=ax\,(a\neq0)$에 $x=-4$, $y=12$를 대입하면 $12=-4a$에서 $a=-3$　∴ $y=-3x$

답 $y=-3x$

0993 y가 x에 정비례하므로 $y=ax\,(a\neq0)$에 $x=-\dfrac{2}{3}$, $y=4$를 대입하면

$4=-\dfrac{2}{3}a$에서 $a=-6$　∴ $y=-6x$

답 $y=-6x$

0994 답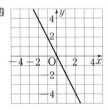

0995 답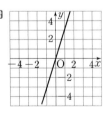

0996 답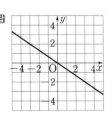

0997 정비례 관계의 그래프이고, 점 $(-2, -1)$을 지나므로 $y=ax\,(a\neq0)$에 $x=-2$, $y=-1$을 대입하면

$-1=-2a$에서 $a=\dfrac{1}{2}$　∴ $y=\dfrac{1}{2}x$

답 $y=\dfrac{1}{2}x$

0998 정비례 관계의 그래프이고, 점 $(2, -3)$을 지나므로 $y=ax\,(a\neq0)$에 $x=2$, $y=-3$을 대입하면

$-3=2a$에서 $a=-\dfrac{3}{2}$　∴ $y=-\dfrac{3}{2}x$

답 $y=-\dfrac{3}{2}x$

0999 답

x	1	2	3	4	…
y	72	36	24	18	…

1000 답 $y=\dfrac{72}{x}$

1001 답 (1) ○ (2) × (3) ○ (4) × (5) × (6) ○

1002 y가 x에 반비례하므로 $y=\dfrac{a}{x}\,(a\neq0)$에 $x=6$, $y=7$을 대입하면 $7=\dfrac{a}{6}$에서 $a=42$　∴ $y=\dfrac{42}{x}$

답 $y=\dfrac{42}{x}$

1003 y가 x에 반비례하므로 $y=\dfrac{a}{x}\,(a\neq0)$에 $x=-3$, $y=5$를 대입하면 $5=\dfrac{a}{-3}$에서 $a=-15$　∴ $y=-\dfrac{15}{x}$

답 $y=-\dfrac{15}{x}$

1004 y가 x에 반비례하므로 $y=\dfrac{a}{x}\,(a\neq0)$, 즉 $xy=a$에 $x=\dfrac{8}{5}$, $y=\dfrac{15}{2}$를 대입하면

$\dfrac{8}{5}\times\dfrac{15}{2}=12=a$　∴ $y=\dfrac{12}{x}$

답 $y=\dfrac{12}{x}$

1005 답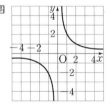

1006 답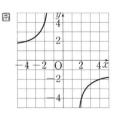

1007 반비례 관계의 그래프이고, 점 $(3, 1)$을 지나므로

$y=\dfrac{a}{x}\,(a\neq0)$에 $x=3$, $y=1$을 대입하면

$1=\dfrac{a}{3}$에서 $a=3$ $\therefore y=\dfrac{3}{x}$

답 $y=\dfrac{3}{x}$

1008 반비례 관계의 그래프이고, 점 $(-2, 1)$을 지나므로

$y=\dfrac{a}{x}\,(a\neq0)$에 $x=-2$, $y=1$을 대입하면

$1=\dfrac{a}{-2}$에서 $a=-2$ $\therefore y=-\dfrac{2}{x}$

답 $y=-\dfrac{2}{x}$

1009 (1) 매분 $2\,L$의 물이 나오므로 x분 후 정수기에서 나온 물의 양은 $2x\,L$이다.

$\therefore y=2x$

(2) $y=2x$에 $y=12$를 대입하면

$12=2x$ $\therefore x=6$ (분)

답 (1) $y=2x$ (2) **6분**

유형 익히기

1010 y가 x에 정비례하면 x와 y 사이의 관계식은

$y=ax\,(a\neq0)$, $\dfrac{y}{x}=a\,(a\neq0)$의 꼴이다.

ㄱ. $y=-\dfrac{2}{5}x$ (정비례)

ㄹ. $\dfrac{y}{x}=4$에서 $y=4x$ (정비례)

ㅁ. $y=\dfrac{x}{3}$에서 $y=\dfrac{1}{3}x$ (정비례)

따라서 보기 중 y가 x에 정비례하는 것은 ㄱ, ㄹ, ㅁ이다.

답 ㄱ, ㄹ, ㅁ

1011 x의 값이 2배, 3배, 4배, …가 될 때, y의 값도 2배, 3배, 4배, …가 되는 관계가 있으면 y는 x에 정비례하므로 $y=ax\,(a\neq0)$의 꼴이다.

② $4x-y=0$에서 $y=4x$

④ $y=\dfrac{x}{8}$에서 $y=\dfrac{1}{8}x$

답 ②, ④

1012 ㄱ. (거리)=(속력)×(시간)이므로

$y=x\times2=2x$ (정비례)

ㄴ. $y=85x$ (정비례)

ㄷ. (소금물의 농도)$=\dfrac{(소금의\ 양)}{(소금물의\ 양)}\times100(\%)$이므로

$y=\dfrac{30}{x}\times100=\dfrac{3000}{x}$

ㄹ. $y=3x$ (정비례)

ㅁ. $y=150-7x$

따라서 y가 x에 정비례하는 것은 ㄱ, ㄴ, ㄹ이다.

답 ㄱ, ㄴ, ㄹ

1013 y가 x에 정비례하므로

$y=ax\,(a\neq0)$에 $x=3$, $y=-9$를 대입하면

$-9=3a$에서 $a=-3$ $\therefore y=-3x$

$y=-3x$에 $x=1$, $y=A$를 대입하면 $A=-3$

$y=-3x$에 $x=B$, $y=-6$을 대입하면

$-6=-3B$ $\therefore B=2$

$y=-3x$에 $x=5$, $y=C$를 대입하면 $C=-15$

$\therefore A+B+C=(-3)+2+(-15)=-16$

답 -16

1014 y가 x에 정비례하므로

$y=ax\,(a\neq0)$에 $x=\dfrac{1}{2}$, $y=-3$을 대입하면

$-3=\dfrac{1}{2}a$에서 $a=-6$ $\therefore y=-6x$ **㉮**

따라서 $y=-6x$에 $y=\dfrac{3}{2}$을 대입하면

$\dfrac{3}{2}=-6x$ $\therefore x=-\dfrac{1}{4}$ **㉯**

답 $-\dfrac{1}{4}$

단계	채점요소	배점
㉮	x와 y 사이의 관계식 구하기	60%
㉯	$y=\dfrac{3}{2}$일 때 x의 값 구하기	40%

1015 y가 x에 정비례하므로

$y=ax\,(a\neq0)$에 $x=-6$, $y=18$을 대입하면

$18=-6a$에서 $a=-3$ $\therefore y=-3x$

ㄱ. $y=-3x$에 $x=2$를 대입하면 $y=-6$이다.

따라서 옳지 않은 것은 ㄱ이다.

답 ㄱ

1016 y가 x에 정비례하므로

$y=ax\,(a\neq0)$에 $x=-2$, $y=1$을 대입하면

$1=-2a$에서 $a=-\dfrac{1}{2}$ $\therefore y=-\dfrac{1}{2}x$

$y=-\dfrac{1}{2}x$에 $x=-1$, $y=B$를 대입하면

$$B = \left(-\frac{1}{2}\right) \times (-1) = \frac{1}{2}$$

$y = -\frac{1}{2}x$에 $x = A$, $y = -\frac{1}{2}$을 대입하면

$-\frac{1}{2} = -\frac{1}{2}A$에서 $A = 1$

$\therefore A + B = 1 + \frac{1}{2} = \frac{3}{2}$

답 $\frac{3}{2}$

1017 정비례 관계 $y = \frac{3}{4}x$에서 $x = 4$일 때, $y = 3$이므로 점 $(4, 3)$을 지난다.

따라서 정비례 관계 $y = \frac{3}{4}x$의 그래프는 원점과 점 $(4, 3)$을 지나는 직선이다.

답 ①

1018 정비례 관계 $y = -\frac{3}{2}x$에서

$x = -2$일 때, $y = 3$

$x = 0$일 때, $y = 0$

$x = 2$일 때, $y = -3$

따라서 구하는 정비례 관계의 그래프는 ③이다.

답 ③

1019 정비례 관계 $y = ax (a \neq 0)$의 그래프에서 $a > 0$일 때, 제1사분면과 제3사분면을 지난다.

답 ②, ⑤

1020 정비례 관계 $y = ax (a \neq 0)$의 그래프는 a의 절댓값이 작을수록 x축에 가깝다.

따라서 x축에 가장 가까운 그래프는 a의 절댓값이 가장 작은 ④이다.

답 ④

1021 정비례 관계 $y = ax (a \neq 0)$의 그래프는 a의 절댓값이 클수록 y축에 가깝다.

따라서 y축에 가장 가까운 그래프는 a의 절댓값이 가장 큰 ⑤이다.

답 ⑤

1022 ①, ②는 제2사분면과 제4사분면을 지나므로 $a < 0$

③, ④, ⑤는 제1사분면과 제3사분면을 지나므로 $a > 0$

이때 a의 절댓값이 클수록 y축에 가까우므로 ③, ④, ⑤ 중 a의 값이 가장 큰 것은 ③이다.

답 ③

1023 정비례 관계 $y = -\frac{3}{4}x$의 그래프는 제2사분면과 제4사분면을 지나고 $\left|-\frac{3}{4}\right| < |-1|$이므로 $y = -x$의 그래프보다 x축에 더 가깝다.

따라서 정비례 관계 $y = -\frac{3}{4}x$의 그래프가 될 수 있는 것은 ①이다.

답 ①

1024 정비례 관계 $y = ax (a \neq 0)$의 그래프가 점 $(4, -2)$를 지나므로 $y = ax$에 $x = 4$, $y = -2$를 대입하면

$-2 = 4a$에서 $a = -\frac{1}{2}$ $\therefore y = -\frac{1}{2}x$

이 그래프가 점 $(-3, b)$를 지나므로

$y = -\frac{1}{2}x$에 $x = -3$, $y = b$를 대입하면

$$b = \left(-\frac{1}{2}\right) \times (-3) = \frac{3}{2}$$

$\therefore a + b = \left(-\frac{1}{2}\right) + \frac{3}{2} = 1$

답 1

1025 정비례 관계 $y = ax (a \neq 0)$의 그래프가 점 $(3, -2)$를 지나므로 $y = ax$에 $x = 3$, $y = -2$를 대입하면

$-2 = 3a$에서 $a = -\frac{2}{3}$ $\therefore y = -\frac{2}{3}x$

③ $y = -\frac{2}{3}x$에 $x = 6$을 대입하면

$$y = \left(-\frac{2}{3}\right) \times 6 = -4 \qquad \therefore (6, -4)$$

답 ③

1026 정비례 관계 $y = ax (a \neq 0)$의 그래프가 점 $(3, -12)$를 지나므로 $y = ax$에 $x = 3$, $y = -12$를 대입하면

$-12 = 3a$에서 $a = -4$ $\therefore y = -4x$

⑦

정비례 관계 $y = -4x$의 그래프가 점 $(-2, b)$를 지나므로

$x = -2$, $y = b$를 대입하면 $b = (-4) \times (-2) = 8$

⑭

정비례 관계 $y = -4x$의 그래프가 점 $(c, 4)$를 지나므로

$x = c$, $y = 4$를 대입하면 $4 = -4c$ $\therefore c = -1$

⑮

$\therefore a + b + c = (-4) + 8 + (-1) = 3$

⑯

답 3

단계	채점요소	배점
⑦	a의 값 구하기	30%
⑭	b의 값 구하기	30%
⑮	c의 값 구하기	30%
⑯	$a + b + c$의 값 구하기	10%

1027 정비례 관계 $y=ax\,(a\neq0)$의 그래프가 점 $(4, 6)$을 지나므로 $y=ax$에 $x=4$, $y=6$을 대입하면

$6=4a$ $\therefore a=\dfrac{3}{2}$

정비례 관계 $y=bx\,(b\neq0)$의 그래프가 점 $(-1, 3)$을 지나므로 $y=bx$에 $x=-1$, $y=3$을 대입하면

$3=-b$ $\therefore b=-3$

$\therefore a+b=\dfrac{3}{2}+(-3)=-\dfrac{3}{2}$ 🔲 $-\dfrac{3}{2}$

1028 ② 제2사분면과 제4사분면을 지난다.
④ x의 값이 증가하면 y의 값은 감소한다.   🔲 ②, ④

1029 ⑤ a의 절댓값이 클수록 y축에 가깝다.   🔲 ⑤

1030 ④ $y=-3x$의 그래프와 원점에서 만난다.
⑤ $y=ax\,(a\neq0)$의 그래프는 a의 절댓값이 클수록 y축에 가깝다.
$|3|<|-4|$이므로 $y=-4x$의 그래프가 $y=3x$의 그래프보다 y축에 가깝다.   🔲 ⑤

1031 그래프가 원점을 지나는 직선이므로 $y=ax\,(a\neq0)$로 놓고, 점 $(2, 3)$을 지나므로 $y=ax$에 $x=2$, $y=3$을 대입하면

$3=2a$에서 $a=\dfrac{3}{2}$ $\therefore y=\dfrac{3}{2}x$ 🔲 ③

1032 그래프가 원점을 지나는 직선이므로 $y=ax\,(a\neq0)$로 놓고, 점 $(6, 4)$를 지나므로 $y=ax$에 $x=6$, $y=4$를 대입하면

$4=6a$에서 $a=\dfrac{2}{3}$ $\therefore y=\dfrac{2}{3}x$ ──── ㉮

이 그래프가 점 $(k, -2)$를 지나므로 $y=\dfrac{2}{3}x$에 $x=k$, $y=-2$를 대입하면

$-2=\dfrac{2}{3}k$ $\therefore k=-3$ ──── ㉯

🔲 -3

단계	채점요소	배점
㉮	x와 y 사이의 관계식 구하기	60 %
㉯	k의 값 구하기	40 %

1033 그래프가 원점을 지나는 직선이므로 $y=ax\,(a\neq0)$로 놓고, 점 $(-5, 3)$을 지나므로 $y=ax$에 $x=-5$, $y=3$을 대입하면 $3=-5a$에서 $a=-\dfrac{3}{5}$ $\therefore y=-\dfrac{3}{5}x$

이 그래프가 점 P를 지나므로 $y=-\dfrac{3}{5}x$에 $y=-\dfrac{12}{5}$를 대입하면 $-\dfrac{12}{5}=-\dfrac{3}{5}x$ $\therefore x=4$

따라서 점 P의 x좌표는 4이다.

🔲 4

1034 그래프가 원점을 지나는 직선이므로 $y=ax\,(a\neq0)$로 놓고, 점 $(-4, 3)$을 지나므로 $y=ax$에 $x=-4$, $y=3$을 대입하면

$3=-4a$, $a=-\dfrac{3}{4}$ $\therefore y=-\dfrac{3}{4}x$

③ $y=-\dfrac{3}{4}x$에 $x=-\dfrac{2}{3}$를 대입하면

$y=\left(-\dfrac{3}{4}\right)\times\left(-\dfrac{2}{3}\right)=\dfrac{1}{2}$ $\therefore\left(-\dfrac{2}{3}, \dfrac{1}{2}\right)$

🔲 ③

1035 점 A의 x좌표가 9이므로 $y=\dfrac{4}{3}x$에 $x=9$를 대입하면

$y=\dfrac{4}{3}\times9=12$ $\therefore$ A$(9, 12)$

따라서 (선분 OB의 길이)$=9$, (선분 AB의 길이)$=12$이므로

(삼각형 AOB의 넓이)$=\dfrac{1}{2}\times9\times12=54$

🔲 54

1036 점 A의 x좌표가 2이므로 $y=3x$에 $x=2$를 대입하면
$y=6$ $\therefore$ A$(2, 6)$

또, 점 B의 x좌표가 2이므로 $y=-\dfrac{1}{2}x$에 $x=2$를 대입하면

$y=\left(-\dfrac{1}{2}\right)\times2=-1$ $\therefore$ B$(2, -1)$

따라서 (선분 AB의 길이)$=6-(-1)=7$이므로

(삼각형 AOB의 넓이)$=\dfrac{1}{2}\times7\times2=7$

🔲 7

1037 점 P의 y좌표가 8이므로 $y=ax$에 $y=8$을 대입하면
$8=ax$ $\therefore x=\dfrac{8}{a}$

따라서 (선분 OQ의 길이)$=8$, (선분 PQ의 길이)$=\dfrac{8}{a}\,(a>0)$이므로 (삼각형 OPQ의 넓이)$=12$에서

$\dfrac{1}{2}\times8\times\dfrac{8}{a}=12$, $\dfrac{32}{a}=12$ $\therefore a=\dfrac{8}{3}$

🔲 $\dfrac{8}{3}$

1038 ㄱ, ㄴ, ㅂ. $y=ax\,(a\neq0)$ 또는 $\dfrac{y}{x}=a\,(a\neq0)$의 꼴이

므로 y가 x에 정비례한다.

ㄹ. 정비례 관계도 아니고 반비례 관계도 아니다.

따라서 y가 x에 반비례하는 것은 ㄷ, ㅁ이다.

답 ③

1039 x의 값이 2배, 3배, 4배, …가 될 때, y의 값은 $\dfrac{1}{2}$배, $\dfrac{1}{3}$

배, $\dfrac{1}{4}$배, …가 되는 관계가 있으면 y는 x에 반비례하므로

$y=\dfrac{a}{x}\,(a\neq0)$, $xy=a\,(a\neq0)$의 꼴이다.

① $y=-\dfrac{5}{x}$ (반비례)

② $\dfrac{y}{x}=-1$에서 $y=-x$ (정비례)

③, ⑤ 정비례 관계도 아니고 반비례 관계도 아니다.

④ $xy=-\dfrac{1}{6}$ (반비례)

답 ①, ④

1040 ① (삼각형의 넓이)$=\dfrac{1}{2}\times$(밑변의 길이)$\times$(높이)이므로

$y=\dfrac{1}{2}\times20\times x=10x$ (정비례)

② (시간)$=\dfrac{(거리)}{(속력)}$이므로 $y=\dfrac{10}{x}$ (반비례)

③ (원기둥의 부피)$=$(밑넓이)$\times$(높이)이므로 $y=9x$ (정비례)

④ (소금의 양)$=\dfrac{(소금물의 농도)}{100}\times$(소금물의 양)이므로

$15=\dfrac{x}{100}\times y$에서 $xy=1500$ (반비례)

⑤ $y=2(x+7)=2x+14$이므로 정비례 관계도 아니고 반비례

관계도 아니다.

답 ②, ④

1041 y가 x에 반비례하므로 $y=\dfrac{a}{x}\,(a\neq0)$에 $x=-6$, $y=3$

을 대입하면 $3=\dfrac{a}{-6}$에서 $a=-18$ $\quad\therefore\ y=-\dfrac{18}{x}$

$y=-\dfrac{18}{x}$에 $x=-9$, $y=A$를 대입하면

$A=-\dfrac{18}{-9}=2$

$y=-\dfrac{18}{x}$에 $x=B$, $y=-1$을 대입하면

$-1=-\dfrac{18}{B}$ $\quad\therefore\ B=18$

$\therefore\ A-B=2-18=-16$

답 -16

1042 y가 x에 반비례하므로 $y=\dfrac{a}{x}\,(a\neq0)$에 $x=-3$, $y=5$

를 대입하면 $5=\dfrac{a}{-3}$에서 $a=-15$ $\quad\therefore\ y=-\dfrac{15}{x}$

답 ⑤

1043 y가 x에 반비례하므로 $y=\dfrac{a}{x}\,(a\neq0)$에 $x=4$,

$y=-\dfrac{1}{2}$을 대입하면 $-\dfrac{1}{2}=\dfrac{a}{4}$에서 $a=-2$ $\quad\therefore\ y=-\dfrac{2}{x}$

$y=-\dfrac{2}{x}$에 $y=\dfrac{1}{6}$을 대입하면 $\dfrac{1}{6}=-\dfrac{2}{x}$ $\quad\therefore\ x=-12$

답 -12

1044 y가 x에 반비례하므로 $y=\dfrac{a}{x}\,(a\neq0)$에 $x=-3$,

$y=12$를 대입하면

$12=\dfrac{a}{-3}$에서 $a=-36$ $\quad\therefore\ y=-\dfrac{36}{x}$

·· ㉮

$y=-\dfrac{36}{x}$에 $x=-4$, $y=A$를 대입하면

$A=-\dfrac{36}{-4}=9$

$y=-\dfrac{36}{x}$에 $x=B$, $y=18$을 대입하면

$18=-\dfrac{36}{B}$ $\quad\therefore\ B=-2$

$y=-\dfrac{36}{x}$에 $x=2$, $y=C$를 대입하면

$C=-\dfrac{36}{2}=-18$

·· ㉯

$\therefore\ A+B+C=9+(-2)+(-18)=-11$

·· ㉰

답 -11

단계	채점요소	배점
㉮	x와 y 사이의 관계식 구하기	30 %
㉯	A, B, C의 값 구하기	60 %
㉰	$A+B+C$의 값 구하기	10 %

1045 반비례 관계 $y=\dfrac{3}{x}$의 그래프는 제1사분면과 제3사분

면을 지나고 원점에 대하여 대칭인 한 쌍의 매끄러운 곡선이다.

이때 점 $(-1,\ -3)$을 지나므로 $x<0$에서의 반비례 관계 $y=\dfrac{3}{x}$

의 그래프는 ④이다.

답 ④

1046 반비례 관계 $y=\dfrac{a}{x}\,(a<0)$의 그래프는 제2사분면과

제4사분면을 지나고 원점에 대하여 대칭인 한 쌍의 매끄러운 곡

선이다.

그런데 $x>0$이므로 그래프는 제 4 사분면에만 그려진다.

따라서 그래프가 될 수 있는 것은 ⑤이다.   🖪 ⑤

1047 정비례 관계 $y=ax\,(a\neq0)$의 그래프와 반비례 관계
$y=\dfrac{a}{x}\,(a\neq0)$의 그래프는 모두 $a<0$일 때, 제 2 사분면과
제 4 사분면을 지난다.

따라서 제 4 사분면을 지나는 것은 $a<0$인 ㄴ, ㄹ, ㅂ이다.
     🖪 ㄴ, ㄹ, ㅂ

1048 반비례 관계 $y=\dfrac{a}{x}\,(a\neq0)$의 그래프는 a의 절댓값이
클수록 원점에서 멀다.

즉, $\left|-\dfrac{1}{5}\right|<\left|\dfrac{1}{2}\right|<|1|<|-2|<|6|$이므로 원점에서 가장
멀리 떨어진 것은 ①이다.   🖪 ①

1049 ㉠ $y=-\dfrac{1}{3}x$ ㉡ $y=-3x$ ㉢ $y=2x$

㉣ $y=\dfrac{5}{x}$ ㉤ $y=\dfrac{8}{x}$

따라서 옳게 짝지은 것은 ③이다.   🖪 ③

1050 반비례 관계 $y=\dfrac{a}{x}\,(a\neq0)$의 그래프가 제 2 사분면과
제 4 사분면을 지나므로 $a<0$

이때 $y=\dfrac{a}{x}\,(a\neq0)$의 그래프가 $y=-\dfrac{2}{x}$의 그래프보다 원점에
서 더 멀리 떨어져 있으므로
$|a|>|-2|=2$, 즉 $a<-2$ 🖪 $a<-2$

1051 반비례 관계 $y=\dfrac{a}{x}\,(a\neq0)$의 그래프가 점 $(2,\,4)$를 지
나므로 $y=\dfrac{a}{x}$에 $x=2,\,y=4$를 대입하면
$4=\dfrac{a}{2}$에서 $a=8$ $\therefore y=\dfrac{8}{x}$

① $y=\dfrac{8}{x}$에 $x=-4$를 대입하면 $y=\dfrac{8}{-4}=-2$
   $\therefore (-4,\,-2)$

② $y=\dfrac{8}{x}$에 $x=-2$를 대입하면 $y=\dfrac{8}{-2}=-4$
   $\therefore (-2,\,-4)$

③ $y=\dfrac{8}{x}$에 $x=-1$을 대입하면 $y=\dfrac{8}{-1}=-8$
   $\therefore (-1,\,-8)$

④ $y=\dfrac{8}{x}$에 $x=1$을 대입하면 $y=\dfrac{8}{1}=8$ $\therefore (1,\,8)$

⑤ $y=\dfrac{8}{x}$에 $x=4$를 대입하면 $y=\dfrac{8}{4}=2$ $\therefore (4,\,2)$

따라서 반비례 관계 $y=\dfrac{8}{x}$의 그래프 위의 점은 ③이다.   🖪 ③

1052 반비례 관계 $y=-\dfrac{12}{x}$의 그래프가 점 $(6,\,a)$를 지나므
로 $y=-\dfrac{12}{x}$에 $x=6,\,y=a$를 대입하면
$a=-\dfrac{12}{6}=-2$

⋯⋯⋯⋯⋯⋯⋯⋯⋯⋯⋯⋯⋯⋯⋯⋯⋯⋯⋯⋯⋯⋯⋯ ㉮

반비례 관계 $y=-\dfrac{12}{x}$의 그래프가 점 $(b,\,-12)$를 지나므로
$y=-\dfrac{12}{x}$에 $x=b,\,y=-12$를 대입하면
$-12=-\dfrac{12}{b}$ $\therefore b=1$

⋯⋯⋯⋯⋯⋯⋯⋯⋯⋯⋯⋯⋯⋯⋯⋯⋯⋯⋯⋯⋯⋯⋯ ㉯

$\therefore a+b=(-2)+1=-1$

⋯⋯⋯⋯⋯⋯⋯⋯⋯⋯⋯⋯⋯⋯⋯⋯⋯⋯⋯⋯⋯⋯⋯ ㉰

     🖪 -1

단계	채점요소	배점
㉮	a의 값 구하기	40%
㉯	b의 값 구하기	40%
㉰	$a+b$의 값 구하기	20%

1053 반비례 관계 $y=\dfrac{a}{x}\,(a\neq0)$의 그래프가 점 $(3,\,2)$를 지
나므로 $y=\dfrac{a}{x}$에 $x=3,\,y=2$를 대입하면
$2=\dfrac{a}{3}$에서 $a=6$ $\therefore y=\dfrac{6}{x}$

$y=\dfrac{6}{x}$에 $x=-1$을 대입하면 $y=\dfrac{6}{-1}=-6$

따라서 점 P의 좌표는 $(-1,\,-6)$이다.

     🖪 $\mathrm{P}(-1,\,-6)$

1054 반비례 관계 $y=\dfrac{10}{x}$의 그래프 위의 점 중에서 x좌표와
y좌표가 모두 정수인 점은
$(-10,\,-1),\,(-5,\,-2),\,(-2,\,-5),\,(-1,\,-10),$
$(1,\,10),\,(2,\,5),\,(5,\,2),\,(10,\,1)$
의 8개이다.   🖪 ②

1055 반비례 관계 $y=\dfrac{3}{x}$의 그래프
는 오른쪽 그림과 같다.
① 점 $(-1,\,-3)$을 지난다.
② $x<0$일 때, 제 3 사분면을 지난다.
③ 반비례 관계 $y=\dfrac{a}{x}\,(a\neq0)$의 그래

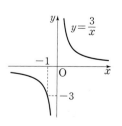

프는 좌표축과 만나지 않는다.

⑤ y는 x에 반비례한다. 　　　　　　　**답 ④**

1056 반비례 관계 $y=-\dfrac{8}{x}$의 그래프
는 오른쪽 그림과 같다.

① 점 $(1, -8)$을 지난다.

② 제2사분면과 제4사분면을 지난다.

③ 정비례 관계 $y=8x$의 그래프는 원점
을 지나는 직선이고 제1사분면과 제3사분면을 지나므로 만
나지 않는다.

⑤ $x>0$일 때, x의 값이 증가하면 y의 값도 증가한다.

　　　　　　　답 ④

1057 ⑤ $y=\dfrac{a}{x}\,(a\neq0)$는 반비례 관계이므로 x의 값이 2배,

3배, 4배, $\cdots$가 되면 y의 값은 $\dfrac{1}{2}$배, $\dfrac{1}{3}$배, $\dfrac{1}{4}$배, $\cdots$가 된다.

　　　　　　　답 ⑤

1058 그래프가 원점에 대하여 대칭인 한 쌍의 매끄러운 곡선
이므로 $y=\dfrac{a}{x}\,(a\neq0)$로 놓고, 그래프가 점 $(-2, 3)$을 지나므
로 $y=\dfrac{a}{x}$에 $x=-2$, $y=3$을 대입하면

$3=\dfrac{a}{-2}$에서 $a=-6$　　$\therefore y=-\dfrac{6}{x}$

이 그래프가 점 A를 지나므로 $y=-\dfrac{6}{x}$에 $x=1$을 대입하면

$y=-6$

따라서 점 A의 좌표는 $(1, -6)$이다.　　**답 A$(1, -6)$**

1059 그래프가 원점에 대하여 대칭인 한 쌍의 매끄러운 곡선
이므로 $y=\dfrac{a}{x}\,(a\neq0)$로 놓고, 그래프가 점 $(1, -3)$을 지나므
로 $y=\dfrac{a}{x}$에 $x=1$, $y=-3$을 대입하면

$-3=a$　　$\therefore y=-\dfrac{3}{x}$

--㉮

이 그래프가 점 $\left(k, \dfrac{1}{2}\right)$을 지나므로 $y=-\dfrac{3}{x}$에 $x=k$, $y=\dfrac{1}{2}$을

대입하면 $\dfrac{1}{2}=-\dfrac{3}{k}$　　$\therefore k=-6$

--㉯

　　　　　　　답 -6

단계	채점요소	배점
㉮	x와 y 사이의 관계식 구하기	60%
㉯	k의 값 구하기	40%

1060 ① $y=ax$에 $x=-2$, $y=2$를 대입하면

$2=-2a$에서 $a=-1$　　$\therefore y=-x$

② $y=ax$에 $x=1$, $y=3$을 대입하면 $3=a$　　$\therefore y=3x$

③ $y=ax$에 $x=3$, $y=4$를 대입하면

$4=3a$에서 $a=\dfrac{4}{3}$　　$\therefore y=\dfrac{4}{3}x$

④ $y=\dfrac{a}{x}$에 $x=1$, $y=5$를 대입하면 $5=a$　　$\therefore y=\dfrac{5}{x}$

⑤ $y=\dfrac{a}{x}$에 $x=-4$, $y=1$을 대입하면

$1=\dfrac{a}{-4}$에서 $a=-4$　　$\therefore y=-\dfrac{4}{x}$

따라서 옳게 짝지어진 것은 ⑤이다.

　　　　　　　답 ⑤

1061 점 A가 정비례 관계 $y=2x$의 그래프 위의 점이므로
$y=2x$에 $x=-2$를 대입하면

$y=2\times(-2)=-4$　　$\therefore$ A$(-2, -4)$

또, 점 A는 반비례 관계 $y=\dfrac{a}{x}\,(a\neq0)$의 그래프 위의 점이므로

$y=\dfrac{a}{x}$에 $x=-2$, $y=-4$를 대입하면

$-4=\dfrac{a}{-2}$　　$\therefore a=8$　　**답 8**

1062 정비례 관계 $y=ax\,(a\neq0)$의 그래프가 점 $(6, 2)$를 지
나므로 $y=ax$에 $x=6$, $y=2$를 대입하면 $2=6a$　　$\therefore a=\dfrac{1}{3}$

반비례 관계 $y=\dfrac{b}{x}\,(b\neq0)$의 그래프가 점 $(6, 2)$를 지나므로

$y=\dfrac{b}{x}$에 $x=6$, $y=2$를 대입하면 $2=\dfrac{b}{6}$　　$\therefore b=12$

$\therefore ab=\dfrac{1}{3}\times12=4$

　　　　　　　답 4

1063 점 A가 정비례 관계 $y=-2x$의 그래프 위의 점이므로
$y=-2x$에 $y=-8$을 대입하면

$-8=-2x$에서 $x=4$　　$\therefore$ A$(4, -8)$

또, 점 A는 반비례 관계 $y=\dfrac{a}{x}\,(a\neq0)$의 그래프 위의 점이므로

$y=\dfrac{a}{x}$에 $x=4$, $y=-8$을 대입하면

$-8=\dfrac{a}{4}$　　$\therefore a=-32$　　**답 -32**

1064 정비례 관계 $y=-3x$의 그래프가 점 $(-4, b)$를 지나
므로 $y=-3x$에 $x=-4$, $y=b$를 대입하면

$b=(-3)\times(-4)=12$

--㉮

반비례 관계 $y=\dfrac{a}{x}$ $(a\neq0,\ x<0)$의 그래프가 점 $(-4,\ 12)$를 지나므로 $y=\dfrac{a}{x}$에 $x=-4$, $y=12$를 대입하면

$12=\dfrac{a}{-4}$ $\qquad\therefore a=-48$

──────────────────────────────── ㉯

$\therefore a+b=(-48)+12=-36$

──────────────────────────────── ㉰

🄰 -36

단계	채점요소	배점
㉮	b의 값 구하기	40%
㉯	a의 값 구하기	40%
㉰	$a+b$의 값 구하기	20%

1065 점 P의 x좌표를 $t(t>0)$라 하면 $P\left(t,\ \dfrac{a}{t}\right)$이고 $A(t,\ 0)$이다.

이때 삼각형 POA의 넓이가 10이므로

$\dfrac{1}{2}\times t\times\dfrac{a}{t}=10$ $\qquad\therefore a=20$

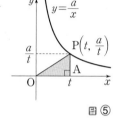

🄰 ⑤

1066 점 P의 x좌표를 $k\,(k>0)$라 하면 $P\left(k,\ \dfrac{14}{k}\right)$이므로

(선분 OA의 길이)$=k$, (선분 OB의 길이)$=\dfrac{14}{k}$

$\therefore$ (직사각형 $OAPB$의 넓이)$=k\times\dfrac{14}{k}=14$

🄰 ④

1067 점 P의 x좌표를 $k\,(k>0)$라 하면 $P\left(k,\ \dfrac{12}{k}\right)$이고 $A(k,\ 0)$, $B\left(0,\ \dfrac{12}{k}\right)$이다.

따라서 (선분 BP의 길이)$=k$,

(선분 PA의 길이)$=\dfrac{12}{k}$이므로

(삼각형 APB의 넓이)$=\dfrac{1}{2}\times k\times\dfrac{12}{k}=6$

🄰 6

1068 반비례 관계 $y=\dfrac{a}{x}$ $(a\neq0)$의 그래프에서 점 P의 x좌표가 -4이므로 $y=\dfrac{a}{x}$에 $x=-4$를 대입하면

$y=\dfrac{a}{-4}$ $\qquad\therefore P\left(-4,\ -\dfrac{a}{4}\right)$

즉, (선분 AO의 길이)$=4$, (선분 OB의 길이)$=-\dfrac{a}{4}$

따라서 (직사각형 $PAOB$의 넓이)$=18$에서

$4\times\left(-\dfrac{a}{4}\right)=18$ $\qquad\therefore a=-18$

🄰 ①

1069 점 A의 x좌표가 -3이므로 $y=\dfrac{a}{x}$에 $x=-3$을 대입하면 $y=\dfrac{a}{-3}$ $\qquad\therefore A\left(-3,\ -\dfrac{a}{3}\right)$

점 C의 x좌표가 3이므로 $y=\dfrac{a}{x}$에 $x=3$을 대입하면 $y=\dfrac{a}{3}$

$\therefore C\left(3,\ \dfrac{a}{3}\right)$

즉, (선분 CD의 길이)$=3-(-3)=6$,

(선분 DA의 길이)$=\dfrac{a}{3}-\left(-\dfrac{a}{3}\right)=\dfrac{2}{3}a$

따라서 (직사각형 $ABCD$의 넓이)$=40$에서

$6\times\dfrac{2}{3}a=40$, $4a=40$ $\qquad\therefore a=10$

🄰 ②

1070 두 개의 톱니바퀴가 각각 회전하는 동안 맞물린 톱니의 수는 서로 같다.

(A의 톱니의 수)$\times$(A의 회전수)

$=$(B의 톱니의 수)$\times$(B의 회전수)이므로

$38x=19y$ $\qquad\therefore y=2x$

🄰 ②

1071 (속력)$=\dfrac{(거리)}{(시간)}$이므로 $y=\dfrac{x}{4}$

🄰 $y=\dfrac{1}{4}x$

1072 양초의 길이는 불을 붙이면 1분에 $0.6\,cm$씩 줄어들므로 x분 후 줄어든 양초의 길이는 $0.6x\,cm$이다.

$\therefore y=0.6x$

🄰 $y=0.6x$

1073 소금물의 농도가 $\dfrac{40}{200}\times100=20\,(\%)$이므로

$y=\dfrac{20}{100}\times x$ $\qquad\therefore y=\dfrac{1}{5}x$

🄰 $y=\dfrac{1}{5}x$

1074 y가 x에 정비례하므로 $y=ax\,(a\neq0)$로 놓고 $x=20$, $y=300$을 대입하면 $300=a\times20$에서 $a=15$ $\qquad\therefore y=15x$

$y=15x$에 $x=5$를 대입하면 $y=15\times5=75$

따라서 5일 동안 읽은 책의 쪽수는 75쪽이다.

🄰 75쪽

1075 지구에서의 무게가 x kg인 물체의 수성에서의 무게를 y kg이라 하면 $y=\dfrac{1}{3}x$

$y=\dfrac{1}{3}x$에 $x=36$을 대입하면 $y=\dfrac{1}{3}\times36=12$

따라서 지구에서의 무게가 36 kg인 물체의 수성에서의 무게는 12 kg이다.

冨 12 kg

1076 구매 금액이 x원일 때, 할인받는 금액을 y원이라 하면

$y=x\times\dfrac{5}{100}$ $\quad\therefore y=\dfrac{1}{20}x$

$y=\dfrac{1}{20}x$에 $x=35000$을 대입하면 $y=\dfrac{1}{20}\times35000=1750$

따라서 할인받는 금액은 1750원이다.

冨 1750원

1077 (삼각형 ABP의 넓이)$=\dfrac{1}{2}\times x\times10=5x$

$\therefore y=5x$

$y=5x$에 $y=40$을 대입하면 $40=5x$ $\quad\therefore x=8$

따라서 선분 BP의 길이는 8 cm이다.

冨 8 cm

1078 매분 5 L씩 물을 채우면 80분 만에 가득 차므로 이 물통의 용량은 $5\times80=400$(L)

매분 x L씩 물을 채우면 y분 만에 가득 차므로

$xy=400$ $\quad\therefore y=\dfrac{400}{x}$

冨 ③

1079 두 개의 톱니바퀴가 각각 회전하는 동안 맞물린 톱니의 수는 같다.

(A의 톱니의 수)$\times$(A의 회전수)
$=$(B의 톱니의 수)$\times$(B의 회전수)이므로

$30\times5=xy$ $\quad\therefore y=\dfrac{150}{x}$

冨 $y=\dfrac{150}{x}$

1080 (원기둥의 부피)$=$(밑면의 넓이)$\times$(높이)이므로

$30=y\times x$ $\quad\therefore y=\dfrac{30}{x}$

그런데 원기둥의 높이 x는 항상 양수이므로 $x>0$

따라서 $y=\dfrac{30}{x}$ $(x>0)$의 그래프는 ②이다.

冨 ②

1081 기체의 압력을 x기압, 부피를 y cm³라 하면 기체의 부피는 압력에 반비례하므로 $y=\dfrac{a}{x}\,(a\neq0)$로 놓는다.

어떤 기체의 부피가 15 cm³일 때, 압력이 6기압이므로

$y=\dfrac{a}{x}$에 $x=6$, $y=15$를 대입하면

$15=\dfrac{a}{6}$에서 $a=90$ $\quad\therefore y=\dfrac{90}{x}$

$y=\dfrac{90}{x}$에 $x=9$를 대입하면 $y=\dfrac{90}{9}=10$

따라서 구하는 기체의 부피는 10 cm³이다.

冨 10 cm³

1082 7명이 16시간 동안 작업한 일의 양과 x명이 y시간 동안 작업한 일의 양은 같으므로 $x\times y=7\times16$ $\quad\therefore y=\dfrac{112}{x}$

$y=\dfrac{112}{x}$에 $y=14$를 대입하면 $14=\dfrac{112}{x}$ $\quad\therefore x=8$

따라서 8명이 필요하다.

冨 8명

1083 (거리)$=$(속력)$\times$(시간)이므로

(전체 거리)$=60\times5=300$(km)

$xy=300$ $\quad\therefore y=\dfrac{300}{x}$

$y=\dfrac{300}{x}$에 $x=100$을 대입하면 $y=\dfrac{300}{100}=3$

따라서 시속 100 km로 달릴 때 출발지부터 도착지까지 가는 데 걸린 시간은 3시간이다.

冨 3시간

1084 분속 x m로 걸었을 때 걸리는 시간을 y분이라 하면 시간은 속력에 반비례하므로 $y=\dfrac{a}{x}\,(a\neq0)$로 놓는다.

$y=\dfrac{a}{x}$에 $x=300$, $y=10$을 대입하면

$10=\dfrac{a}{300}$에서 $a=3000$ $\quad\therefore y=\dfrac{3000}{x}$

.... ㉮

$y=\dfrac{3000}{x}$에 $y=6$을 대입하면

$6=\dfrac{3000}{x}$ $\quad\therefore x=500$

따라서 분속 500 m로 걸어야 한다.

.... ㉯

冨 분속 500 m

단계	채점요소	배점
㉮	x와 y 사이의 관계식 구하기	70 %
㉯	답 구하기	30 %

1085 (1) 점 A의 x좌표가 3이므로 B(3, 0)이고, $y=4x$에 $x=3$을 대입하면 $y=4\times3=12$ ∴ A(3, 12)

∴ (삼각형 AOB의 넓이)$=\dfrac{1}{2}\times3\times12=18$

(2) 정비례 관계 $y=ax\,(a\neq0)$의 그래프가 삼각형 AOB의 넓이를 이등분하므로 선분 AB의 한가운데 점 (3, 6)을 지나야 한다. 즉, $y=ax$의 그래프가 점 (3, 6)을 지나야 하므로 $6=3a$ ∴ $a=2$

目 (1) **18** (2) **2**

1086 오른쪽 그림에서 삼각형 AOB의 넓이는 $\dfrac{1}{2}\times6\times8=24$

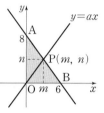

정비례 관계 $y=ax\,(a\neq0)$의 그래프가 선분 AB와 만나는 점을 P(m, n)이라 하자.

정비례 관계 $y=ax\,(a\neq0)$의 그래프가 삼각형 AOB의 넓이를 이등분하므로

($\triangle$AOP의 넓이)$=\dfrac{1}{2}\times8\times m=12$ ∴ $m=3$

($\triangle$POB의 넓이)$=\dfrac{1}{2}\times6\times n=12$ ∴ $n=4$

따라서 점 P(3, 4)이므로 $y=ax$에 $x=3$, $y=4$를 대입하면 $4=3a$ ∴ $a=\dfrac{4}{3}$

目 ④

1087 형을 나타내는 정비례 관계 $y=ax\,(a\neq0)$의 그래프가 점 (3, 480)을 지나므로 $y=ax$에 $x=3$, $y=480$을 대입하면 $480=3a$에서 $a=160$ ∴ $y=160x\,(x\ge0)$

동생을 나타내는 정비례 관계 $y=bx\,(b\neq0)$의 그래프가 점 (3, 150)을 지나므로 $y=bx$에 $x=3$, $y=150$을 대입하면 $150=3b$에서 $b=50$ ∴ $y=50x\,(x\ge0)$

집에서 공원까지의 거리는 800 m이므로 형이 공원까지 가는 데 걸리는 시간은 $y=160x$에 $y=800$을 대입하면 $800=160x$ ∴ $x=5$(분)

동생이 공원까지 가는 데 걸리는 시간은 $y=50x$에 $y=800$을 대입하면 $800=50x$ ∴ $x=16$(분)

따라서 형이 공원에 도착한 후 $16-5=11$(분)을 기다려야 동생이 도착한다.

目 ③

1088 자전거 탈 때를 나타내는 정비례 관계 $y=ax\,(a\neq0)$의 그래프가 점 (1, 180)을 지나므로 $y=ax$에 $x=1$, $y=180$을 대입하면 $180=a$ ∴ $y=180x\,(x\ge0)$

걸어갈 때를 나타내는 정비례 관계 $y=bx\,(b\neq0)$의 그래프가 점 (1, 120)을 지나므로 $y=bx$에 $x=1$, $y=120$을 대입하면 $120=b$ ∴ $y=120x\,(x\ge0)$

720 kcal의 열량을 소모하기 위해 자전거를 타야 하는 시간은 $y=180x$에 $y=720$을 대입하면 $720=180x$ ∴ $x=4$(시간)

720 kcal의 열량을 소모하기 위해 걸어야 하는 시간은 $y=120x$에 $y=720$을 대입하면 $720=120x$ ∴ $x=6$(시간)

따라서 720 kcal의 열량을 소모하기 위해 자전거를 타야 하는 시간은 4시간, 걸어야 하는 시간은 6시간이므로 구하는 시간의 차는 $6-4=2$(시간)이다.

目 ③

1089 ㄷ. $xy=8$에서 $y=\dfrac{8}{x}$ (반비례)

ㅁ. $\dfrac{y}{x}=6$에서 $y=6x$ (정비례)

目 ㄱ, ㅁ

1090 y가 x에 반비례하므로 $y=\dfrac{a}{x}\,(a\neq0)$로 놓고 $x=-4$, $y=1$을 대입하면 $1=\dfrac{a}{-4}$에서 $a=-4$ ∴ $y=-\dfrac{4}{x}$

$y=-\dfrac{4}{x}$에 $x=-2$, $y=A$를 대입하면

$A=-\dfrac{4}{-2}=2$

$y=-\dfrac{4}{x}$에 $x=B$, $y=-1$을 대입하면

$-1=-\dfrac{4}{B}$ ∴ $B=4$

∴ $AB=2\times4=8$

目 **8**

1091 ㄱ. $y=1560x$ (정비례)

ㄴ. $y=\dfrac{20}{x}\times100=\dfrac{2000}{x}$ (반비례)

ㄷ. $xy=2\times5=10$ ∴ $y=\dfrac{10}{x}$ (반비례)

ㄹ. $y=1000\times\dfrac{x}{100}=10x$ (정비례)

따라서 y가 x에 반비례하는 것은 ㄴ, ㄷ이다.

目 ㄴ, ㄷ

1092 (삼각형 DPC의 넓이)$=\dfrac{1}{2}\times x\times4=2x$

∴ $y=2x$

目 $\boldsymbol{y=2x}$

1093 정비례 관계 $y=-\dfrac{3}{4}x$의 그래프는 오른쪽 그림과 같다.

① 점 $(4, -3)$을 지난다.

② 점 $\left(3, -\dfrac{9}{4}\right)$를 지난다.

③ $\left|\dfrac{1}{2}\right|<\left|-\dfrac{3}{4}\right|$이므로 정비례 관계 $y=-\dfrac{3}{4}x$의 그래프가 $y=\dfrac{1}{2}x$의 그래프보다 y축에 더 가깝다.

⑤ x의 값이 증가하면 y의 값은 감소한다.

답 ④

1094 반비례 관계 $y=\dfrac{5}{x}$의 그래프는 제1사분면과 제3사분면을 지나고 원점에 대하여 대칭인 한 쌍의 매끄러운 곡선이다. 그런데 $x<0$이므로 그래프는 제3사분면에만 그려진다.

따라서 그래프가 될 수 있는 것은 ③이다.

답 ③

1095 정비례 관계 $y=ax\,(a\neq0)$의 그래프는 $a>0$일 때, x의 값이 증가하면 y의 값도 증가한다.

반비례 관계 $y=\dfrac{a}{x}\,(a\neq0,\ x>0)$의 그래프는 $a<0$일 때 x의 값이 증가하면 y의 값도 증가한다.

답 ①, ②

1096 정비례 관계 $y=ax\,(a\neq0)$의 그래프가 점 $(-3, 9)$를 지나므로 $y=ax$에 $x=-3,\ y=9$를 대입하면

$9=-3a$ ∴ $a=-3$

반비례 관계 $y=\dfrac{b}{x}\,(b\neq0)$의 그래프가 점 $(7, 4)$를 지나므로 $y=\dfrac{b}{x}$에 $x=7,\ y=4$를 대입하면 $4=\dfrac{b}{7}$ ∴ $b=28$

∴ $a-b=(-3)-28=-31$

답 -31

1097 그래프가 원점에 대하여 대칭인 한 쌍의 매끄러운 곡선이므로 $y=\dfrac{a}{x}\,(a\neq0)$로 놓고, 점 $(3, 2)$를 지나므로 $y=\dfrac{a}{x}$에 $x=3,\ y=2$를 대입하면 $2=\dfrac{a}{3}$에서 $a=6$ ∴ $y=\dfrac{6}{x}$

① $y=\dfrac{6}{x}$에 $x=-1$을 대입하면 $y=\dfrac{6}{-1}=-6$

∴ $(-1, -6)$

② $y=\dfrac{6}{x}$에 $x=-2$를 대입하면 $y=\dfrac{6}{-2}=-3$

∴ $(-2, -3)$

③ $y=\dfrac{6}{x}$에 $x=1$을 대입하면 $y=\dfrac{6}{1}=6$ ∴ $(1, 6)$

④ $y=\dfrac{6}{x}$에 $x=2$를 대입하면 $y=\dfrac{6}{2}=3$ ∴ $(2, 3)$

⑤ $y=\dfrac{6}{x}$에 $x=6$을 대입하면 $y=\dfrac{6}{6}=1$ ∴ $(6, 1)$

따라서 반비례 관계 $y=\dfrac{6}{x}$의 그래프 위의 점은 ②이다.

답 ②

1098 정비례 관계 $y=ax\,(a\neq0)$의 그래프가 점 $(-3, 2)$를 지나므로 $y=ax$에 $x=-3,\ y=2$를 대입하면

$2=-3a$에서 $a=-\dfrac{2}{3}$ ∴ $y=-\dfrac{2}{3}x$

이 그래프가 점 A를 지나므로 $y=-\dfrac{2}{3}x$에 $y=-4$를 대입하면

$-4=-\dfrac{2}{3}x$ ∴ $x=6$

따라서 점 A의 좌표는 $(6, -4)$이다.

답 ⑤

1099 정비례 관계 $y=ax\,(a\neq0)$의 그래프가 점 $(4, 3)$을 지나므로 $y=ax$에 $x=4,\ y=3$을 대입하면 $3=4a$ ∴ $a=\dfrac{3}{4}$

정비례 관계 $y=bx\,(b\neq0)$의 그래프가 점 $(1, -4)$를 지나므로 $y=bx$에 $x=1,\ y=-4$를 대입하면 $-4=b$

∴ $ab=\dfrac{3}{4}\times(-4)=-3$

답 -3

1100 점 A가 정비례 관계 $y=-\dfrac{x}{2}$의 그래프 위의 점이므로 $y=-\dfrac{x}{2}$에 $x=4$를 대입하면

$y=-\dfrac{4}{2}=-2$ ∴ $A(4, -2)$

또, 점 A는 반비례 관계 $y=\dfrac{a}{x}\,(a\neq0)$의 그래프 위의 점이므로 $y=\dfrac{a}{x}$에 $x=4,\ y=-2$를 대입하면

$-2=\dfrac{a}{4}$ ∴ $a=-8$

답 -8

1101 반비례 관계 $y=-\dfrac{8}{x}$에 $x=-2$를 대입하면

$y=-\dfrac{8}{-2}=4$

즉, ㉠의 그래프는 점 $(-2, 4)$를 지나고, 원점을 지나는 직선이므로 $y=ax\,(a\neq0)$로 놓고 $x=-2,\ y=4$를 대입하면

$4=-2a$에서 $a=-2$ ∴ $y=-2x$

답 ②

1102 ③ 주어진 그래프가 원점에 대하여 대칭인 한 쌍의 매끄러운 곡선이므로 $y=\dfrac{a}{x}\,(a\neq0)$로 놓고, 점 $(-2, 6)$을 지나

므로 $y=\dfrac{a}{x}$에 $x=-2$, $y=6$을 대입하면

$6=\dfrac{a}{-2}$에서 $a=-12$ $\therefore y=-\dfrac{12}{x}$

① y는 x에 반비례한다.

② $x>0$일 때, x의 값이 증가하면 y의 값도 증가한다.

④ $y=-\dfrac{12}{x}$에 $x=-6$을 대입하면 $y=-\dfrac{12}{-6}=2$이므로 점 $(-6, 2)$를 지난다.

⑤ $y=-\dfrac{12}{x}$에서 $xy=-12$이므로 xy의 값이 항상 일정하다.

답 ③, ⑤

1103 점 B가 정비례 관계 $y=\dfrac{1}{3}x$의 그래프 위의 점이므로

$y=\dfrac{1}{3}x$에 $y=2$를 대입하면

$2=\dfrac{1}{3}x$에서 $x=6$ $\therefore$ B(6, 2)

이때 (점 A의 x좌표)=(점 B의 x좌표)=6이고 점 A는 정비례 관계 $y=3x$의 그래프 위의 점이므로 $y=3x$에 $x=6$을 대입하면

$y=3\times6=18$ $\therefore$ A(6, 18)

즉, 삼각형 AOB에서 선분 AB를 밑변으로 하면

(밑변의 길이)$=18-2=16$,

(높이)=(선분 OH의 길이)$=6$

$\therefore$ (삼각형 AOB의 넓이)$=\dfrac{1}{2}\times16\times6=48$

답 ④

1104 똑같은 기계 40대로 15시간 동안 작업한 일의 양과 똑같은 기계 x대로 y시간 동안 작업한 일의 양이 같다고 하면

$40\times15=x\times y$ $\therefore y=\dfrac{600}{x}$

$y=\dfrac{600}{x}$에 $y=3$을 대입하면 $3=\dfrac{600}{x}$ $\therefore x=200$

따라서 200대의 똑같은 기계가 필요하다.

답 200대

1105 반비례 관계 $y=\dfrac{a}{x}$ $(a\neq0)$의 그래프가 점 $(3, 4)$를 지나므로 $y=\dfrac{a}{x}$에 $x=3$, $y=4$를 대입하면

$4=\dfrac{a}{3}$에서 $a=12$ $\therefore y=\dfrac{12}{x}$

반비례 관계 $y=\dfrac{12}{x}$의 그래프 위의 점 중에서 x좌표와 y좌표가 모두 정수인 점은

$(1, 12)$, $(2, 6)$, $(3, 4)$, $(4, 3)$, $(6, 2)$, $(12, 1)$, $(-1, -12)$, $(-2, -6)$, $(-3, -4)$, $(-4, -3)$, $(-6, -2)$, $(-12, -1)$

의 12개이다. **답 12개**

1106 반비례 관계 $y=\dfrac{a}{x}$ $(a\neq0)$의 그래프가 점 A$(2, 6)$을 지나므로 $y=\dfrac{a}{x}$에 $x=2$, $y=6$을 대입하면

$6=\dfrac{a}{2}$에서 $a=12$ $\therefore y=\dfrac{12}{x}$

점 B$(t, 3)$은 반비례 관계 $y=\dfrac{12}{x}$의 그래프 위의 점이므로

$y=\dfrac{12}{x}$에 $x=t$, $y=3$을 대입하면

$3=\dfrac{12}{t}$에서 $t=4$ $\therefore$ B(4, 3)

이때 정비례 관계 $y=kx$ $(k\neq0)$의 그래프가 선분 AB 위의 점을 지나므로

(ⅰ) 정비례 관계 $y=kx$의 그래프가 점 A$(2, 6)$을 지날 때

$y=kx$에 $x=2$, $y=6$을 대입하면 $6=2k$ $\therefore k=3$

(ⅱ) 정비례 관계 $y=kx$의 그래프가 점 B$(4, 3)$을 지날 때

$y=kx$에 $x=4$, $y=3$을 대입하면 $3=4k$ $\therefore k=\dfrac{3}{4}$

따라서 (ⅰ), (ⅱ)에 의해 구하는 k의 값의 범위는 $\dfrac{3}{4}\leq k\leq3$이다.

답 $\dfrac{3}{4}\leq k\leq3$

1107 물체 A의 그래프를 나타내는 x와 y 사이의 관계식을 $y=ax$ $(a\neq0)$라 하면 점 $(2, 4)$를 지나므로

$4=2a$에서 $a=2$ $\therefore y=2x(x\geq0)$

물체 B의 그래프를 나타내는 x와 y 사이의 관계식을 $y=bx$ $(b\neq0)$라 하면 점 $(3, 1)$을 지나므로

$1=3b$에서 $b=\dfrac{1}{3}$ $\therefore y=\dfrac{1}{3}x(x\geq0)$

이때 c분 후 두 물체의 온도 차를 15 ℃라 하면 두 그래프에서 $x=c$일 때의 y의 값의 차가 15이므로

$2c-\dfrac{1}{3}c=15$, $\dfrac{5}{3}c=15$ $\therefore c=9$

따라서 A, B의 온도 차가 15 ℃가 되는 것은 온도를 측정하기 시작한 지 9분 후이다.

답 9분 후

1108 (직사각형 ABCD의 넓이)

=(선분 AB의 길이)×(선분 BC의 길이)

이고 직사각형 ABCD의 넓이가 48이므로

$12\times2k=48$ $\therefore k=2$

따라서 반비례 관계 $y=\dfrac{a}{x}$ $(a\neq0)$의 그래프가 점 C$(6, 2)$를 지나므로 $y=\dfrac{a}{x}$에 $x=6$, $y=2$를 대입하면 $2=\dfrac{a}{6}$ $\therefore a=12$

답 ④

1109 반비례 관계 $y=\dfrac{a}{x}\,(a\neq0)$의 그래프가 제1사분면과 제3사분면을 지나므로 $a>0$이고, 점 A의 x좌표를 $-t\,(t>0)$라 하면 $B\left(-t,\ -\dfrac{a}{t}\right)$이므로

(선분 AO의 길이)$=t$, (선분 AB의 길이)$=\dfrac{a}{t}$

직사각형 ABCO의 넓이가 8이므로

$t\times\dfrac{a}{t}=8$에서 $a=8$ $\quad\therefore y=\dfrac{8}{x}$

$y=\dfrac{8}{x}$에 $x=2$를 대입하면 $y=\dfrac{8}{2}=4$ $\quad\therefore$ D(2, 4)

또, 점 D는 정비례 관계 $y=bx\,(b\neq0)$의 그래프 위의 점이므로 $y=bx$에 $x=2$, $y=4$를 대입하면 $4=2b$ $\quad\therefore b=2$

$\therefore a-b=8-2=6$

目 **6**

1110 $x\,\text{g}$짜리 추를 매달았을 때, 늘어난 용수철의 길이를 $y\,\text{cm}$라 하면 y가 x에 정비례하므로 $y=ax\,(a\neq0)$로 놓고 $10\,\text{g}$짜리 추를 매달았을 때, $0.5\,\text{cm}$가 늘어났으므로

$y=ax$에 $x=10$, $y=0.5$를 대입하면

$0.5=10a$에서 $a=\dfrac{1}{20}$ $\quad\therefore y=\dfrac{1}{20}x$

용수철의 길이가 $13\,\text{cm}$가 되면 늘어난 길이는 $3\,\text{cm}$이므로

$y=\dfrac{1}{20}x$에 $y=3$을 대입하면 $3=\dfrac{1}{20}x$ $\quad\therefore x=60$

따라서 $60\,\text{g}$짜리 추를 매달아야 한다.

目 **60 g**

1111 y가 x에 정비례하므로 $y=ax\,(a\neq0)$로 놓고, $y=ax$에 $x=-6$, $y=3$을 대입하면

$3=-6a$에서 $a=-\dfrac{1}{2}$ $\quad\therefore y=-\dfrac{1}{2}x$ $\qquad\cdots\cdots$ ㉠

㉮

또한 z가 y에 반비례하므로 $z=\dfrac{b}{y}\,(b\neq0)$로 놓고, $z=\dfrac{b}{y}$에 $y=4$, $z=-\dfrac{1}{2}$을 대입하면

$-\dfrac{1}{2}=\dfrac{b}{4}$에서 $b=-2$ $\quad\therefore z=-\dfrac{2}{y}$ $\qquad\cdots\cdots$ ㉡

㉯

$x=4$를 ㉠에 대입하면 $y=-\dfrac{1}{2}\times4=-2$

$y=-2$를 ㉡에 대입하면 $z=-\dfrac{2}{-2}=1$

따라서 $x=4$일 때 z의 값은 1이다.

㉰

목 **1**

단계	채점요소	배점
㉮	x와 y 사이의 관계식 구하기	30 %
㉯	y와 z 사이의 관계식 구하기	30 %
㉰	$x=4$일 때 z의 값 구하기	40 %

1112 정비례 관계 $y=ax\,(a\neq0)$의 그래프가 점 (4, 2)를 지나므로 $y=ax$에 $x=4$, $y=2$를 대입하면

$2=4a$ $\quad\therefore a=\dfrac{1}{2}$

㉮

반비례 관계 $y=\dfrac{b}{x}\,(b\neq0,\ x>0)$의 그래프가 점 (4, 2)를 지나므로 $y=\dfrac{b}{x}$에 $x=4$, $y=2$를 대입하면

$2=\dfrac{b}{4}$ $\quad\therefore b=8$

㉯

$\therefore ab=\dfrac{1}{2}\times8=4$

㉰

目 **4**

단계	채점요소	배점
㉮	a의 값 구하기	40 %
㉯	b의 값 구하기	40 %
㉰	ab의 값 구하기	20 %

1113 (1) 두 개의 톱니바퀴가 각각 회전하는 동안 맞물린 톱니의 수는 서로 같으므로 1분 동안 맞물린 톱니의 수가 서로 같다.

(A의 톱니의 수)$\times$(1분 동안의 A의 회전수)

$=$(B의 톱니의 수)$\times$(1분 동안의 B의 회전수)이므로

$x\times y=40\times12$ $\quad\therefore y=\dfrac{480}{x}$

㉮

(2) $y=\dfrac{480}{x}$에 $x=30$을 대입하면 $y=\dfrac{480}{30}=16$

따라서 A는 1분에 16바퀴 회전한다.

㉯

目 (1) $y=\dfrac{480}{x}$ (2) **16바퀴**

단계	채점요소	배점
㉮	x와 y 사이의 관계식 구하기	70 %
㉯	A의 톱니의 수가 30개일 때, 1분 동안의 A의 회전수 구하기	30 %

1114 점 A(b, 12)가 정비례 관계 $y=2x$의 그래프 위의 점이므로 $y=2x$에 $x=b$, $y=12$를 대입하면

$12=2b$ $\therefore b=6$

⑦

이때 사각형 ABCD의 한 변의 길이가 4이므로
B(6, 8), C(10, 8)

④

따라서 점 C(10, 8)이 정비례 관계 $y=ax\,(a\neq0)$의 그래프 위의 점이므로 $y=ax$에 $x=10$, $y=8$을 대입하면

$8=10a$ $\therefore a=\dfrac{4}{5}$

⑭

답 $\dfrac{4}{5}$

단계	채점요소	배점
⑦	b의 값 구하기	30%
④	점 C의 좌표 구하기	30%
⑭	a의 값 구하기	40%

1115 ④ A수문을 나타내는 그래프에서 x와 y 사이의 관계식을 $y=ax\,(a\neq0)$라 하면 점 (1, 20)을 지나므로

$20=a$ $\therefore y=20x\,(x\geq0)$

B수문을 나타내는 그래프에서 x와 y 사이의 관계식을 $y=bx\,(b\neq0)$라 하면 점 (1, 10)을 지나므로

$10=b$ $\therefore y=10x\,(x\geq0)$

① $y=20x$에 $x=1$을 대입하면 $y=20$

따라서 A수문을 열 때, 1시간 동인 방류되는 물의 양은 20만 톤이다.

② $y=10x$에 $x=1$을 대입하면 $y=10$

따라서 B수문을 열 때, 1시간 동안 방류되는 물의 양은 10만 톤이다.

③ $y=20x$에 $x=3$을 대입하면 $y=20\times3=60$

$y=10x$에 $x=3$을 대입하면 $y=10\times3=30$

따라서 A, B 두 수문을 동시에 열면 3시간 동안 방류되는 물의 양은 $60+30=90$(만 톤)이다.

⑤ $y=20x$에 $x=4$를 대입하면 $y=20\times4=80$

$y=10x$에 $x=4$를 대입하면 $y=10\times4=40$

따라서 A, B 두 수문을 동시에 열면 4시간 동안 방류되는 물의 양의 차는 $80-40=40$(만 톤)이다.

답 ④

1116 (사다리꼴 OABC의 넓이)$=\dfrac{1}{2}\times(2+4)\times3=9$

정비례 관계 $y=ax\,(a\neq0)$의 그래프가 사다리꼴 OABC의 넓이를 이등분할 때, 선분 AB 위의 점 D(4, $4a$)를 지난다고 하면 삼각형 OAD의 넓이는 사다리꼴

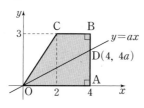

OABC의 넓이의 $\dfrac{1}{2}$이므로

$\dfrac{1}{2}\times4\times4a=\dfrac{9}{2}$에서 $a=\dfrac{9}{16}$

답 ②

01 소인수분해

01 소수는 7, 13, 29, 43, 79의 5개이다.　　　　🔳 ④

02 ㄴ. 2와 3은 소수이지만 2와 3의 곱인 6은 소수가 아니다.
ㄷ. 소수에서는 유일하게 짝수 2가 있다.
따라서 옳은 것은 ㄱ, ㄹ이다.　　　　🔳 ②

03 40에 가장 가까운 소수는 41이므로 $a=41$
70에 가장 가까운 합성수는 69이므로 $b=69$
$\therefore b-a=69-41=28$　　　　🔳 ①

04 $420=2^2\times3\times5\times7$이므로 소인수는 2, 3, 5, 7이다.
　　　　🔳 ⑤

05 $180=2\times2\times3\times3\times5=2^2\times3^2\times5$　　　🔳 ③

06 ① $60=2^2\times3\times5$이므로 소인수는 2, 3, 5의 3개
② $70=2\times5\times7$이므로 소인수는 2, 5, 7의 3개
③ $80=2^4\times5$이므로 소인수는 2, 5의 2개
④ $140=2^2\times5\times7$이므로 소인수는 2, 5, 7의 3개
⑤ $210=2\times3\times5\times7$이므로 소인수는 2, 3, 5, 7의 4개
따라서 소인수의 개수가 가장 많은 것은 ⑤이다.　　🔳 ⑤

07 $256=2^8$이므로 $a=8$
$729=3^6$이므로 $b=6$
$\therefore a+b=8+6=14$　　　　🔳 ①

08 ① $30=2\times3\times5$　　　② $45=3^2\times5$
③ $108=2^2\times3^3$　　　④ $126=2\times3^2\times7$
⑤ $270=2\times3^3\times5$
따라서 $2^2\times3^3\times5$의 약수가 아닌 것은 ④이다.　🔳 ④

09 ① $36=2^2\times3^2 \Rightarrow (2+1)\times(2+1)=9$(개)
② $90=2\times3^2\times5 \Rightarrow (1+1)\times(2+1)\times(1+1)=12$(개)
③ $2^2\times3^4 \Rightarrow (2+1)\times(4+1)=15$(개)
④ $2\times3\times7^2 \Rightarrow (1+1)\times(1+1)\times(2+1)=12$(개)
⑤ $3\times5\times7\times9=3^3\times5\times7$
　　$\Rightarrow (3+1)\times(1+1)\times(1+1)=16$(개)
　　　　🔳 ⑤

10 나눌 수 있는 가장 작은 자연수를 x라 할 때,
$720=2^4\times3^2\times5$이므로 $(2^4\times3^2\times5)\div x=$(자연수)^{2}이 되려면
지수가 짝수이어야 하므로 $x=5$
　　　　🔳 ④

11 ① $2^4\times4=2^6$의 약수의 개수는 $6+1=7$(개)
② $2^4\times8=2^7$의 약수의 개수는 $7+1=8$(개)
③ $2^4\times9=2^4\times3^2$의 약수의 개수는 $(4+1)\times(2+1)=15$(개)
④ $2^4\times12=2^6\times3$의 약수의 개수는 $(6+1)\times(1+1)=14$(개)
⑤ $2^4\times16=2^8$의 약수의 개수는 $8+1=9$(개)
　　　　🔳 ③

12 $360\times a=2^3\times3^2\times5\times a$에서 $360\times a$가 (자연수)^2 꼴이려면
지수가 짝수이어야 한다.
$\therefore a=2\times5=10$
이때 $360\times a=2^3\times3^2\times5\times2\times5=2^4\times3^2\times5^2=(2^2\times3\times5)^2$
이므로 $b=2^2\times3\times5=60$
$\therefore b-a=60-10=50$
　　　　🔳 ②

13 31은 소수이므로 $f(31)=2$
$432=2^4\times3^3$이므로 $f(432)=(4+1)\times(3+1)=20$
$\therefore f(31)+f(432)=2+20=22$
　　　　🔳 **22**

14 약수의 개수가 3개인 자연수는 (소수)^2 꼴이다.
따라서 1부터 100까지의 자연수 중 약수의 개수가 3개인 자연수는 $2^2=4$, $3^2=9$, $5^2=25$, $7^2=49$이다.
　　　　🔳 **4, 9, 25, 49**

15 $1\times2\times3\times4\times5\times6\times7\times8\times9\times10$
$=1\times2\times3\times2^2\times5\times2\times3\times7\times2^3\times3^2\times2\times5$
$=2^8\times3^4\times5^2\times7$
　　　　　　　　　　　　　　　⑦

이므로 $a=8$, $b=4$, $c=2$
　　　　　　　　　　　　　　　⑭

$\therefore a+b+c=8+4+2=14$
　　　　　　　　　　　　　　　⑮
　　　　🔳 **14**

단계	채점요소	배점
⑦	소인수분해하기	6점
⑭	a, b, c의 값 구하기	3점
⑮	$a+b+c$의 값 구하기	1점

16 $2^a \times 7^b \times 27 = 2^a \times 7^b \times 3^3$이므로 약수의 개수는
$(a+1) \times (b+1) \times (3+1)$개

-- ㉮

$600 = 2^3 \times 3 \times 5^2$이므로 약수의 개수는
$(3+1) \times (1+1) \times (2+1) = 24$(개)

-- ㉯

따라서 $(a+1) \times (b+1) \times (3+1) = 24$이므로
$(a+1) \times (b+1) = 6$
a, b는 자연수이므로
$a+1=2$, $b+1=3$ 또는 $a+1=3$, $b+1=2$
$\therefore a=1$, $b=2$ 또는 $a=2$, $b=1$

-- ㉰

$\therefore a \times b = 2$

-- ㉱

目 **2**

단계	채점요소	배점
㉮	$2^a \times 7^b \times 27$의 약수의 개수 구하기	3점
㉯	600의 약수의 개수 구하기	3점
㉰	a, b의 값 구하기	3점
㉱	$a \times b$의 값 구하기	1점

❷ 최대공약수와 최소공배수

01 두 수의 최대공약수를 각각 구해 보면
① 3   ② 10   ③ 1   ④ 7   ⑤ 11
따라서 두 수가 서로소인 것은 ③이다.

目 ③

02
$$2^3 \times 3 \times 5$$
$$2^2 \quad\ \times 5^2$$
$$\text{(최대공약수)} = 2^2 \quad\ \times 5$$

공약수는 최대공약수의 약수이므로 공약수가 아닌 것은 ⑤이다.

目 ⑤

03
$$2^2 \times 3^2 \times 5$$
$$3^2 \times 5$$
$$3^3 \times 5^2 \times 7$$
$$\text{(최대공약수)} = \quad\ 3^2 \times 5$$
$$\text{(최소공배수)} = 2^2 \times 3^3 \times 5^2 \times 7$$

目 ④

04 (두 수의 곱)=(최대공약수)×(최소공배수)이므로
두 수의 최소공배수를 L이라 하면
$2^3 \times 3^4 \times 5 \times 7 = 2 \times 3^2 \times L$
$\therefore L = 2^2 \times 3^2 \times 5 \times 7$

目 ②

05
$$2^a \times 3^2 \times 5$$
$$2^3 \times 3^b \qquad \times c$$
$$\text{(최대공약수)} = 2^2 \times 3^2$$
$$\text{(최소공배수)} = 2^3 \times 3^2 \times 5 \times 7$$
$a=2$, $b=2$, $c=7$
$\therefore a+b+c = 11$

目 ②

06 A의 소인수는 2, 3, 5, 7이므로
$A = 2^a \times 3^b \times 5^c \times 7^d$이라 하면
$$2^2 \times 3 \times 5^2$$
$$2^a \times 3^b \times 5^c \times 7^d$$
$$\text{(최대공약수)} = 2 \times 3 \times 5$$
$$\text{(최소공배수)} = 2^2 \times 3^2 \times 5^2 \times 7$$
$a=1$, $b=2$, $c=1$, $d=1$
$\therefore A = 2 \times 3^2 \times 5 \times 7$

目 ④

07
$$\begin{array}{r|ccc} x & 4 \times x & 6 \times x & 9 \times x \\ \hline 2 & 4 & 6 & 9 \\ \hline 3 & 2 & 3 & 9 \\ \hline & 2 & 1 & 3 \end{array}$$

최소공배수가 108이므로
$x \times 2 \times 3 \times 2 \times 1 \times 3 = 108$ $\therefore x=3$

目 ②

08 되도록 많은 학생들에게 똑같이 나누어
주려면 학생 수는 48, 72, 168의 최대공약수
이어야 한다.
따라서 구하는 학생 수는 24명이다.

$$\begin{array}{r|ccc} 2 & 48 & 72 & 168 \\ \hline 2 & 24 & 36 & 84 \\ \hline 2 & 12 & 18 & 42 \\ \hline 3 & 6 & 9 & 21 \\ \hline & 2 & 3 & 7 \end{array}$$

目 ①

09 어떤 자연수로 $62-2=60$, $94-4=90$, $159-9=150$을
나누면 나누어떨어진다.
따라서 어떤 자연수는 60, 90, 150의 최대공약수인 30의 약수 1,
2, 3, 5, 6, 10, 15, 30 중에서 9보다 큰 수이므로 가장 큰 수는
30, 가장 작은 수는 10이다.
$\therefore 30+10 = 40$

目 ⑤

10 n의 값이 될 수 있는 수는 두 수 252와 180의 공약수이다.
$252=2^2 \times 3^2 \times 7$, $180=2^2 \times 3^2 \times 5$이므로 두 수의 최대공약수는
$2^2 \times 3^2=36$이고, 공약수는 최대공약수의 약수이므로 n의 값이
될 수 있는 수는 $2^2 \times 3^2$의 약수의 개수인
$(2+1) \times (2+1)=9$(개)이다.　　　　　　　　　　　　目 ④

11 두 톱니바퀴가 같은 톱니에서 다시 맞물릴 때

$\begin{array}{r|rr} 3 & 75 & 60 \\ 5 & 25 & 20 \\ \hline & 5 & 4 \end{array}$

까지 맞물린 톱니의 수는 75와 60의 최소공배수인
$3 \times 5 \times 5 \times 4=300$(개)이다.
따라서 두 톱니바퀴가 같은 톱니에서 처음으로 다시 맞물리려면
A는 $300 \div 75=4$(바퀴) 회전해야 한다.　　　　　　　　目 ①

12 N을 8로 나눈 몫을 n이라 하면

$\begin{array}{r|rrr} 8 & 32 & N & 40 \\ \hline & 4 & n & 5 \end{array}$

$160=8 \times (4 \times 1 \times 5)$이므로
$n=1, 2, 2^2, 5, 2 \times 5, 2^2 \times 5$
$N=8 \times n$이므로 N의 값은
$8 \times 1=8$, $8 \times 2=16$, $8 \times 2^2=32$, $8 \times 5=40$,
$8 \times 2 \times 5=80$, $8 \times 2^2 \times 5=160$　　　　　　目 ③

13 구하는 분수를 $\dfrac{B}{A}$라 하면
$$\dfrac{B}{A} = \dfrac{(15, 12의 \text{ 최소공배수})}{(7, 49의 \text{ 최대공약수})} = \dfrac{60}{7}$$
　　　　　　　　　　　　　　　　　目 $\dfrac{60}{7}$

14 세 자연수를 각각 $4 \times a$, $5 \times a$, $6 \times a$라 하면

$\begin{array}{r|rrr} a & 4 \times a & 5 \times a & 6 \times a \\ 2 & 4 & 5 & 6 \\ \hline & 2 & 5 & 3 \end{array}$

최소공배수가 240이므로
$a \times 2 \times 2 \times 5 \times 3=240$　　$\therefore a=4$
따라서 세 자연수는 16, 20, 24이므로 세 자연수의 합은
$16+20+24=60$　　　　　　　　　　　　　　目 60

15 4로 나누면 3이 남고, 5로 나누면 4가 남고, 6으로 나누면 5
가 남으므로 구하는 자연수를 x라 하면 $x+1$은 4, 5, 6의 공배수
이다.　　　　　　　　　　　　　　　　　　　　　　㉮

4, 5, 6의 최소공배수는 $2 \times 2 \times 5 \times 3=60$이

$\begin{array}{r|rrr} 2 & 4 & 5 & 6 \\ \hline & 2 & 5 & 3 \end{array}$

므로 $x+1$은 60의 배수이다.
즉, $x+1=60, 120, 180, \cdots$이므로
$x=59, 119, 179, \cdots$
　　　　　　　　　　　　　　　　　　　　　　　　㉯

따라서 세 자리의 자연수 중 가장 작은 수는 119이다.
　　　　　　　　　　　　　　　　　　　　　　　　㉰
　　　　　　　　　　　　　　　　　　　　目 119

단계	채점요소	배점
㉮	구하는 수가 (4, 5, 6의 공배수)-1임을 알기	5점
㉯	(4, 5, 6의 공배수)-1인 수 구하기	4점
㉰	답 구하기	1점

16 가장 작은 정육면체의 한 모서리의 길이는

$\begin{array}{r|rrr} 2 & 18 & 12 & 8 \\ 2 & 9 & 6 & 4 \\ 3 & 9 & 3 & 2 \\ \hline & 3 & 1 & 2 \end{array}$

18, 12, 8의 최소공배수인
$2 \times 2 \times 3 \times 3 \times 1 \times 2=72$(cm)　　　　　㉮

가로 : $72 \div 18=4$(장)
세로 : $72 \div 12=6$(장)
높이 : $72 \div 8=9$(장)
의 벽돌이 필요하므로 구하는 벽돌의 수는
$4 \times 6 \times 9=216$(장)
　　　　　　　　　　　　　　　　　　　　　　　　㉯
　　　　　　　　　　　　　　　　　　　　目 216장

단계	채점요소	배점
㉮	정육면체의 한 모서리의 길이 구하기	4점
㉯	필요한 벽돌의 수 구하기	6점

03 정수와 유리수

01 정수가 아닌 유리수는 $+2.7$, $-\dfrac{1}{2}$, $\dfrac{3}{5}$의 3개이다.
　　　　　　　　　　　　　　　　　　　　　　　　目 ③

02 ⑤ 유리수는 양의 유리수, 0, 음의 유리수로 이루어져 있다.
　　　　　　　　　　　　　　　　　　　　　　　　目 ⑤

03 ② $|-0.75|=0.75=\dfrac{3}{4}$, $\left|-\dfrac{3}{5}\right|=\dfrac{3}{5}$이므로
$$\left|-0.75\right| > \left|-\dfrac{3}{5}\right|$$
　　　　　　　　　　　　　　　　　　　　　　　　目 ②

04

위의 그림에서 왼쪽에서 두 번째에 있는 수는 ④이다.
　　　　　　　　　　　　　　　　　　　　　　　　目 ④

05 ③ $x \geq 2$ 답 ③

06 주어진 수를 수직선 위에 나타내었을 때, 원점에서 가장 멀리 떨어져 있는 수는 절댓값이 가장 큰 수이다.

① $|-6|=6$ ② $|2|=2$ ③ $|-0.5|=0.5$

④ $|1.2|=1.2$ ⑤ $\left|\dfrac{5}{2}\right|=\dfrac{5}{2}=2.5$
답 ①

07 $\left|-\dfrac{8}{3}\right|=\dfrac{8}{3}=2.666\cdots$, $|-4|=4$, $|2|=2$,

$\left|\dfrac{13}{4}\right|=\dfrac{13}{4}=3.25$, $|0|=0$, $|-1|=1$이므로 절댓값이

$\dfrac{5}{2}(=2.5)$ 이상인 수는 $-\dfrac{8}{3}$, -4, $\dfrac{13}{4}$의 3개이다.
답 ②

08 두 점 사이의 거리가 8이므로 두 점은 2를 나타내는 점에서 좌우로 4만큼 떨어진 점이 나타내는 수인 -2, 6이다.
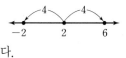
답 ④

09 ① 가장 큰 수는 6이다.
② 가장 작은 수는 -2이다.
③ 절댓값이 가장 작은 수는 0.02이다.
⑤ 0보다 작은 수는 -2, $-\dfrac{1}{3}$, -1의 3개이다.
답 ④

10 절댓값이 $\dfrac{12}{5}(=2.4)$ 이하인 정수는 -2, -1, 0, 1, 2의 5개이다.
답 ⑤

11 $-\dfrac{17}{6}=-2.833\cdots$이므로 $-\dfrac{17}{6}$보다 큰 정수 중 가장 작은 것은 -2이다.
$\therefore a=-2$
따라서 -2와 절댓값이 같으면서 부호가 반대인 수는 2이다.
답 ①

12 a는 b보다 8만큼 크고 b의 절댓값은 a의 절댓값보다 2만큼 크므로 a는 양수, b는 음수이다.
이를 수직선 위에 나타내면 다음과 같다.
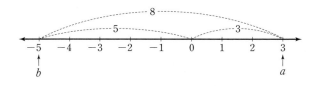

$\therefore a=3$, $b=-5$
답 ②

13 $\left|-\dfrac{11}{3}\right|=\dfrac{11}{3}=3.66\cdots$, $|-3|=3$, $|0|=0$,

$|-2.3|=2.3$, $\left|\dfrac{7}{2}\right|=\dfrac{7}{2}=3.5$

이므로 절댓값이 작은 수부터 차례로 나열하면

0, -2.3, -3, $\dfrac{7}{2}$, $-\dfrac{11}{3}$

답 0, -2.3, -3, $\dfrac{7}{2}$, $-\dfrac{11}{3}$

14 $\left|\dfrac{a}{6}\right|<1$이므로 $|a|<6$

따라서 정수 a는 -5, -4, -3, -2, -1, 0, 1, 2, 3, 4, 5의 11개이다.
답 **11개**

15 ㈎에서 두 수 a, b를 나타내는 두 점 사이의 거리는 $\dfrac{5}{4}$이다.
㉮

㈏에서 두 점은 원점으로부터 각각 $\dfrac{5}{8}$만큼 떨어져 있다.
㉯

이때 $b>a$이므로 $a=-\dfrac{5}{8}$, $b=\dfrac{5}{8}$
㉰

답 $a=-\dfrac{5}{8}$, $b=\dfrac{5}{8}$

단계	채점요소	배점
㉮	a, b를 나타내는 두 점 사이의 거리 구하기	3점
㉯	a, b를 나타내는 점이 원점으로부터 각각 떨어진 거리 구하기	4점
㉰	a, b의 값 구하기	3점

16 (1) x는 $-\dfrac{5}{3}$ 이상이고 ⇨ $x \geq -\dfrac{5}{3}$

x는 $\dfrac{7}{5}$보다 작거나 같다. ⇨ $x \leq \dfrac{7}{5}$

$\therefore -\dfrac{5}{3} \leq x \leq \dfrac{7}{5}$
㉮

(2) $-\dfrac{5}{3}=-1.66\cdots$, $\dfrac{7}{5}=1.4$이므로 $-1.66\cdots \leq x \leq 1.4$를 만족시키는 정수 x는 -1, 0, 1의 3개이다.
㉯

답 (1) $-\dfrac{5}{3} \leq x \leq \dfrac{7}{5}$ (2) **3개**

단계	채점요소	배점
㉮	주어진 문장을 부등호를 사용하여 나타내기	4점
㉯	(1)에서 구한 식을 만족시키는 정수 x의 개수 구하기	6점

01 ① $(-13)+(+6)=-7$
② $(-9)-(+3)=(-9)+(-3)=-12$
③ $(+18)\div(-3)=-(18\div3)=-6$
④ $(-5)+(-11)=-16$
⑤ $(-11)\times(-2)=+(11\times2)=22$

답 ④

02 $a=5+(-7)=-2$
$b=(-2)-(-4)=(-2)+4=2$
∴ $a-b=(-2)-2=-4$

답 ①

03 $a=\left(-\dfrac{2}{3}\right)+\left(+\dfrac{4}{5}\right)=\left(-\dfrac{10}{15}\right)+\left(+\dfrac{12}{15}\right)=\dfrac{2}{15}$
$b=\left(+\dfrac{5}{6}\right)-\left(-\dfrac{2}{5}\right)=\left(+\dfrac{25}{30}\right)+\left(+\dfrac{12}{30}\right)=\dfrac{37}{30}$
∴ $b-a=\dfrac{37}{30}-\dfrac{2}{15}=\dfrac{37}{30}-\dfrac{4}{30}=\dfrac{33}{30}=\dfrac{11}{10}$

답 ③

04 ① $\left(-\dfrac{1}{3}\right)^2\times\left(-\dfrac{3}{4}\right)\div\dfrac{1}{12}=\dfrac{1}{9}\times\left(-\dfrac{3}{4}\right)\times12=-1$
② $\left(-\dfrac{7}{4}\right)^2\div\left(-\dfrac{9}{2}\right)\times\left(-\dfrac{9}{8}\right)=\dfrac{49}{16}\times\left(-\dfrac{2}{9}\right)\times\left(-\dfrac{9}{8}\right)=\dfrac{49}{64}$
③ $\left(-\dfrac{1}{2}\right)^2\div4\times(-3)=\dfrac{1}{4}\times\dfrac{1}{4}\times(-3)=-\dfrac{3}{16}$
④ $\left(-\dfrac{3}{4}\right)\div\left(-\dfrac{3}{2}\right)^2\times\left(-\dfrac{9}{2}\right)=\left(-\dfrac{3}{4}\right)\times\dfrac{4}{9}\times\left(-\dfrac{9}{2}\right)=\dfrac{3}{2}$
⑤ $\dfrac{9}{4}\div\left(-\dfrac{1}{2}\right)^2-2^3\times\dfrac{5}{8}=\dfrac{9}{4}\times4-8\times\dfrac{5}{8}$
$\qquad\qquad\qquad\qquad\qquad=9-5=4$

답 ④

05 $a\times(b+c)=a\times b+a\times c=-2$에서 $a\times b=3$이므로
$3+a\times c=-2$ ∴ $a\times c=-5$

답 ①

06 $A=\left(-\dfrac{2}{5}\right)-\left(-\dfrac{4}{3}\right)=\left(-\dfrac{6}{15}\right)+\dfrac{20}{15}=\dfrac{14}{15}$
$B=-\dfrac{3}{5},\ C=\dfrac{3}{5}$
∴ $A-B+C=\dfrac{14}{15}-\left(-\dfrac{3}{5}\right)+\dfrac{3}{5}$
$\qquad\qquad=\dfrac{14}{15}+\dfrac{9}{15}+\dfrac{9}{15}=\dfrac{32}{15}$

답 ⑤

07 $-\dfrac{8}{5}=-1.6$이므로 $a=-2$
$\dfrac{33}{7}=4.714\cdots$이므로 $b=5$
∴ $a+b=(-2)+5=3$

답 ⑤

08 $b\times c<0$에서 $b,\ c$의 부호는 다르고
$b-c>0$에서 $b>c$이므로 $b>0,\ c<0$
$a\times b>0$에서 $a,\ b$의 부호는 같으므로 $a>0$
∴ $a>0,\ b>0,\ c<0$

답 ②

09 $(-1)+(-1)^2+(-1)^3+(-1)^4+$
$\qquad\qquad\qquad\qquad\cdots+(-1)^{199}+(-1)^{200}$
$=\underbrace{(-1)+(+1)}_{0}+\underbrace{(-1)+(+1)}_{0}+\cdots+\underbrace{(-1)+(+1)}_{0}$
$=\underbrace{0+0+\cdots+0}_{100개}=0$

답 ③

10 $a=\left(-\dfrac{5}{2}\right)\times2\times(-4)=20$
$b=\left(-\dfrac{5}{2}\right)\times\left(-\dfrac{1}{3}\right)\times(-4)=-\dfrac{10}{3}$
∴ $a-b=20-\left(-\dfrac{10}{3}\right)=20+\dfrac{10}{3}=\dfrac{70}{3}$

답 ⑤

11 $(-3)\times\square-13\div\left\{\left(\dfrac{1}{3}-2.5\right)\times(-6)\right\}=2$에서
$(-3)\times\square-13\div\left\{\left(\dfrac{2}{6}-\dfrac{15}{6}\right)\times(-6)\right\}=2$
$(-3)\times\square-13\div\left\{\left(-\dfrac{13}{6}\right)\times(-6)\right\}=2$
$(-3)\times\square-13\div13=2$
$(-3)\times\square-1=2,\ (-3)\times\square=3$
∴ $\square=3\div(-3)=-1$

답 ②

12 두 수의 곱이 1이므로 보이지 않는 세 면에 적힌 수는 각각 마주 보는 면에 적힌 수의 역수이다.
-0.9와 마주보는 면에 적힌 수는 $-\dfrac{9}{10}$의 역수인 $-\dfrac{10}{9}$
$\dfrac{5}{3}$와 마주보는 면에 적힌 수는 $\dfrac{5}{3}$의 역수 $\dfrac{3}{5}$
$-\dfrac{1}{9}$과 마주보는 면에 적힌 수는 $-\dfrac{1}{9}$의 역수인 -9

따라서 보이지 않는 세 면에 적힌 수의 곱은

$$\left(-\frac{10}{9}\right)\times\frac{3}{5}\times(-9)=6$$

답 ⑤

13 $1-2+3-4+5-6+\cdots+49-50$
$=1+(-2)+3+(-4)+5+(-6)+\cdots+49+(-50)$
$=\{1+(-2)\}+\{3+(-4)\}+\{5+(-6)\}+$
$\cdots+\{49+(-50)\}$
$=\underbrace{(-1)+(-1)+(-1)+\cdots+(-1)}_{25개}$
$=-25$

답 -25

14 한 변에 놓인 네 수의 합은
$8+2+(-3)+(-5)=2$
$(-4)+A+(-3)+8=2$에서
$A+1=2 \qquad \therefore A=1$
$(-4)+8+B+(-5)=2$에서
$B-1=2 \qquad \therefore B=3$

답 $A=1,\ B=3$

15 a의 절댓값이 $\frac{3}{5}$이므로 $a=\frac{3}{5}$ 또는 $a=-\frac{3}{5}$

b의 절댓값이 $\frac{5}{3}$이므로 $b=\frac{5}{3}$ 또는 $b=-\frac{5}{3}$

㉮

(i) $a=\frac{3}{5}$, $b=\frac{5}{3}$일 때,

$\quad a-b=\frac{3}{5}-\frac{5}{3}=\frac{9}{15}-\frac{25}{15}=-\frac{16}{15}$

(ⅱ) $a=\frac{3}{5}$, $b=-\frac{5}{3}$일 때,

$\quad a-b=\frac{3}{5}-\left(-\frac{5}{3}\right)=\frac{9}{15}+\frac{25}{15}=\frac{34}{15}$

(ⅲ) $a=-\frac{3}{5}$, $b=\frac{5}{3}$일 때,

$\quad a-b=\left(-\frac{3}{5}\right)-\frac{5}{3}=\left(-\frac{9}{15}\right)-\frac{25}{15}=-\frac{34}{15}$

(ⅳ) $a=-\frac{3}{5}$, $b=-\frac{5}{3}$일 때,

$\quad a-b=\left(-\frac{3}{5}\right)-\left(-\frac{5}{3}\right)$

$\qquad\quad =\left(-\frac{9}{15}\right)+\frac{25}{15}=\frac{16}{15}$

㉯

(i)~(ⅳ)에서 $M=\frac{34}{15}$, $m=-\frac{34}{15}$이므로

㉰

$M-m=\frac{34}{15}-\left(-\frac{34}{15}\right)=\frac{34}{15}+\frac{34}{15}=\frac{68}{15}$

㉱

답 $\frac{68}{15}$

단계	채점요소	배점
㉮	a, b의 값 구하기	3점
㉯	$a-b$의 값 구하기	4점
㉰	M, m의 값 구하기	2점
㉱	$M-m$의 값 구하기	1점

16 어떤 유리수를 □라 하면

$$\square+\left(-\frac{3}{5}\right)=\frac{3}{10}$$

$$\therefore \square=\frac{3}{10}-\left(-\frac{3}{5}\right)=\frac{3}{10}+\frac{6}{10}=\frac{9}{10}$$

㉮

따라서 바르게 계산하면

$$\frac{9}{10}-\left(-\frac{3}{5}\right)=\frac{9}{10}+\frac{6}{10}=\frac{15}{10}=\frac{3}{2}$$

㉯

답 $\frac{3}{2}$

단계	채점요소	배점
㉮	어떤 유리수 구하기	6점
㉯	바르게 계산한 답 구하기	4점

04 정수와 유리수의 계산 ▶ 2회

01 $3-\frac{1}{3}-\frac{1}{6}+4=\frac{18}{6}-\frac{2}{6}-\frac{1}{6}+\frac{24}{6}=\frac{39}{6}=\frac{13}{2}$

답 ④

02 $\left|\left(-\frac{1}{4}\right)+\frac{2}{3}\right|=\left|\left(-\frac{3}{12}\right)+\frac{8}{12}\right|=\left|\frac{5}{12}\right|=\frac{5}{12}$

$\left|\frac{1}{3}-\frac{3}{4}\right|=\left|\frac{4}{12}-\frac{9}{12}\right|=\left|-\frac{5}{12}\right|=\frac{5}{12}$

$\therefore$ (주어진 식)$=\frac{5}{12}-\frac{5}{12}=0$

답 ③

03 ① $-2^4=-16$ ② $-(-2)^3=-(-8)=8$
③ $-3^3=-27$ ④ $-(-3)^2=-9$
⑤ $(-3)^2=9$
따라서 가장 큰 수는 ⑤이다.

답 ⑤

04 $a=(-1)-(-4)=(-1)+4=3$

$b=(-2)+9=7$

$\therefore a+b=3+7=10$

🄰 ②

05 $-3^2=-9$이므로 $x=-\dfrac{1}{9}$

$\left(-\dfrac{1}{3}\right)^2=\dfrac{1}{9}$이므로 $y=9$

$\therefore x\times y=\left(-\dfrac{1}{9}\right)\times 9=-1$

🄰 ②

06 (주어진 식)

$=\left\{(-8)\times\dfrac{5}{4}-8\times\dfrac{3}{8}\right\}\times\left(-\dfrac{3}{2}\right)-\dfrac{9}{4}\times(-2)$

$=(-10-3)\times\left(-\dfrac{3}{2}\right)-\left(-\dfrac{9}{2}\right)$

$=\dfrac{39}{2}+\dfrac{9}{2}=\dfrac{48}{2}=24$

🄰 ⑤

07 절댓값이 $\dfrac{5}{6}$인 수는 $\dfrac{5}{6}$ 또는 $-\dfrac{5}{6}$이고, 절댓값이 $\dfrac{2}{3}$인 수는 $\dfrac{2}{3}$ 또는 $-\dfrac{2}{3}$이다.

따라서 $a+b$의 값 중 가장 작은 값은

$\left(-\dfrac{5}{6}\right)+\left(-\dfrac{2}{3}\right)=\left(-\dfrac{5}{6}\right)+\left(-\dfrac{4}{6}\right)=-\dfrac{9}{6}=-\dfrac{3}{2}$

🄰 ②

08 $a\times b<0$에서 a, b의 부호는 다르고

$a-b<0$에서 $a<b$이므로 $a<0$, $b>0$

🄰 ①

09 ④ $\dfrac{3}{4}\div\left(-\dfrac{1}{2}\right)^2-2^2\times\dfrac{7}{4}+(-3)^2$

$=\dfrac{3}{4}\div\dfrac{1}{4}-4\times\dfrac{7}{4}+9$

$=\dfrac{3}{4}\times 4-7+9=3-7+9=5$

🄰 ④

10 $a\times(b+c)=18$에서 $a\times b+a\times c=18$

이때 $a\times b=6$이므로 $6+a\times c=18$

$\therefore a\times c=18-6=12$

🄰 ③

11 $a=-\dfrac{1}{2}$이라 하면

① $-a^2=-\left(-\dfrac{1}{2}\right)^2=-\dfrac{1}{4}$

② $-a=-\left(-\dfrac{1}{2}\right)=\dfrac{1}{2}$

③ $\dfrac{1}{a}=1\div a=1\div\left(-\dfrac{1}{2}\right)=1\times(-2)=-2$

④ $-\dfrac{1}{a}=2$이므로 $\left(-\dfrac{1}{a}\right)^2=2^2=4$

⑤ $-\dfrac{1}{a}=2$이므로 $\left(-\dfrac{1}{a}\right)^3=2^3=8$

따라서 가장 큰 수는 ⑤이다.

🄰 ⑤

12 곱해진 음수가 18개이므로

$\left(-\dfrac{2}{3}\right)\times\left(-\dfrac{3}{4}\right)\times\left(-\dfrac{4}{5}\right)\times\cdots\times\left(-\dfrac{19}{20}\right)$

$=+\left(\dfrac{2}{3}\times\dfrac{3}{4}\times\dfrac{4}{5}\times\cdots\times\dfrac{19}{20}\right)=\dfrac{2}{20}=\dfrac{1}{10}$

🄰 ③

13 $(-2)^2-\left[\dfrac{1}{2}+(-1)^3\div\{(-3)\times 4+8\}\right]\div\dfrac{1}{4}$

$=4-\left[\dfrac{1}{2}+(-1)\div\{(-12)+8\}\right]\div\dfrac{1}{4}$

$=4-\left\{\dfrac{1}{2}+(-1)\div(-4)\right\}\div\dfrac{1}{4}$

$=4-\left(\dfrac{1}{2}+\dfrac{1}{4}\right)\div\dfrac{1}{4}=4-\dfrac{3}{4}\times 4=4-3=1$

🄰 1

14 정현이의 점수 : $(+2)\times 5+(-1)\times 4=10-4=6$(점)

혜림이의 점수 : 혜림이는 4번 이기고 5번 졌으므로

$(+2)\times 4+(-1)\times 5=8-5=3$(점)

🄰 **정현 : 6점, 혜림 : 3점**

15 한 변에 놓인 세 수의 합은

$\left(-\dfrac{1}{3}\right)+0.5+\dfrac{5}{6}=\left(-\dfrac{2}{6}\right)+\dfrac{3}{6}+\dfrac{5}{6}=1$

㉮

$\dfrac{5}{6}+A+\left(-\dfrac{3}{4}\right)=1$에서

$A=1-\dfrac{5}{6}-\left(-\dfrac{3}{4}\right)=\dfrac{12}{12}-\dfrac{10}{12}+\dfrac{9}{12}=\dfrac{11}{12}$

㉯

$B+2+\left(-\dfrac{3}{4}\right)=1$에서

$B=1-2-\left(-\dfrac{3}{4}\right)=(-1)+\dfrac{3}{4}=-\dfrac{1}{4}$

㉰

$\left(-\dfrac{1}{3}\right)+C+B=1$, 즉 $\left(-\dfrac{1}{3}\right)+C+\left(-\dfrac{1}{4}\right)=1$에서

$C=1-\left(-\dfrac{1}{3}\right)-\left(-\dfrac{1}{4}\right)=\dfrac{12}{12}+\dfrac{4}{12}+\dfrac{3}{12}=\dfrac{19}{12}$

㉱

$$\therefore A-B+C=\frac{11}{12}-\left(-\frac{1}{4}\right)+\frac{19}{12}$$
$$=\frac{11}{12}+\frac{3}{12}+\frac{19}{12}=\frac{33}{12}=\frac{11}{4}$$

.... ⑩

目 $\dfrac{11}{4}$

단계	채점요소	배점
㉮	한 변에 놓인 세 수의 합 구하기	2점
㉯	A의 값 구하기	2점
㉰	B의 값 구하기	2점
㉱	C의 값 구하기	2점
㉲	$A-B+C$의 값 구하기	2점

16 n이 홀수이므로 $n+1$은 짝수, $2\times n-1$은 홀수, $2\times n+1$
은 홀수, $2\times n$은 짝수이다.
따라서 $(-1)^{n+1}=1$, $(-1)^{2\times n-1}=-1$, $(-1)^{2\times n+1}=-1$,
$(-1)^{2\times n}=1$이므로

.... ㉮

(주어진 식)$=1-(-1)+(-1)+1=2$

.... ㉯

目 2

단계	채점요소	배점
㉮	거듭제곱의 값 구하기	5점
㉯	주어진 식 계산하기	5점

05 문자의 사용과 식의 계산 ▶1회

01 ① $0.1\times x\times(-x)=-0.1x^2$
② $a\times a\times a\times a\times a=a^5$
③ $5\div(a+b)=\dfrac{5}{a+b}$
④ $x\div\dfrac{2}{3}y=x\times\dfrac{3}{2y}=\dfrac{3x}{2y}$
⑤ $3\div a\div(x-y)=3\times\dfrac{1}{a}\times\dfrac{1}{x-y}=\dfrac{3}{a(x-y)}$

目 ④

02 ① $2x^3$의 차수가 3이므로 다항식의 차수는 3이다.
② $-3a=(-3)\times a$이므로 a의 계수는 -3이다.
③ 2개의 항의 합으로 이루어진 식이므로 다항식이다.
④ 문자는 같으나 차수가 다르므로 동류항이 아니다.
⑤ 상수항은 -1이다.

目 ③

03 ㄱ. $3x-3(x+1)=3x-3x-3=-3$으로 상수항만 있는
다항식은 일차식이 아니다.
ㄴ. $0\times x+3=3$으로 상수항만 있는 다항식은 일차식이 아니다.
ㄹ, ㅁ. 다항식의 차수가 2이므로 일차식이 아니다.
ㅂ. 분모에 문자가 있는 식은 다항식이 아니므로 일차식이 아니다.
따라서 일차식인 것은 ㄷ뿐이다.

目 ①

04 ② 차수는 같지만 문자가 다르다.
③ 문자는 같지만 차수가 다르다.
⑤ $\dfrac{5}{y}$는 분모에 문자가 있으므로 다항식이 아니다.

目 ①, ④

05 길이를 줄여서 만든 직사각형의 가로의 길이는
$(8-2x)$ cm, 세로의 길이는 $5-(x-2)=(7-x)$ cm이다.
따라서 둘레의 길이는
$2(8-2x+7-x)=2(15-3x)=30-6x(\text{cm})$

目 ②

06 ① $a\times c\div b=a\times c\times\dfrac{1}{b}=\dfrac{ac}{b}$
② $a\div b\times c=a\times\dfrac{1}{b}\times c=\dfrac{ac}{b}$
③ $a\div(b\div c)=a\div\dfrac{b}{c}=a\times\dfrac{c}{b}=\dfrac{ac}{b}$
④ $a\div b\div\dfrac{1}{c}=a\times\dfrac{1}{b}\times c=\dfrac{ac}{b}$
⑤ $\dfrac{1}{a}\div\dfrac{1}{b}\div\dfrac{1}{c}=\dfrac{1}{a}\times b\times c=\dfrac{bc}{a}$

目 ⑤

07 ① $y-y\times\dfrac{20}{100}=\dfrac{4}{5}y(\text{원})$
② $\dfrac{3x}{100}\times1000=30x(\text{g})$
③ 1분은 $\dfrac{1}{60}$시간이므로 $a+\dfrac{1}{60}\times b=a+\dfrac{b}{60}(\text{시간})$
④ $\dfrac{a+b}{2}$점

目 ④

08 ① $6x-2=6\times\left(-\dfrac{1}{2}\right)-2=(-3)-2=-5$
② $4x^2=4\times\left(-\dfrac{1}{2}\right)^2=4\times\dfrac{1}{4}=1$
③ $-x^3=-\left(-\dfrac{1}{2}\right)^3=-\left(-\dfrac{1}{8}\right)=\dfrac{1}{8}$
④ $\dfrac{3}{x}=3\div x=3\div\left(-\dfrac{1}{2}\right)=3\times(-2)=-6$
⑤ $-\dfrac{3}{2}x=\left(-\dfrac{3}{2}\right)\times\left(-\dfrac{1}{2}\right)=\dfrac{3}{4}$

目 ②

09 어떤 다항식을 ☐라 하면

☐ $+(3x-5)=2x-3$

$\therefore$ ☐ $=2x-3-(3x-5)=2x-3-3x+5=-x+2$

따라서 바르게 계산한 식은

$-x+2-(3x-5)=-x+2-3x+5=-4x+7$

답 ②

10 $-10x-[8-3\{5x-(3-7x)+3\}+6x]$

$=-10x-\{8-3(5x-3+7x+3)+6x\}$

$=-10x-(8-3\times 12x+6x)$

$=-10x-(8-36x+6x)$

$=-10x-(8-30x)$

$=-10x-8+30x$

$=20x-8$

답 ③

11 x의 계수가 -2인 일차식을 $-2x+b$ (b는 상수)라 하면

$p=(-2)\times 3+b=-6+b$

$q=(-2)\times(-1)+b=2+b$

$\therefore q-p=(2+b)-(-6+b)=2+b+6-b=8$

답 ⑤

12 $\dfrac{4}{a}-\dfrac{2}{b}-\dfrac{3}{c}=4\div a-2\div b-3\div c$

$\qquad\qquad =4\div\dfrac{1}{2}-2\div\dfrac{2}{3}-3\div\left(-\dfrac{3}{4}\right)$

$\qquad\qquad =4\times 2-2\times\dfrac{3}{2}-3\times\left(-\dfrac{4}{3}\right)$

$\qquad\qquad =8-3+4=9$

답 9

13 $\dfrac{☐}{2}=-4x+8+3(2x-6)$

$\qquad\quad =-4x+8+6x-18=2x-10$

$\therefore$ ☐ $=2(2x-10)=4x-20$

답 $4x-20$

14 $A=(5x-2)-(2x-3)$

$\qquad =5x-2-2x+3=3x+1$

⑦

$B=(3x+5)-(-x+4)$

$\quad =3x+5+x-4=4x+1$

⑭

$\therefore A+B=(3x+1)+(4x+1)=7x+2$

⑮

답 $7x+2$

단계	채점요소	배점
⑦	다항식 A 구하기	4점
⑭	다항식 B 구하기	4점
⑮	$A+B$를 간단히 하기	2점

15 $\dfrac{x-2}{3}+\dfrac{3x-1}{5}+\dfrac{1}{2}(-2x+2)$

$=\dfrac{10(x-2)+6(3x-1)+15(-2x+2)}{30}$

$=\dfrac{10x-20+18x-6-30x+30}{30}$

$=\dfrac{-2x+4}{30}=-\dfrac{1}{15}x+\dfrac{2}{15}$

⑦

따라서 x의 계수는 $-\dfrac{1}{15}$, 상수항은 $\dfrac{2}{15}$이므로

⑭

구하는 값은

$\left(-\dfrac{1}{15}\right)+\dfrac{2}{15}=\dfrac{1}{15}$

⑮

답 $\dfrac{1}{15}$

단계	채점요소	배점
⑦	주어진 식 간단히 하기	7점
⑭	x의 계수와 상수항 구하기	1점
⑮	합 구하기	2점

05 문자의 사용과 식의 계산 ▶2회

01 ②, ⑤ 다항식의 차수가 2이므로 일차식이 아니다.

④ 분모에 문자가 있는 식은 다항식이 아니므로 일차식이 아니다.

답 ①, ③

02 공책 한 권의 가격은 $\dfrac{x}{6}$원이고, 지우개 한 개의 가격은 $\dfrac{y}{3}$원

이므로 공책 5권과 지우개 4개를 샀을 때, 지불한 금액은

$\dfrac{x}{6}\times 5+\dfrac{y}{3}\times 4=\dfrac{5}{6}x+\dfrac{4}{3}y$(원)

답 ⑤

03 ① $2500\times\dfrac{a}{10}=250a$(원)

② 1시간은 60분이므로 $t\times 60+m=60t+m$(분)

③ $p-p\times\dfrac{10}{100}=\dfrac{9}{10}p=0.9p$(원)

④ $600+600\times\dfrac{a}{100}=600+6a$(원)

　　　　　　　　　　　　　　　　　　　　　　🔘 ④

04　① $a\div(b\times c)=a\div bc=a\times\dfrac{1}{bc}=\dfrac{a}{bc}$

② $a\times b\div c=a\times b\times\dfrac{1}{c}=\dfrac{ab}{c}$

③ $a\times\dfrac{1}{b}\div c=a\times\dfrac{1}{b}\times\dfrac{1}{c}=\dfrac{a}{bc}$

④ $a\div b\div c=a\times\dfrac{1}{b}\times\dfrac{1}{c}=\dfrac{a}{bc}$

⑤ $\dfrac{a}{b}\div c=\dfrac{a}{b}\times\dfrac{1}{c}=\dfrac{a}{bc}$

따라서 계산 결과가 다른 하나는 ②이다.

　　　　　　　　　　　　　　　　　　　　　　🔘 ②

05　$2A-\{3B-2A-(2B-A)\}$
$=2A-(3B-2A-2B+A)$
$=2A-(B-A)$
$=2A-B+A$
$=3A-B$

따라서 $A=-x+3$, $B=2x-5$를 대입하면

$3A-B=3(-x+3)-(2x-5)$
$\qquad\quad=-3x+9-2x+5$
$\qquad\quad=-5x+14$

　　　　　　　　　　　　　　　　　　　　　　🔘 ①

06　$\dfrac{x}{100}\times200+\dfrac{y}{100}\times300=2x+3y$(g)

　　　　　　　　　　　　　　　　　　　　　　🔘 ③

07　$-x^2-3x^3\div\left(-\dfrac{3}{2}y\right)^2$

$=-(-3)^2-3\times(-3)^3\div\left\{\left(-\dfrac{3}{2}\right)\times2\right\}^2$

$=-9-3\times(-27)\div9$

$=-9-3\times(-27)\times\dfrac{1}{9}$

$=-9-(-9)=-9+9=0$

　　　　　　　　　　　　　　　　　　　　　　🔘 ③

08　$a=-1$, $b=4$이므로

$(7a+b)\div3-ab=\{7\times(-1)+4\}\div3-(-1)\times4$
$\qquad\qquad\qquad\quad=(-3)\div3-(-4)=-1+4=3$

　　　　　　　　　　　　　　　　　　　　　　🔘 ④

09　$3(2x-4)+(12x-9)\div\left(-\dfrac{3}{2}\right)$

$=(6x-12)+(12x-9)\times\left(-\dfrac{2}{3}\right)$

$=(6x-12)+(-8x+6)=-2x-6$　　　　　🔘 ②

10　$\dfrac{3x+y}{2}-\dfrac{x-2y}{3}=\dfrac{3(3x+y)-2(x-2y)}{6}$

$\qquad\qquad\qquad\qquad\qquad=\dfrac{7}{6}x+\dfrac{7}{6}y$

$\therefore a=\dfrac{7}{6}$, $b=\dfrac{7}{6}$

$\therefore 6a-12b=6\times\dfrac{7}{6}-12\times\dfrac{7}{6}=7-14=-7$

　　　　　　　　　　　　　　　　　　　　　　🔘 ②

11　$-x+9-(\boxed{})=3(x+1)$에서

$\boxed{}=(-x+9)-3(x+1)$

$\qquad\quad=-x+9-3x-3=-4x+6$　　🔘 ①

12　(사다리꼴의 넓이)$=\{2a+(3a+5)\}\times5\div2$

$\qquad\qquad\qquad\qquad=(5a+5)\times5\times\dfrac{1}{2}$

$\qquad\qquad\qquad\qquad=\dfrac{25}{2}a+\dfrac{25}{2}$　🔘 $\dfrac{25}{2}a+\dfrac{25}{2}$

13　$\dfrac{3}{a}-\dfrac{2}{b}+\dfrac{4}{c}=3\div a-2\div b+4\div c$

$\qquad\qquad\quad=3\div\dfrac{1}{2}-2\div\dfrac{1}{3}+4\div\left(-\dfrac{1}{6}\right)$

$\qquad\qquad\quad=3\times2-2\times3+4\times(-6)$

$\qquad\qquad\quad=6-6-24=-24$

　　　　　　　　　　　　　　　　　　　　　🔘 -24

14　-3의 역수는 $-\dfrac{1}{3}$이므로 $a=-\dfrac{1}{3}$

　　　　　　　　　　　　　　　　　　　　　　　　㉮

$\dfrac{3}{2}$의 역수는 $\dfrac{2}{3}$이므로 $b=\dfrac{2}{3}$

　　　　　　　　　　　　　　　　　　　　　　　　㉯

$\therefore \dfrac{b}{a}-9ab=\dfrac{2}{3}\div\left(-\dfrac{1}{3}\right)-9\times\left(-\dfrac{1}{3}\right)\times\dfrac{2}{3}$

$\qquad\qquad\quad=\dfrac{2}{3}\times(-3)-(-2)=(-2)+2=0$

　　　　　　　　　　　　　　　　　　　　　　　　㉰

　　　　　　　　　　　　　　　　　　　　　　🔘 0

단계	채점요소	배점
㉮	a의 값 구하기	2점
㉯	b의 값 구하기	2점
㉰	식의 값 구하기	6점

15 어떤 다항식을 $\boxed{}$라 하면

$\boxed{}+(5x-3)=2x+1$

$\therefore \boxed{}=(2x+1)-(5x-3)$

$\qquad =2x+1-5x+3=-3x+4$

.... ㉮

따라서 바르게 계산한 식은

$(-3x+4)-(5x-3)=-3x+4-5x+3$

$\qquad\qquad\qquad\qquad\quad =-8x+7$

.... ㉯

🔑 $-8x+7$

단계	채점요소	배점
㉮	어떤 다항식 구하기	6점
㉯	바르게 계산한 식 구하기	4점

06 일차방정식의 풀이

01 ①, ⑤ 다항식   ② 항등식

③ 부등호를 사용한 식

🔑 ④

02 [ ] 안의 수를 방정식의 x에 대입하면

① $3\times(-4)-4\neq 8$

② $\dfrac{1}{3}\times(-3)+2=1$

③ $8-(-5)\neq 3$

④ $9\times(-5)+4\neq 3$

⑤ $2\times(-4)-3\neq(-4)+1$

🔑 ②

03 $ax-8=2(x+b)$에서 $ax-8=2x+2b$

이 식이 x에 대한 항등식이므로 $a=2$, $-8=2b$

$\therefore a=2$, $b=-4$

$\therefore a+b=2+(-4)=-2$

🔑 ②

04 ① $a=b$의 양변에 7을 더하면 $a+7=b+7$

② $a=2b$의 양변에서 2를 빼면 $a-2=2b-2=2(b-1)$

③ 0으로 나누는 경우는 없으므로 $c=0$일 때는 성립하지 않는다.

④ $\dfrac{3}{2}a=6b$의 양변에 $\dfrac{2}{3}$를 곱하면 $a=4b$

⑤ $\dfrac{a}{3}=\dfrac{b}{5}$의 양변에 15를 곱하면 $5a=3b$

🔑 ③

05 $0.2x-0.05=0.1x+0.35$의 양변에 100을 곱하면

$20x-5=10x+35$, $10x=40$ $\therefore x=4$

🔑 ⑤

06 $\dfrac{3x-2}{4}+a=\dfrac{x-3a}{3}$에 $x=-2$를 대입하면

$\dfrac{3\times(-2)-2}{4}+a=\dfrac{-2-3a}{3}$, $-2+a=\dfrac{-2-3a}{3}$

양변에 3을 곱하면 $-6+3a=-2-3a$

$6a=4$ $\therefore a=\dfrac{2}{3}$

🔑 ①

07 주어진 식을 정리하면 $(1-a)x^2-9x+2=0$

이 식이 x에 대한 일차방정식이 되려면 (일차식)=0의 꼴이어야

하므로

$1-a=0$ $\therefore a=1$

🔑 ④

08 ㈎ 양변에 5를 곱한다. ⇨ ㄷ

㈏ 양변에서 8을 뺀다. ⇨ ㄴ

㈐ 양변을 2로 나눈다. ⇨ ㄹ

🔑 ④

09 양변에 15를 곱하면 $15x-3(3x-1)=-30-5x$

$15x-9x+3=-30-5x$, $11x=-33$ $\therefore x=-3$

🔑 ①

10 $5\times\dfrac{1}{5}(x-2)=3(0.2x+2)$이므로

$x-2=0.6x+6$

양변에 10을 곱하면 $10x-20=6x+60$

$4x=80$ $\therefore x=20$

🔑 ④

11 $3x-4=ax+2(b-1)$에서

$3x-4=ax+2b-2$

$(3-a)x=2b+2$의 해가 무수히 많으므로

$3-a=0$, $2b+2=0$ $\therefore a=3$, $b=-1$

$\therefore a+b=3+(-1)=2$

🔑 ⑤

12 $x=-2$를 $\dfrac{-5-a}{3}-x=\dfrac{9-ax}{5}$에 대입하면

$\dfrac{-5-a}{3}+2=\dfrac{9+2a}{5}$

양변에 15를 곱하면 $5(-5-a)+30=3(9+2a)$

$-25-5a+30=27+6a$, $-11a=22$ $\quad\therefore a=-2$

$x=-2$를 $0.2x+0.5=-0.8(x+b)+0.9$에 대입하면

$-0.4+0.5=-0.8(-2+b)+0.9$

양변에 10을 곱하면

$-4+5=-8(-2+b)+9$, $1=16-8b+9$

$8b=24$ $\quad\therefore b=3$

$\therefore ab=(-2)\times3=-6$ 답 ③

---

13 $1.8+x=3+0.6x$의 양변에 10을 곱하면

$18+10x=30+6x$, $4x=12$ $\quad\therefore x=3$

따라서 $\dfrac{x}{6}+1=\dfrac{x+a}{4}$에 $x=3$을 대입하면

$\dfrac{3}{6}+1=\dfrac{3+a}{4}$, $\dfrac{3}{2}=\dfrac{3+a}{4}$

양변에 4를 곱하면 $6=3+a$ $\quad\therefore a=3$

답 3

---

14 주어진 그림의 □를 완성하면

오른쪽 그림과 같으므로

$(x-2)+(3x-2)=0$

$4x=4$ $\quad\therefore x=1$

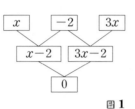

답 1

---

15 $0.2x-0.1=0.1(x-3)+0.4$의 양변에 10을 곱하면

$2x-1=(x-3)+4$, $2x-1=x+1$ $\quad\therefore x=2$ ㉮

따라서 $\dfrac{1}{2}x-\dfrac{2}{3}=\dfrac{5}{2}(x-a)-\dfrac{7}{6}$의 해는 $x=4$이므로 ㉯

$x=4$를 $\dfrac{1}{2}x-\dfrac{2}{3}=\dfrac{5}{2}(x-a)-\dfrac{7}{6}$에 대입하면

$2-\dfrac{2}{3}=\dfrac{5}{2}(4-a)-\dfrac{7}{6}$, $\dfrac{4}{3}=10-\dfrac{5}{2}a-\dfrac{7}{6}$

양변에 6을 곱하면

$8=60-15a-7$, $15a=45$ $\quad\therefore a=3$ ㉰

답 3

단계	채점요소	배점
㉮	$0.2x-0.1=0.1(x-3)+0.4$의 해 구하기	4점
㉯	$\dfrac{1}{2}x-\dfrac{2}{3}=\dfrac{5}{2}(x-a)-\dfrac{7}{6}$의 해 구하기	2점
㉰	a의 값 구하기	4점

---

16 $x+2=-2(x+5)+3a$에서

$x+2=-2x-10+3a$, $3x=3a-12$

$\therefore x=a-4$ ㉮

해가 음의 정수이려면 $a-4$가 음의 정수이어야 한다.

$a-4=-1$일 때, $a=3$

$a-4=-2$일 때, $a=2$

$a-4=-3$일 때, $a=1$ ㉯

따라서 a는 1, 2, 3의 3개이다. ㉰

답 3개

단계	채점요소	배점
㉮	$x+2=-2(x+5)+3a$의 해 구하기	4점
㉯	a의 값 구하기	4점
㉰	a의 개수 구하기	2점

---

07 일차방정식의 활용

01 어떤 수를 x라 하면

$2x-3=3(x+1)$, $2x-3=3x+3$

$-x=6$ $\quad\therefore x=-6$

답 ①

---

02 연속하는 세 홀수를 $x-2$, x, $x+2$라 하면

$(x-2)+x+(x+2)=123$

$3x=123$ $\quad\therefore x=41$

따라서 가장 큰 수는 43이다.

답 ⑤

---

03 처음 수의 십의 자리의 숫자를 x라 하면

$60+x=2(10x+6)-9$, $60+x=20x+12-9$

$-19x=-57$ $\quad\therefore x=3$

따라서 처음 수는 36이다.

답 ②

---

04 현재 희종이의 나이를 x세라 하면 현재 아버지의 나이는 $(51-x)$세이고, 12년 후의 희종이의 나이는 $(x+12)$세, 아버지의 나이는 $(51-x+12)$세이므로

$51-x+12=2(x+12)$, $-x+63=2x+24$

$-3x=-39$ $\quad\therefore x=13$

따라서 현재 희종이의 나이는 13세이다.

답 ④

---

05 초콜릿의 개수를 x개라 하면 과자의 개수는 $(21-x)$개이므로

$900(21-x)+1500x=25000-700$

$18900-900x+1500x=24300$

$600x=5400$ $\therefore x=9$

따라서 초콜릿은 9개를 샀다.

답 ③

06 새로운 직사각형의 가로의 길이는 $(9+3x)$cm이고, 세로의 길이는 $9-3=6$(cm)이므로

$(9+3x)\times6=90$, $9+3x=15$

$3x=6$ $\therefore x=2$

따라서 새로운 직사각형의 가로의 길이는

$9+3\times2=15$(cm), 세로의 길이는 6 cm이므로 둘레의 길이는

$2(15+6)=2\times21=42$(cm)

답 ④

07 학생 수를 x명이라 하면

$5x+25=6x-10$, $-x=-35$

$\therefore x=35$

따라서 학생 수가 35명이므로 사탕의 개수는

$5\times35+25=200$(개)

답 ③

08 퍼낸 소금물의 양만큼 물을 부었으므로 4 %의 소금물은 360 g이다.

$\dfrac{6}{100}\times(360-x)=\dfrac{4}{100}\times360$

$2160-6x=1440$, $-6x=-720$

$\therefore x=120$

답 ②

09 긴 의자의 개수를 x개라 하면

7명씩 앉을 때의 학생 수는 $7x+5$(명),

9명씩 앉을 때의 학생 수는 $9(x-1)+2$(명)

이므로 $7x+5=9(x-1)+2$

$7x+5=9x-9+2$, $-2x=-12$ $\therefore x=6$

따라서 긴 의자의 개수가 6개이므로 학생 수는

$7\times6+5=47$(명)

답 ⑤

10 정가를 x원이라 하면 판매 가격은

$x-\dfrac{20}{100}x=\dfrac{80}{100}x=\dfrac{4}{5}x$(원)이므로

$\dfrac{4}{5}x-8000=8000\times\dfrac{15}{100}$

$\dfrac{4}{5}x=9200$ $\therefore x=11500$

따라서 이 책의 정가는 11500원이다.

답 ④

11 전체 일의 양을 1이라 하면 형과 동생이 하루 동안 하는 일의 양은 각각 $\dfrac{1}{10}$, $\dfrac{1}{20}$이다.

형과 동생이 x일 동안 함께 일했다고 하면

$4\times\dfrac{1}{10}+x\times\left(\dfrac{1}{10}+\dfrac{1}{20}\right)=1$, $\dfrac{2}{5}+\dfrac{3}{20}x=1$

양변에 20을 곱하면 $8+3x=20$

$3x=12$ $\therefore x=4$

따라서 형과 동생은 4일 동안 함께 일했다.

답 ③

12 형이 출발한 지 x분 후에 동생을 만난다고 하면 동생이 $(12+x)$분 동안 간 거리와 형이 x분 동안 간 거리가 서로 같으므로

$60(12+x)=150x$, $720+60x=150x$

$-90x=-720$ $\therefore x=8$

따라서 형은 출발한 지 8분 후에 동생을 만나게 된다.

답 ①

13 x개월 후의 언니의 예금액은 $(78000+3000x)$원, 동생의 예금액은 $(64000+5000x)$이므로

$78000+3000x=64000+5000x$

$-2000x=-14000$ $\therefore x=7$

따라서 언니와 동생의 예금액이 같아지는 것은 7개월 후이다.

답 **7개월 후**

14 내려온 거리를 x km라 하면 올라간 거리는 $(x-1)$km이고

(올라갈 때 걸린 시간)+(내려올 때 걸린 시간)=(4시간 20분)

이므로

$\dfrac{x-1}{3}+\dfrac{x}{4}=\dfrac{13}{3}$

양변에 12를 곱하면

$4(x-1)+3x=52$, $4x-4+3x=52$

$7x=56$ $\therefore x=8$

따라서 내려올 때 걸은 거리는 8 km이다.

답 **8 km**

15 8 %의 소금물을 x g 섞는다고 하면 3 %의 소금물의 양은 $(400-x)$g이므로

--------- ㉮

$\dfrac{3}{100}\times(400-x)+\dfrac{8}{100}\times x=\dfrac{5}{100}\times400$

--------- ㉯

양변에 100을 곱하면

$1200 - 3x + 8x = 2000$

$5x = 800$ $\therefore x = 160$

따라서 8 %의 소금물은 160 g을 섞어야 한다.

.... ㉡

답 160 g

단계	채점요소	배점
㉮	8 %와 3 %의 소금물의 양을 x로 나타내기	2점
㉯	방정식 세우기	5점
㉰	8 %의 소금물의 양 구하기	3점

16 작년의 남학생 수를 x명이라 하면 작년의 여학생 수는 $(850 - x)$명이다.

.... ㉮

(올해의 남학생 수)$= x - \dfrac{8}{100}x = \dfrac{92}{100}x$(명)

(올해의 여학생 수)$= (850 - x) + \dfrac{6}{100}(850 - x)$

$= \dfrac{106}{100}(850 - x)$(명)

즉, $\dfrac{92}{100}x + \dfrac{106}{100}(850 - x) = 850 - 19$

.... ㉯

양변에 100을 곱하면

$92x + 90100 - 106x = 83100$

$14x = 7000$ $\therefore x - 500$

.... ㉰

따라서 올해의 남학생 수는

$\dfrac{92}{100} \times 500 = 460$(명)

.... ㉱

답 460명

단계	채점요소	배점
㉮	작년의 남학생, 여학생 수를 x로 나타내기	1점
㉯	방정식 세우기	4점
㉰	방정식 풀기	3점
㉱	올해의 남학생 수 구하기	2점

🔵08 좌표와 그래프

01 ⑤ 점 $(-2, -2)$는 $x < 0$, $y < 0$이므로 제3사분면 위의 점이다.

답 ⑤

02 ② B(0, 3)

답 ②

03 y축 위의 점은 x좌표가 0이므로 y축 위의 점 중에서 y좌표가 -4인 점의 좌표는 $(0, -4)$이다.

답 ④

04 두 점 $\left(-\dfrac{1}{2}a + 1, -3\right)$, $(2, 3b - 6)$이 x축에 대하여 대칭이므로 y좌표의 부호만 반대이다.

$-\dfrac{1}{2}a + 1 = 2$에서 $-\dfrac{1}{2}a = 1$ $\therefore a = -2$

$-3 = -(3b - 6)$에서 $3b = 9$ $\therefore b = 3$

$\therefore b - a = 3 - (-2) = 5$

답 ⑤

05 제3사분면 위의 점은 $x < 0$, $y < 0$이므로 ③ $(-3, -3)$이다.

답 ③

06 점 P는 x축 위의 점이므로 y좌표가 0이다.

즉, $a + 2 = 0$에서 $a = -2$

점 Q는 y축 위의 점이므로 x좌표가 0이다.

즉, $\dfrac{1}{2}b - 3 = 0$에서 $b = 6$

따라서 점 A$(-2, 6)$은 제2사분면 위의 점이다.

답 ②

07 그릇의 모양이 폭이 넓고 일정한 부분과 폭이 좁고 일정한 부분으로 나누어진다.

따라서 시간당 일정한 양의 물을 채우면 물의 높이가 느리고 일정하게 증가하다가 빠르고 일정하게 증가하므로 그래프로 나타내면 오른쪽 그림과 같다.

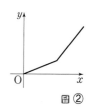

답 ②

08 점 $(a, -b)$가 제2사분면 위의 점이므로

$a < 0$, $-b > 0$ $\therefore a < 0$, $b < 0$

따라서 $ab > 0$, $b + a < 0$이므로 점 $(ab, b + a)$는 제4사분면 위의 점이다.

답 ④

09 세 점 A, B, C를 꼭짓점으로 하는 삼각형 ABC를 좌표평면 위에 나타내면 오른쪽 그림과 같다.

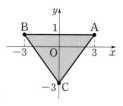

$\therefore$ (삼각형 ABC의 넓이)$= \dfrac{1}{2} \times 6 \times 4$

$= 12$

답 ⑤

10 점 $(-a, -b)$가 제4사분면 위의 점이므로
$-a > 0, -b < 0$ $\therefore a < 0, b > 0$
이때 $a-b < 0, -ab > 0$이므로 점 $(a-b, -ab)$는 제2사분면 위의 점이다.
따라서 점 $(a-b, -ab)$와 같은 사분면 위의 점은
⑤ $(-4, 3)$이다.

🖪 ⑤

11 점 $A(4, 2)$를 y축에 대하여 대칭이동하면 $B(-4, 2)$, 원점에 대하여 대칭이동하면 $C(-4, -2)$, x축에 대하여 대칭이동하면 $D(4, -2)$이므로 네 점 A, B, C, D를 좌표평면 위에 나타내면 오른쪽 그림과 같다.
따라서 사각형 ABCD의 넓이는
$8 \times 4 = 32$

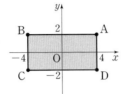

🖪 ②

12 그래프에서 희종이가 도서관에 도착한 것은 집에서 출발한 지 35분 후이다. 도서관에 머무른 시간 동안은 거리의 변화가 없으므로 그래프는 수평을 유지하게 된다.
따라서 도서관에 머무른 시간은 $140 - 35 = 105$(분)이다.

🖪 ④

13 $ab < 0$이므로 a와 b의 부호가 다르고 $a+b > 0$, $|a| > |b|$이므로 $a > 0, b < 0$이다.
따라서 $b < 0, a-b > 0$이므로 점 $(b, a-b)$는 제2사분면 위의 점이다.

🖪 제2사분면

14 점 $P(-a, b)$는 제2사분면 위의 점이므로
$-a < 0, b > 0$ $\therefore a > 0, b > 0$
$Q(-a, -b), R(a, -b), S(a, b)$이므로 네 점 P, Q, R, S를 좌표평면 위에 나타내면 오른쪽 그림과 같다.
이때 사각형 PQRS의 넓이가 24이므로
$2a \times 2b = 24, 4ab = 24$
$\therefore ab = 6$

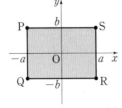

🖪 6

15 두 점 $(3m-1, -2)$, $\left(4, \frac{1}{2}n+1\right)$이 y축에 대하여 대칭이므로 x좌표의 부호만 반대이다.

㉮

즉, $3m-1 = -4$에서 $3m = -3$ $\therefore m = -1$
$-2 = \frac{1}{2}n+1$에서 $-\frac{1}{2}n = 3$ $\therefore n = -6$

㉯

$\therefore mn = (-1) \times (-6) = 6$

㉰

🖪 6

단계	채점요소	배점
㉮	x좌표의 부호만 반대임을 알기	2점
㉯	m, n의 값 구하기	6점
㉰	mn의 값 구하기	2점

16 점 $A(3, 4)$와 y축에 대하여 대칭인 점은 $B(-3, 4)$

㉮

점 $A(3, 4)$와 원점에 대하여 대칭인 점은 $C(-3, -4)$

㉯

세 점 $A(3, 4)$, $B(-3, 4)$, $C(-3, -4)$를 좌표평면 위에 나타내면 오른쪽 그림과 같다.
(선분 AB의 길이)$= 6$,
(선분 BC의 길이)$= 8$이므로
(삼각형 ABC의 넓이)
$= \frac{1}{2} \times 6 \times 8 = 24$

㉰

🖪 24

단계	채점요소	배점
㉮	점 B의 좌표 구하기	2점
㉯	점 C의 좌표 구하기	2점
㉰	삼각형 ABC의 넓이 구하기	6점

---

09 정비례와 반비례

01 y가 x에 정비례하는 것은 ㄴ, ㄷ, ㅁ으로 모두 3개이다.

🖪 ③

02 ① $3 = \frac{1}{2} \times x \times y$에서 $y = \frac{6}{x}$ (반비례)
② $y = 6x$ (정비례)
③ $y = \frac{10}{100} \times x$에서 $y = \frac{1}{10}x$ (정비례)
④ $y = 4x$ (정비례)

⑤ $y=80x$ (정비례)

따라서 y가 x에 정비례하지 않는 것은 ①이다.

🖩 ①

03 ① $x>0$이면 x의 값이 증가할 때, y의 값도 증가한다.

⑤ 점 $(0, 0)$을 지나지 않는다.

🖩 ①, ⑤

04 $y=ax\,(a\neq0)$의 그래프는 a의 절댓값이 클수록 y축에 가깝다.

즉, $\left|-1\right|<\left|-\dfrac{5}{2}\right|<\left|3\right|<\left|\dfrac{7}{2}\right|<\left|-4\right|$이므로 y축에 가장 가까운 것은 ③이다.

🖩 ③

05 반비례 관계 $y=\dfrac{a}{x}\,(a\neq0)$의 그래프가 점 $(1, 4)$를 지나므로 $y=\dfrac{a}{x}$에 $x=1$, $y=4$를 대입하면 $4=\dfrac{a}{1}$ $\therefore a=4$

🖩 ②

06 y가 x에 반비례하므로 $y=\dfrac{a}{x}\,(a\neq0)$로 놓고, $y=\dfrac{a}{x}$에 $x=-3$, $y=-4$를 대입하면

$-4=\dfrac{a}{-3}$에서 $a=12$ $\therefore y=\dfrac{12}{x}$

$y=\dfrac{12}{x}$에 $x=\;\;6$을 대입하면 $y=\dfrac{12}{-6}=-2$ $\therefore p=-2$

$y=\dfrac{12}{x}$에 $y=-6$을 대입하면

$-6=\dfrac{12}{x}$에서 $x=-2$ $\therefore q=-2$

$y=\dfrac{12}{x}$에 $y=4$를 대입하면 $4=\dfrac{12}{x}$에서 $x=3$ $\therefore r=3$

$y=\dfrac{12}{x}$에 $y=2$를 대입하면 $2=\dfrac{12}{x}$에서 $x=6$ $\therefore s=6$

$\therefore p+q+r+s=(-2)+(-2)+3+6=5$

🖩 ④

07 정비례 관계 $y=ax\,(a\neq0)$의 그래프가 점 $(-2, 5)$를 지나므로 $y=ax$에 $x=-2$, $y=5$를 대입하면

$5=-2a$ $\therefore a=-\dfrac{5}{2}$

$\therefore 4a^2=4\times\left(-\dfrac{5}{2}\right)^2=4\times\dfrac{25}{4}=25$

🖩 ③

08 반비례 관계 $y=\dfrac{a}{x}\,(a\neq0)$의 그래프가 점 $(2, 3)$을 지나므로 $y=\dfrac{a}{x}$에 $x=2$, $y=3$을 대입하면

$3=\dfrac{a}{2}$에서 $a=6$ $\therefore y=\dfrac{6}{x}$

① $y=\dfrac{6}{x}$에 $x=-3$을 대입하면 $y=\dfrac{6}{-3}=-2$

$\therefore (-3, -2)$

② $y=\dfrac{6}{x}$에 $x=-2$를 대입하면 $y=\dfrac{6}{-2}=-3$

$\therefore (-2, -3)$

③ $y=\dfrac{6}{x}$에 $x=-1$을 대입하면 $y=\dfrac{6}{-1}=-6$

$\therefore (-1, -6)$

④ $y=\dfrac{6}{x}$에 $x=2$를 대입하면 $y=\dfrac{6}{2}=3$

$\therefore (2, 3)$

⑤ $y=\dfrac{6}{x}$에 $x=3$을 대입하면 $y=\dfrac{6}{3}=2$

$\therefore (3, 2)$

🖩 ①

09 정비례 관계 $y=ax\,(a\neq0)$의 그래프가 점 $(2, -3)$을 지나므로 $y=ax$에 $x=2$, $y=-3$을 대입하면

$-3=2a$ $\therefore a=-\dfrac{3}{2}$

반비례 관계 $y=\dfrac{4}{x}$의 그래프가 점 $(-1, b)$를 지나므로

$y=\dfrac{4}{x}$에 $x=-1$, $y=b$를 대입하면 $b=\dfrac{4}{-1}=-4$

$\therefore ab=\left(-\dfrac{3}{2}\right)\times(-4)=6$

🖩 ⑤

10 y는 x에 반비례하므로 $y=\dfrac{a}{x}\,(a\neq0)$로 놓고, $x=-5$, $y=6$을 대입하면

$6=\dfrac{a}{-5}$에서 $a=-30$ $\therefore y=-\dfrac{30}{x}$

z는 y에 정비례하므로 $z=by\,(b\neq0)$로 놓고, $y=3$, $z=9$를 대입하면

$9=3b$에서 $b=3$ $\therefore z=3y$

따라서 $x=-15$일 때, $y=-\dfrac{30}{x}$에서 $y=-\dfrac{30}{-15}=2$이고,

$y=2$이므로 $z=3y$에서 $z=3\times2=6$

🖩 ③

11 9명이 10일 동안 한 일의 양이 전체 일의 양이므로

(전체 일의 양)$=9\times10=90$

x명이 y일 동안 일을 하여 일을 끝내려면

$xy=90$ $\therefore y=\dfrac{90}{x}$

6일 동안 일을 하여 이 일을 끝내야 하므로 $y=6$을 대입하면

$6=\dfrac{90}{x}$ $\therefore x=15$

따라서 6일 동안 일을 하여 이 일을 끝내려면 15명이 필요하다.

답 ④

12 두 사람이 호수 둘레를 도는 데 걸린 시간이 x분, 이동 거리가 y m이므로 희종이의 그래프의 x와 y 사이의 관계식을 $y=ax\,(a\neq0)$로 놓고, 점 $(4,\,500)$을 지나므로

$500=4a$에서 $a=125$ $\therefore y=125x$

지혜의 그래프의 x와 y 사이의 관계식을 $y=bx\,(b\neq0)$로 놓고, 점 $(6,\,400)$을 지나므로

$400=6b$에서 $b=\dfrac{200}{3}$ $\therefore y=\dfrac{200}{3}x$

거리가 5 km, 즉 5000 m인 호수 둘레를 도는 데 걸린 시간은

희종 : $5000=125x$ $\therefore x=40$(분)

지혜 : $5000=\dfrac{200}{3}x$ $\therefore x=75$(분)

따라서 희종이는 지혜가 올 때까지 $75-40=35$(분) 동안 기다려야 한다.

답 ②

13 휘발유 5 L로 60 km를 갔으므로 휘발유 1 L로 간 거리는

$60\div5=12(\text{km})$

(이동한 거리)=(휘발유 1 L로 간 거리)×(휘발유의 양)이므로

$y=12x$

$y=12x$에 $y=180$을 대입하면

$180=12x$ $\therefore x=15$

따라서 180 km를 가는 동안 사용한 휘발유는 15 L이다.

답 15 L

14 점 B는 정비례 관계 $y=\dfrac{3}{4}x$의 그래프 위의 점이므로

$y=\dfrac{3}{4}x$에 $y=3$을 대입하면 $3=\dfrac{3}{4}x$에서 $x=4$ $\therefore$ B$(4,\,3)$

또, 점 B$(4,\,3)$은 반비례 관계 $y=\dfrac{a}{x}\,(a\neq0)$의 그래프 위의 점이므로 $y=\dfrac{a}{x}$에 $x=4$, $y=3$을 대입하면

$3=\dfrac{a}{4}$에서 $a=12$ $\therefore y=\dfrac{12}{x}$

반비례 관계 $y=\dfrac{12}{x}$의 그래프가 점 A$(1,\,b)$를 지나므로

$y=\dfrac{12}{x}$에 $x=1$, $y=b$를 대입하면 $b=12$

$\therefore a+b=12+12=24$

답 24

15 점 P의 x좌표가 -4이므로 $y=\dfrac{5}{4}x$에 $x=-4$를 대입하면

$y=\dfrac{5}{4}\times(-4)=-5$ $\therefore$ P$(-4,\,-5)$

㉮

이때 (선분 QO의 길이)$=4$, (선분 QP의 길이)$=5$이므로

㉯

(삼각형 OPQ의 넓이)$=\dfrac{1}{2}\times4\times5=10$

㉰

답 10

단계	채점요소	배점
㉮	점 P의 좌표 구하기	4점
㉯	선분 QO의 길이, 선분 QP의 길이 구하기	3점
㉰	삼각형 OPQ의 넓이 구하기	3점

16 반비례 관계 $y=\dfrac{a}{x}\,(a\neq0)$의 그래프가 점 $(-3,\,2)$를 지나므로 $y=\dfrac{a}{x}$에 $x=-3$, $y=2$를 대입하면

$2=\dfrac{a}{-3}$에서 $a=-6$ $\therefore y=-\dfrac{6}{x}$

㉮

이때 x좌표, y좌표가 모두 정수인 점은
$(1,\,-6)$, $(2,\,-3)$, $(3,\,-2)$, $(6,\,-1)$,
$(-1,\,6)$, $(-2,\,3)$, $(-3,\,2)$, $(-6,\,1)$

㉯

따라서 구하는 점은 모두 8개이다.

㉰

답 8개

단계	채점요소	배점
㉮	a의 값 구하기	3점
㉯	x좌표, y좌표가 모두 정수인 점의 좌표 구하기	5점
㉰	답 구하기	2점

개념원리

RPM

중학 수학 1-1

개념원리

교재 소개

문제 난이도

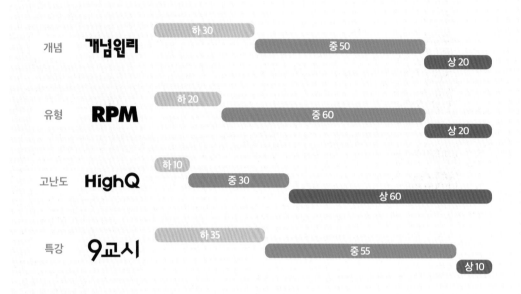

		하 30	중 50	상 20
개념	**개념원리**			
유형	**RPM**	하 20	중 60	상 20
고난도	**HighQ**	하 10	중 30	상 60
특강	**9교시**	하 35	중 55	상 10

고등

개념원리 | 수학의 시작 〔개념〕

하나를 알면 10개, 20개를 풀 수 있는 개념원리 수학

수학(상), 수학(하), 수학Ⅰ, 수학Ⅱ, 확률과 통계, 미적분, 기하

RPM | 유형의 완성 〔유형〕

다양한 유형의 문제를 통해 수학의 문제 해결력을 높일 수 있는 RPM

수학(상), 수학(하), 수학Ⅰ, 수학Ⅱ, 확률과 통계, 미적분, 기하

High Q | 고난도 정복 (고1 내신 대비) 〔고난도〕

최고를 향한 핵심 고난도 문제서 High Q

수학(상), 수학(하)

9교시 | 학교 안 개념원리 〔특강〕

쉽고 빠르게 정리하는 9종 교과서 시크릿

수학(상), 수학(하), 수학Ⅰ

중등

개념원리 | 수학의 시작 〔개념〕

하나를 알면 10개, 20개를 풀 수 있는 개념원리 수학

중학수학 1-1, 1-2, 2-1, 2-2, 3-1, 3-2

RPM | 유형의 완성 〔유형〕

다양한 유형의 문제를 통해 수학의 문제 해결력을 높일 수 있는 RPM

중학수학 1-1, 1-2, 2-1, 2-2, 3-1, 3-2